建设行业专业技术管理人员职业资格培训教材

施工员（工长）专业管理实务

中国建设教育协会组织编写

危道军　　主编

孙沛平　吴之昕　主审

中国建筑工业出版社

图书在版编目（CIP）数据

施工员（工长）专业管理实务/中国建设教育协会组织编写．—北京：中国建筑工业出版社，2007
建设行业专业技术管理人员职业资格培训教材
ISBN 978-7-112-09378-6

Ⅰ．施⋯ Ⅱ．中⋯ Ⅲ．建筑工程-工程施工-技术培训-教材 Ⅳ．TU7

中国版本图书馆 CIP 数据核字（2007）第 091688 号

建设行业专业技术管理人员职业资格培训教材
施工员（工长）专业管理实务
中国建设教育协会组织编写
危道军　　主编
孙沛平　吴之昕　主审

*

中国建筑工业出版社出版、发行（北京西郊百万庄）
各地新华书店、建筑书店经销
霸州市顺浩图文科技发展有限公司制版
北京同文印刷有限责任公司印刷

*

开本：787×1092 毫米　1/16　印张：18¼　字数：441 千字
2007 年 8 月第一版　2014 年 4 月第十九次印刷
定价：31.00 元
ISBN 978-7-112-09378-6
（16042）

版权所有　翻印必究
如有印装质量问题，可寄本社退换
（邮政编码　100037）

本套书由中国建设教育协会组织编写，为建设行业专业技术人员职业资格培训教材。本书主要内容包括施工员岗位职责与职业道德、建筑施工技术与组织、工程建设施工相关法律法规等三方面的相关内容。

本书可作为施工员的考试培训教材，也可作为相关专业工程技术人员的参考用书。

* * *

责任编辑：朱首明　李　明
责任设计：董建平
责任校对：王　爽　陈晶晶

建设行业专业技术管理人员职业资格培训教材编审委员会

主 任 委 员：许溶烈
副主任委员：李竹成　吴月华　高小旺　高本礼　沈元勤
委　　　员：（按姓氏笔画排序）
　　　　　　邓明胜　艾永祥　危道军　汤振华　许溶烈　孙沛平
　　　　　　杜国城　李　志　李竹成　时　炜　吴之昕　吴培庆
　　　　　　吴月华　沈元勤　张义琢　张友昌　张瑞生　陈永堂
　　　　　　范文昭　周和荣　胡兴福　郭泽林　耿品惠　聂鹤松
　　　　　　高小旺　高本礼　黄家益　章凌云　韩立群　颜晓荣

出 版 说 明

由中国建设教育协会牵头、各省市建设教育协会共同参与的建设行业专业技术管理人员职业资格培训工作，经全国地方建设教育协会第六次联席会议商定，从今年下半年起，在条件成熟的省市陆续展开，为此，我们组织编写了《建设行业专业技术管理人员职业资格培训教材》。

开展建设行业专业技术管理人员职业资格培训工作，一方面是为了满足建设行业企事业单位的需要，另一方面也是为建立行业新的职业资格培训考核制度积累经验。

该套教材根据新制订的职业资格培训考试标准和考试大纲的要求，一改过去以理论知识为主的编写模式，以岗位所需的知识和能力为主线，精编成《专业基础知识》和《专业管理实务》两本，以供培训配套使用。该套教材既保证教材内容的系统性和完整性，又注重理论联系实际、解决实际问题能力的培养；既注重内容的先进性、实用性和适度的超前性，又便于实施案例教学和实践教学，具有可操作性。学员通过培训可以掌握从事专业岗位工作所必需的专业基础知识和专业实务能力。

由于时间紧，教材编写模式的创新又缺少可以借鉴的经验，难度较大，不足之处在所难免。请各省市有关培训单位在使用中将发现的问题及时反馈给我们，以作进一步的修订，使其日臻完善。

中国建设教育协会
2007 年 7 月

序

由中国建设教育协会组织编写的《建设行业专业技术管理人员职业资格培训教材》与读者见面了。这套教材对于满足广大建设职工学习和培训的需求，全面提高基层专业技术管理人员的素质，对于统一全国建设行业专业技术管理人员的职业资格培训和考试标准，推进行业职业资格制度建设的步伐，是一件很有意义的事情。

建设行业原有的企事业单位关键岗位持证上岗制度作为行政审批项目被取消后，对基层专业技术管理人员的教育培训尚缺乏有效的制度措施，而当前，科学技术迅猛发展，信息技术日益渗透到工程建设的各个环节，现在结构复杂、难度高、体量大的工程越来越多，新技术、新材料、新工艺、新规范的更新换代越来越快，迫切要求提高从业人员的素质。只有先进的技术和设备，没有高素质的操作人员，再先进的技术和设备也发挥不了应有的作用，很难转化为现实生产力。我们现在的施工技术、施工设备对生产一线的专业技术人员、管理人员、操作人员都提出了很高的要求。另一方面，随着市场经济体制的不断完善，我国加入WTO过渡期的结束，我国建筑市场的竞争将更加激烈，按照我国加入WTO时的承诺，我国的建筑工程市场将对外开放，其竞争规则、技术标准、经营方式、服务模式将进一步与国际接轨，建筑企业将在更大范围、更广领域和更高层次上参与国际竞争。国外知名企业凭借技术力量雄厚、管理水平高、融资能力强等优势进入我国市场。目前已有39个国家和地区的投资者在中国内地设立建筑设计和建筑施工企业1400多家，全球最大的225家国际承包商中，很多企业已经在中国开展了业务。这将使我国企业面临与国际跨国公司在国际、国内两个市场上同台竞争的严峻挑战。同国际上大型工程公司相比，我国的建筑业企业在组织机构、人力资源、经营管理、程序与标准、服务功能、科技创新能力、资本运营能力、信息化管理等多方面存在较大差距，所有这些差距都集中地反映在企业员工的全面素质上。最近，温家宝总理对建筑企业作了四点重要指示，其中强调要"加强领导班子建设和干部职工培训，提高建筑队伍整体素质。"贯彻落实总理指示，加强企业领导班子建设是关键，提高建筑企业职工队伍素质是基础。由此，我非常支持中国建设教育协会牵头把建设行业基层专业技术管理人员职业资格培训工作开展起来。这也是贯彻落实温总理指示的重要举措。

我希望中国建设教育协会和各地方的同行们齐心协力，规范有序地把这项工作做好，确保工作的质量，满足建设行业企事业单位对专业技术管理人员培训的需要，为行业新的职业资格培训考核制度的建立积累经验，为造就全球范围内的高素质建筑大军做出更大贡献。

姚 兵

24/7/07.

前　言

本书是按照中国建设教育协会组织论证的"建设行业专业技术管理人员《施工员专业管理务实》职业资格培训考试大纲"的要求编写的。在编写过程中，参照了我国最新颁布的新标准、新规范，文字上深入浅出、通俗易懂、便于自学，以适应建筑施工企业管理的特点。

本书重点阐明了各分部分项工程的施工工艺方法、技术标准、保证质量及安全的措施等内容。涉及面广、实践性强、综合性强、工艺发展快，必须紧密结合工程实际，综合运用本专业的基础理论和近代科学技术的成果，重点讲授一些基本的和重要的知识。本书突出职业岗位特点，所编内容以理论知识够用为度，重在实践能力、动手能力的培养。本书注重理论联系实际，解决实际问题，既保证全书的系统性和完整性，又体现内容的先进性、实用性、可操作性，便于案例教学，实践教学。

本书为施工员职业岗位资格考试培训教材。与《施工员专业基础知识》一书配套使用。

本书在湖北省建设教育协会、湖北城市技术职业技术学院具体组织、指导下由危道军教授主编。具体编写分工为：一由危道军编写，二由危道军、程红艳、王延该编写，二（十二）由杨小平编写，三由危道军、华均编写。全书由危道军统稿，由孙沛平、吴之昕审稿。

本书编写过程中得到了中国建设第三工程局、武汉建工集团等的大力支持，在此表示衷心感谢！

本书在编写过程中，参考了大量杂志和书籍，在此，特表示衷心的谢意！并对为本书付出辛勤劳动的编辑同志表示衷心感谢！

由于我们水平有限，加之时间仓促，错误之处在所难免，我们恳切希望广大读者批评指正。

目 录

一、施工员岗位职责与职业道德 ··· 1
二、建筑施工技术与组织 ··· 4
  （一）土方工程 ··· 4
  （二）地基与基础工程 ··· 31
  （三）脚手架工程及垂直运输设施 ··································· 53
  （四）砌筑工程 ·· 64
  （五）钢筋混凝土工程 ·· 72
  （六）预应力混凝土工程 ··· 102
  （七）钢结构工程 ··· 118
  （八）预制装配工程 ·· 132
  （九）防水工程 ··· 148
  （十）装饰工程 ··· 170
  （十一）季节性施工 ·· 197
  （十二）施工测量 ·· 214
  （十三）建筑施工组织 ··· 224
三、工程建设施工相关法律、法规 ··· 254
  （一）《建筑法》的主要内容 ··· 254
  （二）《建设工程质量管理条例》的主要内容 ····················· 263
  （三）工程建设技术标准 ·· 267
  （四）建设工程安全生产的相关内容 ······························ 270
  （五）城市建筑垃圾与建筑施工噪声污染防治的管理规定 ······ 274
  （六）工程建设施工相关法律法规案例 ··························· 278
主要参考文献 ··· 281

一、施工员岗位职责与职业道德

1. 施工员岗位职责

（1）学习、贯彻执行国家和建设行政管理部门颁发的建设法律、规范、规程、技术标准；熟悉基本建设程序、施工程序和施工规律，并在实际工作中具体运用。

（2）熟悉建设工程结构特征与关键部位，掌握施工现场的周围环境、社会（含拆迁等）和经济技术条件；负责本工程的定位、放线、抄平、沉降观测记录等。

（3）熟悉审查图纸及有关资料，参与图纸会审；参与施工预算编制；编制月度施工作业计划及资源计划。

（4）严格执行工艺标准、验收和质量验评标准，以及各种专业技术操作规程，制订质量、安全等方面的措施，严格按照图纸、技术标准、施工组织设计进行施工，经常进行督促检查；参加质量检验评定；参加质量事故调查。

（5）做好施工任务的下达和技术交底工作，并进行施工中的指导、检查与验收。

（6）做好现场材料的验收签证和管理；做好隐蔽工程验收和工程量签证。

（7）参加施工中的竣工验收工作；协助预决算员搞好工程决算。

（8）及时准确地搜集并整理施工生产过程、技术活动、材料使用、劳力调配、资金周转、经济活动分析的原始记录、台账和统计报表，记好施工日记。

（9）绘制竣工图，组织单位工程竣工质量预检，负责整理好全部技术档案。

（10）参与竣工后的回访活动，对需返修、检修的项目，尽快组织人员落实。

（11）完成项目经理交办的其他任务。

2. 施工员职业道德

施工员是施工现场重要的工程技术人员，其自身素质对工程项目的质量、成本、进度有很大影响。因此，要求施工员应具有良好的职业道德。

（1）热爱施工员本职工作，爱岗敬业，工作认真，一丝不苟，团结合作。

（2）遵纪守法，模范地遵守建设职业道德规范。

（3）维护国家的荣誉和利益。

（4）执行有关工程建设的法律、法规、标准、规程和制度。

（5）努力学习专业技术知识，不断提高业务能力和水平。

（6）认真负责地履行自己的义务和职责，保证工程质量。

3. 施工员工作程序

（1）施工程序的一般原则

施工程序是指一个建设项目或单位工程在施工过程中应遵循的合理施工顺序，即施工前有准备、施工过程有安排。一般原则为：

A. 先红线外（上下水、电、电信、煤气、热力、交通道路等）后红线内。

B. 红线内工程，先全场（包括场地平整、道路管线等）后单项。一般要坚持先地下后地上、先主体后维护、先结构后装修、先土建后设备的原则。场内与场外、土建与安装各个工序统筹安排，合理交叉。

C. 全部工程项目施工安排时，主体工程和配套工程（变电室、热力站、空压站、污水处理等）要相适应，力争配套工程为施工服务，主体工程竣工时能投产使用。

D. 庭院、道路、花圃的施工收尾与施工撤离相适应。

（2）施工员工作程序

1）技术准备

A. 熟悉图纸：了解设计要求、质量要求和细部做法，熟悉地质、水文等勘察资料，了解设计概算和工程预算。

B. 熟悉施工组织设计：了解施工部署、施工方法、施工顺序、施工进度计划、施工平面布置和施工技术措施。

C. 准备施工技术交底：一般工程应准备简要的操作要点和技术措施要求，特殊工程必须准备图纸（或施工大样）和细部做法。

D. 选择确定比较科学、合理的施工（作业）方法和施工程序。

2）现场准备

A. 临时设施的准备：搭好生产、生活的临时设施。

B. 工作面的准备：包括现场清理、道路畅通、临时水电引到现场和准备好操作面。

C. 施工机械的准备：施工机械进场按照施工平面图的布置安装就位，并试运转检查安全装置。

D. 材料工具的准备：材料按施工平面布置进行堆放，工具按班组人员配备。

3）作业队伍组织准备

A. 掌握施工班组情况，包括人员配备、技术力量和生产能力。

B. 研究施工工序。

C. 确定工种间的搭接次序、搭接时间和搭接部位。

D. 协助施工班组长做好人员安排。根据工作面计划流水和分段、根据流水分段和技术力量进行人员分配，根据人员分配情况配备机器、工具、运输、供料的力量。

4）向施工班组交底

A. 计划交底：包括生产任务数量，任务的开始及完成时间，工程中对其他工序的影响和重要程度。

B. 定额交底：包括劳动定额、材料消耗定额和机械配合台班及台班产量。

C. 施工技术和操作方法交底：包括施工规范及工艺标准的有关部分，施工组织设计中的有关规定和有关设备图纸及细部做法。

D. 安全生产交底：包括施工操作运输过程中的安全事项、机电设备安全事项、消防事项。

E. 工程质量交底：包括自检、互检、交接的时间和部位，分部分项工程质量验收标准和要求。

F. 管理制度交底：包括现场场容管理制度的要求，成品保护制度的要求，样板的建立和要求。

5）施工中的具体指导和检查

A. 检查测量、抄平、放线准备工作是否符合要求。

B. 施工班组能否按交底要求进行施工。
C. 关键部位是否符合要求，有问题及时向施工班组提出改正。
D. 经常提醒施工班组在安全、质量和现场场容管理中的倾向性问题。
E. 根据工程进度及时进行隐蔽工程预检和交接检查，配合质量检查人员做好分部分项工程的质量检查与验收。

6）做好施工日记

施工日记记载的主要内容：气候实况、工程进展及施工内容，工人调动情况，材料供应情况，材料及构件检验试验情况，施工中的质量及安全问题，设计变更和其他重大决定，施工中的经验和教训。

7）工程质量的检查与验收

完成分部分项工程后，施工员一方面需检查技术资料是否齐全；另一方面须通知技术员、质量检查员、施工中班组长，对所施工的部位或项目按质量标准进行检查验收，合格产品必须填写表格并进行签字，不合格产品应立即组织原施工班组进行维修或返工。

8）搞好工程档案

主要负责提供隐蔽签证、设计变更、竣工图等工程结算资料，协助结算员办理工程结算。

二、建筑施工技术与组织

（一）土方工程

土方工程是建筑工程施工中主要工种之一。土方工程包括土（或石）方的场地平整、开挖、运输、填筑、压实等主要施工过程，以及排水、降水和土壁支撑等准备工作和辅助工作。

1. 土的工程分类与鉴别

（1）土的工程分类

在土方工程施工中，根据土开挖的难易程度（坚硬程度），将土分为松软土、普通土、坚土、砂砾坚土、软石、次坚石、坚石、特坚石共八类土。前四类属一般土，后四类属岩石，其分类方法见表2-1。

土的工程分类　　　　表2-1

土的分类	土的名称	坚实系数 f	密度 (t/m³)	开挖方法及工具
一类土（松软土）	砂土、粉土、冲积砂土层、疏松的种植土、淤泥（泥炭）	0.5～0.6	0.6～1.5	用锹、锄头挖掘，少许用脚蹬
二类土（普通土）	粉质黏土、潮湿的黄土、夹有碎石、卵石的砂、粉土混卵（碎）石、种植土、填土	0.6～0.8	1.1～1.6	用锹、锄头挖掘，少许用镐翻松
三类土（坚土）	软及中等密实黏土、重粉质黏土、砾石土、干黄土、含有碎石卵石的黄土、粉质黏土、压实的填土	0.8～1.0	1.75～1.9	主要用镐，少许用锹、锄头挖掘，部分用撬棍
四类土（砂砾坚土）	坚硬密实的黏性土或黄土，含碎石卵石的中等密实的黏性土或黄土、粗砾石、天然级配砂石、软泥灰岩	1.0～1.5	1.9	整个先用镐、撬棍，后用锹挖掘，部分用楔子及大锤
五类土（软石）	硬质黏土，中密的页岩、泥灰岩、白垩土，胶结不紧的砾岩，软石灰及贝壳石灰石	1.5～4.0	1.1～2.7	用镐或撬棍、大锤挖掘，部分使用爆破方法
六类土（次坚石）	泥岩、砂岩、砾岩，坚实的页岩、泥灰岩，密实的石灰岩，风化花岗岩、片麻岩及正长岩	4.0～10.0	2.2～2.9	用爆破方法开挖，部分用风镐
七类土（坚石）	大理石，辉绿岩、玢岩，粗、中粒花岗岩，坚实的白云岩、砂岩、砾岩、片麻岩、石灰岩，微风化安山岩、玄武岩	10.0～18.0	2.5～3.1	用爆破方法开挖
八类土（特坚石）	安山岩、玄武岩，花岗片麻岩，坚实的细粒花岗岩、闪长岩、石英岩、辉长岩、辉绿岩、玢岩、角闪岩	18.0～25.0 以上	2.7～3.3	用爆破方法开挖

注：坚实系数 f 为相当于普氏岩石强度系数。

（2）土的现场鉴别

1）碎石土现场鉴别方法

A. 卵（碎）石：一半以上的颗粒超过 20mm，干燥时颗粒完全分散，湿润时用手拍击表面无变化，无黏着感觉。

B. 圆（角）砾：一半以上的颗粒超过 2mm（小高粱粒大小），干燥时颗粒完全分散，湿润时用手拍击表面无变化，无黏着感觉。

2）砂土现场鉴别方法

A. 砾砂：约有 1/4 以上的颗粒超过 2mm（小高粱粒大小），干燥时颗粒完全分散，湿润时用手拍击表面无变化，无黏着感觉。

B. 粗砂：约有一半的颗粒超过 0.5mm（细小米粒大小），干燥时颗粒完全分散，但有个别胶结在一起，湿润时用手拍击表面无变化，无黏着感觉。

C. 中砂：约有一半的颗粒超过 0.25mm，干燥时颗粒基本分散，局部胶结但一碰就散，湿润时用手拍击表面偶有水印，无黏着感觉。

D. 细砂：大部分颗粒与粗粒米粉近似，干燥时颗粒大部分分散，少量胶结，部分稍加碰撞即散，湿润时用手拍击表面有水印，偶有轻微黏着感觉。

E. 粉砂：大部分颗粒与细米粉近似，干燥时颗粒大部分分散，部分胶结，稍有压力可分散，湿润时用手拍击表面有显著翻浆现象，有轻微黏着感觉。

在观察颗粒粗细进行分类时，应将鉴别的土样从表中颗粒最粗类别逐级查对，当首先符合某一类的条件时，即按该类土定名。

3）黏性土的现场鉴别

A. 黏土：湿润时用刀切切面光滑，有黏刀阻力。湿土用手捻摸时有滑腻感，感觉不到有砂粒，水分较大，很黏手。干土土块坚硬，用锤才能打碎；湿土易黏着物体，干燥后不易剥去。湿土捻条塑性大，能搓成直径小于 0.5mm 的长条（长度不短于手掌），手持一端不易断裂。

B. 粉质黏土：湿润时用刀切切面平整、稍有光滑。湿土用手捻摸时稍有滑腻感，感觉到有少量砂粒，有黏滞感。干土土块用力可压碎；湿土易黏着物体，干燥后易剥去。湿土捻条有塑性，能搓成直径为 2～3mm 的土条。

4）粉土的现场鉴别

湿润时用刀切切面稍粗糙、不光滑。湿土用手捻摸时有轻微黏滞感，感觉到砂粒较多。干土土块用手捏或抛扔时易碎；湿土不易黏着物体，干燥后一碰即掉。湿土捻条塑性小，能搓成直径为 2～3mm 的短条。

5）人工填土的现场鉴别

无固定颜色，夹杂有砖瓦碎块、垃圾、炉灰等，夹杂物显露于外，构造无规律；浸入水中大部分变为稀软淤泥，其余部分为砖瓦、炉灰，在水中单独出现；湿土搓条一般能搓成直径 3mm 土条，但易断，遇有杂质很多时，就不能搓条，干燥后部分杂质脱落，故无定形，稍微施加压力即行破碎。

6）淤泥的现场鉴别

灰黑色有臭味，夹杂有草根等动植物遗体，夹杂物经仔细观察可以发觉，构造常呈层状；浸入水中外观无显著变化，在水中出现气泡；湿土搓条一般能搓成直径 3mm 土条

（至少长 30mm），容易断裂，干燥后体积显著收缩，强度不大，锤击时呈粉末状，用手指能捻碎。

7) 黄土的现场鉴别

黄褐两色的混合色，有白色粉末出现在纹理之中，夹杂物常清晰可见，构造有肉眼可见的垂直大孔；浸入水中即行崩散而分成散的颗粒，在水面上出现很多白色液体；湿土搓条与正常粉质黏土类似，干燥后强度很高，用手指不易捻碎。

8) 泥炭的现场鉴别

深灰或黑色，夹杂有半腐朽的动植物遗体，其含量超过 60%，夹杂物有时可见，构造无规律；浸入水中极易崩碎变为稀软淤泥，其余部分为植物根、动物残体渣滓悬浮于水中；湿土搓条一般能搓成 1~3mm 土条，干燥后大量收缩，部分杂质脱落，故有时无定形。

2. 土方工程量的计算

(1) 边坡坡度

土方边坡用边坡坡度和边坡系数表示，两者互为倒数，工程中常以 $1:m$ 表示放坡。

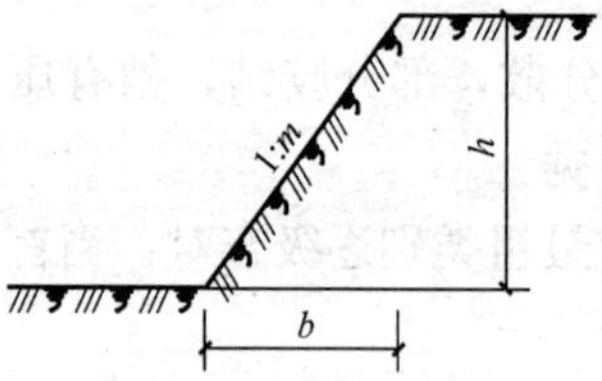

边坡坡度是以土方挖土深度 h 与边坡底宽 b 之比表示（如图 2-1 所示）。即：

$$\text{土方边坡坡度} = \frac{h}{b} = 1:m \tag{2-1}$$

边坡系数是以土方边坡底宽 b 与挖土深度 h 之比表示，用 m 表示。即：

$$\text{土方边坡系数 } m = \frac{b}{h} \tag{2-2}$$

图 2-1 土方边坡

(2) 基槽土方量计算

基槽开挖时，两边留有一定的工作面，分放坡开挖和不放坡开挖两种情形，如图 2-2 所示。

当基槽不放坡时：
$$V = h(a+2c)L \tag{2-3}$$

当基槽放坡时：
$$V = h(a+2c+mh)L \tag{2-4}$$

式中　V——基槽土方量（m³）；

　　　h——基槽开挖深度（m）；

　　　a——基础底宽（m）；

　　　c——工作面宽（m）；

　　　m——坡度系数；

　　　L——基槽长度（外墙按中心线，内墙按净长线）（m）。

如果基槽沿长度方向断面变化较大，应分段计算，然后将各段土方量汇总即得总土方量，即：

$$V = V_1 + V_2 + V_3 + \cdots + V_n \tag{2-5}$$

式中 V_1、V_2、V_3、…V_n——基槽各段土方量（m³）。

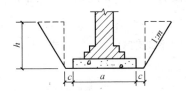

图 2-2 基槽土方量计算

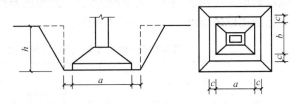

图 2-3 基坑土方量的计算

（3）基坑土方量计算

基坑开挖时，四边留有一定的工作面，分放坡开挖和不放坡开挖两种情形，如图 2-3 所示。

当基坑不放坡时： $V=h(a+2c)(b+2c)$ (2-6)

当基坑放坡时： $V=h(a+2c+mh)(b+2c+mh)+\frac{1}{3}m^2h^3$ (2-7)

式中 V——基坑土方量（m³）；

h——基坑开挖深度（m）；

a——基础底长（m）；

b——基础底宽（m）；

c——工作面宽（m）；

m——坡度系数。

3. 常见土方边坡及支护方法

开挖土方时，边坡土体的下滑力产生剪应力，此剪应力主要由土体的内摩阻力和内聚力平衡，一旦土体失去平衡，边坡就会塌方。为了防止塌方，保证施工安全，在基坑（槽）开挖深度超过一定限度时，土壁应放坡开挖，或者加以临时支撑或支护以保证土壁的稳定。

（1）自然放坡

土方边坡的大小应根据土质条件、开挖深度、地下水位、施工方法、边坡上堆土或材料及机械荷载、相邻建筑物的情况等因素确定。

开挖基坑（槽）时，当土质为天然湿度、构造均匀、水文地质条件良好（即不会发生坍滑、移动、松散或不均匀下沉），且无地下水时，开挖基坑也可不必放坡，采取直立开挖不加支护，但挖方深度应按表 2-2 的规定。

基坑（槽）和管沟不放坡也不加支撑时的容许深度　　表 2-2

项次	土 的 种 类	容许深度(m)
1	密实、中密的砂子和碎石类土(充填物为砂土)	1.0
2	硬塑、可塑的粉质黏土及粉土	1.25
3	硬塑、可塑的黏土和碎石类土(充填物为黏性土)	1.5
4	坚硬的黏土	2.0

对使用时间较长的临时性挖方边坡坡度，应根据工程地质和边坡高度，结合当地实践经验确定。在山坡整体稳定的情况下，如地质条件良好，土质较均匀，高度在 5m 内不加支撑的边坡最陡坡度可按表 2-3 确定。

深度在 5m 内的基坑（槽）、管沟边坡的最陡坡度（不加支撑）　　　　表 2-3

土 的 类 别	边坡坡度(高：宽)		
	坡顶无荷载	坡顶有静载	坡顶有动载
中密的砂土	1：1.00	1：1.25	1：1.50
中密的碎石类土（充填物为砂土）	1：0.75	1：1.00	1：1.25
硬塑的粉土	1：0.67	1：0.75	1：1.00
中密的碎石类土（充填物为黏性土）	1：0.50	1：0.67	1：0.75
硬塑的粉质黏土、黏土	1：0.33	1：0.50	1：0.67
老黄土	1：0.10	1：0.25	1：0.33
软土（经井点降水后）	1：1.00	—	—

注：1. 静载指堆土或材料等，动载指机械挖土或汽车运输作业等。静载或动载距挖方边缘的距离应保证边坡和直立壁的稳定，堆土或材料应距挖方边缘 0.8m 以外，高度不超过 1.5m。
　　2. 当有成熟施工经验时，可不受本表限制。

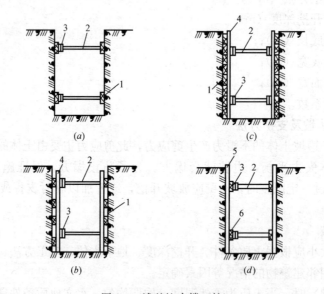

图 2-4　浅基坑支撑（护）
(a) 间断式水平支撑；(b) 断续式水平支撑；(c) 连续式水平支撑；(d) 连续式垂直支撑
1—水平挡土板；2—横撑木；3—木楔；4—竖楞木；5—垂直挡土板；6—横楞木

(2) 浅基坑（槽）支撑（护）

浅基坑（槽）支撑因工作面受到内支撑的影响，多适用于地下管道等。

对宽度不大，深 5m 以内的浅沟、槽（坑），一般宜设置简单的横撑式支撑，其形式根据开挖深度、土质条件、地下水位、施工时间长短、施工季节和当地气象条件、施工方法与相邻建（构）筑物情况进行选择。

横撑式支撑根据挡土板的不同，分为水平挡土板和垂直挡土板两类，水平挡土板的布置又分间断式、断续式和连续式三种；垂直挡土板的布置分断续式和连续式两种（如图

2-4所示)。

间断式水平支撑适于能保持直立壁的干土或天然湿度的黏土类土，地下水很少，深度在2m以内。

断续式水平支撑适于能保持直立壁的干土或天然湿度的黏土类土，地下水很少，深度在3m以内。

连续式水平支撑适于较松散的干土或天然湿度的黏土类土，地下水很少，深度为3～5m。

连续式或间断式垂直支撑适于土质较松散或湿度很高的土，地下水较少，深度不限。

采用横撑式支撑时，应随挖随撑，支撑要牢固。施工中应经常检查，如有松动、变形等现象时，应及时加固或更换。支撑的拆除应按回填顺序依次进行，多层支撑应自下而上逐层拆除，随拆随填。

(3) 深基坑支护

随着高层和超高层建筑的出现和发展，高层建筑的地下嵌固（即地下室）有相应的比例规定，因此深基坑（大于5m）的地下建筑日益增多。为了进行基坑内的施工，必须进行深基坑支护。

目前，深基坑的支护方法很多，根据建筑地域的土层结构、工程地质、水文情况、基坑形状、开挖深度、拟采用的挖方、排水方法、施工作业设备条件、安全等级和工期要求以及技术经济效果等因素加以综合全面地考虑而定。现将常用的几种支护介绍如下：

1) 重力式支护

深基坑的各种支护可分为两类，即重力式支护结构和非重力式支护结构（也称柔性支护结构）。常用的重力式支护结构是深层搅拌水泥土桩挡墙。

深层搅拌水泥土桩挡墙是以深层搅拌机就地将边坡土和压入的水泥浆强力搅拌形成连续搭接的水泥土桩挡墙（图2-5(a)），水泥土与其包围的天然土形成重力式挡墙支挡周围土体，使边坡保持稳定，这种桩墙是依靠自重和刚度进行挡土和保护坑壁，一般不设支撑，或特殊情况下局部加设支撑，具有良好的抗渗透性能（渗透系数≤10^{-7}cm/s），能止水防渗，起到挡土防渗双重作用。水泥土搅拌桩重力式支护结构一般用于软黏土地区开挖深度约在6m左右的基坑工程。目前应用不是十分广泛。

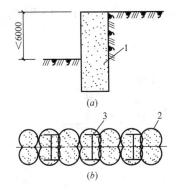

图2-5 深层搅拌水泥土桩挡墙支护
(a) 水泥土墙；(b) 劲性水泥土搅拌桩
1—水泥土墙；2—水泥土搅拌桩；3—H型钢

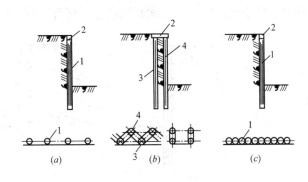

图2-6 挡土灌注桩支护
(a) 间隔式；(b) 双排式；(c) 连续式
1—挡土灌注桩；2—连续梁（圈梁）；3—前排桩；4—后排桩

2) 挡土灌注桩支护

挡土灌注桩支护是在基坑周围用钻机钻孔、吊钢筋笼，现场灌注混凝土成桩，形成桩排作挡土支护。桩的排列形式有间隔式、双排式和连接式等（见图2-6）。间隔式是每隔一定距离设置一桩，成排设置，在顶部设连系梁连成整体共同工作。双排桩是将桩前后或成梅花形，按两排布置，桩顶也设有连系梁成门式刚架，以提高抗弯刚度，减小位移。连续式是一桩连一桩形成一道排桩连续，在顶部也设有连系梁连成整体共同工作。

灌注桩间距、桩径、桩长、埋置深度，根据基坑开挖深度、土质、地下水位高低、以及所承受的土压力由计算确定。挡土桩间距一般1～2m，桩直径由0.5～1.1m，埋深为基坑深的0.5～1.0倍。桩配筋根据侧向荷载由计算而定，一般主筋直径14～32mm；当为构造配筋，每桩不少于8根，箍筋采用ϕ8mm，间距为100～200mm。灌注桩一般在基坑开挖前施工，成孔方法有机械和人工开挖两种，后者用于桩径不少于0.8m的情况。

本法具有桩刚度较大，抗弯强度高，变形相对较小，安全感好，设备简单，施工方便，需要工作场地不大，噪声低、振动小、费用较低等优点。适用黏性土、开挖面积较大、较深（大于6m）的基坑以及不允许邻近建筑物有较大下沉、位移时采用。一般土质较好可用于悬臂7～10m的情况，若在顶部设拉杆，中部设锚杆可用于3～4层地下室开挖的支护。

3) 土层锚杆支护

土层锚杆（又称土锚杆）一端插入土层中，另一端与挡土结构拉结，借助锚杆与土层的摩擦阻力产生的水平抗力抵抗土的侧压力来维护挡土结构的稳定。该类支护适用于土质较好，非软土场地、基坑深度不大于12m的工程。土层锚杆的施工是在深基坑侧壁的土层钻孔至要求深度，或再扩大孔的端部形成柱状或球状扩大头，在孔内放入钢筋、钢管或钢丝束、钢绞线，灌入水泥浆或化学浆液，使与土层结合成为抗拉（拔）力强的锚杆。在锚杆的端部通过横撑（钢横梁）借螺母连接或再张拉施加预应力将挡土结构受到的侧压力，通过拉杆传给稳定土层，以达到控制基坑支护的变形，保持基坑土体和坑外建筑物稳定的目的。

A. 土层锚杆的分类

土层锚杆的种类型式较多，有一般灌浆锚杆、扩孔灌浆锚杆、压力灌浆锚杆、预应力锚杆、重复灌浆锚杆、二次高压灌浆锚杆等多种，最常用的是前四种。土层锚杆根据支护

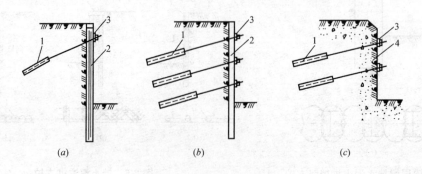

图2-7 土层锚杆支护型式
(a) 单锚支护；(b) 多锚支护；(c) 破碎岩土支护
1—土层锚杆；2—挡土灌注桩或地下连续墙；3—钢横梁（撑）；4—破碎岩土层

深度和土质条件可设置一层或多层。当土质较好时，可采用单层锚杆；当基坑深度较大、土质较差时，单层锚杆不能完全保证挡土结构的稳定，需要设置多层锚杆。土层锚杆通常会和排桩支护结合起来使用（如图 2-7 所示）。

B. 土层锚杆的构造与布置

土层锚杆的构造为：由锚头、支护结构、拉杆、锚固体等部分组成。土层锚杆根据主动滑动面，分为自由段 l_{fa}（非锚固段）和锚固段 l_c（见图 2-8）。土层锚杆的自由段处于不稳定土层中，要使它与土层尽量脱离，一旦土层有滑动时，它可以伸缩，其作用是将锚头所承受的荷载传递到锚固段去。锚固段处于稳定土层中，要使它与周围土层结合牢固，通过与土层的紧密接触将锚杆所受荷载分布到周围土层中去。锚固段是承载力的主要来源。锚杆锚头的位移主要取决于自由段。

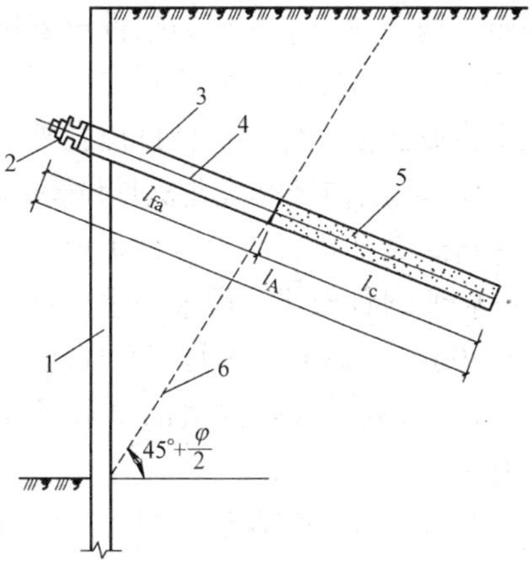

图 2-8 土层锚杆长度的划分
1—挡土灌注桩（支护）；2—锚杆头部；3—锚孔；
4—拉杆；5—锚固体；6—主动土压裂面
l_{fa}—非锚固段长度；l_c—锚固段长度；l_A—锚杆长度

为了不使锚杆引起地面隆起，最上层锚杆的上面要有必要的覆土厚度。即锚杆的向上垂直分力应小于上面的覆土重量。最上层锚杆一般需覆土厚度不小于 4～5m；锚杆的层数应通过计算确定，一般上下层间距 2.0～5.0m，水平间距 1.5～4.5m，或控制在锚固体直径的 10 倍。锚杆一般宜与水平呈 15°～25°倾斜角。锚杆的尺寸：锚杆的长度应使锚固体置于滑动土体外的好土层内，通常长度为 15～25m，其中锚杆自由段长度不宜小于 5m，并应超过潜在滑裂面 1.5m；锚固段长度一般为 5～7m，有效锚固长度不宜小于 4m。

C. 施工工艺方法要点

土层锚杆施工与土方开挖进展相结合，当开挖基坑至第一层锚杆标高时，应进入锚杆施工。以后将随挖随设置一层土层锚杆，逐层向下设置，直至完成。

A）施工程序。

a. 干作业法。无预应力时：施工准备→土方开挖→测量、放线定位→钻机就位→校正孔位调整角度→钻孔→接螺旋钻杆继续钻孔到预定深度→退螺旋钻杆→插放钢索→插入注浆管→灌水泥浆→养护→上锚头（如 H 型钢或灌注桩则上腰梁及锚头）→锚杆工序完毕，继续挖土。有预应力时：施工准备→土方开挖→测量、放线定位→钻机就位→校正孔位调整角度→钻孔→接螺旋钻杆继续钻孔到预定深度→退螺旋钻杆→插放钢索→插入注浆管→灌水泥浆→养护→上锚头（如 H 型钢或灌注桩则上腰梁及锚头）→预应力张拉→紧螺栓或顶紧楔片→锚杆工序完毕，继续挖土。

b. 湿作业法。无预应力时：施工准备→土方开挖→测量、放线定位→钻机就位→接钻杆→校正孔位→调整角度→打开水源→钻孔→提出内钻杆→冲洗→钻至设计深度→反复提内钻杆、冲洗至孔内出清水→插钢筋（或安钢绞线）→压力灌浆→养护→裸露主筋防锈→上横梁→锚头（锚具）锁定。有预应力时：施工准备→土方开挖→测量、放线定位→钻机就位→接钻杆→校正孔位→调整角度→打开水源→钻孔→提出内钻杆→冲洗→钻至设计深度→反复提内钻杆、冲洗至孔内出清水→插钢筋（或安钢绞线）→压力灌浆→养护→裸露主筋防锈→上预应力锚件→安锚具→张拉→锚头（锚具）锁定。

土层锚杆干作业施工程序与湿作业法基本相同，只是钻孔中不用水冲洗泥渣成孔，而是干作业法使土体顺螺杆排出孔外成孔。

B）土层锚杆的成孔机具设备，使用较多的有螺旋式钻孔机、气动冲击式钻孔机和旋转冲击式钻孔机、履带全行走全液压万能钻孔机，也可采用改装的普通地质钻机成孔，即用一轻便斜钻架代替原来的垂直钻架。在黄土地区，也可采用洛阳铲形成锚杆孔穴，孔径70~80mm，钻出的孔洞用空气压缩机、风管冲洗孔穴，将孔内孔壁松土清除干净。

C）成孔。成孔方法的选择主要取决于土质和钻孔机械。常用的土层锚杆钻孔方法有：

螺旋钻孔干作业法。当土层锚杆处于地下水位以上，呈非浸水状态时，宜选用不护壁的螺旋钻孔干作业法来成孔，该法对黏土、粉质黏土、密实性和稳定性较好的砂土等土层都适用。此法的缺点是当孔洞较长时，孔洞易向上弯曲，导致土层锚杆张拉时磨擦损失过大，影响以后锚固力的正常传递，其原因是钻孔时钻削下来的土屑沉积在钻杆下方，造成钻头上抬。

压水钻进成孔法。土层锚杆施工应用较多的一种钻孔工艺。这种钻孔方法的优点，是可以把钻孔过程中的钻进、出渣、固壁、清孔等工序一次完成，可以防止塌孔、不留残土，软、硬土都能适用。但用此法施工，工地若无良好的排水系统会积水多，有时会给施工带来麻烦。

潜钻成孔法。此法是利用风动冲击式潜孔冲击器成孔，此法宜用于孔隙率大，含水量较低的土层中。

D）安放拉杆。拉杆应由专人制作，下料长度应为自由段、锚固段及外露长度之和。外露长度须满足锚固及张拉作业要求，钻完后尽快安设，以防塌孔。拉杆使用前，要除锈和除油污。孔口附近拉杆钢筋应先涂一层防锈漆，并用两层沥青玻璃布包扎做好防锈层。

E）锚杆灌浆。灌浆的作用是：形成锚固段，将锚杆锚固在土层中；防止钢拉杆腐蚀；填充土层中的孔隙和裂缝。锚杆灌浆材料多用水泥浆及水泥砂浆，水泥采用普通水泥。灌浆用水泥浆水灰比宜为0.5，水泥砂浆的配合比宜为1:1~1:2，水灰比宜为0.38。灌浆用的灌泵压入灌浆方法分为一次灌浆法和二次灌浆法两种。

F）张拉与锚固。当采用预应力钢筋时，土层锚杆灌浆后，待锚固体强度达到80%设计强度以上，便可对锚杆进行张拉和锚固。

4）地下连续墙

地下连续墙是深基坑支护和建造地下构筑物的一项新技术，近年来在地下工程和基础工程施工中应用较为广泛，在一些重大工程中已取得了很好的效果。

地下连续墙是指在地下工程土方开挖之前，预先在地面以下浇筑钢筋混凝土墙体，形成围护、支撑土壁。

目前，我国建筑工程中应用最多的是现浇的钢筋混凝土板式地下连续墙作支护结构，也可用作主体结构一部分。墙厚一般达600~800mm，适用于软土地质和地下水位较高地区。现浇钢筋混凝土板式地下连续墙，其施工工艺过程通常如图2-9所示，其中修筑导

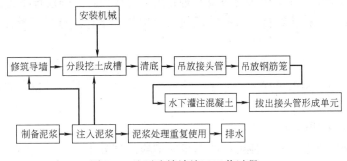

图 2-9 地下连续墙施工工艺过程

墙、泥浆制备与处理、深槽挖掘、钢筋笼制备与吊放以及混凝土浇筑，是地下连续墙施工中主要的工序。

A. 修筑导墙

深槽开挖前，必须沿着地下连续墙的轴线位置开挖导沟，浇筑混凝土做导墙。导墙是地下连续墙挖槽之前修筑的临时结构，对挖槽起重要作用。

导墙的作用：起挡土墙作用，起基准作用，起重物支承作用，防止泥浆漏失，保持泥浆稳定，防止雨水等地面水流入槽内，起到相邻结构物的补强作用。

导墙的形式：导墙一般为现浇的钢筋混凝土结构，但也有钢制的或预制钢筋混凝土的装配式结构，可多次重复使用。不论采用哪种结构，都应具有必要的强度和刚度，且一定要满足挖槽机械的施工要求。

导墙施工顺序：平整场地→测量定位→挖槽→绑钢筋→支模板（根据设计图，土质好时，外侧也可利用土模，内侧用模板）→浇混凝土→拆模并设置横撑→回填外侧空隙并压实。

B. 泥浆制备

泥浆的主导作用是护壁，有以下功能：携渣作用，冷却和润滑作用。泥浆通常使用膨润土，还添加掺合物和水，用搅拌机搅拌均匀入池备用。

C. 挖深槽

挖槽是地下连续墙施工中的关键工序。地下连续墙挖槽的主要工作：单元槽段划分、挖槽机械的选择与正确使用、制订防止槽壁坍塌的措施和特殊情况的处理等。

地下连续墙施工时，预先沿墙体长度方向把地下墙划分为许多某种长度的施工单元，这种施工单元称"单元槽段"。单元槽段的长度多为 5～8m，但也有取更长的情况。地下连续墙施工的关键设备为挖槽机。国内使用的有多头钻挖槽机、液压抓斗挖槽机和钻抓斗式挖槽机等几种，其中应用最为广泛的为多头钻挖槽机。挖槽施工时以导墙为基准开挖单元槽段。

D. 清底

挖槽结束后，悬浮在泥浆中的颗粒将渐渐沉淀到槽底，此外，在挖槽过程中被排出而残留在槽内的土渣，以及吊放钢筋笼时从槽壁上刮落的泥皮都堆积在槽底。在挖槽结束后清除以沉渣为代表的槽底沉淀物的工作称为清底。清除槽底沉渣的方法一般采用吸力泵法、压缩空气法和潜水泥浆泵法排渣。

E. 接头

常用的单元槽段的施工接头有以下几种：接头管接头，是当前地下连续墙施工应用最多的一种施工接头。接头箱接头，接头箱接头可以使地下连续墙形成整体接头，接头的刚度较好。

地下连续墙内有时还有其他的预埋件或预留孔洞等，可利用泡沫苯乙烯塑料、木箱等覆盖，但要注意不要因泥浆浮力而产生位移或损坏，而且在基坑开挖时要易于从混凝土面上取下。

F. 钢筋笼加工和吊放

钢筋笼根据地下连续墙墙体配筋图和单元槽段的划分来制作。钢筋笼最好按单元槽段做成一个整体。如果地下连续墙很深或受起重设备能力的限制，需要分段制作。地下连续墙钢筋笼一般应在平台上放样成型，主筋接头应对焊。在现场平卧组装，要求平整度误差不大于50mm。

钢筋笼的起吊、运输和吊放应周密的制订施工方案，不允许在此过程中产生不能恢复的变形。钢筋笼起吊应用横吊梁式吊架，吊点布置和起吊方式要防止起吊时引起钢筋笼变形。

G. 混凝土浇筑

地下连续墙混凝土用导管法进行浇筑，导管间距一般在3～4m为宜，在混凝土浇筑过程中，导管下口总是埋在混凝土内不少于1.5m。混凝土浇筑高度应保证凿除浮浆后，墙顶标高符合设计要求，其他要求与一般施工方法相同。

（4）坑（槽）壁支护施工安全

1）一般坑壁支护都应进行设计计算，并绘制施工详图。比较浅的基坑（槽），可根据经验绘制简明的施工图。在运用已有经验时，一定要考虑土壁土的类别、深度、干湿程度、槽边荷载以及支撑材料和做法是否和经验做法相同或近似。

2）选用坑壁支撑的木材，要选坚实的松林或杉木，不宜用杂木。木支撑要随挖随撑，并严密顶紧牢固，不能整个挖好后一次支撑。挡土板或板桩与坑壁间填土应分层回填夯实，使之密实以提高回填土的抗剪强度。

3）挡土桩顶深埋的拉锚，应用挖沟方式埋设，沟宽尽可能小，不能采取全部开挖回填方式，扰动土体固结状态。拉锚安装后应按设计要求预加应力进行预拉紧。

4）锚杆的锚固段应埋在稳定性较好的土层中或岩层中，并用水泥砂浆灌注密实。锚固须以计算或试验确定，不得锚固在松软土层中。

5）施工中应经常检查支撑和观测邻近建筑物稳定与变形情况。如发现支撑有松动、变形、位移等现象，应及时采取加固措施。

6）支撑的拆除应按回填顺序依次进行，多层支撑应自下而上逐层拆除，经回填夯实后，再拆上层。拆除支撑应注意防止附近建筑物或构筑物产生下沉或裂缝，必要时采取加固措施。

4. 土方施工中的排水与降水

为了保证土方施工顺利进行，对施工现场的排水系统应有一个总体规划，做到场地排水通畅。土方施工排水包括排除地面水和降低地下水。

（1）地面排水

地面水的排除通常采用设置排水沟、截水沟或修筑土堤等设施来进行。应尽量利用自然地形来设置排水沟，以便将水直接排至场外，或流入低洼处再用水泵抽走。

主排水沟最好设置在施工区域或道路的两旁，其横断面和纵向坡度根据最大流量确定。一般排水沟的横断面不小于0.5m×0.5m，纵向坡度根据地形确定，一般不小于3‰。在山坡地区施工，应在较高一面的坡上先做好永久性截水沟，或设置临时截水沟，阻止山坡水流入施工现场。在低洼地区施工时，除开挖排水沟外，必要时还需修筑土堤，以防止场外水流入施工场地。出水口应设置在远离建筑物或构筑物的低洼地点，并保证排水通畅。

(2) 集水井降水

为了防止边坡塌方和地基承载能力的下降，必须做好基坑降水工作。降低地下水位的方法有集水井降水法和井点降水法两种。集水井降水法一般宜用于降水深度较小且地层为粗粒土层或黏性土时；井点降水法一般宜用于降水深度较大，或土层为细砂和粉砂，或是软土地区时。

1) 集水井设置

采用集水井降水法施工，是在基坑（槽）开挖时，沿坑底周围或中央开挖排水沟，在沟底设置集水井（如图2-10所示），使坑（槽）内的水经排水沟流向集水井，然后用水泵抽走。抽出的水应引开，以防倒流。

排水沟和集水井应设置在基础范围以外，一般排水沟的横断面不小于0.5m×0.5m，纵向坡度宜为1‰～2‰；集水井每隔20～40m设置一个，其直径和宽度一般为0.6～0.8m，其深度随着挖土的加深而加深，要始终低于挖土面0.7～1.0m。井壁可用竹、木等简易加固。当基坑挖至设计标高后，集水井底应低于坑底1～2m，并

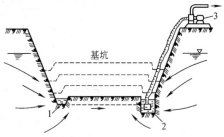

图2-10 集水井降水
1—排水沟；2—集水坑；3—水泵

铺设0.3m左右的碎石滤水层，以免抽水时将泥砂抽走，并防止集水井底的土被扰动。

2) 流砂产生及防治

当基坑（槽）挖土至地下水水位以下时，土质又是细砂或粉砂，若采用集水井法降水，坑底的土就受到动水压力的作用。如果动水压力等于或大于土的浸水重度时，土粒失去自重处于悬浮状态，能随着渗流的水一起流动，带入基坑边发生流砂现象。流砂防治的具体措施有抢挖法、打板桩法、水下挖土法、人工降低地下水位、地下连续墙法等。

(3) 井点降水

井点降水法也称为人工降低地下水位法，就是在基坑开挖前，预先在基坑四周埋设一定数量的滤水管（井），利用抽水设备从中抽水，使地下水位降落在坑底以下，直至施工结束为止。这样，可使所挖的土始终保持干燥状态，改善施工条件，同时还使动水压力方向向下，从根本上防止流砂发生，并增加土中有效应力，提高土的强度或密实度。

井点降水法有：轻型井点、喷射井点、电渗井点、管井井点及深井泵等。各种方法的选用，可根据土的渗透系数、降低水位的深度、工程特点、设备及经济技术比较等具体条件参照表2-4选用。其中以轻型井点和管井井点采用较广，下面作重点介绍。

各类井点的使用范围　　　　　　　　表 2-4

项次	井点类别	土层渗透系数(m/d)	降低水位深度(m)
1	单层轻型井点	0.1～50	2～6
2	多层轻型井点	0.1～50	6～12(由井点层数而定)
3	喷射井点	0.1～2	8～20
4	电渗井点	＜0.1	根据选用的井点确定
5	管井井点	20～200	3～5
6	深井井点	10～250	＞10

1) 轻型井点

A. 轻型井点设备：轻型井点设备主要包括井点管、滤管、集水总管、弯联管、抽水设备等(见图 2-11)。

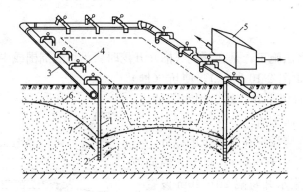

图 2-11　轻型井点降低地下水位全貌图
1—井点管；2—滤管；3—总管；4—弯联管；5—水泵房；
6—原有地下水位线；7—降低后地下水位线

B. 轻型井点的布置：井点系统的布置，应根据基坑平面形状与大小、土质、地下水位高低与流向、降水深度要求等确定。

平面布置：当基坑或沟槽宽度小于 6m，水位降低值不大于 5m 时，可用单排线状井点，布置在地下水流的上游一侧，两端延伸长一般不小于沟槽宽度(见图 2-12)。如沟槽

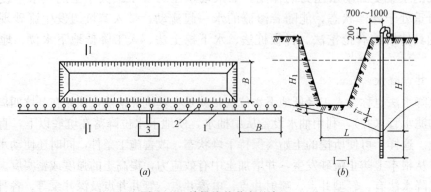

图 2-12　单排线状井点的布置
(a) 平面布置；(b) 高程布置
1—总管；2—井点管；3—抽水设备

宽度大于6m，或土质不良，宜用双排井点（见图2-13）；面积较大的基坑宜用环状井点（见图2-14），有时也可布置为U形，以利挖土机械和运输车辆出入基坑，环状井点四角部分应适当加密，井点管距离基坑边一般为1～1.5m。井点管间距一般用0.8～1.6m，或由计算和经验确定。

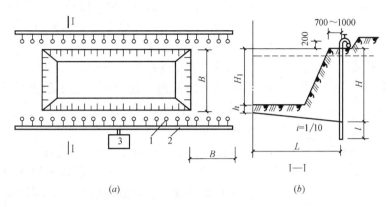

图2-13 双排线状井点布置图
(a) 平面布置；(b) 高程布置
1—井点管；2—总管；3—抽水设备

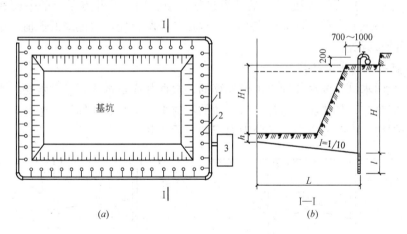

图2-14 环状井点布置
(a) 平面布置；(b) 高程布置
1—总管；2—井点管；3—抽水设备

井点管的埋置深度：轻型井点的降水深度在考虑设备水头损失后，不超过6m。井点管的埋设深度H（不包括滤管长）按式（2-8）计算（见图2-12～图2-14）。

$$H \geqslant H_1 + h + IL \tag{2-8}$$

式中 H_1——井管埋设面至基坑底的距离（m）；

h——基坑中心处基坑底面（单排井点时，为远离井点一侧坑底边缘）至降低后地下水位的距离，一般为0.5～1.0m；

I——地下水降落坡度，环状井点1/10，单排线状井点为1/45；

L——井点管至基坑中心的水平距离（m）（在单排井点中，为井点管至基坑另一侧的水平距离）。

如果计算出的 H 值大于井点管长度，则应降低井点管的埋置面（但以不低于地下水位为准）以适应降水深度的要求。在任何情况下，滤管必须埋在透水层内。总管应具有 0.25％～0.5％坡度（坡向泵房）。各段总管与滤管最好分别设在同一水平面，不宜高低悬殊。

当一级井点系统达不到降水深度要求，可视其具体情况采用其他方法降水。如上层土的土质较好时，先用集水井排水法挖去一层土再布置井点系统；也可采用二级井点，即先挖去第一级井点所疏干的土，然后再在其底部装设第二级井点（见图 2-15）。

C. 井点施工工艺程序：放线定位→铺设总管→冲孔→安装井点管、填砂砾滤料、上部填黏土密封→用弯联管将井点管与总管接通→安装抽水设备与总管连通→安装集水箱和排水管→开动真空泵排气、再开动离心水泵抽水→测量观测井中地下水位变化。

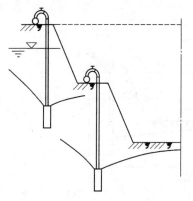

图 2-15 二级轻型井点降水

D. 轻型井点的计算：轻型井点的计算包括：根据确定的井点系统的平面和竖向布置图，计算井点系统涌水量，计算确定井点管数量与间距，校核水位降低数值，选择抽水设备和井点管的布置等。

A）井点系统涌水量计算

井点系统涌水量是按水井理论进行计算的。根据井底是否达到不透水层，水井可分为完整井与不完整井；凡井底到达含水层下面的不透水层顶面的井称为完整井，否则称为不完整井。根据地下水有无压力，又分为无压井与承压井。

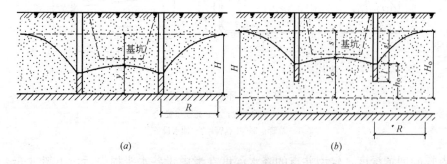

图 2-16 环状井点涌水量计算简图
(a) 无压完整井；(b) 无压不完整井

对于无压完整井的环状井点系统（见图 2-16 (a)），涌水量计算公式为：

$$Q = 1.366 K \frac{(2H-s)s}{\lg R - \lg x_0} \tag{2-9}$$

$$R = 1.95 s \sqrt{HK} \tag{2-10}$$

$$x_0=\sqrt{F/\pi} \tag{2-11}$$

式中　Q——井点系统的涌水量（m³/d）；

　　　H——含水层厚度（m）；

　　　K——土的渗透系数（m/d），可以由实验室或现场抽水试验确定；

　　　s——水位降低值（m）；

　　　R——抽水影响半径（m），常用式（2-10）计算；

　　　x_0——环状井点系统的假想半径（m），对于矩形基坑，其长度与宽度之比不大于5时，可按式（2-11）计算；

　　　F——环状井点系统所包围的面积（m²）。

对于无压非完整井点系统（图2-16（b）），地下潜水不仅从井的侧面流入，还从井点底部渗入，因此涌入量较完整井大。为了简化计算，仍可采用式（2-9）。但此时式中 H 应换成有效抽水影响深度 H_0，H_0 值可按表2-5确定，当算得 H_0 大于实际含水量厚度 H 时，仍取 H 值。

有效抽水影响深度 H_0 值　　　　　表2-5

$s'/(s'+1)$	0.2	0.3	0.5	0.8
H_0	$1.36(s'+1)$	$1.5(s'+1)$	$1.7(s'+1)$	$1.85(s'+1)$

B）井点管数量与井距的确定

确定井点管数量需先确定单根井点管的抽水能力，单根井点管的最大出水量 q，取决于滤管的构造尺寸和土的渗透系数，按式（2-12）计算：

$$q=65\pi dl K^{1/3} \tag{2-12}$$

式中　d——滤管内径（m）；

　　　l——滤管长度（m）；

　　　K——土的渗透系数（m/d）。

井点管的最少根数 n，根据井点系统涌水量 Q 和单根井点管的最大出水量 q，按式（2-13）确定：

$$n=1.1\frac{Q}{q} \tag{2-13}$$

式中　1.1——备用系数（考虑井点管堵塞等因素）。

井点管的平均间距 D 为：

$$D=\frac{L}{n} \tag{2-14}$$

式中　L——总管长度（m）；

　　　n——井点管根数。

E. 井点管的安装埋设

井点管埋设一般用水冲法，分为冲孔和埋管两个过程。冲孔直径一般为300mm，以保证井管四周有一定厚度的砂滤层。井孔冲成后，立即拔出冲管，插入井点管，并在井点管与孔壁之间迅速填灌砂滤层,以防孔壁塌土。

F. 轻型井点的使用

轻型井点使用时,一般应连续(特别是开始阶段)。时抽时停,滤管网容易堵塞,出水浑浊并引起附近建筑物由于土颗粒流失而沉降、开裂。同时由于中途停抽,使地下水回升,也可能引起边坡塌方等事故,抽水过程中,应调节离心泵的出水阀以控制水量,使抽吸排水保持均匀,做到细水长流。正常的出水规律是"先大后小,先浑后清"。井点降水工作结束后所留的井孔,必须用砂砾或黏土填实。

2) 管井井点

管井井点由滤水井管、吸水管和抽水机械等组成(见图 2-17)。管井井点设备较为简单,排水量大,降水较深,较轻型井具有更大的降水效果,可代替多组轻型井点作用,水泵设在地面,易于维护。适于渗透系数较大、地下水丰富的土层、砂层或用集水井排水法易造成土粒大量流失,引起边坡塌方及用轻型井点难以满足要求的情况下使用。但管井属于重力排水范畴,吸程高度受到一定限制,要求渗透系数 K 较大($20\sim200\mathrm{m/d}$),降水深度仅为 $3\sim5\mathrm{m}$。

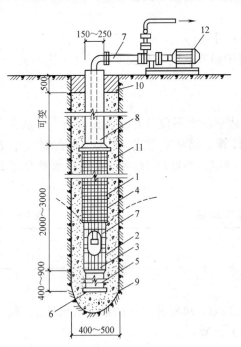

图 2-17 管井井点构造
1—滤水井管;2—$\phi14\mathrm{mm}$ 钢筋焊接骨架;3—$6\mathrm{mm}\times30\mathrm{mm}$ 铁环@$250\mathrm{mm}$;4—10 号铁丝垫筋@$250\mathrm{mm}$ 焊于管骨架上,外包孔眼 $1\sim2\mathrm{mm}$ 铁丝网;5—沉砂管;6—木塞;7—吸水管;8—$\phi100\sim200\mathrm{mm}$ 钢管;9—钻孔;10—夯填黏土;11—填充砂砾;12—抽水设备

A. 井点构造与设备

滤水井管下部滤水井管过滤部分用钢筋焊接骨架,外包孔眼为 $1\sim2\mathrm{mm}$ 滤网,长 $2\sim3\mathrm{m}$,上部井管部分用直径 $200\mathrm{mm}$ 以上的钢管、塑料管或混凝土管。

吸水管用直径 $50\sim100\mathrm{mm}$ 的钢管或橡胶管,插入滤水井管内,其底端应沉到管井吸水时的最低水位以下,并装逆止阀,上端装设带法兰盘的短钢管一节。

水泵采用 BA 型或 A 型,流量 $10\sim25\mathrm{m^3/h}$ 离心式水泵。每个井管装置一台,当水泵排水量大于单孔滤水井涌水量数量时,可另加设集水总管将相邻的相应数量的吸水管连成一体,共用一台水泵。

B. 管井的布置

采取沿基坑外围四周呈环形布置或沿基坑(或沟槽)两侧或单侧呈直线形布置,井中心距基坑(槽)边缘的距离,依据所用钻机的钻孔方法而定,当用冲击钻时为 $0.5\sim1.5\mathrm{m}$,当用钻孔法成孔时不小于 $3\mathrm{m}$。管井埋设的深度和距离根据需降水面积和深度及含水层的渗透系数 K 等而定,最大埋深可达 $10\mathrm{m}$,间距 $10\sim15\mathrm{m}$。

C. 管井的埋设

管井埋设可采用泥浆护壁冲击钻成孔或泥浆护壁钻孔方法成孔。钻孔底部应比滤水井管深 200mm 以上。井管下沉前应进行清洗滤井，冲除沉渣，可灌入稀泥浆用吸水泵抽出置换或用空压机洗井法将泥渣清出井外，并保持滤网的畅通，然后下管。滤水井管应置于孔中心，下端用圆木堵塞管口，井管与孔壁之间用 3～15mm 砾石填充作过滤层，地面下 0.5m 内用黏土填充夯实。

D. 管井的使用

管井使用时应经试抽水，检查出水是否正常，有无淤塞等现象。若情况异常，应检修好后方可转入正常使用。抽水过程中应经常对抽水设备的电动机、传动机械电流、电压等进行检查，并对井内水位下降和流量进行观测和记录。井管使用完毕，可用人字桅杆借助钢丝绳、倒链、绞磨或卷扬机将井管徐徐拔出，将滤水井管洗去泥沙后储存备用，所留孔洞用砂砾填实，上部 50cm 深用黏性土填充夯实。

5. 常用土方施工机械的性能、特点与选用

常用的施工机械有：推土机、铲运机、单斗挖土机、装载机等，施工时应正确选用施工机械，加快施工进度。

(1) 推土机施工

推土机是土方工程施工的主要机械之一，是在拖拉机上安装推土板等工作装置而成的机械。

1) 特点：操作灵活、运转方便、需工作面小，可挖土、运土，易于转移，行驶速度快，应用广泛。

2) 性能：推平；运距 100m 内的堆土（效率最高为 60m）；开挖浅基坑；推送松散的硬土、岩石；回填、压实；配合铲运机助铲；牵引；下坡坡度最大 35°，横坡最大为 10°，几台同时作业，前后距离应大于 8m。

3) 适用范围：推一～四类土；找平表面，场地平整；短距离移挖作填，回填基坑（槽）、管沟并压实；开挖深不大于 1.5m 的基坑（槽）；堆筑高 1.5m 内的路基、堤坝；拖羊足碾；配合挖土机从事集中土方、清理场地、修路开道等。

4) 作业方法

A. 下坡推土法：在斜坡上，推土机顺下坡方向切土与堆运。适于半挖半填地区推土丘，回填沟、渠时使用。

B. 槽形推土法：推土机重复多次在一条作业线上切土和推土，使地面逐渐形成一条浅槽，再反复在沟槽中进行推土，以减少土从铲刀两侧漏散。当推土层较厚，运距较远较厚使用。

C. 并列推土法：平整较大面积场地时，可采用 2～3 台推土机并列作业。适于大面积场地平整及运送土用。

D. 分堆集中，一次推送法：在硬质土中，切土深度不大，将土先积聚在一个或数个中间点，然后再整批推送到卸土区，使铲刀前保持满载。适于运送距离较远，而土质又比较坚硬，或长距离分段送土时采用。

(2) 铲运机施工

铲运机由牵引机械和土斗组成，按行走方式分拖式和自行式两种。

1) 特点：操作简单灵活，可完成铲土、运土、卸土、填筑、压实工序，行驶速度快，易于转移。

2）性能：大面积整平；开挖大型基坑、沟渠；运距 800～1500m 内的挖运土（效率最高为 200～350m）；填筑路基、堤坝；回填压实土方；坡度控制在 20°以内。

开挖坚土时需用推土机助铲，开挖三、四类土宜先用松土机预先翻松 20～40cm；自行式铲运机用轮胎行驶，适合于长距离，但开挖亦须用助铲。

3）适用范围：开挖含水率 27% 以下的一～四类土；大面积场地平整、压实；运距 800m 内的挖运土方；开挖大型基坑（槽）、管沟，填筑路基等。但不适于砾石层、冻土地带及沼泽地区使用。

4）作业方法

铲运机常用的作业方法有：下坡铲土法、跨铲法、助铲法。

(3) 单斗挖土机施工

单斗挖土机在土方工程中应用较广，种类很多，按其行走装置的不同，分为履带式和轮胎式两类。单斗挖土机还可根据工作的需要，更换其工作装置。按其工作装置的不同，分为正铲、反铲、拉铲和抓铲等。按其操纵机械的不同，可分为机械式和液压式两类，如图 2-18 所示。

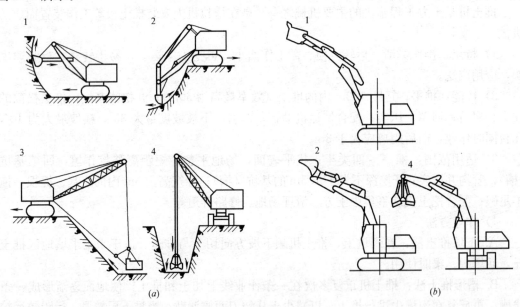

图 2-18 单斗挖土机
(a) 机械式；(b) 液压式
1—正铲；2—反铲；3—拉铲；4—抓铲

1）正铲挖土机

A. 特点：正铲挖土机装车轻便灵活，回转速度快，移位方便；能挖掘坚硬土层，易控制开挖尺寸，工作效率高。挖土特点是："前进向上，强制切土"。

B. 性能：开挖停机面以上土方；工作面应在 1.5m 以上；开挖高度超过挖土机挖掘高度时，可采取分层开挖；装车外运；它与运土汽车配合能完成整个挖运任务。可用于开挖大型干燥基坑以及土丘等。

C. 适用范围：开挖含水量不大于 27% 的一～四类土和经爆破后的岩石与冻土碎块；

大型场地平整土方；工作面狭小且较深的大型管沟和基槽路堑；独立基坑；边坡开挖。

D. 开挖方式：根据开挖路线与运输汽车相对位置的不同，一般有以下两种：一种是正向开挖，侧向卸土。正铲向前进方向挖土，汽车位于正铲的侧向装土，为最常用的开挖方法。另一种是正向开挖，后方卸土。正铲向前进方向挖土，汽车停在正铲的后面。用于开挖工作面较小，且较深的基坑（槽）、管沟和路堑等。

E. 作业方法：常用作业方法有分层开挖法、多层挖土法、中心开挖法、上下轮换开挖法、顺铲开挖法、间隔开挖法等。

2）反铲挖土机

A. 反铲挖土机的挖土特点是："后退向下，强制切土"。其挖掘力比正铲小，能开挖停机面以下的一～三类土（索式反铲只宜挖一～二类土），适用于挖基坑、基槽和管沟、有地下水的土壤或泥泞土壤。一次开挖深度取决于最大挖掘深度的技术参数。

B. 作业方法：根据挖掘机的开挖路线与运输汽车的相对位置不同，一般有以下几种：沟端开挖法、沟侧开挖法等。沟端开挖法反铲停于沟端，后退挖土，同时往沟一侧弃土或装汽车运走。适于一次成沟后退挖土，挖出土方随即运走时采用，或就地取土填筑路基或修筑堤坝等。沟侧开挖法反铲停于沟侧沿沟边开挖，汽车停在机旁装土或往沟一侧卸土。本法稳定性较差，用于横挖土体和需将土方甩到离沟边较远的距离时使用。

3）拉铲挖土机

A. 特点：拉铲挖土机挖土半径和挖土深度较大，但不如反铲灵活，开挖精确性差。适用于挖停机面以下的一～二类土。可用于开挖大而深的基坑或水下挖土。拉铲挖掘机的挖土特点是："后退向下，自重切土"。

B. 开挖方式。沟端开挖法：拉铲停在沟端，倒退着沿沟纵向开挖。开挖宽度可以达到机械挖土半径的两倍，能两面出土，汽车停放在一侧或两侧，装车角度小，坡度较易控制，并能开挖较陡的坡。适于就地取土填筑路基及修筑堤坝。沟侧开挖法：拉铲停在沟侧沿沟横向开挖，沿沟边与沟平行移动，如沟槽较宽，可在沟槽的两侧开挖。本法开挖宽度和深度均较小，一次开挖宽度约等于挖土半径，且开挖边坡不易控制。适用于开挖土方就地堆放的基坑、基槽以及填筑路堤等工程。

4）抓铲挖土机

抓铲挖土机一般由正、反铲液压挖土机更换工作装置（去掉土斗换上抓斗）而成，或由履带式起重机改装。抓铲挖土机挖掘力较小，适用于开挖停机面以下的一～二类土，如挖窄而深的基坑、疏通旧有渠道以及挖取水中淤泥等，或用于装卸碎石、矿渣等松散材料。在软土地基的地区，常用于开挖基坑等。抓铲挖掘机的挖土特点是："直上直下，自重切土"。抓铲能抓在回转半径范围内开挖基坑上任何位置的土方，并可在任何高度上卸土（装车或弃土）。

（4）装载机：操作灵活，回转移位方便、快速；可装卸土方和散料，行驶速度快。

1）作业特点：开挖停机面以上土方；轮胎式只能装松散土方，履带式可装较实土方；松散材料装车；吊运重物，用于铺设管道。

2）辅助机械：土方外运需配备自卸汽车，作业面需经常用推土机平整并推松土方。

3）适用范围：外运多余土方；履带式改换挖斗时，可用于开挖；装卸土方和散料；松散土的表面剥离；地面平整和场地清理等工作；回填土；拔除树根。

6. 土方开挖与验槽

(1) 基坑（槽）开挖

土方开挖应遵循"开槽支撑，先撑后挖，分层开挖，严禁超挖"的原则。基坑（槽）开挖有人工开挖和机械开挖，对于大型基坑应优先考虑选用机械化施工，以加快施工进度。开挖基坑（槽）按规定的尺寸合理确定开挖顺序和分层开挖深度，连续地进行施工，尽快地完成。因土方开挖施工要求标高、断面准确，土体应有足够的强度和稳定性，所以在开挖过程中要随时注意检查。

开挖基坑（槽）时，应符合下列规定：

1）施工前必须做好地面排水和降低地下水位工作，地下水位应降低至基坑底以下 0.5～1.0m 后，方可开挖。降水工作应持续到回填完毕。

2）挖出的土除预留一部分用作回填外，不得在场地内任意堆放，应把多余的土运到弃土地区，以免妨碍施工。

3）为了防止基底土（特别是软土）受到浸水或其他原因的扰动，基坑（槽）挖好后，应立即做垫层或浇筑基础，否则，挖土时应在基底标高以上保留 150～300mm 厚的土层，待基础施工时再行挖去。如用机械挖土，应根据机械种类在基底标高以上留出一定厚度的土层，待基础施工前用人工铲平修整。

4）挖土不得超挖（挖至基坑槽的设计标高以下）。若个别处超挖，应用与基土相同的土料填补，并夯实到要求的密实度。如用原土填补不能达到要求的密实度时，应用碎石类土填补，并仔细夯实。重要部位如被超挖时，可用低强度等级的混凝土填补。

5）雨季施工时，基坑槽应分段开挖，挖好一段浇筑一段垫层，并在基槽两侧围以土堤或挖排水沟，以防止地面雨水流入基坑槽，同时应经常检查边坡和支撑情况。

6）基坑挖完后应进行验槽，作好记录，如发现地基土质与地质勘探报告、设计要求不符时，应与有关人员研究及时处理。

(2) 深基坑土方开挖

深基坑一般采用"分层开挖，先撑后挖"的开挖原则。深基坑土方开挖方法主要有分层挖土、分段挖土、盆式挖土、中心岛式挖土等几种，应根据基坑面积大小、开挖深度、支护结构形式、环境条件等因素选用。

A. 分层挖土：分层挖土是将基坑按深度分为多层进行逐层开挖。分层厚度，软土地基应控制在 2m 以内；硬质土可控制在 5m 以内为宜。

B. 分段挖土：分段挖土是将基坑分成几段或几块分别进行开挖。分段与分块的大小、位置和开挖顺序，根据开挖场地、工作面条件、地下室平面与深浅和施工工期而定。

C. 盆式挖土：盆式挖土是先分层开挖基坑中间部分的土方，基坑周边一定范围内的土暂不开挖，可视土质情况按 1:1～1:1.25 放坡，使之形成对四周围护结构的被动土反压力区，以增强围护结构的稳定性，待中间部分的混凝土垫层、基础或地下室结构施工完成之后，再用水平支撑或斜撑对四周围护结构进行支撑，并突击开挖周边支护结构内部分被动土区的土，每挖一层支一层水平横顶撑，直至坑底，最后浇筑该部分结构混凝土。

D. 中心岛式挖土：中心岛式挖土是先开挖基坑周边土方，在中间留土墩作为支点搭设栈桥，挖土机可利用栈桥下到基坑挖土，运土的汽车亦可利用栈桥进入基坑运土，可有效加快挖土和运土的速度。深基坑开挖过程中，随着土的挖除，下层土因逐渐卸载而有可能回弹,尤其在基坑挖至设计标高后,如搁置时间过久,回弹更为显著。施工中减少基坑弹性隆起具体方法有加速建造主体结构,或逐步利用基础的重量来代替被挖去土体的重量。

(3) 地基验槽

地基开挖至设计标高后,应由施工单位、设计单位、监理单位或建设单位、质量监督部门等有关人员共同到现场进行检查,鉴定验槽,核对地质资料,检查地基土与工程地质勘查报告、设计图纸要求是否相符,有无破坏原状土结构或发生较大的扰动现象。一般用表面检查验槽法,必要时采用钎探检查或洛阳铲探检查,经检查合格,填写基坑(槽)隐蔽工程验收记录,及时办理交接手续。

1) 表面检查验槽法

A. 根据槽壁土层分布情况和走向,初步判明全部基底是否挖至设计要求的土层。

B. 检查槽底是否已挖至原(老)土,是否需继续下挖或进行处理。

C. 检查整个槽底土的颜色是否均匀一致;土的坚硬程度是否一样,是否有局部过松软或过硬的部位;是否有局部含水量异常现象,走在地基上是否有颤动感觉等。若有异常,要进一步用钎探检验并会通设计等有关单位进行处理。

2) 钎探检查验槽法

基坑(槽)挖好后用锤把钢钎打入槽底的基土内,据每打入一定深度的锤击次数,来判断地基土质的情况。

A. 钢钎的规格和重量:钢钎用 $\phi 22\sim 25mm$ 的圆钢制成,钎头尖呈 60°尖锥状,长度用 1.8~2.0m,如图 2-19 所示。大锤用 3.6~4.5kg 的铁锤。打锤时,锤举至离钎顶 500~700mm,将钢钎垂直打入土中,并记录每打入土层 300mm 的锤击次数。

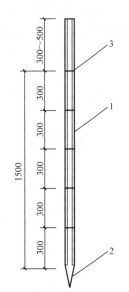

图 2-19 钢钎构造
1—钎杆 $\phi 22\sim 25mm$;
2—钎尖;3—刻痕

B. 钎孔布置和钎探深度:应根据地基土质的情况和基槽宽度、形状确定,钎孔布置见表 2-6。

钎 孔 布 置　　　　　　　表 2-6

槽宽(m)	排列方式和图示	间距(m)	钎探深度(m)
小于 0.8	中心一排	1~2	1.2
0.8~2	两排错开	1~2	1.5
大于 2	梅花形	1~2	2.0
柱基	梅花形	1~2	不小于 1.5m,并不浅于短边宽度

C. 钎孔记录和结果分析：先绘制基坑（槽）平面图，在图上根据要求确定钎探点的平面位置，并编号制成钎探平面图。钎探时按钎探平面图标定的钎探点顺序进行，最后整理成钎探记录表。

全部钎探完后，逐层分析研究钎探记录，然后逐点进行比较，将锤击数过多或过少的钎孔在钎探平面图上做标记，然后再在该部位进行重点检查，如有异常情况，要认真进行处理。

3) 洛阳铲探验槽法

在黄土地区基坑（槽）挖好后或大面积基坑挖土前，根据建筑物所在地区的具体情况或设计要求，对基坑以下的土质、古墓、洞穴等用专用洛阳铲进行钎探检查。

A. 探孔布置见表 2-7。

探 孔 布 置　　　　　　　　　　　　　　　表 2-7

基槽宽(m)	排列方式和图示	间距 L(m)	探孔深度(m)
小于2		1.5～2.0	3.0
大于2		1.5～2.0	3.0
柱基		1.5～2.0	3.0（荷重较大时为4.0～5.0）
加孔		<2.0（基础过宽时中间再加孔）	3.0

B. 探查记录和结果分析：先绘制基础平面图，在图上根据要求确定探孔的平面位置，并依次编号，再按编号顺序进行探孔。用洛阳铲钎土，每 3～5 铲土检查一次，查看土质变化和含有物的情况。如果土质有变化或含有杂物，应测量深度并用文字记录清楚。如果遇到墓穴、地道、地窖和废井等，应在此部位缩小探孔距离（一般为 1m 左右），沿其周围仔细探查其大小、深浅和平面形状，在探孔图上标示清楚。全部探完后，绘制探孔平面图和各探孔不同深度的土质情况表，为地基处理提供完整的资料。探完以后，尽快用素土或灰土将探孔回填好，以防地表水浸入钎孔。

7. 土方回填与压实

(1) 填筑要求

1) 土料要求：填方土料应符合设计要求，保证填方的强度和稳定性。

2) 应分层回填。

3) 土方回填时，透水性大的土应在透水性小的土层之下。

(2) 填土压实方法

填土压实可采用人工压实，也可采用机械压实。当压实量较大，或工期要求比较紧时一般采用机械压实。常用的机械压实方法有碾压法、夯实法和振动压实法等。

1) 碾压法

碾压法是利用机械滚轮的压力压实土壤,使之达到所需的密实度,此法多用于大面积填土工程。碾压机械有平碾(压路机)、羊足碾和气胎碾。平碾对砂土、黏性土匀可压实;羊足碾需要较大的牵引力,且只宜压实黏性土;气胎碾在工作时是弹性体,其压力均匀,填土质量较好。

2) 夯实法

夯实法是利用夯锤自由下落的冲击力来夯实土壤,主要用于小面积回填。夯实法分人工夯实和机械夯实两种。夯实机械有夯锤、内燃夯土机和蛙式打夯机,人工夯土用的工具有木夯、石夯、飞峨等。

3) 振动压实法

振动压实法是将振动压实机放在土层表面,借助振动机械使压实机械振动,土颗粒在振动力的作用下发生相对位移而达到紧密状态。这种方法用于振实非黏性土效果较好。

对密实要求不高大面积填方,在缺乏碾压机械时,可采用推土机、拖拉机或铲运机结合行驶、推(运)土、平土来压实。对已回填松散的特厚土层,可根据回填厚度和设计对密实度的要求采用重锤夯实或强夯等机具方法来夯实。

8. 土方工程施工质量要求与安全措施

(1) 质量标准

1) 柱基、基坑、基槽和管沟基底的土质,必须符合设计要求,并严禁扰动。

2) 填方的基底处理,必须符合设计要求或施工规范规定。

3) 填方柱基、坑基、基槽、管沟回填的土料必须符合设计要求和施工规范。

4) 填土施工过程中应检查排水措施、每层填筑厚度、含水量控制和压实程度。

5) 填方和柱基、基坑、基槽、管沟的回填等对有密实度要求的填方,在夯实或压实之后,必须按规定分层夯压密实。取样测定压实后土的干密度,90%以上符合设计要求,其余10%的最低值与设计值的差不应大于$0.08g/cm^3$,且不应集中。

土的实际干密度可用环刀法(或灌砂法)测定,或用小型轻便触探仪直接通过锤击数来检验干密度和密实度,符合设计要求后,才能填筑上层。其取样组数:柱基回填取样不少于柱基总数的10%,且不少于5个;基槽、管沟回填每层按长度20~50m取样一组;基坑和室内填土每层按100~500m^2取样一组;场地平整填土每层按400~900m^2取样一组,取样部位应在每层压实后的下半部。用灌砂法取样应为每层压实后的全部深度。

6) 土方工程外形尺寸的允许偏差和检验方法,应符合表2-8的规定。

7) 填方施工结束后,应检查标高、边坡坡度、压实程度等,检验标准应符合表2-9的规定。

(2) 土方工程安全技术措施

1) 基坑开挖时,两人操作间距应大于2.5m,多台机械开挖,挖土机间距应大于10m。挖土应由上而下逐层进行,严禁采用挖空底脚(挖神仙土)的施工方法。

2) 基坑开挖应严格按要求放坡。操作时应随时注意土壁变动情况,如发现有裂纹或部分坍塌现象,应及时进行支撑或放坡,并注意支撑的稳固和土壁的变化。

土方开挖工程质量检验标准表 表 2-8

项序		项 目	允许偏差或允许值(mm)					检验方法
			柱基基坑基槽	挖方场地平整		管沟	地(路)面基层	
				人工	机械			
主控项目	1	标高	−50	±30	±50	−50	−50	水准仪
	2	长度、宽度(由设计中心线向两边量)	+200 −50	+300 −100	+500 −150	+100	—	经纬仪,用钢尺检查
	3	边坡	按设计要求					观察或用坡度尺检查
一般项目	1	表面平整度	20	20	50	20	20	用 2m 靠尺和塞尺查
	2	基底土性	按设计要求					观察或土样分析

填土工程质量检验标准表 表 2-9

项序		检查项目	允许偏差或允许值(mm)					检验方法
			柱基坑基槽	场地平整		管沟	地(路)面基础层	
				人工	机械			
主控项目	1	标高	−50	±30	±50	−50	−50	水准仪
	2	分层压实系数	按设计要求					按规定方法
一般项目	1	回填土料	按设计要求					取样检查或直观鉴别
	2	分层厚度及含水量	按设计要求					水准仪及抽样检查
	3	表面平整度	20	20	30	20	20	用靠尺或水准仪

3) 基坑(槽)挖土深度超过 3m 以上、使用吊装设备吊土时,起吊后坑内操作人员应立即离开吊点的垂直下方,起吊设备距坑边一般不得少于 1.5m,坑内人员应戴安全帽。

4) 用手推车运土,应先铺好道路。卸土回填,不得放手让车自动翻转。用翻斗汽车运土,运输道路的坡度、转弯半径应符合有关安全规定。

5) 深基坑上下应先挖好阶梯或设置靠梯,或开斜坡道,采取防滑措施,禁止踩踏支撑上下。坑四周应设安全栏杆或悬挂危险标志。

6) 基坑(槽)设置的支撑应经常检查是否有松动变形等不安全的迹象,特别是雨后更应加强检查。

7) 基坑(槽)沟边 1m 以内不得堆土、堆料和停放机具,1m 以外堆土,其高度不宜超过 1.5m;坑(槽)、沟与附近建筑物的距离不得小于 1.5m,危险时必须加固。

9. 土方工程施工案例

【例 2-1】 基坑开挖与支护技术的应用

(1)背景

图 2-20 为某深基坑开挖施工。

(2)问题

试确定深基坑开挖施工方案。

(3)分析与解答

如图 2-20 所示,可将分层开挖和盆式开挖结合起来。在基坑正式开挖之前,先将第①层地表土挖运出去,浇筑锁口圈梁,进行场地平整和基坑降水等准备工作,安设第一道

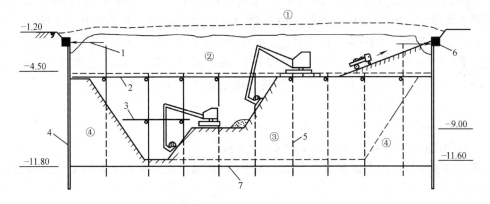

图 2-20 深基坑开挖示意
1—第一道支撑；2—第二道支撑；3—第三道支撑；4—支护桩；5—主柱；6—锁口圈梁；7—坑底

支撑（角撑），并施加预顶轴力，然后开挖第②层土到－4.50m。再安设第二道支撑，待双向支撑全面形成并施加轴力后，挖土机和运土车下坑，在第二道支撑上部（铺路基箱）开始挖第③层土，并采用台阶式接力方式挖土，一直挖到坑底。第三道支撑应随挖随撑，逐步形成。最后用抓斗式挖土机在坑外挖两侧土坡的第④层土。

【例 2-2】 人工降低地下水位方法的应用

(1) 背景

某工程基坑底宽 10m，长 19m、深 4.1m，边坡坡度为 1∶0.5。地下水位为－0.6m。根据地质勘查资料，该处地面下 0.7m 为杂填土，此层下面有 6.6m 的细砂层，土的渗透系数 $K=5$m/d，再往下为不透水的黏土层。

(2) 问题

试确定人工降低地下水位方法。

(3) 分析与解答

本工程地下水位较高，土质条件差，应选择井点降水法。井点设计如下（见图 2-21）：

1) 井点系统的布置

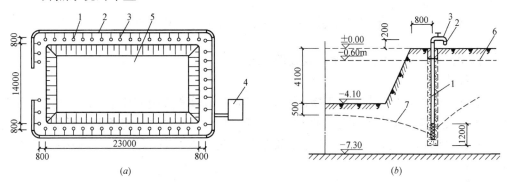

图 2-21 轻型井点布置计算实例
(a) 井点管平面布置；(b) 高程布置

1—井点管；2—集水总管；3—弯连管；4—抽水设备；5—基坑；6—原地下水位线；7—降低后地下水位线

该基坑顶部平面尺寸为 14m×23m，布置成环状井点，井点管离边坡距离为 0.8m，要求降水深度为：$S=4.10-0.6+0.5=4.00$（m）。因此，用一级轻型井点系统即可满足要求，总管和井点布置在同一水平面上。由井点系统布置处至下面一层不透水黏土层的深度为 $0.7+6.6=7.3$（m），设井点管长度为 7.2m，其中井管长 6m，滤管长 1.2m，因此滤管底距离不透水黏土层只差 0.1m，可按无压完整井进行设计和计算。

2）基坑总涌水量计算

含水层厚度：$H=7.3-0.6=6.7$（m）；

降水深度：$S=4.1-0.6+0.5=4.0$（m）；

基坑假想半径：由于该基坑长宽比不大于 5，所以可化简为一个假想半径为 x_0 的圆井进行计算：

$$x_0=\sqrt{\frac{F}{\pi}}=\sqrt{\frac{(14+0.8\times 2)\times(23+0.8\times 2)}{3.14}}=11\text{m}$$

抽水影响半径：$R=1.95s\sqrt{HK}=1.95\times 4\sqrt{6.7\times 5}=45.1\text{m}$

基坑总涌水量的计算：

$$Q=1.366K\frac{(2H-s)s}{\lg R-\lg x_0}=1.366\times 5\times\frac{(2\times 6.7-4)\times 4}{\lg 45.1-\lg 11}=419\text{m}^3/\text{d}$$

3）计算井点管数量和间距

单井出水量：$q=65\pi dlK^{1/3}=65\times 3.14\times 0.05\times 1.2\times 5^{1/3}=20.9\text{m}^3/\text{d}$

井点管的数量：$n=1.1\times\frac{419}{20.9}=22$ 根

在基坑四角井点管应加密，若考虑每个角加两根井点管，采用井点管数量为 $22+8=30$（根），井点管间距平均为：

$$D=\frac{2\times(24.6+15.6)}{30-1}=2.77\text{m}，取 2.4\text{m}$$

井点管布置时，为让开机械挖土开行路线，宜布置成端部开口（即留 3 根井点管距离），因此，实际需要井点管数量为：

$$n=\frac{2\times(24.6+15.6)}{2.4}-2=31.5\text{ 根，用 32 根}$$

【例 2-3】 土方工程施工质量问题处理方法

(1) 背景

在土方工程施工中，由于施工操作不善和违反操作规程而引起质量事故，其危害程度很大，如造成建筑物（或构筑物）的沉陷、开裂、位移、倾斜，甚至倒塌。因此，对土方工程施工必须特别重视，按设计和施工质量验收规范要求认真施工，以确保土方工程质量。

(2) 问题

试确定土方工程施工质量问题的处理方法。

(3) 分析与解答

1) 场地积水

某工程在建筑场地平整过程中或平整完成后,场地范围内高低不平,局部或大面积出现积水。

处理方法:已积水的场地应立即疏通排水和采用截水设施,将水排除。场地未做排水坡度或坡度过小,应重新修坡;对局部低洼处,应填土找平、碾压(夯)实至符合要求,避免再次积水。

2) 填方出现沉陷现象

某基坑(槽)回填土局部或大片出现沉陷,从而造成室外散水坡空鼓下陷、积水,甚至引起建筑物不均匀下沉,出现开裂。

处理方法:基坑(槽)回填土沉陷造成墙脚散水空鼓,如混凝土面层尚未破坏,可填入碎石,侧向挤压捣实;若面层已经裂缝破坏,则应视面积大小或损坏情况,采取局部或全部返工。局部处理可用锤、凿将空鼓部位打去,填灰土或黏土、碎石混合物夯实后再作面层。因回填土沉陷引起结构物下沉时,应会同设计部门针对情况采取加固措施。

3) 挖方边坡塌方

某工程在挖方过程中或挖方后,基坑(槽)边坡土方局部或大面积坍塌或滑坡。

处理方法:对沟坑(槽)塌方,可将坡脚塌方清除作临时性支护措施,如堆装土编织袋或草袋、设支撑、砌砖石护坡墙等;对永久性边坡局部塌方,可将塌方清除,用块石填砌或回填二八灰或三七灰嵌补,与土接触部位做成台阶搭接,防止滑动;或将坡顶线后移;或将坡度改缓。

(二)地基与基础工程

建筑物对地基的基本要求是:不论是天然地基还是人工地基,均应保证其有足够的强度和稳定性,在荷载作用下地基土不发生剪切破坏或丧失稳定;不产生过大的沉降或不均匀的沉降变形,以确保建筑物的正常使用。软弱的地基必须经过加固技术处理,才能满足工程建设的要求。经处理达到设计要求的地基称为人工地基,反之则称为天然地基。

1. 常用地基加固方法

(1) 换土垫层法

换土垫层法就是挖除地表浅层软弱土层或不均匀土层,回填坚硬、较大粒径的材料,并夯压密实形成垫层,作为人工填筑的持力层的地基处理方法。

1) 灰土地基

灰土地基就是用石灰与黏性土拌和均匀,分层夯实而形成垫层。适用于一般黏性土地基加固,施工简单,费用较低。

A. 材料要求

土料:采用就地挖出的黏性土及塑性指数大于 4 的粉土;土料应过筛,颗粒不大于 15mm。

石灰:应用Ⅲ级以上新鲜的块灰,使用前 1~2d 消解并过筛,最大颗粒不大于 5mm,不得有未消解的石灰。

B. 施工要点

A) 铺设前应先检查基槽,待合格后方可施工。

B）灰土的体积配合比：石灰：土一般为3：7或2：8。

C）灰土施工时，应适当控制其含水量，以手握成团，两指轻捏能碎为宜，如土料水分过多或不足时，可以晾干或洒水润湿。灰土应拌和均匀，颜色一致，拌好应及时铺设夯实。

D）在地下水位以下的基槽、基坑内施工时，应先采取排水措施，在无水情况下施工。应注意在夯实后的灰土三天内不得受水浸泡。

E）灰土分段施工时，不得在墙角、柱墩及承重窗间墙下接缝，上下相邻两层灰土的接缝间距不得小于500mm，接缝处的灰土应充分夯实。灰土应根据设计厚度分层虚铺夯实，达到实际要求厚度再进行验收，用环刀取样测定其干密度。

F）灰土夯打完后，应及时进行基础施工，并随时准备回填土。

G）冬季施工时，应采取有效的防冻措施。

2）砂和砂石地基

砂和砂石地基就是用夯（压）实的砂或砂石垫层替换地基的一部分软土层，从而起到提高原地基的承载力、减少地基沉降、加速软土层的排水固结作用。

A. 材料要求

砂：使用颗粒级配良好、质地坚硬的中砂或粗砂，但不得含有垃圾和有机物。

砂石：用自然级配的砂石混合物，粒级应在50mm以下，其含量应在50％以内。

B. 施工要点

A）铺设前应先验槽，清除基底表面浮土，淤泥杂物。

B）砂石级配应根据设计要求或现场实验确定后铺夯填实。

C）由于垫层标高不尽相同，施工时应分段施工，接头处应做成斜坡或阶梯搭接，并按先深后浅的顺序施工。搭接处，每层应错开0.5～1.0m，并注意充分捣实。

D）砂石地基应分层铺垫、分层夯实，每铺好一层垫层经检验合格后方可进行上一层施工。

E）当地下水位较高或在饱和软土地基上铺设砂和砂石时，应加强基坑内侧及外侧的排水工作。

F）垫层铺设完毕，应立即进行下道工序的施工，严禁人员及车辆在砂石层面上行走。

G）冬期施工时，应注意防止砂石内水分冻结，须采取相应的防冻措施。

（2）挤密桩施工法

挤密桩施工法常采用振冲法，即在振冲器水平振动和高压水的共同作用下，使松砂土层振密，或在软弱土层中成孔，然后回填碎石等粗粒料形成桩柱，并和原地基土组成复合地基的地基处理方法。下面重要介绍振冲法。

1）材料要求

填料可用粗砂、中砂、砾砂、碎石、卵石、角砾、圆砾等，粒径为5～50mm。粗骨料粒径以20～50mm较合适，最大粒径不宜大于80mm，含泥量不宜大于5％，不得选用风化或半风化的石料。

2）主要机具

振冲地基施工主要机具有：振冲器、起重机、水泵、控制电流操作台、150A电流表、500V 电压表、供水管道及加料设备等。

3）施工工艺

振冲地基按加固机理和效果的不同，可分为振冲挤密法和振冲置换法两类。振冲挤密法一般在中、粗砂地基中使用，可不另外加料，而利用振冲器的振动力，使原地基的松散砂振挤密实。施工操作时，其关键是水量的大小和留振时间的长短，适用于处理不排水、抗剪强度小于 20kPa 的黏性土、粉土、饱和黄土及人工填土等地基。振冲置换法施工是指碎石桩施工，其施工操作步骤可分成孔、清孔、填料、振密。振冲置换法适用于处理砂土和粉土等地基，不加填料的振冲密实法仅适用于处理黏土粒含量小于 10％的粗砂、中砂地基。

A. 施工前后进行振冲实验，以确定成孔合适的水压、水量、成孔速度和填料方法，达到土体密度时的密实电流、填料量和留振时间。

B. 振冲前应按设计图要求定出桩孔中心位置并编好孔号，施工时应复查孔位和编号，并做好记录。

C. 振冲填料时，宜保持小水量补给，采用边振边填，应对称均匀。

D. 填料密实度以振冲器工作电流达到规定值为控制标准。完工后，应在距地表面 1m 左右深度桩身部位加填碎石进行夯实，以保证桩顶密实度，密实度必须符合设计要求或施工规范规定。

E. 振冲地基施工时对原土结构造成扰动，强度降低，因此，质量检验应在施工结束后间歇一定时间。

F. 对用振冲密实法加固的砂土地基，如不加填料，质量检验主要是地基的密实度，可用标准贯入、动力触探等方法进行，但选点应有代表性。

（3）深层密实法

深层密实法常采用深层搅拌法，即使用水泥浆作为固化剂的水泥土搅拌法，简称湿法。适用于加固饱和软黏土地基。

1）深层搅拌法的基本原理

深层搅拌法是利用水泥浆作为固化剂，通过特制的深层搅拌机械，在地基深处就地将软土和固化剂（浆液）强制搅拌，利用固化剂和软土之间所产生的一系列物理、化学反应，使软土硬结成具有整体性、稳定性和一定强度的地基。

2）施工工艺

深层搅拌法施工工艺流程包括定位、预搅下沉、制备水泥浆、喷浆搅拌提升、重复上下搅拌和清洗、移位等施工过程。

A. 定位。起重机悬吊深层搅拌机对准指定桩位。

B. 预搅下沉。待深层搅拌机的冷却水循环正常后，启动搅拌机电动机，放松起重机钢丝绳，使搅拌机沿导向架搅拌切土下沉，下沉速度可由电动机的电流监测表控制。如果下沉速度太慢，可从输浆系统补给清水以利钻进。

C. 制备水泥浆。待深层搅拌机下沉到一定深度时，即开始按设计确定的配合比拌制水泥浆，在压浆前将水泥浆倒入集料斗中。

D. 喷浆搅拌提升。深层搅拌机下沉到设计深度后，开启灰浆泵将水泥浆压入地基中，并且边喷浆、边旋转，同时严格按照设计确定的提升速度提升深层搅拌机。

E. 重复上下搅拌。深层搅拌机提升至设计加固深度的顶面标高时，集料斗中的水泥浆应正好排空。为使软土和水泥浆搅拌均匀，可再次将搅拌机边旋转边沉入土中，至设计加固深度后再将搅拌机提升出地面。

F. 清洗并移位。向集料斗中注入适量清水，开启灰浆泵，清洗全部管路中残存的水泥浆，直至基本干净。并将黏附在搅拌头的软土清洗干净。重复上述步骤，进行下一根桩的施工。

(4) CFG桩复合地基

CFG桩复合地基也称为水泥粉煤灰碎石桩地基，是近年发展起来的处理软弱地基的一种新方法。它是在碎石桩的基础上掺入适量石屑、粉煤灰和少量水泥，加水拌合后制成具有一定强度的桩体。其骨料仍为碎石，用掺入石屑来改善颗粒级配，掺入粉煤灰来改善混合料的和易性，并利用其活性减少水泥用量；掺入少量水泥使具一定黏结强度。它是一种低强度混凝土桩，可充分利用桩间土的承载力，共同作用，并可传递荷载到深层地基中去，具有较好的技术性能和经济效果。

CFG桩复合地基适用于多层和高层建筑地基，如砂土、粉土，松散填土、粉质黏土、淤泥质土等的处理。

1) 构造要求

A. 桩径：根据振动沉桩机的管径大小而定，一般为350～400mm。

B. 桩距：根据土质、布桩形式、场地情况，可按表2-10选用。

桩距选用表　　　　表2-10

桩距　　土质 布桩形式	挤密性好的土，如砂土、粉土、松散填土等	可挤密性土，如粉质黏土、非饱和黏土等	不可挤密性土，如饱和黏土、淤泥质土等
单、双排布桩的条基	(3～5)d	(3.5～5)d	(4～5)d
含9根以下的独立基础	(3～6)d	(3.5～6)d	(4～6)d
满堂布桩	(4～6)d	(4～6)d	(4.5～7)d

注：d为桩径，以成桩后桩的实际桩径为准。

C. 桩长

根据需挤密加深度而定，一般为6～12m。

2) 机具设备

CFG桩成孔、灌注一般采用振动式沉管打桩机架，配DZJ90型变矩式振动锤，也可采用履带式起重机、走管式或轨道式打桩机，配有桩杆、桩管。此外配备混凝土搅拌机及电焊气焊设备及手推车、吊斗等机具。

3) 材料要求及配合比

A. 碎石用粒径20～50mm，松散密度$1.39t/m^3$，杂质含量小于5%。

B. 石屑用粒径2.5～10mm，松散密度$1.47t/m^3$，杂质含量小于5%。

C. 粉煤灰用Ⅲ级粉煤灰。

D. 水泥用强度等级32.5的普通硅酸盐水泥。

E. 混合料的配合比根据加固场地的土质情况及加固后要求达到的承载力确定。

4) 施工工艺

CFG 桩施工工艺如图 2-22 所示。

A. 桩施工程序为：桩机就位→沉管至设计深度→停振下料→振动捣实后拔管→留振 10s→振动拔管、复打。应考虑隔排隔桩跳打，新打桩与已打桩间隔时间不应少于 7d。

B. 桩机就位须平整、稳固，沉管与地面保持垂直，垂直度偏差不大于 1%；如带预制混凝土桩尖，需埋入地面以下 300mm。

C. 在沉管过程中用料斗在空中向桩管内投料，待沉管至设计标高后须尽快投料，直至混合料与钢管上部投料口齐平。混合料应按设计配合比配制，投入搅拌机加水拌合，搅拌时间不少于 2min，加水量由混合料坍落度控制，一般坍落度为 30～50mm；成桩后桩顶浮浆厚一般不超过 200mm。

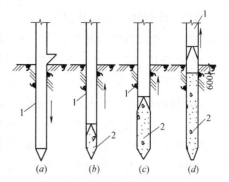

图 2-22 水泥粉煤灰碎石桩工艺流程
(a) 打入桩管；(b)、(c) 灌水泥粉煤灰碎石振动拔管；(d) 成桩
1—桩管；2—水泥粉煤灰碎石

D. 当混合料加至钢管投料口齐平后，沉管在原地留振 10s 左右，即可边振动拔管。桩管拔出地面确认成桩符合设计要求后，用粒状材料或黏土封顶。

E. 桩体经 7d 达到一定强度后，始可进行基槽开挖；如桩顶离地面在 1.5m 以内，用人工开挖；如大于 1.5m，下部 700mm 用人工开挖，以避免损坏桩头部分。为使与桩间土更好地共同工作，在基础下宜铺一层 150～300mm 厚的碎石或灰土垫层。

2. 基础工程施工方法及检验要求

(1) 刚性基础

刚性基础又称无筋扩展基础，一般由砖、石、素混凝土、灰土和三合土等材料建造的墙下条型基础或柱下独立基础。其特点是抗压强度高，而抗拉、抗弯、抗剪性能差，适用于六层和六层以下的民用建筑和轻型工业厂房。刚性基础的截面尺寸有矩形、阶梯形和锥形等，如图 2-23、图 2-24 所示。

1) 砖基础

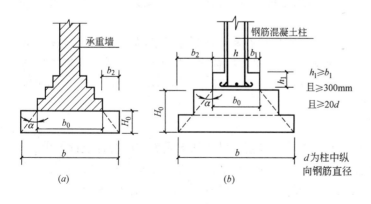

图 2-23 砖、素混凝土基础
注：$b \leqslant b_0 + 2H_0 \tan\alpha$
(a) 墙下基础；(b) 柱下基础

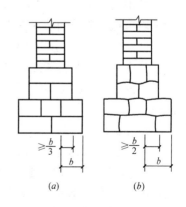

图 2-24 石材基础
(a) 料石基础；(b) 毛石基础

A. 基础弹线。基础开挖与垫层施工完毕后，应根据基础平面图尺寸，用钢尺量出各墙的轴线位置及基础的外边沿线，并用墨斗弹出。

B. 基础砌筑。砖基础砌筑方法、质量要求详见砌筑工程。

2) 料石、毛石基础

A. 料石基础的第一皮料石应坐浆丁砌，以上各层料石可按一顺一丁进行砌筑。阶梯形料石基础，上级阶梯的料石至少应压砌下级阶梯料石的 1/3。

B. 毛石基础的第一皮石块应坐浆，并将石块大面朝下，转角处、交接处应用较大的平毛石砌筑。毛石基础的扩大部分，如为阶梯形，上级阶梯的石块应至少压砌下级阶梯石块的 1/2，相邻阶梯的毛石应相互错缝搭砌。毛石基础必须设置拉结石，且应均匀分布，同皮内每隔 2m 左右设置一块拉结石。

C. 料石、毛石砌体砌筑均应采用铺浆法砌筑。

D. 质量检查。石材及砂浆强度等级符合实际要求，砂浆饱满度不小于 80%，基础轴线位置符合要求，一般尺寸偏差符合规定，组砌形式符合规定。

3) 毛石混凝土基础

A. 混凝土中掺用的毛石应选用坚实、未风化的石料，毛石尺寸不应大于所浇筑部位最小宽度的 1/3，并不得大于 300mm，石料表面污泥、水锈应在填充前用水冲洗干净。

B. 毛石混凝土的厚度不宜小于 400mm。灌筑前，应先铺一层 100～150mm 厚混凝土打底，再铺上毛石，继续浇捣混凝土，每浇捣一层，铺一层毛石，直至基础顶面，保持毛石顶部有不少于 100mm 厚的混凝土覆盖层，所掺用的毛石数量不得超过基础体积的 25%。毛石铺放应均匀排列，使大面向下，小面向上，毛石的纹理应与受力方向垂直。毛石间距一般不小于 100mm，离模板或槽壁距离不应小于 150mm，以保证每块毛石均被混凝土包裹使振动棒能在其中进行振捣。振捣时应避免振捣棒触及毛石和模板。对阶梯基础，每一阶高内应整分浇筑层，每阶顶面要基本抹平；对锥形基础，应注意保持锥形斜面坡度的正确与平整。

C. 混凝土应连续浇筑完毕，如必须留设施工缝时，应留在混凝土与毛石交接处，使毛石露出混凝土面一半，并按有关要求进行接缝处理。浇捣完毕，混凝土终凝后，外露部分加以覆盖，并适当洒水养护。

D. 质量检查。主要包括施工过程中的质量检查和养护后的质量检查。施工过程中的质量检查，即在制备和浇筑过程中对原材料的质量、配合比、坍落度等的检查。养护后的质量检查，即混凝土的强度、外观质量、构件的轴线、标高、断面尺寸、毛石有无外露等的检查。

4) 混凝土基础

A. 混凝土浇筑前应进行验槽，轴线、基坑（槽）尺寸和土质等均应符合设计要求。

B. 基坑（槽）内浮土、积水、淤泥、杂物等均应清除干净。基底局部软弱土层应挖去，用灰土或砂砾回填夯实至基底相平。混凝土浇筑方法可参见本书混凝土工程。

C. 质量检查。混凝土的质量检查，主要包括施工过程中的质量检查和养护后的质量检查。施工过程中的质量检查，即在制备和浇筑过程中对原材料的质量、配合比、坍落度等的检查。养护后的质量检查，即混凝土的强度、外观质量、构件的轴线、标高、断面尺寸等的检查。

（2）扩展基础

扩展基础是指柱下钢筋混凝土独立基础和墙下钢筋混凝土条形基础。柱下独立基础，常为阶梯形或锥形，基础底板常为方形和矩形，如图2-25所示。建筑结构承重墙下多为混凝土条形基础，根据受力条件，可分为板式和梁板结合式两种，如图2-26所示。扩展基础施工程序和方法如下：

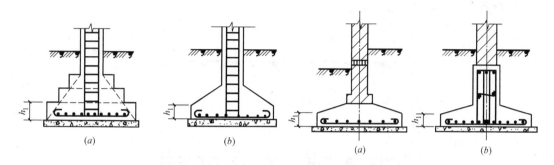

图2-25 柱下钢筋混凝土独立基础
(a) 阶梯形；(b) 锥形

图2-26 墙下钢筋混凝土条形基础
(a) 板式；(b) 梁板结合式

1）基坑（槽）开挖、验槽与混凝土垫层

基坑（槽）土方开挖后，应会同监理工程进行验槽。验槽合格后垫层混凝土应立即灌筑，以保护地基，混凝土垫层宜用表面振动器进行振捣，要求表面平整，内部密实。

2）弹线、支模与铺设钢筋网片

混凝土垫层达到一定强度后，在其上弹线、支模、铺放钢筋网片，底部用与混凝土保护层同厚度的水泥砂浆块垫塞，以保证位置正确。

3）浇筑混凝土

在浇筑混凝土前，模板和钢筋上的灰浆、泥土和钢筋上的锈皮油污等杂物，应清除干净，木模板应浇水加以湿润。基础混凝土宜分层连续浇筑完成，对于阶梯形基础，每一台阶高度内应整层作为一个浇筑层，每浇灌完一台阶应稍停0.5~1h，使其初步获得沉实，再浇筑上层，以防止下台阶混凝土溢起，在上台阶根部出现"烂脖子"，并使每个台阶上表面基本平整。对于锥形基础，应注意控制锥体斜面坡度正确，斜面模板应随混凝土浇筑分层支设，并顶紧。边角处的混凝土必须捣实，严禁斜面部分不支模，只用铁锹拍实。

4）施工缝

钢筋混凝土条形基础可留设垂直和水平施工缝。但留设位置，处理方法必须符合规范规定。

5）基础上插筋与养护

基础上有插筋时，其插筋的数量、直径及钢筋种类应与柱内纵向受力钢筋相同，插筋的锚固长度应符合设计要求。施工时，对插筋要加以固定，以保证插筋位置，防止浇捣混凝土时发生移位。混凝土浇筑完毕，外露表面应覆盖浇水养护，养护时间不少于7d。

6）土方回填

基础模板拆除后，应立即进行回填夯实。

(3) 箱形基础

箱形基础是由钢筋混凝土底板、顶板、侧墙及一定数量的内隔墙构成封闭的箱体。它的整体性和刚度都比较好，有调整不均匀沉降的能力，抗震能力较强，可以消除因地基变形而使建筑物开裂的缺陷。也可以减少基底处原有地基的自重应力，降低总沉降量。箱形基础适用于作为软弱地基上面积较小、平面形状简单、荷载较大或上部结构分布不均的高层建筑物的基础，如图 2-27 所示。

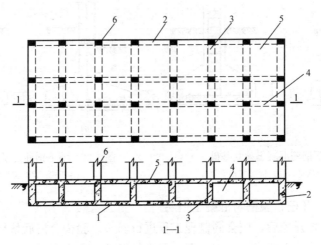

图 2-27 箱形基础
1—底板；2—外墙；3—内横隔墙；4—内纵隔墙；5—顶板；6—柱

1) 基坑处理

基坑开挖如有地下水，应将地下水位降低至设计底板以下 500mm 处。当地质为粉质砂土有可能产生流砂现象时，宜采用井点降水措施，并应设置水位降低观测孔。注意保持基坑底土的原状结构，采用机械开挖基坑时，应在基坑底面以上保留 200～400mm 厚的土层采用人工挖除，基坑验槽后应立即进行基础施工。

2) 支模和浇筑

箱形基础的底板、内外墙和顶板的支模和灌注，可采取内外墙作顶板分次支模浇筑方法施工，其施工缝应留设在墙体上，位置应在底板以上 100～150mm 处，外墙接缝应设成凸缝或设止水带。

基础的底板、内外墙和顶板宜连续浇灌完毕。当基础长度超过 40m 时，为防止出现温度收缩裂缝，一般应设置贯通后浇带，缝宽不宜小于 800mm，在后浇带处钢筋应贯通，顶板浇灌后，相隔 14～28d，用比设计强度等级提高一级的微膨胀的细石混凝土浇筑后浇带，并加强养护。当有可靠的基础防裂措施时可不设后浇带。对超厚、超长的整体钢筋混凝土结构的施工方法详见大体积混凝土。

基础施工完毕，应抓紧基坑四周的回填土工作。停止降水时，应验算箱形基础抗浮稳定性，地下水对基础的浮力，以防出现基础上浮或倾斜的重大事故。如抗浮稳定系数不能满足要求时，应继续抽水，直到施工上部结构荷载加上后能满足抗浮稳定系数要求为止，或在基础内采取灌水或加重物等措施。

3. 桩基础工程施工方法及检验要求

按桩的制作方式不同，桩可分为预制桩和灌注桩两类。预制桩根据沉入土中的方法，又可分锤击法、水冲法、振动法和静力压桩法等。灌注桩按成孔方法不同，有钻孔灌注桩、套管成孔灌注桩、爆扩成孔灌注桩及人工挖孔灌注桩等。

（1）钢筋混凝土预制桩施工工艺和技术要求

钢筋混凝土预制桩的施工，主要包括预制、起吊、运输、堆放、沉桩等过程。

1）桩的制作、起吊、运输和堆放

A. 桩的制作

钢筋混凝土预制桩的混凝土强度等级不宜低于C30，桩身配筋与沉桩方法有关。钢筋混凝土预制桩可在工厂或施工现场预制。一般较长的桩在打桩现场或附近场地预制，较短的桩多在预制厂生产。为了节省场地，采用现场预制的桩多用叠浇法施工，其重叠层数一般不宜超过4层。桩与桩间应做隔离层，上层桩或邻桩的浇筑，必须在下层桩或邻桩的混凝土达到设计强度的30%以后方可进行。

其制作程序为：现场布置→场地地基处理、整平→场地地坪浇筑混凝土→支模→扎筋、安设吊环→浇筑混凝土→养护→（至30%强度后）拆模→支间隔端头模板、刷隔离剂、扎筋→浇筑间隔桩混凝土→同法间隔重叠制作第二层桩→…→养护至75%强度起吊→达100%强度后运输。

B. 桩的起吊

桩的强度达到设计强度标准值的75%后方可起吊，如提前起吊，必须采取措施并经验算合格方可进行。吊索应系于设计规定之处，如无吊环，可按图2-28所示的位置设置

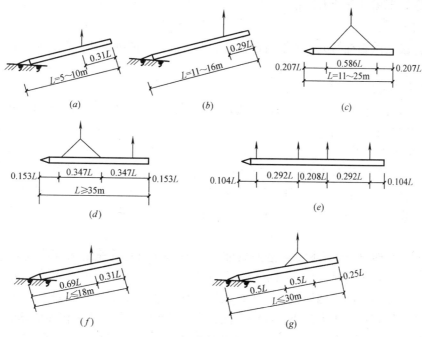

图2-28 吊点位置

(a)、(b) 一点吊法；(c) 二点吊法；(d) 三点吊法；(e) 四点吊法；

(f) 预应力管桩一点吊法；(g) 预应力管桩二点吊法

吊点起吊。在吊索与桩间应加衬垫，起吊应平稳提升，采取措施保护桩身质量，防止撞击和受振动。

C. 桩的运输

混凝土预制桩达到设计强度的100%方可运输。当运距不大时，可用起重机吊运或在桩下垫以滚筒，用卷扬机拖拉。运距较大时，可采用平板拖车或轻轨平板车运输，桩下宜设活动支座，运输时应做到平稳并不得损坏，经过搬运的桩要进行质量检查。

D. 桩的堆放

桩堆放时，地面必须平整、坚实，垫木间距应与吊点位置相同，各层垫木应位于同一垂直线上，最下层垫木应适当加宽。堆放层数不宜超过4层，不同规格的桩应分别堆放。

2) 沉桩机械设备

打桩设备主要包括桩锤、桩架和动力装置三部分。

A. 桩锤：桩锤的作用是对桩顶施加冲击力，把桩打入土中。桩锤主要有落锤、汽锤、柴油锤、振动锤等，目前应用较广的是柴油锤。桩锤的类型应根据施工现场情况、机具设备条件及工作方式和工作效率等条件来选择。

B. 桩架：桩架的作用是支撑桩身和悬吊桩锤，在打桩过程中引导桩身方向并保证桩锤沿着所要求方向冲击的打桩设备。桩架的类型很多，主要有履带式、滚管式、轨道式、步履式。

C. 动力装置：锤击沉桩的动力装置取决于所选的桩锤。落锤以电源为动力，需配置电动卷扬机、变压器、电缆等；蒸汽锤以高压蒸汽为动力，需配置蒸汽锅炉和卷扬机；空气锤以压缩空气为动力，需配置空气压缩机、内燃机等；柴油锤以柴油作为能源，桩锤本身有燃烧室，不需外部动力设备。

3) 沉桩工艺

钢筋混凝土预制桩的沉桩方法有锤击法、振动法、水冲沉桩法、钻孔锤击法、静力压桩法等。

A. 锤击法沉桩

锤击法沉桩简称锤击法，又称打入法，是利用桩锤的冲击力克服土体对桩体的阻力，使桩沉到预定深度或达到持力层。

A) 确定打桩顺序

由于打桩时桩对地基土产生挤密作用，使先打入的桩受到水平推挤而产生偏移或上浮。所以，群桩施打前，应根据桩群的密集程度、桩的规格、长短和桩架移动方便来正确选择打桩顺序。可选用如下的打桩顺序：逐排打设、自中间向两侧对称打设、自中间向四周打设等。

当桩较稀疏时（桩中心距>4倍桩径时），打桩顺序对打桩速度和打桩质量影响不大，可根据施工方便选择打桩顺序；当桩较密集时（桩中心距≤4倍桩径时），应由中间向两侧对称施打，或由中间向四周施打，当桩数较多时，也可采用分区段施打；当桩规格、埋深、长度不同时，宜"先大后小、先深后浅、先长后短"施打。当一侧毗邻建筑物时，由毗邻建筑物处向另一方向施打。当桩头高出地面时，桩机宜采用向后退打，否则可采用向前顶打。

B) 沉桩工艺

工艺流程：桩机就位→桩起吊→对位插桩→打桩→接桩→打桩→送桩→检查验收→桩机移位。

a. 桩机就位：打桩机就位时，应对准桩位，保证垂直、稳定，确保在施工中不发生倾斜、移动。在打桩前，用2台经纬仪对打桩机进行垂直度调整，使导杆垂直，或达到符合设计要求的角度。

b. 桩起吊：钢筋混凝土预制桩应在混凝土达到设计强度的75％方可起吊，桩在起吊和搬运时，吊点应符合设计规定。

c. 对位插桩：桩尖插入桩位后，先落距较小轻锤1～2次，桩入土一定深度，再调整桩锤、桩帽、桩垫及打桩机导杆，使之与打入方向成一直线，并使桩稳定。

d. 打桩：打桩宜重锤低击，打入初期应缓慢地间断地试打，在确认桩中心位置及角度无误后再转入正常施打。打桩期间应经常校核检查桩机导杆的垂直度或设计角度。

e. 接桩：混凝土预制长桩一般要分节制作，在现场接桩，分节沉入。桩的常用接头方式有焊接接桩、法兰接桩及硫硝胶泥锚接接桩三种。焊接接桩、法兰接桩可用于各类土层；硫磺胶泥锚接适用于软土层。接桩前应先检查下节桩的顶部，如有损伤应适当修复，并清除两桩端的污染和杂物等。如下节桩头部严重破坏时应补打桩。

B. 静力压桩法

静力压桩法是利用无振动、无噪声的静压力将桩压入土中。静力压桩适用于在软土、淤泥质土中沉桩。施工中无噪声、无振动、无冲击力，与普通打桩和振动沉桩相比可减小对周围环境的影响，适合在有防振要求的建筑物附近施工。常用的静力压桩机有机械式和液压式两种。静力压桩施工程序如下：测量定位→桩机就位→吊桩插桩→桩身对中调直→静压沉桩→接桩→再沉桩→终止压桩→切割桩头。

(2) 混凝土灌注桩施工工艺和技术要求

根据成孔方法不同，灌注桩可分为钻孔灌注桩、套管成孔灌注桩、爆扩成孔灌注桩及人工挖孔灌注桩等。

1) 钻孔灌注桩

钻孔灌注桩是指利用钻孔机械钻出桩孔，并在桩孔中浇灌混凝土（或先在孔中吊放钢筋笼）而成的桩。根据钻孔机械的钻头是否在土壤的含水层中施工，又分为干作业成孔和泥浆护壁成孔两种方法。

A. 干作业成孔灌注桩

干作业成孔灌注桩是用钻机在桩位上成孔，在孔中吊放钢筋笼，再浇筑混凝土的成桩工艺。干作业成孔适用于地下水位以上的各种软硬土层，施工中不需设置护壁而直接钻孔取土形成桩孔。目前常用的钻孔机械是螺旋钻机。

螺旋钻成孔灌注桩施工流程如下：钻机就位→钻孔→检查成孔质量→孔底清理→盖好孔口盖板→移桩机至下一桩位→移走盖口板→复测桩孔深度及垂直度→安放钢筋笼→放混凝土串筒→浇灌混凝土→插桩顶钢筋。

钻进时要求钻杆垂直，钻孔过程中如发现钻杆摇晃或进钻困难时，可能是遇到石块等硬物，应立即停钻检查，及时处理，以免损坏钻具或导致桩孔偏斜。钻孔达到要求深度后，进行孔底土清理，即钻到设计钻深后，必须在深处进行空转清土，然后停止转动，提钻杆，不得回转钻杆。钻孔完成后应尽快吊放钢筋笼并浇筑混凝土。

B. 泥浆护壁成孔灌注桩

泥浆护壁成孔是利用泥浆保护孔壁，通过循环泥浆裹携悬浮孔内钻挖出的土渣并排出孔外，从而形成桩孔的一种成孔方法。泥浆在成孔过程中所起的作用是护壁、携渣、冷却和润滑，其中最重要的作用还是护壁。

泥浆护壁成孔灌注桩的施工工艺流程如下：测定桩位→埋设护筒→桩机就位→制备泥浆→成孔→清孔→安放钢筋骨架→浇筑水下混凝土。

A）定桩位、埋设护筒

桩位放线定位后即可在桩位上埋设护筒。护筒的作用是固定桩位、防止地表水流入孔内、保护孔口和保持孔内水压力、防止塌孔以及成孔时引导钻头的钻进方向等。护筒一般用 4～8mm 钢板制作，其内径应大于钻头直径 100～200mm，其上部宜开设 1～2 个溢浆孔。护筒的埋设深度：在黏性土中不宜小于 1.0m；砂土中不宜小于 1.5m，一般高出地面或水面 400～600mm。

B）制备泥浆

制备泥浆的方法根据土质确定。在黏性土中成孔时可在孔中注入清水，钻机旋转时，切削土屑与水旋拌，用原土造浆；在其他土中成孔时，泥浆制备应选用高塑性黏土或膨润土。

C）成孔

泥浆护壁成孔灌注桩有回转钻成孔、潜水钻成孔、冲击钻成孔、旋挖钻成孔等不同的成孔方法。

回转钻机成孔：泥浆循环方式不同，可分为正循环回转钻机和反循环回转钻机。

潜水钻成孔：潜水钻机成孔直径 500～1500mm，深 20～30m，最深可达 50m，适用于地下水位较高的软硬土层，也可钻入岩层。

冲击钻成孔：冲击钻主要用于岩土层中成孔。冲孔前应埋设护筒，护筒内径比钻头直径大 200mm。

旋挖钻成孔：成孔精度高、速度快，适用面广。

D）清孔

当钻孔达到设计深度后，应进行验孔和清孔，清除孔底沉渣和淤泥。清孔的目的是减少桩基的沉降量，提高其承载能力。对于不易塌孔的桩孔，可用空气吸泥机清孔，对于稳定性差的孔壁应用泥浆（正、反）循环法或抽渣筒排渣。清孔时，保持孔内泥浆面高出地下水位 1.0m 以上，在受水位涨落影响时，泥浆面要高出最高水位 1.5m 以上。

E）浇筑水下混凝土

泥浆护壁成孔灌注桩混凝土的浇筑是在泥浆中进行的，所以属于水下浇筑混凝土。水下混凝土浇筑的方法很多，最常用的是导管法。导管法是将密封连接的钢管作为混凝土水下灌注的通道，混凝土沿竖向导管下落至孔底，置换泥浆而成桩。导管的作用是隔离环境水，使其不与混凝土接触。

2）沉管灌注桩

沉管灌注桩，又称套管成孔灌注桩、打拔管灌注桩，施工时是使用振动式桩锤或锤击式桩锤将一定直径的钢管沉入土中形成桩孔，然后在钢管内吊放钢筋笼，边灌注混凝土边拔管而形成灌注桩桩体的一种成桩工艺。它包括锤击沉管灌注桩、振动沉管灌注桩、夯压成型沉管灌注桩等。

A. 振动沉管灌注桩

根据工作原理可分为振动沉管施工法和振动冲击施工法两种。振动沉管施工法，是在振动锤竖直方向往复振动作用下，桩管也以一定的频率和振幅产生竖向往复振动，减少桩管与周围土体间的摩阻力，当强迫振动频率与土体的自振频率相同时，土体结构因共振而破坏。与此同时，桩管受着加压作用而沉入土中，在达到设计要求深度后，边拔管、边振动、边灌注混凝土、边成桩。振动冲击施工法是利用振动冲击锤在冲击和振动的共同作用，桩尖对四周的土层进行挤压，改变土体结构排列，使周围土层挤密，桩管迅速沉入土中，在达到设计标高后，边拔管、边振动、边灌注混凝土、边成桩。

A) 施工顺序

振动沉管灌注桩施工流程：

桩机就位→振动沉管→混凝土浇筑→边拔管边振动→安放钢筋笼或插筋。如图 2-29 所示。

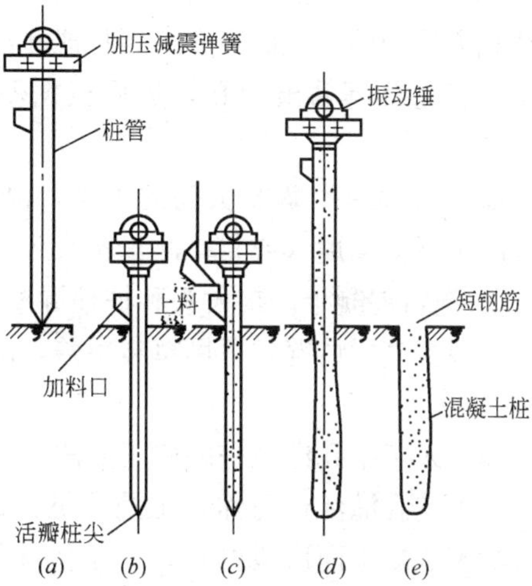

B) 施工方法

振动沉管施工法一般有单打法、反插法、复打法等。应根据土质情况和荷载要求分别选用。单打法适用于含水量较小的土层，且宜采用预制桩尖；反插法及复打法适用于软弱饱和土层。

图 2-29 振动沉管灌注桩施工工艺流程
(a) 桩机就位；(b) 振动沉管；(c) 浇筑混凝土；
(d) 边拔管边振动边浇筑混凝土；(e) 成桩

单打法，即一次拔管法。拔管时每提升 0.5～1m，振动 5～10s，再拔管 0.5～1m，如此反复进行，直至全部拔出为止，一般情况下振动沉管灌注桩均采用此法。

复打法。在同一桩孔内进行两次单打，即按单打法制成桩后再在混凝土桩内成孔并灌注混凝土。采用此法可扩大桩径，大大提高桩的承载力。

反插法。将套管每提升 0.5m，再下沉 0.3m，反插深度不宜大于活瓣桩尖长度的 2/3，如此反复进行，直至拔离地面。此法也可扩大桩径，提高桩的承载力。

B. 锤击沉管灌注桩

锤击沉管施工法，是利用桩锤将桩管和预制桩尖（桩靴）打入土中，边拔管、边振动、边灌注混凝土、边成桩，在拔管过程中，由于保持对桩管进行连续低锤密击，使钢管不断得到冲击振动，从而密实混凝土。与振动沉管灌注桩一样，锤击沉管灌注桩也可根据土质情况和荷载要求，分别选用单打法、复打法、反插法。

锤击沉管灌注桩施工顺序：桩机就位→锤击沉管→首次浇注混凝土→边拔管边锤击→放钢筋笼浇注成桩。

C. 夯压成型灌注桩

夯压成型灌注桩，是利用静压或锤击法将内外钢管沉入土层中，由内夯管夯扩端部混凝土，使桩端形成扩大头，再灌注桩身混凝土，用内夯管和桩锤顶压在管内混凝土面形成桩身混凝土。夯压桩桩身直径一般为400～500mm，扩大头直径一般可达450～700mm，桩长可达20m。适用于中低压缩性黏土、粉土、砂土、碎石土、强风化岩等土层。

3) 爆扩成孔灌注桩

爆扩成孔灌注桩就是先在桩位上钻孔或爆扩成孔，然后在孔底放入炸药，再灌入适量的压爆混凝土，引爆炸药使孔底形成球形扩大头，再放置钢筋骨架，浇灌桩身混凝土而形成的桩。爆扩成孔灌注桩的施工顺序如下：成孔→检查修理桩孔→安放炸药包→注入压爆混凝土→引爆→检查扩大头→安放钢筋笼→浇筑桩身混凝土→成桩养护。

A. 成孔。成孔方法有：人工成孔法、机钻成孔法和爆扩成孔法。机钻成孔所用设备和钻孔方法相同，下面只介绍爆扩成孔法。爆扩成孔法是先用小直径（如50mm）洛阳铲或手提麻花钻等钻出导孔，然后根据不同土质放入不同直径的炸药条，经爆扩后形成桩孔。

B. 爆扩大头。爆扩大头的工作，包括放入炸药包，灌入压爆混凝土，通电引爆，测量混凝土下落高度（或直接测量扩大头直径）以及捣实扩大头混凝土等几个操作过程。

C. 浇筑混凝土。扩大头和桩柱混凝土要连续浇筑完毕，不留施工缝。混凝土浇筑完毕后，根据气温情况，可用草袋覆盖，浇水养护，在干燥的砂类土地区，桩周围还需浇水养护。

(3) 人工挖孔灌注桩的施工方法

人工挖孔灌注桩简称人工挖孔桩，是指采用人工挖掘方法进行成孔，然后安放钢筋笼，浇筑混凝土而形成的桩。人工挖孔桩的优点是：设备简单；施工现场较干净；噪声小、振动少，对周围建筑影响小；施工速度快，可按施工进度要求确定同时开挖桩孔的数量；土层情况明确，可直接观察到地质变化情况；沉渣能清除干净，施工质量可靠。其缺点是：工人在井下作业，施工安全性差。因此，施工安全应予以特别重视，要严格按操作规程施工，要制订可靠的安全措施。

人工挖孔桩的直径除了能够满足设计承载力的要求外，还应考虑施工操作的要求，所以桩径都较大，最小不宜小于800mm，一般为1000～3000mm，桩底一般都扩底。

人工挖孔桩为了防止土体坍滑，需要做护壁。常用的护壁方法有现浇混凝土护壁、沉井护壁、钢套管护壁、砖护壁等，如图2-30所示。现浇混凝土护圈的结构型式为斜阶形，如图2-34所示。对于土质较好的地层，护壁可用素混凝土，土质较差地段应增加少量钢筋（环筋ϕ10～12mm，间距200mm，竖筋ϕ10～12mm，间距400mm）。

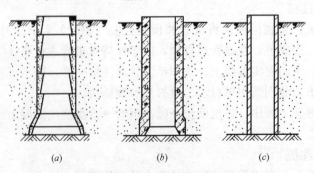

图 2-30 护壁类型

(a) 混凝土护壁；(b) 沉井护壁；(c) 钢套管护壁

下面以现浇混凝土护壁为例说明人工挖孔桩的施工过程，如图 2-31 所示。

1) 机具准备

A. 挖土工具：铁镐、铁锹、钢钎、铁锤、风镐等挖土工具。

B. 出土工具：电动葫芦或手摇辘轳和提土桶。

C. 降水工具：潜水泵，用于抽出桩孔内的积水。

D. 通风工具：1.5kW 的鼓风机、薄膜塑料送风管。

E. 通信工具：摇铃、电铃、对讲机等。

F. 护壁模板：常用的有木模和钢模两种。

2) 施工工艺

A. 测量放线、定桩位。

B. 桩孔内土方开挖。采取分段开挖，每段开挖深度取决于土的直立能力，一般为 0.5~1.0m 为一施工段，开挖范围为设计桩径加护壁厚度。

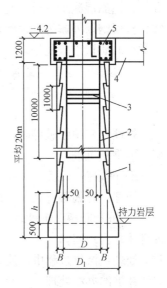

图 2-31 人工挖孔桩构造
1—护壁；2—主筋；3—箍筋；
4—地梁；5—桩帽

C. 支护壁模板。常在井外预拼成 4~8 块工具式模板。

D. 浇护壁混凝土。护壁起着防止土壁坍塌与防水的双重作用，因此护壁混凝土要捣实，第一节护壁厚宜增加 100~150mm，上下节用钢筋拉结。

E. 拆模，继续下一节的施工。当护壁混凝土强度达到 1MPa（常温下约 24h）方可拆模，拆模后开挖下一节的土方，再支模浇护壁混凝土，如此循环，直到挖到设计深度。

F. 浇筑桩身混凝土。排除桩底积水后浇筑桩身混凝土至钢筋笼底面设计标高，安放钢筋笼，再继续浇筑混凝土。混凝土浇筑时应用溜槽或串筒，用插入式振动器捣实。

3) 施工时应注意的几个问题

A. 开挖前，桩位定位应准确，在桩位外设置龙门桩。安装护壁模板时须用桩心点校正模板位置，并由专人负责。

B. 保证桩孔的平面位置和垂直度。桩孔中心线的平面位置偏差不宜超过 50mm，桩的垂直度偏差不超过 0.5%，桩径不得小于设计直径。

C. 防止土壁坍落及流砂。在开挖过程中遇有特别松散的土层或流砂层时，为防止土壁坍落及流砂，可采用钢套管护圈或沉井护圈作为护壁。或将混凝土护圈的高度减小到 300~500mm。流砂现象严重时可采用井点降水法降低地下水位，以确保施工安全和工程质量。

D. 人工挖孔桩混凝土护壁厚度不宜小于 100mm，混凝土强度等级不得低于桩身混凝土强度等级，采用多节护壁时，应用钢筋拉结起来。第一节井圈顶面应比场地高出 150~200mm，壁厚比下面井壁厚度增加 100~150mm。

E. 浇筑混凝土桩身时，应及时清孔及排除井底积水。桩身混凝土宜一次连续浇筑完毕，不留施工缝。

(4) 基础工程常见的质量事故及处理

基础工程在施工的过程中，如果不严格按照规定操作，通常会出现质量事故，影响使用安全。如砖石基础的常见质量事故有基础轴线位移、组砌形式不良、基础顶面标高不一致等；钢筋混凝土基础常见质量事故有出现蜂窝、孔洞、表面缺棱掉角、钢筋保护层不够、出现钢筋外露等；这些基础的质量事故比较明显可见，不再赘述。重点介绍桩基础施工常见的质量事故及处理。

1）预制桩施工常见的质量事故及处理

A. 桩顶碎裂：打桩时，桩顶出现混凝土掉角、碎裂、坍塌或被打坏、桩顶钢筋局部或全部外露。

处理：桩顶已破碎时，应更换桩垫；如破碎严重，可把桩顶剔平补强，必要时加钢板箍，再重新沉桩。

B. 桩倾斜、偏移：桩身垂直偏移过大，桩身倾斜。

处理：若偏移过大，应拔出，移位再打；若偏移不大，可顶正后再慢锤打入。

C. 桩身断裂：沉桩时，桩身突然倾斜错位，贯入度突然增大，同时当桩锤跳起后，桩身随之出现回弹。

处理：沉桩过程中，发现桩不垂直，应及时纠正，或拔出重新沉桩；断桩，可采取在一旁补桩的办法处理。

D. 桩顶上涌：在沉桩过程中，桩产生横向位移或桩身上涌。

处理：浮起较大的桩应重新打入。

2）灌注桩质量事故及处理

A. 泥浆护壁成孔灌注桩质量事故及处理

A）孔壁坍塌：孔壁坍塌是在成孔过程中，在排出的泥浆中不断出现气泡，或护筒里水位突然下降，这都是塌孔的迹象。

处理：发现塌孔，首先应保持孔内水位，如为轻度坍孔，应首先探明坍塌位置，将砂和黏土混合物回填到坍孔位置以上1~2m，如塌孔严重，应全部回填，待回填物沉淀密实后采用低钻速。

B）护筒冒水：护筒外壁冒水，严重的会引起地基下沉、护筒偏斜和位移，以致造成桩孔偏斜，甚至无法施工。

处理：初发现护筒冒水，可用黏土在四周填实加固，如护筒严重下沉或位移，则应返工重埋。

C）钻孔偏斜：钻孔偏斜是指成孔后，孔位发生倾斜，偏离中心线，超过规范允许值。它的危害除了影响桩基质量外，还会造成施工上的困难，如放不进钢筋骨架等。

处理：如已出现斜孔，则应在桩孔偏斜处吊住钻头，上下反复扫孔，使孔校直；或在桩孔偏斜处回填砂黏土，待沉积密实后再钻。

D）钻孔漏浆：钻孔漏浆是指在成孔过程中或成孔后，泥浆向孔外漏失。

处理：加稠泥浆或倒入黏土，慢速转动，或在回填土内掺片石、卵石，反复冲击，增强护壁。

E）流砂：发生流砂时，桩孔内大量冒砂，将孔涌塞。

处理：保证孔内水位高于孔外水位0.5m以上，并适当增加泥浆密度；当流砂严重时，可抛入砖、石、黏土，用锤冲入流砂层，做成泥浆结块，使其形成坚厚孔壁，阻止流砂涌入。

F）钢筋笼偏位、变形、上浮

处理：在施工中，如已经发生钢筋笼上浮或下沉，对于混凝土质量较好者，可不予处理，但对承受水平荷载的桩，则应校对核实弯矩是否超标，采取补强措施。

G) 断桩：水下灌注混凝土，如桩截面上存在泥夹层，会造成断桩现象，这种事故使桩的完整性大受损害，桩身强度和承载力大大降低。

处理：如已发生断桩，不严重者核算其实际承载力，如比较严重，则应进行补桩。

H) 吊脚桩：吊脚桩是指桩成孔后，桩身下部局部没有混凝土或夹有泥土。

处理：注意泥浆浓度，及时清渣。

B. 沉管灌注桩质量事故及处理

A) 缩颈：缩颈又称瓶颈桩。它的特点是在桩的某部分桩径缩小，截面尺寸不符合设计要求。

处理：对于施工中已经出现的轻度缩颈，可采用反插法，每次拔管高度以 1m 为宜；局部缩颈可采用半复打法，桩身多段缩颈宜采用复打法施工，或采用下部带喇叭口的套管。

B) 断桩

处理：如已发生断桩，不严重者核算其实际承载力，如比较严重，则应进行补桩。

C) 吊脚桩：即桩底部的混凝土不密实或隔空，或泥砂混入形成松软层。

处理：沉入桩管时应用吊铊检查桩尖是否有缩入桩管的现象，如果有，应及时拔出纠正或将桩孔回填后重新沉入桩管。

D) 桩身下沉：有时在桩成形后，在相邻桩位下沉套管时，桩顶的混凝土、钢筋或钢筋笼下沉。

处理：如发生桩身下沉，应铲去桩顶杂物、浮浆，重新补足混凝土。

E) 桩尖进水、进泥沙

处理：对于少量进水（小于 200mm），可不作处理，只在灌第一槽混凝土时酌量减少用水量即可；如涌进泥砂及水较多，应将桩管拔出，清除管内泥砂，用砂回填桩孔后重新沉入桩管。如桩尖损坏或不密合，可将桩管拔出，修复改正后将孔回填，重新沉管。

C. 干作业法成孔灌注桩质量事故及处理

A) 塌孔

处理：如已发生塌孔，应先钻至塌孔以 1~2m 再用豆石混凝土或低强度混凝土（C5、C10）填至塌孔位置以上 1.0m，待混凝土初凝后，再钻孔至设计标高。

B) 桩孔偏斜：桩孔垂直偏差不符合要求。

处理：如发现倾斜，可用素土回填夯实，重新成孔。

C) 孔底虚土过厚

处理：重新清理孔底。

D. 人工挖孔桩质量事故及处理

A) 桩孔坍塌

处理：对塌方严重的孔壁，应用砂石填塞，并在护壁的相应部位设泄水孔，用以排除孔洞内。

B) 井涌

处理：当遇有局部或厚度大于 1.5m 的流动性淤泥和各种可能出现涌土、涌砂土层时，应将每节护壁高度降低为300～500mm，还可以采用有效降水措施以减小动水压力，同时还可将水流方向引向下，从而有效预防井涌。

C) 护壁裂缝：护壁裂缝是指护壁上、下节之间脱节，或出现一些水平、垂直缝和斜裂缝，一般多发生在桩孔的中、上部。

处理：对于护壁产生的裂缝，一般可不处理，但应切实加强施工现场监视观测，发生问题，及时解决。

(5) 桩基础的检测与验收

1) 桩基的检测：成桩的质量检验有两种基本方法：一种是静载试验法（或称破损试验）；另一种是动测法（或称无破损试验）。

A. 静载试验法：

A) 试验目的：是采用接近于桩的实际工作条件，通过静载加压，确定单桩的极限承载力，作为设计依据，或对工程桩的承载力进行抽样检验和评价。

B) 试验方法：静载试验是根据模拟实际荷载情况，通过静载加压，得出一系列关系曲线，综合评定确定其容许承载力的一种试验方法。它能较好地反映单桩的实际承载力。荷载试验有多种，通常采用的是单桩竖向抗压静载试验、单桩竖向抗拔静载试验和单桩水平静载试验。

C) 试验要求：预制桩在桩身强度达到设计要求的前提下，对于砂类土，不应少于10d；对于粉土和黏性土，不应少于15d；对于淤泥或淤泥质土，不应少于25d，待桩身与土体的结合基本趋于稳定，才能进行试验。就地灌注和爆扩桩应在桩身混凝土强度达到设计等级的前提下，对砂类土不少于10d；对一般黏性土不少于20d；对于淤泥或淤泥质土，不应少于30d，才能进行试验。对于地基基础设计等级为甲级或地质条件复杂，成桩质量可靠性低的灌注桩，应采用静载荷试验的方法进行检验，检验桩数不应少于总数的1%，且不应少于3根，当总桩数少于50根时，不应少于2根，其桩身质量检验时，抽检数量不应少于总数的30%，且不应少于20根；其他桩基，工程的抽检数量不应少于总数的20%，且不应少于10根；对混凝土预制桩及地下水位以上且终孔后核验的灌注桩，检验数量不应少于总桩数的10%，且不得少于10根。每根柱子承台下不得少于1根。

B. 动测法

A) 特点：动测法又称动力无损检测法，是检测桩基承载力及桩身质量的一项新技术，作为静载试验的补充。

B) 试验方法：动测法是相对静载试验法而言，它是对桩土体系进行适当的简化处理，建立起数学-力学模型，借助于现代电子技术与量测设备采集桩-土体系在给定的动荷载作用下所产生的振动参数，结合实际桩土条件进行计算，所得结果与相应的静载试验结果进行对比，在积累一定数量的动静试验对比结果的基础上，找出两者之间的某种相关关系，并以此作为标准来确定桩基承载力。单桩承载力的动测方法种类较多，国内有代表性的方法有：动力参数法、锤击贯入法、水电效应法、共振法、机械阻抗法、波动方程法等。

C) 桩身质量检验：在桩基动态无损检测中，国内外广泛使用的方法是应力波反射法，又称低（小）应变法。其原理是根据一维杆件弹性反射理论（波动理论）采用锤击振动力法检测桩体的完整性,即以波在不同阻抗和不同约束条件下的传播来差别桩身质量。

2) 桩基的验收

A. 桩基的验收规定:

A) 当桩顶设计标高与施工场地标高相同时,或桩基施工结束后,有可能对桩位进行检查时,桩基工程的验收应在施工结束后进行。

B) 当桩顶设计标高低于施工场地标高,送桩后无法对桩位进行检查时,对打入桩可在每根桩桩沉至场地标高时,进行中间验收,待全部桩施工结束,承台或底板开挖到设计标高后,再做最终验收。对灌注桩可对护筒位置做中间验收。

B. 桩基验收资料

A) 工程地质勘察报告、桩基施工图、图纸会审纪要、设计变更及材料代用通知单等。

B) 经审定的施工组织设计、施工方案及执行中的变更情况。

C) 桩位测量放线图,包括工程桩位复核签证单。

D) 制作桩的材料试验记录,成桩质量检查报告。

E) 单桩承载力检测报告。

F) 桩基竣工平面图及桩顶标高图。

C. 桩基允许偏差

A) 桩位放样允许偏差

桩位的放样允许偏差如下:

群桩:20mm;

单排桩:10mm。

B) 桩位偏差

a. 打(压)入桩(顶制混凝土方桩、先张法预应力管桩、钢桩)的桩位偏差,必须符合表2-11的规定。斜桩倾斜度的偏差不得大于倾斜角正切值的15%(倾斜角系桩的纵向中心线与铅垂线间夹角)。

预制桩(钢桩)桩位的允许偏差(mm)　　　表2-11

项	项 目		允许偏差
1	盖有基础梁的桩:	(1)垂直基础梁的中心线	$100+0.01H$
		(2)沿基础梁的中心线	$150+0.01H$
2	桩数为1~3根桩基中的桩		100
3	桩数为4~16根桩基中的桩		1/2桩径或边长
4	桩数大于16根桩基中的桩:	(1)最外边的桩	1/3桩径或边长
		(2)中间桩	1/2桩径或边长

注:H为施工现场地面标高与桩顶设计标高的距离。

b. 灌注桩的桩位偏差必须符合表2-12的规定,桩顶标高至少要比设计标高高出0.5m,桩底清孔质量按不同的成桩工艺有不同的要求,应按《建筑地基基础工程施工质量验收规范》的要求执行。每浇注50m³,必须有1组试件,小于50m³的桩,每根桩必须有1组试件。

灌注桩的平面位置和垂直度的允许偏差 表 2-12

序号	成孔方法		桩径允许偏差（mm）	垂直度允许偏差(%)	桩位允许偏差(mm)	
					1～3根、单排桩垂直于中心线方向和群桩基础的边桩	条形桩基沿中心线方向和群桩基础的中间桩
1	泥浆护壁钻孔桩	$D \leqslant 1000mm$	±50	<1	$D/6$，且不大于100	$D/4$，且不大于150
		$D > 1000mm$	±50		$100+0.01H$	$150+0.01H$
2	套管成孔灌注桩	$D \leqslant 500mm$	−20	<1	70	150
		$D > 500mm$			100	150
3	干成孔灌注桩		−20	<1	70	150
4	人工挖孔桩	混凝土护壁	+50	<0.5	50	150
		钢套管护壁	+50	<1	100	200

注：1. 桩径允许偏差的负值是指个别断面。
  2. 采用复打、反插法施工的桩，其桩径允许偏差不受上表限制。
  3. H 为施工现场地面标高与桩顶设计标高的距离，D 为设计桩径。

4. 基础工程施工的安全措施

（1）桩基施工安全

A. 打桩前，对邻近施工范围内的已有建筑物、地下管线等，必须认真检查，针对具体情况采取加固或隔震措施，对危险而又无法加固的建筑征得有关方面同意可以拆除，以确保施工安全和邻近建筑物及人身的安全。

B. 成桩机械必须经鉴定合格，不合格机械不得使用。施工前应全面检查机械，发现问题要及时解决，严禁带病作业。机器进场，要注意危桥、陡坡、陷地和防止碰撞电杆、房屋等。

C. 在打桩过程中，遇有地坪隆起或下陷时，应随时对机器及路轨调平或整平。

D. 打桩时桩头垫料严禁用手拨正，不要在桩锤未打到桩顶即起锤或过早刹车，以免损坏桩机设备。

E. 钻机灌注桩在已钻成的孔尚未浇筑混凝土前，必须用盖板封严。钢管桩打桩后必须及时加盖临时桩帽，预制混凝土桩送桩入土后的桩孔必须及时用砂子或其他材料填灌，以免发生人身事故。

F. 冲抓锥或冲孔锤操作时不准任何人进入落锤区施工范围内，以免砸伤。

G. 成孔钻机操作时，注意钻机安定平稳、以防止钻架突然倾倒钻具突然下落而造成事故。

H. 人工挖孔桩施工安全：

A) 孔下操作人员必须戴安全帽；孔口四周必须设置护栏，一般加 0.8m 高围栏围护。

B) 孔内必须设置安全软梯，供人员上下井。使用的电葫芦、吊笼等应安全可靠并配有自动卡紧保险装置，不得使用麻绳和尼龙绳吊挂或脚踏井壁凸缘上下。电葫芦使用前必须检验其安全起吊能力。

C) 每日开工前必须检测井下的有毒有害气体，并应有足够的安全防护措施。桩孔开挖深度超过 10m 时，应有专门向井送风的设备。

D) 挖出的土石方应及时运离孔口，不得堆放在孔口四周 1m 范围内，机动车辆的通行不得对井壁的安全造成影响。

E) 施工现场的一切电源、电路的安装和拆除必须由持证电工操作，电器必须严格接地、接零和使用漏电保护器。照明应采用安全矿灯或 12V 以下的安全灯。

(2) 模板拆除安全

基坑内拆模，要注意基坑边坡的稳定，特别是拆除模板支撑时，可能使边坡土发生塌方。拆除的模板应及时运到离基坑较远的地方进行清理。

5. 基础工程施工案例

【例 2-4】 浅基础施工技术

(1) 背景

某建筑采用钢筋混凝土柱下独立基础，基础埋深 1.2m，混凝土强度等级为 C25。

(2) 问题

试确定浅基础施工技术方案。

(3) 分析与解答

1) 材料准备

水泥采用强度等级 32.5 的矿渣硅酸盐水泥，砂子采用中砂，细度模数 $M_x=2.5$，砂含泥量不大于 3%，石子采用碎石，含泥量不大于 2%。混凝土配合比由实验室提供。

2) 钢筋施工

按设计图纸要求及配料单配制成型的钢筋，检查钢筋出厂合格证和复试报告。备好 20~22 号铁丝、钢筋马凳、拉筋、水泥砂浆垫块（或塑料卡）。钢筋施工前，先核对图纸、配料单与已配好的钢筋的级别、规格、尺寸、形状、数量是否一致，如有问题及时解决。钢筋表面应洁净，无损伤，油渍、漆污、铁锈在使用前应清除，带有颗粒状及片状老锈的钢筋不得使用。

基坑验槽清理后，应立即灌筑垫层以保护地基，垫层混凝土宜用表面振动器进行振捣，要求表面平整，内部密实。混凝土垫层达到一定强度后，在其上弹线、支模、铺放钢筋网片，底部用与混凝土保护层同厚度的水泥砂浆块垫塞。基础的插筋数量、直径及钢筋种类应与柱内纵向受力钢筋相同，插筋的锚固长度，应符合设计要求。施工时，对插筋要加以固定，以保证插筋位置，防止浇捣混凝土时发生移位。

3) 混凝土施工

在混凝土施工前，先办理钢筋的隐蔽和模板的预检手续，底板钢筋网片内的杂物全部清理干净，各种专业管线均应安装完毕，不得遗漏，由专业工程师进行检查和验收。

A. 混凝土拌制：应严格按试验室提供的混凝土配合比，每盘投料顺序为石子→水泥→砂子→水，严格控制用水量，做到搅拌机自动水箱出水量每台班校验一次，混凝土的坍落度不得超过规定，搅拌要均匀。

B. 混凝土运输：混凝土搅拌出料后，用翻斗车完成水平运输、用吊车直接吊至指定地点。

C. 混凝土浇筑：在地基混凝土垫层上，清除泥土和积水。混凝土分层浇筑，在浇筑的过程，防止混凝土离析。采用插入式振捣器振捣，其移动间距采用 $\phi50$ 的棒一般不超过 400mm，插入要迅速，拔出要慢，振动到表面泛浆无气泡为止。振捣和铺混凝土应选择从对称位置开始,以防模板变形移位,浇灌到面层时,混凝土表面应找平并抹压坚实平整。

D. 混凝土养护:混凝土振捣密实后,立刻进行养护。12h 后用草袋覆盖并浇水养护。在混凝土浇筑后前 2d,应保证混凝土处于完全湿润状态,在规范规定 14d 养护期内养护,以免混凝土表面出现裂缝。

【例 2-5】 钻孔灌注桩施工

(1) 背景

某工程钻孔灌注桩共布桩 94 条,其中 $\phi 600$mm 桩共 40 根、$\phi 400$mm 桩共 18 根、$\phi 1200$mm 桩共 32 根、$\phi 1000$mm 桩共 4 根。设计要求桩端支承于微风化基岩上,且嵌入该岩层 1.5 倍桩径,基岩强度 $f_x = 10000$kPa,平均桩长约 25.5m,理论成孔立方量约 4500m^3。由于工期紧迫,在施工区域内配置了 6 台桩机,由西向东错开排列 1 至 6 号桩机,其中 2 号和 5 号桩机分别负责西塔楼和东塔楼的电梯基坑下的钻桩,6 台桩机不分昼夜同时施工。

(2) 问题

试确定钻孔灌注桩施工方案,钻孔灌注桩施工工艺为:该工程桩型为大中型桩,采用正循环钻进成孔,二次反循环换浆清孔。整套工艺分为成孔、下放钢筋笼和导管灌注水下混凝土。主要施工工艺如下:

A. 清除障碍:在施工区域内全面用挖掘机向下挖掘 4~5m,彻底清除大块角石等障碍物。

B. 桩位控制:该工程采用经纬仪坐标法控制桩位及轴线,每桩施工前再次对桩位进行复核。

C. 埋设护筒:采用十字架中心吊锤法将钢制护筒垂直稳固地埋实。护筒埋好后外围回填黏性土并夯实,以防滑浆和塌孔,同时测量护筒标高。

D. 钻机安装定位:钻机安装必须水平、稳固,起重滑轮前缘、转盘中心与护筒中心在同一铅垂线上,用水平尺依纵横向校平转盘,以保证桩机的垂直度。

E. 钻进成孔

A) 钻头:选用导向性能良好的单腰式钻头。

B) 钻进技术参数:采用分层钻进技术,即针对不同的土层特点,适当调整钻进参数。开孔钻进,采用轻压慢转钻进方式,对于粉质黏土和粉砂层要适当控制钻压,调整泵量,以较高的转数通过。

C) 护壁泥浆:第一根桩采用优质黏土造浆,后续桩主要采用原土自然造浆,产生的泥浆经沉淀、过滤后循环使用。考虑到本场地砂层较厚,水量丰富,为防止塌孔,保证成孔质量,还配备一定数量的优质黏土,作制备循环泥浆之用。泥浆循环系统由泥浆池、循环槽、泥浆泵、沉淀池、废浆池(罐)等组成。

D) 终孔及持力层的确定:施工第一根桩时做超前钻,取得岩样进行单轴抗压强度试验,会同设计人员确定岩性及终孔深度。在施工过程中,若有疑问时,继续进行抽芯取样试验,确保达到设计要求。终孔前 0.5m 到终孔,采用小参数钻进,以利于减少孔底沉渣。

F. 一次清孔:终孔时,使用较好泥浆,将钻具反复在距孔底 1.5m 范围边反扫边冲孔低转速钻进，大泵送泥浆量利于搅碎孔底大泥块，再用砂石泵吸渣清孔。

G. 钢筋笼保护层：在吊放笼筋时，沿笼筋外围上、中、下三段绑扎混凝土垫块，以保证笼筋的保护层厚度。

H. 钢筋笼的制作与下放：

A) 钢筋笼有专人负责焊接，经验收合格后按设计标高垂直下入孔内。

B) 吊放过程中必须轻提、慢放，若下放遇阻应停止，查明原因处理后再行下放，严禁将钢筋笼高起猛落，强行下放。到达设计位置后，立即固定，防止移动。

I. 下导管：灌注混凝土选用 ϕ250mm 灌注导管，导管必须内平、笔直，并保证连接处密封性能良好，防止泥浆渗入。

J. 水下混凝土灌注：本工程以商品混凝土为主，保证混凝土灌注必须在二次清孔结束后 30min 内进行，商品混凝土加入缓凝剂。开灌储料斗内必须有足以将导管的底端一次性埋入水下混凝土中 0.8m 以上的混凝土储存量。灌注过程中，及时测量孔内混凝土面高度，准确计算导管埋深，导管的埋深控制在 3～6m 范围内，机械不得带故障施工。

由于该工程基础桩的形式选择正确，而且施工管理完善，94 根钻孔灌注桩仅占用了 2 个月的施工工期就顺利完成。之后抽取了 3 根桩进行双倍设计承载力的单桩竖向静载荷试验，结果各桩均能满足规范规定的要求。同时亦抽取了 20 根桩（抽样率 21.3%）进行反射波法的桩基无损检测，结果Ⅰ类桩有 19 根，Ⅱ类桩有 1 根。在竣工验收首测得整幢建筑物的最大沉降量亦只有 4mm，在赶进度的情况下，桩基施工达到了较理想的效果。

（三）脚手架工程及垂直运输设施

1. 脚手架

脚手架是砌筑过程中堆放材料和工人进行操作的临时施工设施。当砌体砌到一定高度时（即可砌高度或一步架高度，一般为 1.2m），砌筑质量和效率将受到影响，此时就需要搭设脚手架。砌筑用脚手架必须满足以下基本要求：脚手架的宽度应满足工人操作、材料堆放及运输要求，一般为 2m 左右，且不得小于 1.5m；脚手架应有足够的强度、刚度和稳定性，保证在施工期间的各种荷载作用下，脚手架不变形、不摇晃、不倾斜；构造简单，便于装拆、搬运，并能多次周转使用。脚手架按其搭设位置分为外脚手架和里脚手架两大类；按其所用材料分为木脚手架、竹脚手架和钢管脚手架；按其构造形式分为多立柱式、门型、悬挑式及吊脚手架等。

（1）外脚手架

外用脚手架是在建筑物的外侧（沿建筑物周边）搭设的一种脚手架，既可用于外墙砌筑，又可用于外装修施工。外脚手架的形式很多，常用的有多立柱式脚手架和门型脚手架等，多立柱式脚手架可用木、竹和钢管等搭设，目前主要采用钢管脚手架，虽然其一次性投资较大，但可多次周转、摊销费用低、装拆方便、搭设高度大，且能适应建筑物平立面的变化。多立柱钢管脚手架有扣件式和碗扣式两种。

A. 钢管扣件式脚手架

钢管扣件式脚手架由钢管、扣件、脚手板和底座等组成，如图 2-32 所示。钢管一般用 ϕ48mm、厚 3.5mm 的焊接钢管，主要用于立柱、大横杆、小横杆及支撑杆（包括剪刀撑、横向斜撑、水平斜撑等）。钢管间通过扣件连接，其基本形式有三种，如图 2-33 所

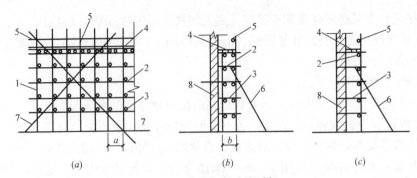

图 2-32 钢管扣件式脚手架
(a) 立面；(b) 侧面（双排）；(c) 侧面（单排）
1—立柱；2—大横杆；3—小横杆；4—脚手板；5—栏杆；6—抛撑；7—斜撑；8—墙体

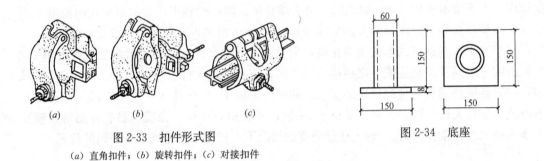

图 2-33 扣件形式图　　　　　图 2-34 底座
(a) 直角扣件；(b) 旋转扣件；(c) 对接扣件

示：直角扣件，用于连接扣紧两根互相垂直相交的钢管；旋转扣件，用于连接扣紧两根呈任意角度相交的钢管；对接扣件，用于钢管的对接接长。立柱底端立于底座上，钢管扣件式脚手架底座如图 2-34 所示。脚手板铺在脚手架的小横杆上，可采用竹脚手板、木脚手板、钢木脚手板和冲压钢脚手板等，直接承受施工荷载。

钢管扣件式脚手架可按单排或双排搭设。单排脚手架仅在脚手架外侧设一排立柱，其小横杆的一端与大横杆连接，另一端则支承在墙上。单排脚手架节约材料，但稳定性较差，且在墙上需留设脚手眼，其搭设高度和使用范围也受一定的限制；双排脚手架在脚手架的里外侧均设有立柱，稳定性较好，但较单排脚手架费工费料。

为了保证脚手架的整体稳定性必须按规定设置支撑系统，支撑系统由剪刀撑、横向斜撑和抛撑组成。为了防止脚手架内外倾覆，还必须设置能承受压力和拉力的连墙杆，使脚手架与建筑物之间可靠连接。

脚手架搭设范围的地基应平整坚实，设置底座和垫板，并有可靠的排水措施，防止积水浸泡地基。杆件应按设计方案搭设，并注意搭设顺序，扣件拧紧程度要适度。应随时校正杆件的垂直和水平偏差。禁止使用规格和质量不合格的杆配件。

B. 碗扣式钢管脚手架

碗扣式钢管脚手架又称为多功能碗扣型脚手架。其杆件接头处采用碗扣连接，由于碗扣是固定在钢管上的，因此连接可靠，组成的脚手架整体性好，也不存在扣件丢失问题。碗扣式接头由上、下碗扣及横杆接头、限位销等组成，如图 2-35 所示。上、下碗扣和限位销按 600mm 间距设置在钢管立杆上，其中下碗扣和限位销直接焊接在立杆上，搭设时将上碗扣的缺口对准限位销后，即可将上碗扣向上拉起（沿立杆向上滑动），然后将横杆

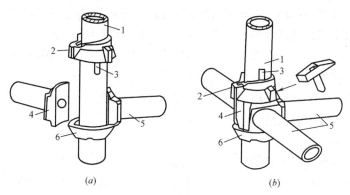

图 2-35 碗扣接头
1—立杆；2—上碗扣；3—限位销；4—下碗扣；5—横杆；6—横杆接头

接头插入下碗扣圆槽内，再将上碗扣沿限位销滑下，并顺时针旋转扣紧，用小锤轻击几下即可完成接点的连接。

碗扣式接头可以同时连接四根横杆，横杆可相互垂直或偏转一定的角度，因而可以搭设各种形式的，特别是曲线型的脚手架，还可作为模板的支撑。碗扣式钢管脚手架立杆横距为 1.2m，纵距根据脚手架荷载可分为 1.2m、1.5m、1.8m、2.4m，步距为 1.8m、2.4m。

C. 门型脚手架

门型脚手架又称多功能门型脚手架，是由钢管制成的门架、剪刀撑、水平梁架或脚手板构成基本单元，如图 2-36 所示，将基本单元通过连接棒、锁臂等连接起来即构成整片脚手架。门型脚手架搭设高度一般限制在 45m 以内，该脚手架的特点是装拆方便，构件规格统一，其宽度有 1.2m、1.5m、1.6m，高度有 1.3m、1.7m、1.8m、2.0m 等规格，可根据不同要求进行组合。

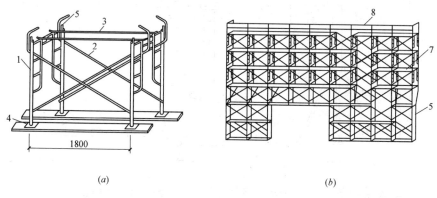

图 2-36 门型脚手架
(a) 基本单元；(b) 整片门型脚手架
1—门架；2—剪刀撑；3—水平梁架；4—螺旋基脚；5—梯子；6—栏杆；7—脚手板

搭设门型脚手架时，基底必须严格夯实抄平，并铺可调底座，以免发生塌陷和不均匀沉降。首层门型脚手架垂直度（门架竖管轴线的偏移）偏差不大于 2mm；水平度（门架平面方向和水平方向）偏差不大于 5mm。门架的顶部和底部用纵向水平杆和扫地杆固定。

门架之间必需设置剪刀撑和水平梁架（或脚手板），其间连接应可靠，以确保脚手架的整体刚度。整片脚手架必须适量放置水平加固杆（纵向水平杆），底下三层要每层设置，三层以上则每隔三层设一道。在脚手架的外侧面设置长剪刀撑，使用连墙管或连墙器将脚手架与建筑结构紧密连接，连墙点的最大间距，在垂直方向为6m，在水平方向为8m。高层脚手架应增加连墙点的布设密度。脚手架在转角处必须做好连接和与墙拉结，并利用钢管和回转扣件把处于相交方向的门架连接起来。

（2）里脚手架

里脚手架是搭设于建筑物的内部，用于楼层砌筑和室内装修等。由于在使用过程中不断转移，装拆频繁，故其结构形式和尺寸应轻便灵活、装拆方便。里脚手架的类型很多，通常将其做成工具式的，按其构造型式有折叠式、支柱式和门架式等。

A.（钢管、钢筋）折叠式里脚手架：角钢（钢管）折叠式里脚手架如图2-37（a）所示，其架设间距：砌墙时宜为1.0~2.0m，粉刷时宜为2.2~2.5m。可以搭设二步脚手，第一步高约1.0m，第二步高约1.6m左右。

B. 支柱式里脚手架：支柱式里脚手架如图2-37（b）所示，由支柱和横杆组成，上铺

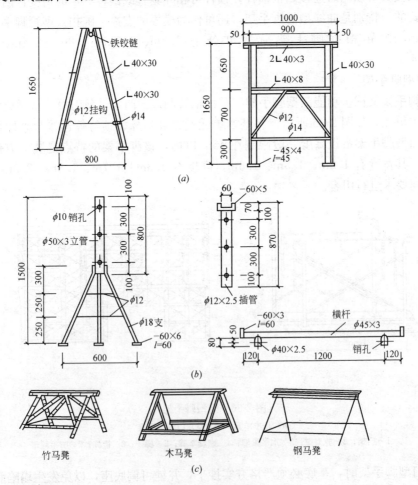

图2-37 里脚手架
(a) 角钢折叠式；(b) 支柱式；(c) 马凳式

脚手板,其架设间距为:砌墙时不超过 2.0m;粉刷时不超过 2.5m。

C. 竹、钢制马凳式里脚手架:木、竹、钢制马凳式里脚手架如图 2-37(c)所示,马凳间距不大于 1.5m,上铺脚手板。

(3) 脚手架的安全措施

A. 脚手架必须要搭设安全网。

B. 脚手架必须按楼层与结构拉结牢固,拉结点垂直距离不得超过 4m,水平距离不得超过 6m。拉结材料必须有可靠的强度。

C. 脚手架的搭设应符合规范的要求,每天上班前均应检查其是否牢固稳定。在脚手架的操作面上必须满铺脚手板,离墙面不得大于 200mm,不得有空隙、探头板和飞跳板。并应设置护身栏杆和挡脚板,防护高度为 1m。

D. 在同一垂直面内上下交叉作业时,必须设置安全隔板,下方操作人员须戴安全帽。脚手架必须保证整体结构不变形。

E. 马道和脚手板应有防滑措施;过高的脚手架必须有防雷措施。

2. 垂直运输设施

垂直运输设施指担负垂直运送材料的机械设备和设施。目前采用的垂直运输设施有起重机、井架、龙门架和建筑施工电梯等。起重机、井架、龙门架三种设施禁止人员利用代步上下,施工电梯可在高层建筑中兼作施工人员上下使用。

(1) 井架

井架是砌筑工程垂直运输的常用设备之一。它的特点是:稳定性好、运输量大,可以搭设较大的高度。井架可为单孔、两孔和多孔,常用单孔,井架内设吊盘。井架上可根据需要设置拔杆,供吊运长度较大的构件,其起重量为 0.5~1.5t,工作幅度可达 10m。井架除用型钢或钢管加工的定型井架外,也可用脚手架材料搭设而成,搭设高度可达 50m 以上。图 2-38 是用角钢搭设的单孔四柱井架,主要由立柱、平撑和斜撑等杆件组成。井架搭设要求垂直(垂直偏差≤总高的 1/400),支承地面应平整,各连接件螺栓须拧紧,缆风绳一般每道不少于 6 根,高度在 15m 以下时设一道,15m 以上时每增高 10m 增设一道,缆风绳宜采用 7~9mm 的钢丝绳,与地面成 45°,安装好的井架应有避雷和接地装置。

(2) 龙门架

龙门架是由两根立柱及天轮梁(横梁)组成的门式架,如图 2-39 所示。龙门架上装设滑轮、导轨、吊盘、缆风绳等,进行材料、机具、小型预制构件的垂直运输。龙门架构造简单,制作容易,用材少,装拆方便,起升高度为 15~30m,起重量为 0.6t,适用于中小型工程。

(3) 施工电梯

多数施工电梯为人货两用,少数为供货用。电梯按其驱动方式可分为齿条驱动和绳轮驱动。齿条驱动电梯装有可靠的限速装置,适用于 20 层以上建筑工程使用;绳轮驱动电梯无限速装置,适用于 20 层以下建筑工程使用。

(4) 起重机

常用的起重机有:塔式起重机、自行式起重机和桅杆式起重机。桅杆式起重机又可分为:独脚把杆、牵缆式桅杆式起重机等。桅杆式起重机比较简单,现用的也少,这里不再

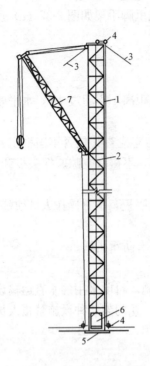
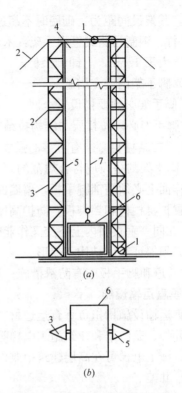

图 2-38 钢井架
1—井架；2—钢丝绳；3—缆风绳；4—滑轮；
5—垫梁；6—吊盘；7—辅助吊臂

图 2-39 龙门架
(a) 立面；(b) 平面
1—滑轮；2—缆风绳；3—立柱；4—横梁；
5—导轨；6—吊盘；7—钢丝绳

介绍。

1) 塔式起重机

塔式起重机具有提升、回转、垂直和水平运输等功能，不仅是重要的吊装设备，也是重要的垂直运输设备，尤其是在吊运长、大、中的物料时有明显的优势，故在可能条件下宜优先采用。塔式起重机一般分为轨道（行走）式、爬升式、附着式、固定式等几种，如图 2-40 所示。

A. 塔式起重机的工作参数

塔式起重机的主要参数是：回转半径、起升高度（或称吊钩高度）、起重量和起重力矩。

A) 回转半径：所谓回转半径即通常所说的工作半径或幅度，是从塔吊回转中心线至吊钩中心线的水平距离。在选定塔式起重机时要通过建筑外形尺寸，作图确定回转半径，再考虑塔式起重机起重臂长度、工程对象计划工期、施工速度以及塔式起重机配置台数，然后确定所用塔式起重机。一般说来，体型简单的高层建筑仅需配用 1 台自升塔式起重机，而体型庞大复杂、工期紧迫的则需配置 2 台或多台自升塔式起重机。

B) 起重量：所谓起重量是指所起吊的重物重量、铁扁担、吊索和容器重量的总和。起重量参数又分为最大幅度时的额定起重量和最大起重量，前者是指吊钩滑轮位于臂头时的起重量，而后者是吊钩滑轮以多倍率（3绳、4绳、6绳或8绳）工作时的最大额定起

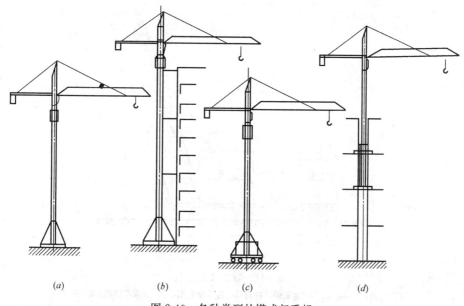

图 2-40 各种类型的塔式起重机
(a) 固定式；(b) 附着式；(c) 行走式；(d) 内爬式

重量。对于钢筋混凝土高层及超高层建筑来说，最大幅度时的额定起重量极为关键。若是全装配式大板建筑，最大幅度起重量应以最大外墙板重量为依据。若是现浇钢筋混凝土建筑，则应按最大混凝土料斗容量确定所要求的最大幅度起重量。对于钢结构高层及超高层建筑，塔式起重机的最大起重量乃是关键参数，应以最重构件的重量为准。

C) 起重力矩：所谓起重力矩是起重量与相应工作幅度的乘积。对于钢筋混凝土高层和超高层建筑，重要的是最大幅度时的起重力矩必须满足施工需要。对于钢结构高层及超高层建筑，重要的是最大起重量时的起重力矩必须符合需要。

D) 起升高度：所谓起升高度是自钢轨顶面或基础顶面至吊钩中心的垂直距离。塔式起重机进行吊装施工所需要的起升高度，同幅度参数一样，可通过作图和计算加以确定。

B. 塔式起重机选择的影响因素

影响塔式起重机选择的因素有：建筑物的体型和平面布置、建筑层数、层高和建筑物总高度、建筑工程实物量、建筑构件、制品、材料设备搬运量、建筑工期、施工节奏、施工流水段的划分以及施工进度的安排、建筑基地及周围施工环境条件、当时当地塔式起重机供应条件及对经济效益的要求。

C. 选择塔式起重机的原则：参数合理；塔式起重机台班生产率必须充分满足需要；形式合适；投资少，经济效益好。

2) 自行式起重机

自行式起重机多用于工业厂房，可分为履带式、汽车式、轮胎式起重机，其中履带式起重机应用最广泛。

A. 履带式起重机

履带式起重机的构造与性能：履带式起重机主要由机身、行走装置（履带）、回转装

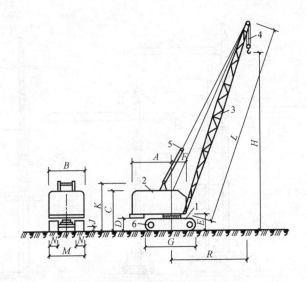

图 2-41 履带式起重机
1—底盘；2—机身；3—起重臂（杆）；4—起重滑轮组；5—变幅滑轮组；6—履带
A、B、C……—外形尺寸符号；H—起重高度；R—起重半径（工作幅度）；
L—起重臂（杆）长度

置、工作装置（起重臂、杆，滑轮组，卷扬机）及平衡重等组成，如图 2-41 所示。

履带式起重机是一种由装在底盘上的回转机构使机身可回转 360°的起重机。由于采用链式履带的行走装置，增大了与地面的接触面，故对地面压力大为减小。机身内部有动力装置、卷扬机及操纵系统。它操作灵活，使用方便，起动功率大且能负重行走。起重臂（杆）可分节接长，因而在装配式钢筋混凝土单层工业厂房结构吊装中得到广泛的使用。其缺点是稳定性较差，未经验算不宜超负荷吊装；行走时对地面破坏较大，行走速度慢，在城市中及长距离转移时需用拖车运输。

建筑工程中常用的国产履带式起重机主要有 W1—50 型、W1—100 型、W1—200 型、ε—1252 型、西北 78D（80D）型等。

起重量 Q、起重半径 R、起重高度 H 是履带式起重机技术性能的三个主要参数，三者之间是相互制约的，其数值变化取决于起重臂的长度及其起重臂仰角的大小。当臂长不变时，起重机仰角增大，起重量 Q 和起重高度 H 增大，起重半径减小。当仰角不变时，随着起重臂长的增加，起重半径 R 和起重高度 H 增加，而起重量 Q 减少。

B. 汽车式起重机

汽车式起重机是把机身和起重作业装置安装在汽车通用或专用底盘上、汽车的驾驶室与起重的操纵室分开，具有载重汽车行驶性能的一种自行式全回转轮式起重机。根据吊臂的结构可分为定长、接长臂和伸缩臂三种。根据动力传动方式的不同，可分为机械传动、液压传动和电力传动三种。

汽车式起重机的特点是具有行驶速度高、机动性能好的特点。缺点是吊重物时必须支腿，因而不能负荷行驶。

在我国，由于汽车工业的发展，汽车式起重机的品种越来越多，产量越来越大。目前，我国生产的汽车式起重机型号有 QY5、QY8、QY12、QY16、QY40、QY65、QY100 型等。

QY12 型汽车式起重机外形如图 2-42 所示。

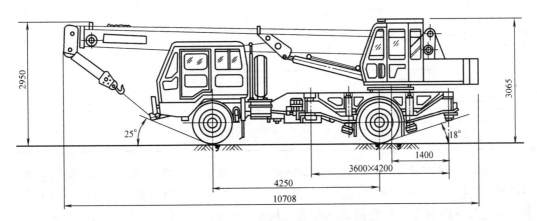

图 2-42　QY12 型汽车式起重机尺寸图

汽车式起重机在作业时，不能负荷行驶，必须先打好支腿，增大机械的支承面积，增加汽车式起重机作业时的稳定性。

C. 轮胎式起重机

轮胎式起重机的构造基本上与履带式起重机相同。其底盘上装有可伸缩的支腿，起重时可使用支腿以增加机身的稳定性，并保护轮胎，必要时支腿下面可以加垫，以扩大支承面。轮胎式起重机外形如图 2-43 所示。

轮胎式起重机的优点是：行驶时不会损伤路面；行驶速度较快，能迅速转移施工地点；稳定性较好；起重量较大；吊重物时一般需要支腿，否则起重量就大大减小。因此它不适合在松软或泥泞的地面工作。

目前，国产轮胎式起重机分为机械传动和液压传动两种。常用的国产轮胎式起重机有 QL_2—8、QL_3—16、QL_3—25、QL_1—16、QL_3—40 等型号，均可用于一般工业厂房的结构吊装。

(5) 卷扬机

卷扬机又叫绞车，按制动方式分有手动和电动的两种。电动卷扬机按卷扬速度不同有快速和慢速之分；以其卷筒数量来分有单筒、双筒和多筒吊装工程中常用的是电动卷扬机。

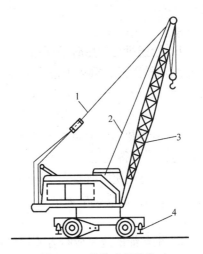

图 2-43　轮胎式起重机
1—起重杆；2—起重索；3—变幅索；4—支腿

电动卷扬机一般由电动机、减速器、制动闸和卷筒等部件组成。电动卷扬机的牵引力大、速度快、操作方便。吊装工程中常用单筒慢速卷扬机，单筒卷扬机的技术规格见表 2-13。

1) 卷扬机的安装

单筒卷扬机技术规格表　　　　　　　　　　表 2-13

项目名称		单位	型号						
			JJK—1A	JJK—2	JJK—3	JJK—5	JJM—3	JJM—5	JJM—10
额定牵引力		N	10000	20000	30000	50000	30000	50000	100000
卷筒	直径×长度	mm×mm	240×400	260×440	350×500	410×710	340×500	400×800	750×1312
	容绳量	m	100	150	300	300	110	190	1000
	转速	r/min	31.6	24	30	21.8	7	6.32	7.3
钢丝绳直径		mm	12.5	15	17	23.5	15.5	24	31
钢丝绳速度		m/min	30	25.3	42.3	36.6	7.95	8.7	8.5
电动机功率		kW	7	11	28	40	7.5	11	22
自重		kg	560	1200	2204	2785	1100	1700	4000

A. 卷扬机的安装位置。应选择在地势稍高、地基坚实之处，以防积水和保持卷扬机的稳定。卷扬机与构件起吊点之间的距离应大于起吊高度，操作者视线仰角应小于 45°，钢丝绳绕入卷筒的方向与卷筒轴线垂直。同时与前面第一个导向滑车之间的距离 $l \geqslant (15 \sim 20)b$（$b$ 为卷筒长度）如图 2-44 所示：

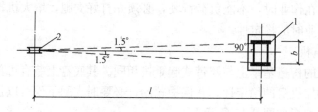

图 2-44　卷扬机的平面位置
1—卷筒；2—导向滑轮

B. 卷扬机在使用时必须加以可靠的固定，防止在使用过程中滑动或倾覆。常用的方法是用锚桩阻滑、重物压稳或利用树木、建筑物（构筑物）等作固定，当其稳定力矩与倾覆力矩之比应大于或等于 1.5 时，方可确保其安全。

2）卷扬机的安全使用应注意的问题

A. 卷扬机必须有良好的接地与接零装置，接地电阻不大于 10Ω。在一个供电网络上，接地与接零不得混用。

B. 卷扬机使用前要先空运转，作空载正、反转试验 5 次，达到运转时平稳无不正常响声；传动、制动机构灵活可靠；各紧固件及连接部位无松动现象；润滑良好，无漏油现象。

C. 钢丝绳的选用应符合原厂说明书的规定。卷筒上的钢丝绳全部放出时应留不少于 3 圈；钢丝绳的末端应固定可靠；卷筒边缘外周至最外层钢丝绳的距离不小于钢丝绳直径的 1.5 倍。

D. 钢丝绳引入卷筒时，应接近水平，并应从卷筒下面出，以减小卷扬机的倾覆力矩。

E. 卷筒上的钢丝绳应排列整齐，发现重叠斜绕时，停机重新排列。

F. 物件提升后，操作人员不得离开卷扬机。停电或休息时，必须将提升物降到地面。

（6）索具设备

索具设备主要应用于吊装工程中的构件绑扎、吊运。索具设备包括钢丝绳、吊索、卡环、横吊梁等。

1）绳索

白棕绳：白棕绳可用于起吊轻型构件和受力不大的缆风绳、溜绳等，它是由植物纤维搓成。

钢丝绳：钢丝绳是结构安装吊装工作中悬吊、牵引或捆缚结构构件或重物的常用绳索，它具有强度高、韧性好、耐磨性好等优点。同时，磨损后外表产生毛刺，容易发现，便于预防事故的发生。

2）吊索（又称捆绑绳）

吊索是一种用钢丝绳制成的吊装索具。主要用来起吊和绑扎构件以便进行起吊安装。做吊索用的钢丝绳，要求质地柔软，易于弯曲。一般用 $6 \times 37 + 1$（6 代表钢丝绳股数，37 代表每股钢丝绳中钢丝根数，1 代表钢丝芯）或 $6 \times 61 + 1$ 的钢丝绳镶插编织而成。

常用的吊索有：环状吊索（万能吊索/封闭式吊索）和轻便吊索（8 股头吊索/开口式吊索）两种类型。

吊索是用钢丝绳制作而成的，钢丝绳吊索的接头方式有：编接接头和卡接接头两种。

吊索在使用时，可以采用单肢、双肢或四肢等形式。吊索与构件水平面的夹角一般不应小于 30°，通常采用 45°～60°以减少吊索对构件的水平压力。

3）卡环（卸甲）

用于吊索之间或吊索与构件之间的连接，固定和扣紧吊索。卡环由弯环和销子（芯子）两部分组成。卡环因弯环的形状不同可分为：直形卡环（螺栓式和活络式）和马蹄形卡环（螺栓式和活络式）两种类型；销子有带螺纹和不带螺纹的两种。

4）花篮螺丝

花篮螺丝又叫紧线器。它能拉紧和调节钢丝绳，故它可在构件运输中捆绑构件，在安装校正中松、紧缆风绳。结构吊装中常用的花篮螺丝主要由螺杆和杆套（螺母）两部分组成。其类型有一端带钩、一端为环（"CO"型），或两端都带环（"OO"型）两种。

5）横吊梁（又称铁扁担）

横吊梁又称铁扁担，主要用于柱和屋架等的吊装。

铁扁担的形式很多，可以根据构件特点和安装方法自行设计和制造。但所有的横吊梁都应进行强度和稳定性验算后方能使用。

3. 垂直运输设备的规定

（1）应有完善可靠的安全保护装置（如起重量及提升高度的限制、制动、防滑、信号等装置及紧急开关等）。

（2）垂直运输设备安装完毕后，应按出厂说明书要求进行无负荷、静负荷、动负荷试验及安全保护装置的中可靠性试验。

（3）对垂直运输设备应建立定期检修和保养责任制。

（4）操作垂直运输设备的司机，必须通过专业培训。考核合格后持证上岗，严禁无证人员操作垂直运输设备。

（四）砌筑工程

1. 砌筑砂浆的技术要求

（1）流动性

砂浆流动性的选择，应根据施工方法及砌体材料吸水程度和施工环境的温度、湿度等条件来选择（见表2-14）。

建筑砂浆的流动性（稠度 cm）　　　　表2-14

砌体种类	干燥环境或多孔砌块	寒冷环境或密实砌块	抹灰工程	机械施工	手工操作
砖砌体	8～10	6～8	准备层	8～9	11～12
普通毛石砌体	6～7	4～5	底层	7～8	7～8
振捣毛石砌体	2～3	1～2	面层	7～8	9～10
炉渣混凝土砌体	7～9	5～7	含石膏的面层	—	9～12

（2）保水性

砂浆的保水性用分层度表示（以 cm 计）。普通砂浆的分层度宜为 1～2cm。工程上常采用在水泥砂浆中掺石灰膏、粉煤灰、微沫剂等方法来提高砂浆的保水性。

（3）强度

砂浆的强度等级划分为 M0.4、M1.0、M2.5、M5.0、M7.5、M10、M15、M20 共 8 个等级。一般抹灰砂浆常用 M2.5 以下的强度等级，砌筑砂浆常用 M2.5 以上的强度等级。当原材料质量一定时，砂浆的强度主要取决于水泥强度等级与水泥用量，用水量对砂浆强度影响不大。

（4）粘结力

砂浆的粘结力是指为保证砌体具有一定的强度、耐久性以及与建筑物的整体稳定性，要求砂浆与基层材料间应有一定的粘结能力。影响砂浆粘结力的因素与砖石基层的表面状态、清洁程度、湿润情况以及施工养护条件有关。基底表面清洁并事先湿润，可以提高砂浆的粘结力，砂浆的强度越高，其粘结力也越大。

（5）砂浆的拌制、运输与使用

按照配合材料的不同，砌筑砂浆一般分为水泥砂浆和水泥混合砂浆两种。水泥砂浆用于基础或潮湿环境中，水泥混合砂浆一般用在防潮层以上的砌筑工程中。

砌筑砂浆使用的水泥品种及强度等级，应根据砌体部位和所处环境来选择。水泥贮存应保持干燥，不同品种的水泥，不得混合使用。对强度等级不明或出厂日期超过 3 个月的水泥，应经检验鉴定后方可使用。生石灰应熟化成石灰膏，并用滤网过滤，为使其充分熟化，一般在化灰池中的熟化时间不少于 7d，化灰池中贮存的石灰膏，应防止干燥、冻结和污染，脱水硬化后的石灰膏严禁使用。骨料宜采用中砂并过筛，不得含有草根等杂物，含泥量不应超过 5%（M5 以下水泥混合砂浆，含泥量不应超过 10%）。

为了满足砌筑质量，要求拌制的砂浆必须具有一定的强度和良好的和易性。

拌制时应做到：认真执行配合比（重量比）；砂要过磅，水泥是袋装的按袋计量，散装的要过磅，石灰膏掺量必须控制；加水不能过量；搅拌时间 2～3min；砂浆应随拌随用，使用时间不超过 2h；砂浆的运输要用小车盛装，用塔吊时用吊斗运输放到灰浆桶中。

2. 砌筑施工的技术要求和方法

砌筑前，必须按施工组织设计要求组织垂直和水平运输机械、砂浆搅拌机械进场，并进行安装和调试等工作。同时，还要准备脚手架、砌筑工具（如皮数杆、托线板）等。砖砌体的施工必须遵守《砌体工程施工质量验收规范》GB 50203—2002 的有关规定进行。

（1）砖砌体的施工方法

1）砖基础砌筑

砖基础由垫层、大放脚和基础墙构成，大放脚有等高式和间隔式两种砌法，如图2-45 所示，等高式的大放脚是每两皮一收，每边各收进 1/4 砖长；间隔式大放脚是两皮一收与一皮一收相间隔，每边各收进 1/4 砖长。

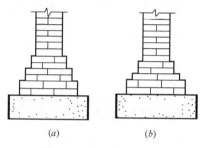

图 2-45 基础大放脚形式
(a) 等高式；(b) 间隔式

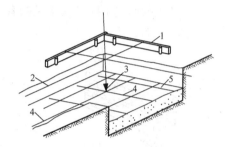

图 2-46 基础弹线
1—龙门板；2—麻线；3—线坠；
4—轴线；5—基础边线

A. 清扫垫层并找平

清扫垫层表面，若垫层表面不平，高差超过 30mm 时，应用细石混凝土找平，然后用水准仪进行抄平，垫层顶面应与设计标高相符合。

B. 基础弹线

基础垫层施工完毕经验收合格后，便可进行弹墙基线的工作。弹线工作可按以下顺序进行：

A）在基槽四角各相对龙门板的轴线标钉处拉上麻线，如图 2-46 所示。

B）沿麻线挂线坠，找出麻线在垫层上的投影点。

C）用墨汁弹出这些投影点的连线，即墙基的外墙轴线。

D）按基础图所示尺寸，用钢尺量出各内墙的轴线位置并弹出内墙轴线。

E）用钢尺量出各墙基大放脚外边沿线，弹出墙基边线。

F）放线完成后要请质量员、监理工程师复核认可。

C. 立基础立皮数杆

砖基础的砌筑高度，是用基础皮数杆来控制的。首先根据施工图标高，在基础皮数杆上划出每皮砖及灰缝的尺寸，然后把基础皮数杆固定，并用水准仪进行抄平。基础皮数杆设置的位置应在基础转角、内外墙基础交接处及高低踏步处，一般间距 15～20m。

D. 摆砖、砌筑

基础砌筑前，先用干砖试摆，以确定排砖方法和错缝位置。砌筑时，先砌转角端头，以两端为标准，拉好准线，然后按此准线进行砌筑。大放脚一般采用一顺一丁的砌法，竖缝至少错开 1/4 砖长，十字及丁字接头处要隔皮砌通。大放脚的最下一皮及每个台阶的上面一皮应以丁砌为主。

基础中的洞口、管道等，应在砌筑时正确留出或预埋。通过基础的管道的上部，应预留沉降缝隙。砌完基础墙后，应在两侧同时填土，并应分层夯实。当基础两侧填土的高度不等或仅能在基础的一侧填土时，填土的时间、施工方法和施工顺序应保证不致破坏或变形。

2) 砖墙体的砌筑

A. 砖砌体的组砌形式

砖砌体的组砌要求：上下错缝，内外搭接，以保证砌体的整体性；同时组砌要有规律，少砍砖，以提高砌筑效率，节约材料。实心砖墙常用的厚度有半砖、一砖、一砖半、两砖等。依其组砌形式不同，最常见的有以下几种：一顺一丁、三顺一丁、梅花丁、全丁式（见图2-47）等。

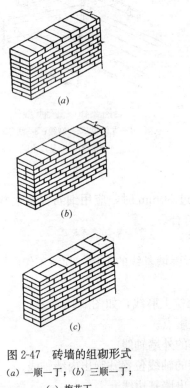

图2-47 砖墙的组砌形式
(a) 一顺一丁；(b) 三顺一丁；
(c) 梅花丁

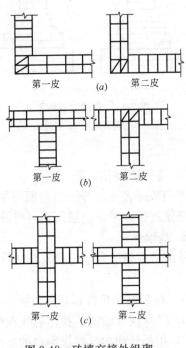

图2-48 砖墙交接处组砌
(a) 一砖墙转角；(b) 一砖墙丁字交接处；
(c) 一砖墙十字交接处

一顺一丁的砌法是一皮中全部顺砖与一皮中全部丁砖间隔砌成。上下皮间的竖缝相互错开1/4砖。砌体中无任何通缝，而且丁砖数量较多，能增强横向拉结力且砌筑效率高，多用于一砖厚墙体的砌筑。但当砖的规格参差不齐时，砖的竖缝就难以整齐。

三顺一丁的砌法是三皮中全部顺砖与一皮中全部丁砖间隔砌成。上下皮顺砖间的竖缝错开1/2砖长；上下皮顺砖与丁砖间竖缝错开1/4砖长。这种砌法由于顺砖较多，砌筑效率较高，但三皮顺砖内部纵向有通缝，整体性较差，一般使用较少。宜用于一砖半以上的墙体的砌筑或挡土墙的砌筑。

梅花丁又称沙包式、十字式。梅花丁的砌法是每皮中丁砖与顺砖相隔，上皮丁砖中坐于下皮顺砖，上下皮间相互错开 1/4 砖长。这种砌法内外竖缝每皮都能错开，故整体性好，灰缝整齐，而且墙面比较美观，但砌筑效率较低。砌筑清水墙或当砖的规格不一致时，采用这种砌法较好。

全丁砌筑法就是全部用丁砖砌筑，上下皮竖缝相互错开 1/4 砖长，此法仅用于圆弧形砌体，如水池、烟囱、水塔等。

为了使砖墙的转角处各皮间竖缝相互错开，必须在外角处砌七分头砖（3/4 砖长）。当采用一顺一丁组砌时，七分头的顺面方向依次砌顺砖，丁面方向依次砌丁砖〔见图 2-48（a）〕。砖墙的丁字接头处，应分皮相互砌通，内角相交处竖缝应错开 1/4 砖长，并在横墙端头处加砌七分头砖〔见图 2-48（b）〕。砖墙的十字接头处，应分皮相互砌通，交角处的竖缝应错开 1/4 砖长〔见图 2-48（c）〕。

B. 砖砌体的施工工艺及技术要求

A）砖砌体的施工工艺

砖砌体的施工过程有：抄平、放线、摆砖、立皮数杆、盘角、挂线、砌筑、勾缝、清理等工序。

a. 抄平放线：砌筑前，在基础防潮层或楼面上先用水泥砂浆找平，然后以龙门板上定位钉为标志弹出墙身的轴线、边线，定出门窗洞口的位置。

b. 摆砖：摆砖是指在放线的基面上按选定的组砌方式用干砖试摆。一般在房屋外纵墙方向摆顺砖，在山墙方向摆丁砖，摆砖由一个大角摆到另一个大角，砖与砖留 10mm 缝隙。摆砖的目的是为了校对所放出的墨线在门窗洞口、附墙垛等处是否符合砖的模数。当偏差小时可调整砖间竖缝，使砖的排列及灰缝均匀，以尽可能减少砍砖，提高生产率。

c. 立皮数杆：皮数杆是指在其上划有每皮砖和砖缝厚度，以及门窗洞口、过梁、梁底、预埋件等标高位置的一种木制标杆。它是砌筑时控制砌体竖向尺寸的标志，同时还可以保证砌体的垂直度。皮数杆一般立于房屋的四大角、内外墙交接处、楼梯间以及洞口多的地方，大约每隔 10～15m 立一根。

d. 盘角、挂线：砌筑时，应根据皮数杆先在墙角砌 4～5 皮砖，称为盘角，然后根据皮数杆和已砌的墙角挂线，作为砌筑中间墙体的依据，以保证墙面平整。一砖厚的墙单面挂线，外墙挂外边，内墙挂任何一边；一砖半及以上厚的墙都要双面挂线。

e. 砌筑：砌砖的操作方法较多，但通常采用"三一砌砖法"，即一铲灰、一块砖、一挤揉，并随手将挤出的砂浆刮去的砌筑方法。此法的特点是：灰缝容易饱满、粘结力好、墙面整洁。竖缝宜采用挤浆或加浆的方法，使其砂浆饱满。勾缝完毕，应清扫墙面。

f. 勾缝：勾缝是砌清水墙的最后一道工序，具有保护墙面并增加墙面美观的作用。墙较薄时，可用砌筑砂浆随砌随勾缝，称为原浆勾缝；墙较厚时，待墙体砌筑完毕后加浆勾缝。勾缝形式有平缝、斜缝、凹缝等。

B）技术要求

砌体质量的好坏取决于组成砌体的原材料质量和砌筑方法，故在砌筑时应掌握正确的操作方法，做到横平竖直、砂浆饱满、错缝搭接、接槎可靠。

a. 砌体的水平灰缝应平直，灰缝厚度一般为 10mm，不宜小于 8mm，也不宜大于 12mm。竖向灰缝应垂直对齐，对不齐而错位，称为游丁走缝，影响墙体外观质量。

b. 为保证砖块均匀受力和使块体紧密结合，要求水平灰缝砂浆饱满，厚薄均匀。砂浆的饱满程度以砂浆饱满度表示，用百格网检查，要求饱满度达到80%以上。竖向灰缝应饱满，可避免透风漏雨，改善保温性能。

c. 为保证墙体的整体性和传力有效，砖块的排列方式应遵循内外搭接、上下错缝的原则。砖块的错缝搭接长度不应小于1/4砖长，避免出现垂直通缝，确保砌筑质量。

d. 整个房屋的纵横墙应相互连接牢固，以增加房屋的强度和稳定性。但内外墙往往不能同时砌筑，这时就需要留槎。接槎即先砌砌体与后砌砌体之间的结合。接槎方式的合理与否，对砌体的质量和建筑物整体性影响极大。因留槎处的灰浆不易饱满，故应少留槎。接槎的方式有两种：斜槎和直槎，如图2-49所示。斜槎长度不应小于高度的2/3，操作斜槎简便，砂浆饱满度易于保证。当留斜槎确有困难时，除转角外，也可留直槎，但必须做成阳槎，并设拉结筋。拉结筋沿墙高每500mm设一道，每道不得少于2根（即半砖墙、一砖墙均设2根），此后每增加120mm墙厚增设一根直径为6mm的钢筋，其末端应有90°的弯钩。砖砌体接槎时，必须将接槎处的表面清理干净，浇水润湿，并应填实砂浆，保持灰缝平直，使接槎处的前后砌体粘结牢固。

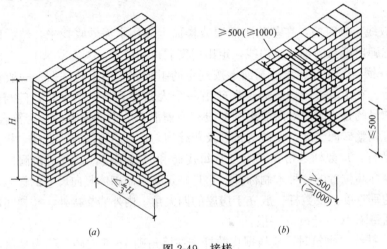

图 2-49 接槎
(a) 斜槎砌筑；(b) 直槎砌筑

砖砌体的位置及垂直度允许偏差见表2-15。

砖砌体的位置及垂直度允许偏差　　　　　表2-15

项次	项目		允许偏差(mm)	检验方法
1	轴线位置偏移		10	用经纬仪和尺检验或其他测量仪器检查
2	垂直度	每层	5	用2m托线板检查
		全高 ≤10m	10	用经纬仪、吊线和尺检查，或用其他测量仪器检查
		全高 >10m	20	

(2) 石砌体的施工方法

石砌体现在采用较少，现简单介绍如下：

A. 石砌体的第一皮料石应坐浆丁砌，以上各层料石可按一顺一丁进行砌筑，毛石砌体的第一皮石块应坐浆，并将石块大面朝下，转角处、交接处应用较大的平毛石砌筑。上下皮毛石应相互错缝搭砌。

B. 料石、毛石砌体砌筑均应采用铺浆法砌筑。砂浆必须饱满，叠砌面的粘灰面积应大于80%。

（3）砌块砌体的施工方法

用砌块代替普通标准砖作为墙体材料是墙体改革的重要途径。目前工程中多采用中小型砌块。中型砌块施工，是采用各种吊装机械及夹具将砌块安装在设计位置，一般要按建筑物的平面尺寸及预先设计的砌块排列图逐块按次序吊装、就位、固定。小型砌块施工，与传统的砖砌体砌筑工艺相似，也是手工砌筑，但在形状、构造上有一定的差异。

1）砌块安装前的准备工作

A. 编制砌块排列图

砌块砌筑前，应根据施工图纸的平面、立面尺寸，先绘出砌块排列图。在立面图上按比例绘出纵横墙，标出楼板、大梁、过梁、楼梯、孔洞等位置，在纵横墙上绘出水平灰缝线，然后以主规格为主、其他型号为辅，按墙体错缝搭砌的原则和竖缝大小进行排列。在墙体上大量使用的主要规格砌块，称为主规格砌块；与它相搭配使用的砌块，称为副规格砌块。小型砌块施工时，也可不绘制砌块排列图，但必须根据砌块尺寸和灰缝厚度计算皮数和排数，以保证砌体尺寸符合设计要求。

若设计无具体规定，砌块应按下列原则排列：

A）尽量多用主规格的砌块或整块砌块，减少非主规格砌块的规格与数量。

B）砌筑应符合错缝搭接的原则，搭接长度不得小于砌块高的1/3，且不应小于150mm。当搭接长度不足时，应在水平灰缝内设置 $2\phi^b4$ 的钢筋网片予以加强，网片两端离该垂直缝的距离不得小于300mm。

C）外墙转角处及纵横交接处，应用砌块相互搭接，如不能相互搭接，则每两皮应设置一道拉结钢筋网片。

D）水平灰缝一般为10～20mm，有配筋的水平灰缝为20～25mm，竖缝宽度为15～20mm，当竖缝宽度大于40mm时应用与砌块同强度的细石混凝土填实，当竖缝宽度大于100mm时，应用砖镶砌。

E）当楼层高度不是砌块（包括水平灰缝）的整数倍时，用砖镶砌。

B. 砌块的堆放。砌块的堆放位置应在施工总平面图上周密安排，应尽量减少二次搬运，使场内运输路线最短，以便于砌筑时起吊。堆放场地应平整夯实，使砌块堆放平稳，并做好排水工作；砌块不宜直接堆放在地面上，应堆在草袋、煤渣垫层或其它垫层上，以免砌块底面沾污。砌块的规格、数量必须配套，不同类型分别堆放。

C. 砌块的吊装方案

砌块墙的施工特点是砌块数量多，吊次也相应的多，但砌块的重量不很大。砌块安装方案与所选用的机械设备有关，通常采用的吊装方案有两种：一是以塔式起重机进行砌块、砂浆的运输，以及楼板等构件的吊装，由台灵架吊装砌块。如工程量大，组织两栋房屋对翻流水等可采用这种方案；二是以井架进行材料的垂直运输，杠杆车进行楼板吊装，所有预制构件及材料的水平运输则用砌块车和劳动车，台灵架负责砌块的吊装。

除应准备好砌块垂直、水平运输和吊装的机械外，还要准备安装砌块的专用夹具和有关工具。

2）砌块施工工艺

砌块施工时需弹墙身线和立皮数杆，并按事先划分的施工段和砌块排列图逐皮安装。其安装顺序是先外后内、先远后进、先下后上。砌块砌筑时应从转角处或定位砌块处开始，并校正其垂直度，然后按砌块排列图和错缝搭接的原则进行安装，每个楼层砌筑完成后应复核标高，如有偏差则应找平校正。铺灰和灌浆完成后，吊装上一皮砌块时，不允许碰撞或撬动已安装好的砌块。如相邻砌体不能同时砌筑时，应留阶梯型斜槎，不允许留直槎。

砌块施工的主要工序：铺灰、吊砌块就位、校正、灌缝和镶砖等。

A. 铺灰。采用稠度良好（50～70mm）的水泥砂浆，铺3～5m长的水平缝。夏季及寒冷季节应适当缩短，铺灰应均匀平整。

B. 砌块安装就位。采用摩擦式夹具，按砌块排列图将所需砌块吊装就位。砌块就位应对准位置徐徐下落，使夹具中心尽可能与墙中心线在同一垂直面上，砌块光面在同一侧，垂直落于砂浆层上，待砌块安放稳妥后，才可松开夹具。

C. 校正。用线坠和托线板检查垂直度，用拉准线的方法检查水平度。用撬棍、楔块调整偏差。

D. 灌缝。采用砂浆灌竖缝，两侧用夹板夹住砌块，超过30mm宽的竖缝采用不低于C20的细石混凝土灌缝，收水后进行嵌缝，即原浆勾缝。以后，一般不应再撬动砌块，以防破坏砂浆的粘结力。

E. 镶砖。当砌块间出现较大竖缝或过梁找平时，应镶砖。采用MU10级以上的砖，最后一皮用丁砖镶砌。镶砖工作必须在砌砖校正后即刻进行，镶砖时应注意使砖的竖缝灌密实。

3. 砌筑工程施工的的质量要求与安全措施

1) 质量要求

砌体的质量包括砌块、砂浆和砌筑质量，即在采用合理的砌体材料的前提下，关键是要有良好的砌筑质量，以使砌体有良好的整体性、稳定性和受力性能，因此砌体施工时必须遵循相应的施工操作规程及验收规范的有关规定。砌筑质量的基本要求是："横平竖直、砂浆饱满和厚薄均匀、上下错缝、内外搭砌、接槎牢固"，为了保证砌体的质量，在砌筑过程中应对砌体的各项指标进行检查，将砌体的尺寸和位置的允许偏差控制在规范要求的范围内。

2) 砌筑工程的安全措施

为了避免事故的发生，做到文明施工，在砌筑过程中必须采取适当的安全措施。砌筑操作前必须检查操作环境是否符合安全要求，道路是否通畅，机具是否完好，安全设施和防护用品是否齐全，经检查符合要求后方可施工。在砌筑过程中，应注意：

A. 严禁站在墙顶上做划线、刮缝及清扫墙面或检查大角等工作。不准用不稳固的工具或物体在脚手板上垫高操作。

B. 砍砖时应面向内打，以免碎砖跳出伤人。

C. 墙身砌筑高度超过1.2m时应搭设脚手架。脚手架上堆料不得超过规定荷载，堆砖高度不得超过三皮侧砖，同一块脚手板上的操作人员不得超过两人。

D. 夏季要做好防雨措施，严防雨水冲走砂浆，致使砌体倒塌。

E. 钢管脚手架杆件的连接必须使用合格的扣件，不得使用铅丝和其他材料绑扎。

F. 严禁在刚砌好的墙上行走和向下抛掷东西。

4. 砌筑工程施工案例

【例 2-6】 主体结构施工

(1) 背景

某住宅楼，平面呈一字型，采用混合结构，建筑面积为 1986.45m^2，层数为 6 层，筏板基础，±0.000 以下采用烧结普通砖，±0.000 以上用 MU10 多孔粘土砖，楼板为现浇钢筋混凝土，板厚为 120mm。内墙面做法为 15mm 厚 1∶6 混合砂浆打底，面刮涂料；厨房、卫生间采用瓷砖贴面。外墙为 20mm 厚 1∶3 水泥砂浆打底，1∶2 水泥砂浆罩面，面刷防水涂料。屋面采用聚苯板保温，SBS 卷材防水。

(2) 问题

试确定主体结构施工方案。

(3) 分析与解答

主体结构施工方案为：

1) 垂直运输设备的布置

在砌筑工程中需将砖、砂浆和脚手架的搭设材料等运至各楼层的施工点，垂直运输量很大，因此合理选择垂直运输设施是砌筑工程首先解决的问题之一。根据本工程的特点，垂直运输采用 1 台附着式塔式起重机和 1 台自升式龙门架，将塔式起重机布置在外纵墙的中部。塔式起重机的工作效率取决于垂直运输的高度、材料堆放场地的远近、场内布置的合理性、起重机司机技术的熟练程度和装卸工配合等因素，因此，为了提高起重机的工作效率，可以采取以下措施：要充分利用起重机的起重能力以减少吊次；合理紧凑的布置施工平面，减少起重机每次吊运的时间；避免二次搬运，以减少总吊次；合理安排施工顺序，保证起重机连续、均衡地工作。一些零星的材料设备，通过龙门架运输以减小塔吊的负担。

2) 施工前的准备工作

A. 组织砌筑材料、机械等进场

在基础施工的后期，按施工平面图的要求并结合施工顺序，组织主体结构使用的各种材料、机械陆续进场，并将这些材料堆放在起重机工作半径的范围内。

B. 放线与抄平

为了保证房屋平面尺寸以及各层标高的正确，在结构施工前，应仔细地做好墙、柱、楼板、门窗等轴线、标高的放线与抄平工作，要确保施工到相应部位时测量标志齐全，以便对施工起控制作用。

底层轴线：根据标志桩（板）上的轴线位置，在做好的基础顶面上，弹出墙身中线和边线。墙身轴线经核对无误后，要将轴线引测到外墙的外墙面上，画上特定的符号，并以此符号为标准，用经纬仪或吊坠向上引测来确定以上各楼层的轴线位置。

抄平：用水准仪以标志板顶的标高（±0.000）将基础墙顶面全部抄平，并以此为标准立一层墙身的皮数杆，皮数杆钉在墙角处的基础墙上，其间距不超过 20m。在底层房屋内四角的基础上测出 -0.10m 标高，以此为标准控制门窗的高度和室内地面的标高。此外，必须在建筑物四角的墙面上作好标高标志，并以此为标准，利用钢尺引测以上各楼层的标高。

画门框及窗框线：根据弹好的轴线和设计图纸上门框的位置尺寸，弹出门框并画上符号。当墙体高度将要砌至窗台底时，按窗洞口尺寸在墙面上画出窗框的位置，其符号与门框相同。门、窗洞口标高已画在皮数杆上，可用皮数杆来控制。

C. 摆砖样

在基础墙上（或窗台面上），根据墙身长度和组砌形式，先用砖块试摆，使墙体每一皮砖块排列和灰缝宽度均匀，并尽可能少砍砖。摆砖样对墙身质量、美观、砌筑效率、节省材料都有很大影响，拟组织有经验的工人进行。

3）施工步骤

砌砖工程是一个综合性的施工过程，由泥瓦工、架子工和普工等工种共同施工完成，其特点是操作人员多，专业分工明确。为了充分发挥操作人员的工作效率，避免出现窝工或工作面闲置的现象，就必须从空间、时间上对他们进行合理的安排，作到有组织、有秩序的施工，故在组织施工时，按本工程的特点，将每个楼层划分为两个施工层、两个施工段。其中施工层的划分是根据建筑物的层高和脚手架的每步架高（钢管扣件式脚手架宜为1.2~1.4m）而确定，以达到提高砌砖的工作效率和保证砌筑质量的目的。

本工程主体结构标准层砌筑的施工顺序安排如下：

放线→砌第一施工层墙→搭设脚手架（里脚手架）→砌第二施工层墙→支楼板与圈梁的模板→楼板与圈梁钢筋绑扎→楼板与圈梁混凝土浇筑。

A. 墙体的砌筑

砌砖先从墙角开始，墙角的砌筑质量对整个房屋的砌筑质量影响很大。

砖墙砌筑时，最好内外墙同时砌筑以保证结构的整体性。但在实际施工中，有时受施工条件的限制，内外墙一般不能同时砌筑，通常需要留槎。如在砌体施工中，为了方便装修阶段的材料运输和人员通过，需在各单元的横隔墙上留设施工洞口（在本过程中，洞口高度1.5m，宽度1.2m，在洞顶设置钢筋混凝土过梁，洞口两侧沿高每500mm设2φ6拉结钢筋，伸入墙内不少于500mm，端部应设有90°的弯钩）。

B. 脚手架的搭设

脚手架采用外脚手架和里脚手架两种。外脚手架从地面向上搭设，随墙体的不断砌高而逐步搭设，在砌筑施工过程时它既作为砌筑墙体的辅助作业平台，又起到安全防护作用。外脚手架主要用在后期的室外装饰施工，采用钢管扣件式双排脚手架。里脚手架搭设在楼面上，用来砌筑墙体，在砌完一个楼层的砖墙后，搬到上一个楼层。本工程采用折叠式里脚手架。

C. 在整个施工过程中，应注意适时地穿插进行水、电、暖等安装工程的施工。

（五）钢筋混凝土工程

钢筋混凝土结构工程由模板、钢筋、混凝土等多个分项工程组成，其施工流程如图2-50所示。现按每个分项工程的施工分别介绍它们的施工方法。

1. 模板工程

（1）模板的种类、作用和技术要求

模板工程的施工工艺包括模板的选材、选型、设计，包括翻样、制作、安装、拆除和周转等过程。

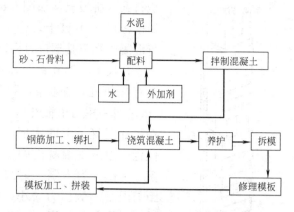

图 2-50 钢筋混凝土结构工程施工流程图

模板的种类很多,按材料分为木模板、胶合板模板、钢模板等;按结构的类型分为基础模板、柱模板、楼板模板、楼梯模板、墙模板、壳模板和烟囱模板等多种;按施工方法分为现场装拆式模板、固定式模板和移动式模板。随着新结构、新技术、新工艺的采用,模板工程也在不断发展,其发展方向是:构造由不定型向定型发展;材料由单一木模板向多种材料模板发展;功能由单一功能向多功能发展。

模板系统包括模板、支架和紧固件三个部分。它是保证混凝土在浇筑过程中保持正确的形状和尺寸,是混凝土在硬化过程中进行防护和养护的工具。为此,模板和支架必须符合下列要求:保证工程结构和构件各部位形状尺寸和相互位置的正确;具有足够的承载能力、刚度和稳定性,能可靠地承受新浇混凝土的自重和侧压力以及施工荷载;构造简单、装拆方便,便于钢筋的绑扎、安装和混凝土的浇筑、养护;模板的接缝严密,不得漏浆;能多次周转使用。

(2) 模板的构造与安装

1) 木模板

木模板及其支架系统一般在加工厂或现场木工棚制成基本元件(拼板),然后再在现场拼装。拼板(见图 2-51)的长短、宽窄可以根据混凝土构件的尺寸,设计出几种标准规格,以便组合使用。拼板的板条厚度一般为 25~50mm,宽度不宜超过 200mm。拼条截面尺寸为 (25~50mm)×(40~70mm)。梁侧板的拼条一般立放,如图 2-51 (b),其他则可平放。拼条间距为 400~500mm。

A. 柱模板

柱子的断面尺寸不大但比较高。因此,柱子模板的构造和安装主要考虑保证垂直度及抵抗新浇混凝土的侧压力,与此同时,也要便于浇筑混凝土、清理垃圾与钢筋绑扎等。

柱模板由两块相对的内拼板夹在两块外拼板之间组成,如图 2-52 (a) 所示。亦可用短横板(也称为门子板)代替外拼

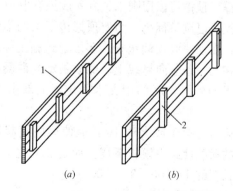

图 2-51 拼板的构造
(a)—一般拼板;(b)—梁侧板的拼板
1—板条;2—拼条

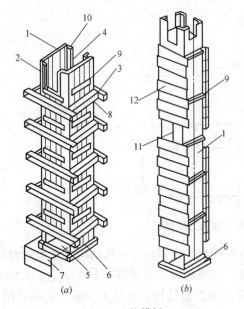

图 2-52 柱模板
(a) 拼板柱模板；(b) 短横板柱模板
1—内拼板；2—外拼板；3—柱箍；4—梁缺口；5—清理孔；6—木框；7—盖板；8—拉紧螺栓；9—拼条；10—三角木条；11—浇筑孔；12—短横板

板钉在内拼板上，如图 2-52（b）所示。有些短横板可先不钉上，作为混凝土的浇筑孔，待混凝土浇至其下口时再钉上。

柱模板底部开有清理孔。沿高度每隔 2m 开有浇筑孔，在柱高不超过 5m，振动棒长 5m 的可不用门子板开口。柱底部一般有一钉在底部混凝土上的木框，用来固定柱模板的位置。为承受混凝土侧压力，拼板外要设柱箍，柱箍可为木制、钢制或钢木制。柱箍间距与混凝土侧压力大小、拼板厚度有关，由于侧压力是下大上小，因而柱模板下部柱箍较密。柱模板顶部根据需要开有与梁模板连接的接口。

安装柱模前，应先进行柱位的放线，再绑扎柱钢筋，并进行验收。同时，测出标高并标在钢筋上，根据放线在已浇筑的基础顶面或楼面上固定好柱模板底部的木框，在内外拼板上弹出中心线，根据柱边线及木框位置竖立内外拼板，并用斜撑临时固定，然后由顶部用锤球校正，使其垂直。检查无误后，即用斜撑钉牢固定。同在一条轴线上的柱，应先校正两端的柱模板，再从柱模板上口中心线拉一铁丝来校正中间的柱模。柱模之间还要用水平撑及剪刀撑相互拉结。

B. 梁模板

梁模板由底模和两侧模组成。混凝土对梁底模板有垂直压力，对梁侧模板有水平侧压力，因此，梁模板及其支架必须能承受这些荷载，不允许发生超过规范允许的过大变形。梁模板支撑示意图见图 2-53。

底模板一般较厚，下面每隔一定间距（800～1000mm）有顶撑支撑。顶撑可以用圆木、方木或钢管制成。顶撑底应加垫一对木楔块以调整标高。为使顶撑传下来的集中荷载均匀地传给地面，在顶撑底加铺垫板。多层建筑施工中，应使上、下层的顶撑在同一条竖向直线上。侧模板承受混凝土侧压力，应包在底模板的外侧，底部用夹木固定，上部由斜撑和水平拉条固定。

如梁跨度等于或大于 4m，应使梁底模起拱，防止新浇筑混凝土的荷载使跨中模板下挠。如设计无规定时，起拱高度宜为全跨长度的 1/1000～3/1000。

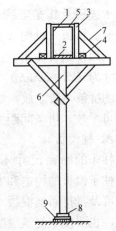

图 2-53 单梁模板
1—侧模板；2—底模板；3—侧模拼条；4—夹木；5—水平拉条；6—顶撑（支架）；7—斜撑；8—木楔；9—木垫板

C. 楼板模板

楼板的面积大而厚度比较薄，侧压力小。楼板模板及其支架系统，主要承受钢筋混凝土的自重及其施工荷载，保证模板不变形。如图 2-54 所示，楼板模板的底模用木板条或用定型模板或用胶合板拼成，铺设在楞木上。楞木搁置在梁模板外侧托木上，若楞木面不平，可以加木楔调平。当楞木的跨度较大时，中间应加设立柱。立柱上钉通长的杠木。

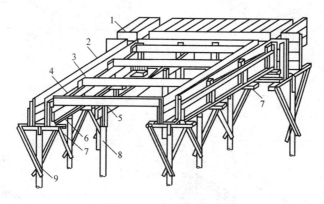

图 2-54 有梁楼板模板

1—楼板模板；2—梁侧模板；3—楞木；4—托木；5—杠木；
6—夹木；7—短撑木；8—立柱；9—顶撑

2) 组合钢模板

组合钢模板通过各种连接件和支承件可组合成多种尺寸和几何形状，以适应各种类型建筑物捣制钢筋混凝土梁、柱、板、墙、基础等施工所需要的模板，也可用其拼成大模板、滑模、筒模和台模等。施工时可在现场直接组装，亦可预拼装成大块模板或构件模板用起重机吊运安装。

A. 组合钢模板的组成

组合钢模板是由模板、连接件和支承件组成。模板包括平面模板（P）、阴角模板（E）、阳角模板（Y）、连接角模（J），此外还有一些异形模板，如图 2-55 所示。钢模板的宽度有 100、150、200、250、300mm 五种规格，其长度有 450、600、750、900、1200、1500mm 六种规格，可适应横竖拼装。

组合钢模板的连接件包括：U 形卡、L 形插销、钩头螺栓、对拉螺栓、紧固螺栓和扣件等，如图 2-56 所示。U 形卡用于相邻模板的拼接，其安装距离不大于 300mm。L 形插销用于插入钢模板端部横肋的插销孔内。钩头螺栓用于钢模板与内外钢楞的加固，安装间距一般不大于 600mm，长度应与采用的钢楞尺寸相适应。紧固螺栓用于紧固内外钢楞，长度应与采用的钢楞尺寸相适应。对拉螺栓用于连接墙壁两侧模板。扣件用于钢楞与钢楞或钢楞与钢模板之间的扣紧，按钢楞的不同形状，分别采用蝶扣件和"3"形扣件。

组合钢模板的支承件包括：柱箍、钢楞、支架、斜撑、钢桁架等。

B. 钢模配板

采用组合钢模板时，同一构件的模板展开可用不同规格的钢模作多种方式的组合排列，因而形成不同的配板方案。合理的配板方案应满足以下原则：木材拼镶补量最少；支承件布置简单，受力合理；合理使用转角模板；尽量采用横排或竖排，尽量不用横竖兼排的方式。

3) 胶合板模板

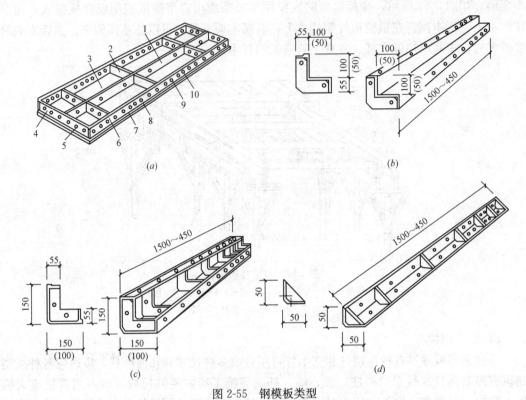

图 2-55 钢模板类型

(a) 平面模板；(b) 阳角模板；(c) 阴角模板；(d) 连接角模

1—中纵肋；2—中横肋；3—面板；4—横肋；5—插销孔；6—纵肋；
7—凸棱；8—凸鼓；9—U形卡孔；10—钉子孔

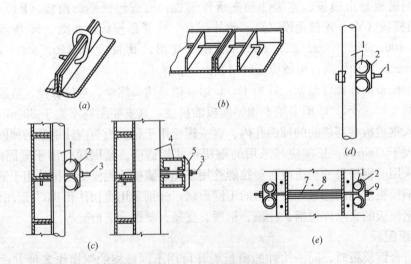

图 2-56 钢模板连接件

(a) U形卡连接；(b) L形插销连接；(c) 钩头螺栓连接；(d) 紧固螺栓连接；
(e) 对立螺栓连接

1—圆钢管楞；2—3形扣件；4—内卷边槽钢钢楞；5—蝶形扣件；
6—紧固螺栓；7—对拉螺栓；8—塑料套管；9—螺母

胶合板模板种类很多，这里主要介绍钢框胶合板模板和钢框竹胶板模板。

A. 钢框胶合板模板：钢框胶合板模板由钢框和防水胶合板组成，防水胶合板平铺在钢框上，用沉头螺栓与钢框连牢。这种模板在钢边框上可钻有连接孔，用连接件纵横连接，组装成各种尺寸的模板，它也具备定型组合钢模板的一些优点，而且重量比组合钢模板轻，施工方便。

B. 钢框竹胶板模板：钢框竹胶板模板由钢框和竹胶板组成，其构造与钢框胶合板模板相同，用于面板的竹胶板是用竹片（或竹帘）涂胶粘剂，纵横向铺放，热压成型。为使竹胶板板面光滑平整，便于脱模和增加周转次数，一般板面采用涂料复面处理或浸胶纸复面处理。钢框竹胶板模板的宽度有300mm、600mm两种，长度有900、1200、1500、1800、2400mm等。可作为混凝土结构柱、梁、墙、楼板的模板。钢框竹胶板模板特点是：不仅富有弹性，而且耐磨耐冲击，能多次周转使用，寿命长，降低工程费用，强度、刚度和硬度都比较高；在水泥浆中浸泡，受潮后不会变形，模板接缝严密，不易漏浆；重量轻，可设计成大面模板，减少模板拼缝，提高装拆工效，加快施工进度；竹胶板模板加工方便，可锯刨、打钉，可加工成各种规格尺寸，适用性强；竹胶板模板不会生锈，能防潮，能露天存放。

C. 胶合板模板可以锯割做成柱、梁等模板，可以整张铺设楼板模板，施工方法同木模板。

4) 大模板

A. 大模板是一种大尺寸的工具式定型模板，由型钢和钢板加工制作而成。适用于高层剪力墙结构施工，如图2-57所示。一般一片墙用一至二块大模板，因其重量大，安装时需要起重机配合装拆施工。

大模板由面板、加劲肋竖楞、支撑桁架、稳定机构及附件组成。

面板要求表面平整、刚度好。面板一般用4～6mm厚钢板做面板（厚度根据加劲肋的布置确定），其优点是刚度大和强度高，表面平滑，所浇筑的混凝土墙面外观好，不需再抹灰，可以直接批腻子做涂料，模板可重复使用200次以上。缺点是耗钢量大、自重大、易生锈、不保温、损坏后不易修复。

加劲肋是大模板的重要构件。其作用是固定面板，阻止其变形并把混凝土传来的侧压力传递到竖楞上。加劲肋可用6号或8号槽钢，间距一般为300～500mm。

竖楞是与加劲肋相连接的竖直部件。它的作用是加强模板刚度，保证模板的几何形状，并作为穿墙螺栓的固定支点，承受由模板传来的水平力和垂直力。竖楞多采用6号或8号槽钢制成，间距一般约为1～1.2m。

支撑结构主要承受风荷载和偶然的水平力，防止模板倾覆。用螺栓或竖楞连接在一起，以加强模板的刚度。每块大模板采用2～4榀桁架作为支撑机构，兼做搭设操作平台的支座，承受施工活荷载，也可用大型型钢代替桁架结构。大模板的附件有穿墙螺栓、固定卡具、操作平台及其他附属连接件。大模板面板亦可用组合钢模板拼装而成，其他构件及安装方法同前。

B. 大模板的安装：大模板安装前先要进行墙体位置放线，绑扎及检查钢筋，然后用塔吊吊装模板就位。先吊的一面模板用脚撑撑好，吊线锤检查垂直度定好位，再吊对面的一侧模板，并在模板间按墙厚支撑好，上面拉结固定，下部固定位置，即可浇筑混凝土。

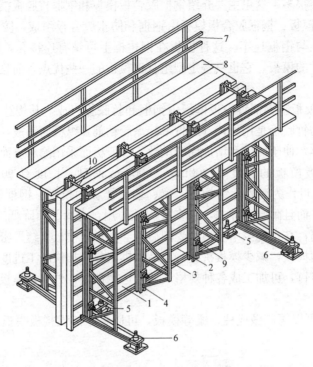

图 2-57 大模板构造图
1—面板；2—水平加劲肋；3—支撑桁架；4—竖楞；5—调整水平度的螺旋千斤顶；
6—调整垂直度的螺旋千斤顶；7—栏杆；8—脚手板；
9—穿墙螺栓；10—固定卡具

5）爬升模板

爬升模板主要用于高层建筑外墙模板。爬升模板是依附在建筑结构上，随着结构施工而逐层上升的一种模板，当结构工程混凝土达到拆模强度而脱模后，模板不落地，依靠机械设备和支承物将模板和爬模装置向上爬升一层，定位紧固，反复循环施工，爬模是适用于高层建筑或高耸构筑物现浇钢筋混凝土竖直或倾斜结构施工的先进模板工艺。爬升模板有手动爬模、电动爬模、液压爬模、吊爬模等。

A. 液压爬模的主要构造

模板系统。由定型组合大钢模板，9～12层胶合板做的大模板为模板主体，加上调节缝板、角模、钢背楞及穿墙螺栓、铸钢垫片等组成。

液压提升系统。由提升架立柱、横梁、活动支腿、滑道夹板、围圈、千斤顶、支承杆、液压控制台、各种孔径的油管及阀门、接头等组成。当支承杆设在结构顶部时，增加导轨、防坠装置、钢牛腿、挂钩等。

操作平台系统。由操作平台、吊平台、中间平台、上操作平台、外挑梁、外架立柱、斜撑、栏杆、安全网等组成。

B. 液压爬升模板的施工特点

液压爬升模板施工，劳动组织和施工管理简便，受外输送条件的制约少，混凝土表面质量易于保证；施工偏差可逐层消除；无需塔吊反复装拆，也不要层层放线和搭设脚手架，钢筋绑扎随升随绑，操作方法安全，周转使用次数多。

6）模板安装中的技术要求

近年根据模板施工中出现的问题，一些地区要求，除上述模板施工中讲到的一些技术要求外，对楼层高度超过5m，每平方米荷载超过10kN，梁截面大于$0.3m^2$的模板体系，必须要有专项模板施工方案，经过专家对方案的论证才可进行施工，应引起我们的注意。

(3) 模板的拆除

模板的拆除日期取决于现浇结构的类型、混凝土已达到的强度值、考虑模板的周转、以及混凝土硬化时的气温情况。

1）模板的拆除规定

A. 侧模板的拆除。应在混凝土强度达到能保证其表面及棱角不因拆除模板而受损坏时方进行。具体时间可参考表2-16。

侧模板的拆除时间 表2-16

水泥品种	混凝土强度等级	混凝土凝固的平均温度(℃)					
		5	10	15	20	25	30
		混凝土强度达到2.5MPa所需天数					
普通水泥	C10	5	4	3	2	1.5	1
	C15	4.5	3	2.5	2	1.5	1
	≥C20	3	2.5	2	1.5	1.0	1
矿渣及火山灰水泥	C10	8	6	4.5	3.5	2.5	2
	C15	6	4.5	3.5	2.5	2	1.5

B. 底模板的拆除。应在与混凝土结构同条件养护的试件达到表2-17规定强度标准值时，方可拆除。达到规定强度标准值所需时间可参考表2-18。

现浇结构拆模时所需混凝土强度 表2-17

结构类型	结构跨度(m)	按设计的混凝土强度标准值的百分率计(%)
板	≤2	50
	>2,≤8	75
	>8	100
梁、拱、壳	≤8	75
	>8	100
悬臂构件	≤2	75
	>2	100

注："设计的混凝土强度标准值"系指与设计混凝土强度等级相应的混凝土立方体抗压强度标准值。

拆除底模板的时间参考表 (d) 表2-18

水泥的强度等级及品种	混凝土达到设计强度标准值的百分率(%)	硬化时昼夜平均温度					
		5℃	10℃	15℃	20℃	25℃	30℃
32.5MPa普通水泥	50	12	8	6	4	3	2
	75	26	18	14	9	7	6
	100	55	45	35	28	21	18

续表

水泥的强度等级及品种	混凝土达到设计强度标准值的百分率(%)	硬化时昼夜平均温度					
		5℃	10℃	15℃	20℃	25℃	30℃
42.5MPa普通水泥	50	10	7	6	5	4	3
	75	20	14	11	8	7	6
	100	50	40	30	28	20	18
32.5MPa矿渣或火山灰水泥	50	18	12	10	8	7	6
	75	32	25	17	14	12	10
	100	60	50	40	28	24	20
42.5MPa矿渣或火山灰水泥	50	16	11	9	8	7	6
	75	30	20	15	13	12	10
	100	60	50	40	28	24	20

2）拆除模板顺序及注意事项

A. 拆模时不要用力过猛，拆下来的模板要及时运走、整理、堆放以便再用。

B. 拆模程序一般应是后支的先拆，先拆除非承重部分，后拆除承重部分。重大复杂模板的拆除，事先应制定拆模方案。

C. 拆除框架结构模板的顺序，首先是柱模板，然后是楼板底板，梁侧模板，最后梁底模板。拆除跨度较大的梁下支柱时，应先从跨中开始，分别拆向两端。

D. 多层楼板支柱的拆除，应按下列要求进行：上层楼板正在浇筑混凝土时，下一层楼板的模板支柱不得拆除，再下一层楼板模板的支柱，仅可拆除一部分；跨度4m及4m以下的梁均应保留支柱，其间距不大于3m。

E. 已拆除模板及其支架的结构，应在混凝土强度达到设计的混凝土强度标准值后，才允许承受全部使用荷载。当承受施工荷载产生的效应比使用荷载更为不利时，必须经过核算，加设临时支撑。

F. 拆模时，应尽量避免混凝土表面或模板受到损坏，防止整块板落下伤人。

2. 钢筋工程

（1）钢筋的种类、验收和存放

1）钢筋的种类

钢筋混凝土结构和预应力混凝土结构应用的钢筋有普通热轧钢筋、钢绞线、高强钢丝和热处理钢筋。后三种用作预应力钢筋。

普通钢筋都是热轧钢筋，分 HPB235（Q235），$d=8\sim20mm$；HRB335（20MnSi），$d=6\sim50mm$；HRB400（20MnSiV，20MnSiNb，20MnTi），$d=6\sim50mm$ 和 RRB400（K20MnSi），$d=8\sim40mm$ 四种。使用时宜首先选用HRB400级和HRB335级钢筋。HPB235为光圆钢筋，其他为带肋钢筋。

2）钢筋的验收

钢筋混凝土结构中所用的钢筋，都应有出厂质量证明书或试验报告单，每捆（盘）钢筋均应有标牌。钢筋进场时应按批号及直径分批验收。验收的内容包括查对标牌、外观检查，并按有关标准的规定抽取试样作力学性能试验，合格后方可使用。钢筋的验收方法如下：

A. 外观检查。要求钢筋表面不得有裂缝、结疤和折叠，钢筋表面允许有凸块，但不得超过横肋的最大高度。钢筋的外形尺寸应符合规定。

B. 力学性能检验。以同规格、同炉罐（批）号的不超过60t钢筋为一批，每批钢筋中任选两根，每根取两个试样分别进行拉力试验（测定屈服点、抗拉强度和伸长率三项指标）和冷弯试验（以规定弯心直径和弯曲角度检查冷弯性能）。如有一项试验结果不符合规定，则从同一批中另取双倍数量的试样重作各项试验。如仍有一个试样不合格，则该批钢筋为不合格品。

C. 对有抗震要求的框架结构纵向受力钢筋进行检验，所得的实测值应符合下列要求：钢筋的抗拉强度实测值与屈服强度实测值的比值不应小于1.25；钢筋的屈服强度实测值与钢筋强度标准值的比值，当按一级抗震设计时，不应大于1.25，当按二级抗震设计时，不应大于1.4。

3）钢筋的存放

当钢筋运进施工现场后，必须严格按批分等级、牌号、直径、长度挂牌存放，并注明数量，不得混淆。钢筋应尽量堆入仓库或料棚内。条件不具备时，应选择地势较高，土质坚实，较为平坦的露天场地存放。在仓库或场地周围挖排水沟，以利泄水。堆放时钢筋下面要加垫木，离地不宜少于200mm，以防钢筋锈蚀和污染。钢筋成品要分工程名称和构件名称，按号码顺序存放。同一项工程与同一构件的钢筋要存放在一起，按号挂牌排列，牌上注明构件名称、部位、钢筋类型、尺寸、钢号、直径、根数，不能将几项工程的钢筋混放在一起。同时不要和产生有害气体的车间靠近，以免污染和腐蚀钢筋。

（2）钢筋配料、代换与冷加工

1）钢筋配料

钢筋配料就是根据结构进行翻样，分别计算构件各钢筋的直线下料长度、根数及重量，编制出钢筋配料单，作为备料、加工、绑扎和结算的依据。钢筋配料单见表2-19。

钢筋配料单 表2-19

项次	构件名称	钢筋编号	简 图	直径(mm)	钢号	下料长度(mm)	单位（根数）	合计（根数）	总重(kg)
1	L₁梁 计5根	(1)	4190	10	φ	4315	2	10	26.62
2		(2)	265 494 2960 404 265 150 150	20	φ	4658	1	5	57.43
3		(3)	100 4190 100	18	φ	4543	2	10	90.77
4		(4)	362 162	6	φ	1108	22	110	27.05
合计 φ6:27.05kg; φ10:26.62kg; φ18:90.77kg; φ20:57.43kg									

配料计算注意事项：在设计图纸中，钢筋配置的细节问题没有注明时，一般可按构造要求处理；配料计算时，要考虑钢筋的形状和尺寸在满足设计要求的前提下有利于加工安装；配料时，还要考虑施工需要的附加钢筋。

2）钢筋切断（俗称下料）

钢筋切断都由切断机进行。当钢筋切断机能力较小时，切断直径28mm以上的钢筋可用砂轮锯、气割等方法进行，切断时的长度按配料单中的长度、误差不大于5mm。其长度一般是指钢筋外边缘至外边缘之间的长度，即外包尺寸。钢筋加工前按直线下料，经弯曲后，外边缘伸长，内边缘缩短，而中心线不变。这样，钢筋弯曲后的外包尺寸和中心线长度之间存在一个差值，称为"量度差值"。在计算下料长度时必须加以扣除。钢筋下料长度为各段外包尺寸之和减去各弯曲处的量度差值，再加上端部弯钩的增加值。

3) 钢筋的弯曲

钢筋弯曲用弯曲机，但弯曲时要考虑弯心直径的大小和量度差值等。

A. 钢筋弯曲处量度差值

钢筋弯曲处的量度差值与钢筋弯心直径及弯曲角度有关。

若钢筋直径为d，90°弯曲时按施工规范有两种情况，即HPB235钢筋其弯心直径$D=2.5d$，HRB335、HRB400钢筋弯心直径$D=4d$，其每个90°弯曲的量度差值按计算近似得$2d$。

同理可得，45°弯曲时的量度差值为$0.5d$；60°弯曲时的量度差值为$0.85d$；135°弯曲时的量度差值为$2.5d$。

B. 钢筋弯钩（曲）增加长度

根据规范规定，HPB235钢筋两端应做180°弯钩，其弯心直径$D=2.5d$，平直部分长度为$3d$。量度方法以外包尺寸度量，其每个弯钩增加长度为：$6.25d$（已考虑量度差值）。HRB335、HRB400钢筋末端作90°或135°弯曲，其弯曲直径D，HRB335钢筋为$4d$；HRB400钢筋为$5d$。其末端弯钩增长值，当弯90°时，HRB335、HRB400钢筋均取$d+$平直段长；当弯135°时，HRB335钢筋取$3d+$平直段长；HRB400钢筋取$3.5d+$平直段长。

箍筋用HPB235钢筋或冷拔低碳钢丝制作时，其末端需做弯钩，有抗震要求的结构应做135°弯钩，无抗震要求的结构可做90°或180°弯钩，弯钩的弯曲直径D应大于受力钢筋的直径，且不小于箍筋直径的2.5倍。弯钩末端平直长度，在一般结构中不宜小于箍筋直径的5倍；在有抗震要求的结构中不小于箍筋直径的10倍。其末端弯曲增长仍可按上述方法计算。

4) 钢筋代换

A. 代换原则

当施工中遇有钢筋品种或规格与设计要求不符时，可参照以下原则进行钢筋代换：

等强度代换：不同种类的钢筋代换，按钢筋抗拉设计值相等的原则进行代换。

等面积代换：相同种类和级别的钢筋代换，应按钢筋等面积原则进行代换。

B. 代换方法

等强度代换：如设计图中所用的钢筋设计强度为f_{y1}，钢筋总面积为A_{s1}，代换后的钢筋设计强度为f_{y2}，钢筋总面积为A_{s2}，则应使

$$A_{s1}f_{y1} \leqslant A_{s2}f_{y2} \tag{2-15}$$

$$n_1\pi d_1^2/4 f_{y1} \leqslant n_2\pi d_2^2/4 f_{y2} \tag{2-16}$$

$$n_2 \geqslant n_1 d_1^2 f_{y1}/d_2^2 f_{y2} \tag{2-17}$$

式中 n_2——代换钢筋根数；
　　　n_1——原设计钢筋根数；
　　　d_2——代换钢筋直径（mm）；
　　　d_1——原设计钢筋直径（mm）。
　　等面积代换：
$$A_{s1} \leqslant A_{s2} \qquad (2\text{-}18)$$
则
$$n_2 \geqslant n_1 d_1^2 / d_2^2 \qquad (2\text{-}19)$$
式中符号同上。

钢筋代换后，有时由于受力钢筋直径加大或根数增多而需要增加排数，则构件截面的有效高度 h_0 减少，截面强度降低。通常对这种影响可凭经验适当增加钢筋面积，然后再作截面强度复核。

C. 钢筋代换注意事项

钢筋代换时，应征得设计单位同意，并应符合下列规定：

A）对重要受力构件，不宜用 HPB235 光面钢筋代换变形钢筋，以免裂缝开展过大。如吊车梁、薄腹梁、桁架下弦等。

B）钢筋代换后，应满足混凝土结构设计规范中所规定的钢筋间距、锚固长度、最小钢筋直径、根数等要求。

C）梁的纵向受力钢筋与弯曲钢筋应分别代换，以保证正截面与斜截面强度。偏心受压构件或偏心受拉构件作钢筋代换时，不取整个截面配筋量计算，应按受力面（受拉或受压）分别代换。

D）当构件受裂缝宽度或挠度控制时，钢筋代换后应进行刚度、裂缝验算。

E）有抗震要求的梁、柱和框架，不宜以强度等级较高的钢筋代换原设计中的钢筋。如必须代换时，其代换的钢筋检验所得的实际强度，尚应符合抗震钢筋的要求。

F）预制构件的吊环，必须采用未经冷拉的 HPB235 钢筋制作，严禁以其他钢筋代换。

5）钢筋的冷加工

钢筋的冷加工，有冷拉、冷拔和冷轧，用以提高钢筋强度设计值，能节约钢材，满足预应力钢筋的需要。

钢筋的冷拉是在常温下对钢筋进行强力拉伸，拉应力超过钢筋的屈服强度，使钢筋产生塑性变形，以达到调直钢筋、提高强度的目的。冷拉 HPB235 钢筋适用于混凝土结构中的受拉钢筋；冷拉 HRB335、HRB400、RRB400 级钢筋适用于预应力混凝土结构中的预应力筋。

冷拉钢筋的控制方法有控制应力和控制冷拉率两种方法。

冷拉率是指钢筋冷拉伸长值与钢筋冷拉前长度的比值。采用冷拉率方法冷拉钢筋时，其最大冷拉率及冷拉控制应力，应符合表 2-20 的规定。

采用控制应力冷拉钢筋时，冷拉时以表 2-20 规定的控制应力对钢筋进行冷拉，冷拉后检查钢筋的冷拉率，如不超过表 2-20 中规定的冷拉率，认为合格，如超过表 2-20 中规定的数值时，则应进行力学性能检验。

冷拉控制应力及最大冷拉率 表2-20

项 目	钢筋级别	符号	冷拉控制应力（N/mm²）	最大冷拉率（%）
1	HPB235	Φ	280	10
2	HRB335	Φ	450	5.5
3	HRB400	Φ	500	5

例如：一根直径为18mm，截面积254.5mm²，长30m的HPB235级钢筋冷拉时，由表2-20查出钢筋冷拉控制应力为280N/mm²，最大冷拉率不超过10%，则该根钢筋冷拉控制拉力为

254.5mm²×280N/mm²＝71260N＝71.26kN，

最大伸长量为30m×10%＝3m＝3000mm

冷拉时，当控制力达到71.26kN，而伸长量没有超过3000mm，则这根冷拉钢筋为合格品，反之当控制拉力达到71.26kN而伸长量超过3000mm，或者伸长量达到3000mm而控制力没达到时，均为不合格，必须进行机械性能试验或降级使用。

不同炉批的钢筋，不宜用控制冷拉率的方法进行冷拉。多根连接的钢筋，用控制应力的方法进行冷拉时，其控制应力和每根的冷拉率均应符合表2-20的规定；当用控制冷拉率方法进行冷拉时，实际冷拉率按总长计，但多根钢筋中每根钢筋冷拉率不得超过表2-20规定。

钢筋冷拉速度不宜过快，一般以每秒拉长5mm或每秒增加5N/mm²拉应力为宜。当拉至控制值时，停车2～3min后，再行放松，使钢筋晶体组织变形较为完全，以减少钢筋的弹性回缩。

预应力钢筋由几段对焊而成时，应在焊接后再进行冷拉，以免因焊接而降低冷拉所获得的强度。

钢筋调直宜用机械方法，也可用冷拉调直。当用冷拉方法调直钢筋时，HPB235级钢筋的冷拉率不宜大于4%，HRB335级、HRB400级和RRB400级钢筋的冷拉率不宜大于1%。冷拉设备由拉力设备、承力结构、测量设备和钢筋夹具等部分组成。拉力设备可采用卷扬机或长行程液压千斤顶；承力结构可采用地锚；测力装置可采用弹簧测力计、电子秤或附带油表的液压千斤顶。

（3）钢筋连接与安装

1）钢筋连接

钢筋接头连接方法有：绑扎连接、焊接连接和机械连接。绑扎连接由于需要较长的搭接长度，浪费钢筋，且连接不可靠，故宜限制使用。焊接连接的方法较多，成本较低，质量可靠，宜优先选用。机械连接无明火作业，设备简单，节约能源，不受气候条件影响，可全天候施工，连接可靠，技术易于掌握，适用范围广，尤其适用于现场焊接有困难的场合。

A. 焊接连接

钢筋焊接方法有：闪光对焊、电弧焊、电渣压力焊和电阻点焊。

A）闪光对焊

闪光对焊广泛用于钢筋纵向连接及预应力钢筋与螺丝端杆的焊接。热轧钢筋的焊接宜优先用闪光对焊，不可能时才用电弧焊。

钢筋闪光对焊（见图 2-58）是利用对焊机使两段钢筋接触，通过低电压的强电流，待钢筋被加热到一定温度变软后，进行轴向加压顶锻，形成对焊接头。

钢筋闪光对焊工艺常用的有连续闪光焊、预热闪光焊和闪光—顶热—闪光焊：

连续闪光焊工艺过程是待钢筋夹紧在电极钳口上后，闭合电源，使两钢筋端面轻微接触由于钢筋端部不平，开始只有一点或数点接触，接触面小而电流密度和接触电阻很大，接触点很快熔化并产生金属蒸气飞溅，形成闪光现象。闪光一开始就徐徐移动钢筋，使形成连续闪光过程，同时接头也被加热。待接头烧平、闪去杂质和氧化膜、白热熔化

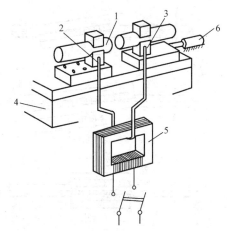

图 2-58 钢筋闪光对焊
1—焊接的钢筋；2—固定电极；3—可动电极；
4—机座；5—变压器；6—手动顶压机构

时，随即施加轴向压力迅速进行顶锻，使两根钢筋焊牢。连续闪光焊宜于焊接直径 25mm 以内的 HPB235、HRB335、HRB400 级钢筋。焊接直径较小的钢筋最适宜。

预热闪光焊与连续闪光焊不同之处，在于前面增加一个预热时间，先使大直径钢筋预热后再连续闪光烧化进行加压顶锻。钢筋直径较大，端面比较平整时宜用预热闪光焊。

闪光—预热—闪光焊的工艺过程是进行连续闪光，使钢筋端部烧化平整；再使接头处作周期性闭合和断开，形成断续闪光使钢筋加热；接着再是连续闪光，最后进行加压顶锻。焊接大直径钢筋宜采用闪光—预热—闪光焊。

B）电弧焊

电弧焊是利用弧焊机使焊条与焊件之间产生高温电弧，使焊条和电弧燃烧范围内的焊件熔化，待其凝固便形成焊缝或接头，电弧焊广泛用于钢筋接头、钢筋骨架焊接、装配式结构接头的焊接、钢筋与钢板的焊接及各种钢结构焊接。

钢筋电弧焊的接头形式（见图 2-59）有：搭接焊接头（单面焊缝或双面焊缝）、帮条焊接头（单面焊缝或双面焊缝）、剖口焊接头（平焊或立焊）、熔槽帮条焊接头（用于安装焊接 $d \geqslant 25$mm 的钢筋）和窄间隙焊（置于 U 形铜模内）。

有直流与交流之分，常用的为交流弧焊机。

焊条的种类很多，如 E4303、E5503 等，钢筋焊接根据钢材等级和焊接接头型式选择焊条。焊条表面涂有药皮，它可保证电弧稳定，使焊缝免致氧化、并产生溶渣覆盖焊缝以减缓冷却速度，对熔池脱氧和加入合金元素，以保证焊缝金属的化学成分和力学性能。

焊接电流和焊条直径根据钢筋类别、直径、接头形式和焊接位置进行选择。

搭接接头的长度、帮条的长度、焊缝的长度和高度等，规程都有明确规定。采用帮条或搭接焊时，焊缝长度不应小于帮条或搭接长度，焊缝高度 $h \geqslant 0.3d$，并不得小于 4mm；焊缝宽度 $b \geqslant 0.7d$，并不得小于 10mm。电弧焊一般要求焊缝表面平整，无裂纹，无较大凹陷、焊瘤，无明显咬边、气孔、夹渣等缺陷。

C）电渣压力焊

电渣压力焊在建筑施工中多用于现浇钢筋混凝土结构构件内竖向或斜向（倾斜度在

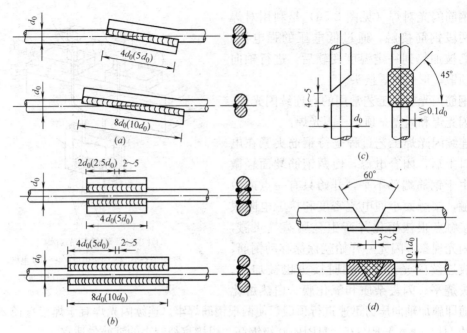

图 2-59 钢筋电弧焊的接头形式
(a) 搭接焊接头；(b) 帮条焊接头；(c) 立焊的坡口焊接头；(d) 平焊的坡口焊接头

4∶1 的范围内）钢筋的焊接接长。有自动与手工电渣压力焊。与电弧焊比较，它工效高、成本低、可进行竖向连接，在工程中应用较普遍。

进行电渣压力焊宜选用合适的变压器。夹具（图 2-60）需灵巧、上下钳口同心，保证上下钢筋的轴线应尽量一致，其最大偏移不得超过 $0.1d$，同时也不得大于 2mm。焊接时，先将钢筋端部约 120mm 范围内的铁锈除尽，将夹具夹牢在下部钢筋上，并将上部钢筋扶直夹牢于活动电级中，自动电渣压力焊还在上下钢筋间放引弧用的钢丝圈等。再装上药盒（直径 90～100mm）和装满焊药，接通电路，用手柄使电弧引燃（引弧）。然后稳定一定时间，使之形成渣池并使钢筋溶化（稳弧），随着钢筋的熔化，用手柄使上部钢筋缓缓下送。当稳弧达到规定时间后，在断电同时用手柄进行加压顶锻（顶锻），以排除夹渣和气泡，形成接头。待冷却一定时间后，即拆除药盒、回收焊药、拆除夹具和清除焊渣。引弧、稳弧、顶锻三个过程应连续进行。

D) 电阻点焊

电阻点焊主要用于小直径钢筋的交叉连接，如用来焊接钢筋网片、钢筋骨架等。常用的点焊机有单点点焊机、多头点焊机、悬挂式点焊机（可焊钢筋骨架或钢筋网）、手提式点焊机（用于施工现场）。

B. 钢筋机械连接

钢筋机械连接包括套筒挤压连接和螺纹套管连接。

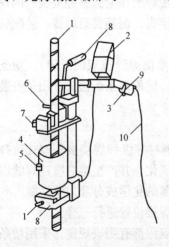

图 2-60 电渣压力焊构造原理图
1—钢筋；2—监控仪表；3—电源开关；4—焊剂盒；5—焊剂盒扣环；6—电缆插座；7—活动夹具；8—固定夹具；9—操作手柄；10—控制电缆

A）钢筋套筒挤压连接

钢筋套筒挤压连接是将需连接的变形钢筋插入特制钢套筒内，利用液压驱动的挤压机进行径向或轴向挤压，使钢套筒产生塑性变形，使套筒内壁紧紧咬住变形钢筋实现连接（见图2-61）。它适用于竖向、横向及其他方向的较大直径变形钢筋的连接。

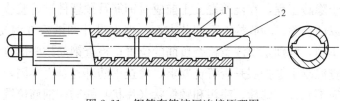

图2-61 钢筋套筒挤压连接原理图
1—钢套筒；2—被连接的钢筋

钢筋挤压连接的工艺参数，主要是压接顺序、压接力和压接道数。压接顺序应从中间逐道向两端压接。压接力要能保证套筒与钢筋紧密咬合，压接力和压接道数取决于钢筋直径、套筒型号和挤压机型号。

钢筋套筒挤压连接接头，按验收批进行外观质量和单向拉伸试验检验。

B）钢筋螺纹套筒连接

钢筋螺纹套筒连接分为锥螺纹套筒连接和直螺纹套筒连接两种。

用于这种连接的钢套管内壁，用专用机床加工有锥螺纹，钢筋的对接端头亦在套丝机上加工有与套管匹配的锥螺纹。连接时，经对螺纹检查无油污和损伤后，先用手旋入钢筋，然后用扭矩扳手紧固至规定的扭矩即完成连接（见图2-62）。它施工速度快、不受气候影响、质量稳定、对中性好。

锥螺纹套筒连接由于钢筋的端头在套丝机上加工有螺纹，截面有所削弱，有时达不到与母材等强度要求。为确保达到与母材等强度，可先把钢筋端部镦粗，然后切削直螺纹，用套筒连接就形成直螺纹套筒连接。或者用冷轧方法在钢筋端部轧制出螺纹，由于冷强作用亦可达到与母材等强。

钢筋在现场安装时，宜特别关注受力钢筋，受力钢筋的品种、级别、规格和数量都必须符合设计要求。钢筋安装位置的允许偏差应参照《混凝土结构工程施工质量验收规范》。

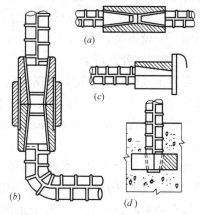

图2-62 钢筋螺纹套管连接示意图
(a) 两根直钢筋连接；(b) 一根直钢筋与一根弯钢筋连接；(c) 在金属结构上接装钢筋；(d) 在混凝土构件中插接钢筋

2）钢筋的安装方法

钢筋安装即常称的现场，应与模板安装相配合。柱钢筋现场绑扎时，一般在模板安装前进行，柱钢筋采用预制安装时，可先安装钢筋骨架，然后安装柱模板，或先安装三面模板，待钢筋骨架安装后，再钉第四面模板。梁的钢筋一般在梁模板安装后，再安装或绑扎；断面高度较大（>600mm），或跨度较大、钢筋较密的大梁，可留一面侧模，待钢筋安装或绑扎完后再钉。梁柱绑扎中应注意箍筋的加密和间距准确、主筋间距符合规范等。楼板钢筋绑扎应在楼板模板安装后进行,并应按间距在模板上先划线,然后摆料、绑扎。

钢筋保护层应按设计或规范的要求正确确定。工地常用预制水泥垫块垫在钢筋与模板之间,以控制保护层厚度。垫块应布置成梅花形,其相互间距不大于1m。上下双层钢筋之间的尺寸,可绑扎短钢筋或设置撑脚来控制。

钢筋工程属于隐蔽工程,在浇筑混凝土前应对钢筋及预埋件进行验收,并按规定记好隐蔽工程记录,以便查验。验收检查下列几方面:根据设计图纸检查钢筋的钢号、直径、根数、间距是否正确,特别是要注意检查负筋的位置;检查钢筋接头的位置及搭接长度是否符合规定;检查混凝土保护层是否符合要求;检查钢筋绑扎是否牢固,有无变形、松脱和开焊。钢筋表面不允许有油渍、漆污和颗粒状(片状)铁锈;钢筋位置允许偏差,应符合相关规定。

3. 混凝土工程

混凝土工程施工包括混凝土制备、运输、浇筑、振捣、养护等施工过程。

(1) 混凝土的施工配料

混凝土由水泥、粗骨料、细骨料和水组成,有时掺加外加剂、矿物掺合料,按设计好的配合比拌制而成。因此混凝土的配料好坏是混凝土质量的前提。配料中各种原材料的质量又是关键,尤其是水泥的品种、强度、生产的质量是主要因素,所以配料是混凝土施工中第一件要做好的工作。配料工作的程序如下。

1) 混凝土配合比的设计和计算

在专业基础中已经介绍了混凝土配合比的设计和计算方法,这里不在赘述,但它是配料施工过程中的一个重要环节。而在施工时,配料则是根据配合比进行称量,所以除了商品混凝土由计算机控制,自拌混凝土的配料称量则要求我们在施工自行严格控制,做到车车过磅,一丝不苟。

2) 施工配合比调整

混凝土实验室配合比是根据完全干燥的砂、石骨料制定的,但实际使用的砂、石骨料一般都含有一些水分,而且含水量又会随气候条件发生变化。所以施工时应及时测定现场砂、石骨料的含水量,并将混凝土的实验室配合比换算成在实际含水量情况下的施工配合比。

设实验室配合比为:水泥:砂子:石子=1:x:y,水灰比为W/C,并测得砂子的含水量为w_x,石子的含水量为w_y,则施工配合比应为:1:$x(1+w_x)$:$y(1+w_y)$。

按实验室配合比1m³混凝土水泥用量为C(kg),计算时确保混凝土水灰比不变(W为用水量),则换算后材料用量为:

水泥:$C'=C$

砂子:$G'_{砂}=Cx(1+w_x)$

石子:$G'_{石}=Cy(1+w_y)$

水:$w'=w-Cxw_x-Cyw_y$

【例2-7】 设混凝土实验室配合比为:1:2.56:5.55,水灰比为0.65,每1m³混凝土的水泥用量为275kg,测得砂子含水量为3%,石子含水量为1%,则施工配合比为:

$$1:2.56(1+3\%):5.55(1+1\%)=1:2.64:5.60$$

调整后则每立方米混凝土材料用量为：

水泥：275kg

砂子：275×2.64＝726kg

石子：275×5.60＝1540kg

水：275×0.65－275×2.56×3％－275×5.55×1％＝142.4kg

（2）混凝土搅拌

1）混凝土搅拌机选择

经济发展地区均采用商品混凝土。当采用自拌混凝土时，需选用混凝土搅拌机。混凝土搅拌机按其搅拌原理分为自落式搅拌机和强制式搅拌机两类，目前自落式搅拌机已逐渐被淘汰。

A．自落式搅拌机（图2-63）搅拌筒内壁装有叶片，搅拌筒旋转，叶片将物料提升一定高度后自由下落，各物料颗粒分散拌和均匀，是重力拌和原理，宜用于搅拌塑性混凝土。

B．强制式搅拌机（图2-64）分立轴式和卧轴式两类。强制式搅拌机是在轴上装有叶片，通过叶片强制搅拌装在搅拌筒中的物料，使物料沿环向、径向和竖向运动，拌和成均匀的混合物，是剪切拌和原理。强制式搅拌机拌和强烈，多用于搅拌干硬性混凝土、低流动性混凝土和轻骨料混凝土。

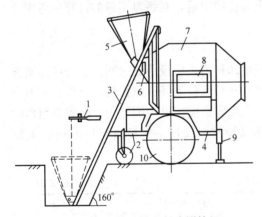

图2-63 双锥反转出料式搅拌机
1—牵引架；2—前支轮；3—上料架；4—底盘；
5—料斗；6—中间料斗；7—锥形搅拌筒；
8—电器箱；9—支腿；10—行走轮

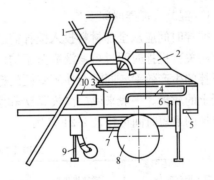

图2-64 强制式搅拌机
1—进料斗；2—拌筒罩；3—搅拌筒；4—水表；
5—出料口；6—操纵手柄；7—传动机构；
8—行走轮；9—支腿；10—电器工具箱

混凝土搅拌机以其出料容量（m^3）×1000标定规格。常用为150、250、350L等数种。

2）搅拌要求

搅拌要求包括投料顺序、进料容量和搅拌时间等。

A．投料顺序

投料顺序应考虑的因素主要包括：提高搅拌质量，减少叶片、衬板的磨损，减少拌合物与搅拌筒的粘结，减少水泥飞扬，改善工作环境，保证混凝土强度，节约水泥等方面综合考虑。可用一次投料法、或二次投料法和水泥裹砂法等。

一次投料法：是将砂、石、水泥和水一起同时加入搅拌筒中进行搅拌。为了减少水泥的飞扬和水泥的粘罐现象，对自落式搅拌机常采用的投料顺序是将水泥夹在砂、石之间，最后加水搅拌。

二次投料法：预拌水泥砂浆法是先将水泥、砂和水加入搅拌筒内进行充分搅拌，成为均匀的水泥砂浆后，再加入石子搅拌成均匀的混凝土；预拌水泥净浆法是先将水泥和水充分搅拌成均匀的水泥净浆后，再加入砂和石搅拌成混凝土。二次投料法搅拌的混凝土与一次投料法相比较，混凝土强度可提高约15%。在强度等级相同的情况下，可节约水泥约15%~20%。

水泥裹砂法：这种混凝土就是在砂子表面造成一层水泥浆壳。主要采取两项工艺措施：一是对砂子的表面湿度进行处理，使其控制在一定范围内。二是进行两次加水搅拌，第一次先将处理过的砂子、水泥和部分水搅拌，使砂子周围形成黏着性很高的水泥糊包裹层；第二次再加入水及石子，经搅拌，部分水泥浆便均匀地分散在已经被造壳的砂子及石子周围。

B. 进料容量

进料容量是将搅拌前各种材料的体积累积起来的容量，又称干料容量。进料容量约为出料容量的1.4~1.8倍（通常取1.5倍）。进料容量超过规定容量的10%以上，就会使材料在搅拌筒内无充分的空间进行掺合，影响混凝土拌合物的均匀性；反之，如装料过少，则又不能充分发挥搅拌机的效能。因此在配合比确定后，对每盘用量的计算应考虑容量的合理性。

C. 混凝土搅拌时间

搅拌时间应从全部材料投入搅拌筒起，到开始卸料为止所经历的时间。它与搅拌质量密切相关。搅拌时间过短，混凝土不均匀，强度及和易性将下降；搅拌时间过长，不但降低搅拌的生产效率，同时会使不坚硬的粗骨料，在大容量搅拌机中因脱角、破碎等而影响混凝土的质量。一般来说二次投料法和水泥裹砂法搅拌时间比一次投料要长1min。混凝土搅拌的最短时间可按表2-21采用。

混凝土搅拌的最短时间（s） 表2-21

混凝土坍落度(mm)	搅拌机机型	搅拌机出料量(L)		
		<250	250~500	>500
≤30	强制式	60	90	120
	自落式	90	120	150
>30	强制式	60	60	90
	自落式	90	90	120

注：1. 当掺有外加剂时，搅拌时间应适当延长。
2. 全轻混凝土、砂轻混凝土搅拌时间应延长60~90s。

D. 搅拌要求

严格控制混凝土施工配合比；在搅拌混凝土前，搅拌机应加适量的水运转，使拌筒表面润湿，然后将多余水排干；搅拌好的混凝土要卸尽；混凝土搅拌完毕或预计停歇1h以上时，应将混凝土全部卸出，倒入石子和清水，搅拌5~10min，把粘在料筒上的砂浆冲洗干净后全部卸出。

(3) 混凝土的运输

本文主要讲自拌混凝土的运输要求。混凝土拌合物运输的基本要求是：不产生离析现象；保证混凝土浇筑时具有设计规定的坍落度；在混凝土初凝之前能有充分时间进行浇筑和捣实；保证混凝土浇筑能连续进行。

1) 混凝土运输的时间

混凝土应以最少的转运次数和最短的时间，从搅拌地点运至浇筑地点，并在初凝之前浇筑完毕。普通混凝土从搅拌机中卸出后到浇筑完毕的延续时间不宜超过表 2-22 的规定。如需进行长距离运输可选用混凝土搅拌运输车。

混凝土从搅拌机中卸出到浇筑完毕的延续时间（min） 表 2-22

混凝土强度等级	气 温(℃)	
	≤25	>25
≤C30	120	90
>C30	90	60

2) 混凝土运输工具

运输混凝土的工具要不吸水、不漏浆，方便快捷。混凝土运输分为地面运输、垂直运输和楼面运输三种情况。

混凝土地面运输工具有双轮手推车、小型机动翻斗车，近距离亦用双轮手推车，有时还用皮带运输机和窄轨翻斗车。

商品混凝土则用混凝土搅拌运输车为长距离运输混凝土的有效工具，它有一搅拌筒斜放在汽车底盘上，在预拌混凝土搅拌站装入混凝土后，在运输过程中搅拌筒可进行慢速转动进行拌合，以防止混凝土离析，运至浇筑地点，搅拌筒反转即可迅速卸出混凝土。搅拌车运输时间长，混凝土要加缓凝剂或提高坍落度。

混凝土的垂直运输，多用塔式起重机加料斗、混凝土泵、快速提升斗和井架。

混凝土泵是一种有效的混凝土运输和浇筑工具，可以一次完成水平及垂直运输，将混凝土直接输送到浇筑地点。常用的混凝土输送管为钢管。直径为 75～200mm、每段长约 3m，还配有 45°、90°等弯管和锥形管，弯管、锥形管和软管的流动阻力大，计算输送距离时要换算成水平换算长度。垂直输送时，在立管的底部要增设逆流阀，以防止停泵时立管中的混凝土反压回流。

(4) 混凝土的浇筑与振捣

混凝土的浇筑与捣实工作包括布料摊平、捣实和抹面修整等工序。它对混凝土的密实性和耐久性、结构的整体性和外形正确性等都有重要影响。

1) 混凝土的浇筑

A. 混凝土浇筑的一般规定

A) 混凝土浇筑前不应发生初凝和离析现象，如果已经发生，可以进行重新搅拌，使混凝土恢复流动性和黏聚性后再进行浇筑。

B) 混凝土自高处倾落时的自由倾落高度不宜超过 2m。若混凝土自由下落高度超过 2m（竖向结构超过 3m），要沿溜槽或串筒下落，如图 2-65（a）、（b）所示。当混凝土浇

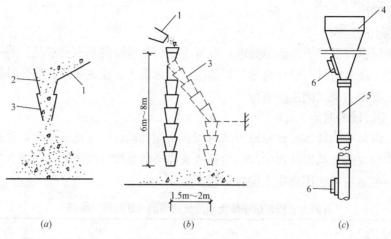

图 2-65　溜槽与串筒
(a) 溜槽；(b) 串筒；(c) 振动串筒
1—溜槽；2—挡板；3—串筒；4—漏斗；5—节管；6—振动器

筑深度超过 8m 时，则应采用带节管的振动串筒，即在串筒上每隔 2~3 节管安装一台振动器，如图 2-65（c）所示。

C) 为了使混凝土振捣密实，必须分层浇筑，每层浇筑厚度与捣实方法、结构的配筋情况有关，应符合表 2-23 的规定。

混凝土浇筑层厚度　　　　　　　　　表 2-23

项次	捣实混凝土的方法		浇筑层厚度(mm)
1	插入式振动		振动器作用部分长度的 1.25 倍
2	表面振动		200
3	人工捣固	(1)在基础或无筋混凝土和配筋稀疏的结构中	250
		(2)在梁、墙、板、柱结构中	200
		(3)在配筋密集的结构中	150
4	轻骨料混凝土	插入式振动	300
		表面振动(振动时需加荷)	200

D) 混凝土的浇筑工作应尽可能连续进行，如上下层或前后层混凝土浇筑必须间歇，其间歇时间应尽量缩短，并要在前层（下层）混凝土凝结（终凝）前，将次层混凝土浇筑完毕。间歇的最长时间应按所用水泥品种及混凝土凝结条件确定。即混凝土从搅拌机中卸出，经运输、浇筑及间歇的全部延续时间不得超过表 2-24 的规定，当超过时，应按规范留置施工缝处理。

混凝土运输、浇筑和间歇的时间 (min)　　　　　表 2-24

混凝土强度等级	气温(℃)	
	≤25	>25
≤C30	210	180
>C30	180	150

注：当混凝土中掺有保凝或缓凝型外加剂时，其允许时间应通过试验确定。

E）浇筑竖向结构混凝土前，应先在底部填筑一层50～100mm厚、与混凝土内砂浆成分相同的水泥砂浆，然后再浇筑混凝土。

F）施工缝的留设与处理。施工缝宜留在结构受剪力较小且便于施工的部位。柱应留水平缝，梁、板应留垂直缝。柱子的施工缝宜留在基础与柱子的交接处的水平面上，或梁的下面，或吊车梁牛腿的下面，或吊车梁的上面，或无梁楼盖柱帽的下面。框架结构中，如果梁的负筋向下弯入柱内，施工缝也可设置在这些钢筋的下端，以便于绑扎。高度大于1m的混凝土梁的水平施工缝，应留在楼板底面以下20～30mm处，当板下有梁托时，留在梁托下部；单向平板的施工缝，可留在平行于短边的任何位置处；对于有主次梁的楼板结构，宜顺着次梁方向浇筑，施工缝应留在次梁跨度的中间1/3范围内。

G）施工缝的处理方法。在施工缝处继续浇筑混凝土时，应除去表面的水泥薄膜、松动的石子和软弱的混凝土层。并加以充分湿润和冲洗干净，不得积水。浇筑时，施工缝处宜先铺水泥浆或与混凝土成分相同的水泥砂浆一层，厚度为10～15mm，以保证接缝的质量。待已浇筑的混凝土的强度不低于1.2MPa时才允许继续浇筑。

B. 框架结构混凝土的浇筑

框架结构一般按结构层划分施工层和在各层划分施工段分别浇筑，一个施工段内的每排柱子应从两端同时开始向中间推进，不可从一端开始向另一端推进，预防柱子模板逐渐受推倾斜使误差积累难以纠正。每一施工层的梁、板、柱结构，先浇筑柱和墙，并连续浇筑到顶。停歇一段时间（1～1.5h）后，柱和墙有一定强度再浇筑梁板混凝土。梁板混凝土应同时浇筑，只有梁高1m以上时，才可以单独先行浇筑。梁与柱的整体连接应从梁的一端开始浇筑，快到另一端时，反过来先浇另一端，然后两段在凝结前合拢。

C. 大体积混凝土结构浇筑

A）大体积混凝土结构浇筑方案

为保证结构的整体性，混凝土应连续浇筑，要求每一处的混凝土在初凝前就被后部分混凝土覆盖并捣实成整体，根据结构特点不同，可分为全面分层、分段分层、斜面分层等浇筑方案（见图2-66）。

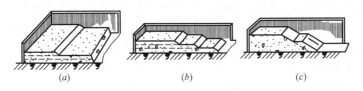

图2-66 大体积混凝土浇筑方案图
(a) 全面分层；(b) 分段分层；(c) 斜面分层

全面分层：当结构平面面积不大时，可将整个结构分为若干层进行浇筑，即第一层全部浇筑完毕后，再浇筑第二层，逐层连续浇筑，直到结束。为保证结构的整体性，要求次层混凝土在前层混凝土初凝前浇筑完毕。

分段分层：当结构平面面积较大时，全面分层已不适应，这时可采用分段分层浇筑方案。即将结构分为若干段落，每段又分为若干层，先浇筑第一段各层，然后浇筑第二段各层，逐段逐层连续浇筑，直至结束。为保证结构的整体性，要求次段混凝土应在前段混凝土初凝前浇筑并与之捣实成整体。

斜面分层：当结构的长度超过厚度的 3 倍时，可采用斜面分层的浇筑方案。这时，振捣工作应从浇筑层斜面下端开始，逐渐上移，且振动器应与斜面垂直。

B) 温度裂缝的预防

早期温度裂缝的预防方法主要有：优先采用水化热低的水泥（如矿渣硅酸盐水泥）；减少水泥用量；掺入适量的粉煤灰或在浇筑时投入适量的毛石；放慢浇筑速度和减少浇筑厚度，采用人工降温措施（拌制时用低温水，养护时用循环水冷却）；浇筑后应及时覆盖，以控制内外温差，减缓降温速度，尤应注意寒潮的不利影响；必要时，取得设计单位同意后，可分块浇筑，块和块间留 1m 宽后浇带，待各分块混凝土干缩后，再浇筑后浇带。分块长度可根据有关手册计算，当结构厚度在 1m 以内时，分块长度一般为 20～30m。

C) 泌水处理

大体积混凝土另一特点是上、下浇筑层施工间隔的时间较长，各分层之间易产生泌水层，它将使混凝土强度降低，产生酥软、脱皮起砂等不良后果。采用自流方式和抽吸方法排除泌水，会带走一部分水泥浆，影响混凝土的质量。泌水处理措施主要有：同一结构中使用两种不同坍落度的混凝土；在混凝土拌合物中掺减水剂。

D) 降温措施

常用低温水搅拌（冰屑水、夏季地下井水）以降低混凝土的入模温度，并对石子遮阳，避免直晒温升，同时浇筑过程中对混凝土泵水平输送管用草袋覆盖、洒水降温。

可分层浇灌，分层厚度一般为 80～100mm，便于散热，分层间隔一般为 5～7d，要做好分层施工缝处理。

混凝土内部降温，在混凝土内部预埋水管，通入冷却循环水。冷却水管大多采用直径 25mm 或 50mm 的钢管，按照中心距 1.5～3.0m 上、下层交错排列，上、下层水管的间距一般 1.5～3m，并通过立管相连接。通水流速不宜太快、流量控制在 20L/min 左右，参照实际测温结果实时调整流量，以控制内部降温。

2) 混凝土的振捣密实

混凝土密实成型的途径有以下三种：一是利用机械外力（如机械振动）来克服拌合物的黏聚力和内摩擦力而使之液化、沉实；二是在拌合物中适当增加用水量以提高其流动性，使之便于成型，然后用离心法、真空作业法等将多余的水分和空气排出；三是在拌合物中掺入高效能减水剂，使其坍落度大大增加，可自流成型。下面介绍前两种方法。

A. 机械振捣密实成型

振动机械按其工作方式分为：内部振动器、表面振动器、外部振动器和振动台（见图 2-67）。

内部振动器：又称插入式振动器，多用于振实梁、柱、墙、厚板和大体积混凝土等厚大结构。用插入式振动器振动混凝土时，应垂直插入，并插入下层混凝土 50mm，以促使上下层混凝土结合成整体。每一振点的振捣延续时间，应使混凝土捣实（即表面呈现浮浆和不再沉落为限）。采用插入式振动器捣实普通混凝土的移动间距，不宜大于作用半径的 1.5 倍。捣实轻骨料混凝土的间距，不宜大于作用半径的 1 倍；振动器与模板的距离不应大于振动器作用半径的 1/2，并应尽量避免碰撞钢筋、模板、预埋件等。

表面式振动器：又称平板振动器，它适用于楼板、地面等薄型构件。这种振动器在无筋或单层钢筋结构中，每次振实的厚度不大于 250mm；在双层钢筋的结构中，每次振实

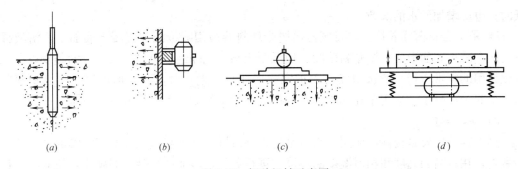

图 2-67　振动机械示意图
(a) 内部振动器；(b) 外部振动器；(c) 表面振动器；(d) 振动台

厚度不大于 120mm。表面振动器的移动间距，应保证振动器的平板覆盖已振实部分的边缘，以使该处的混凝土振实出浆为准。也可进行两遍振实，第一遍和第二遍的方向要互相垂直，第一遍主要使混凝土密实，第二遍则使表面平整。

外部振动器：又称附着式振动器，它通过螺栓或夹钳等固定在模板外部，是通过模板将振动传给混凝土拌合物，因而模板应有足够的刚度。它宜用于振捣断面小且钢筋密的构件。对于小截面直立构件，插入式振动器的振动棒很难插入，可使用附着式振动器，附着式振动器的设置间距，应通过试验确定，在一般情况下，可每隔 1~1.5m 设置一个。

B. 离心法成型

离心法是将装有混凝土的模板放在离心机上，使模板以一定转速绕自身的纵轴线旋转，模板内的混凝土由于离心力作用而远离纵轴，均匀分布于模板内壁，并将混凝土中的部分水分挤出，使混凝土密实。此法一般用于管道、电杆、桩等具有圆形空腔构件的制作。

C. 真空作业法成型

真空作业法是借助于真空负压，将水从刚成型的混凝土拌合物中排出，同时使混凝土密实的一种成型方法。可分为表面真空作业与内部真空作业两种。此法适用预制平板、楼板、道路、机场跑道、薄壳、隧道顶板、墙壁、水池、桥墩等混凝土成型。

(5) 混凝土的养护

混凝土养护方法分自然养护和蒸汽养护。

1) 自然养护

自然养护是指利用平均气温高于 5℃ 的自然条件，用保水材料或草帘等对混凝土加以覆盖后适当浇水，使混凝土在一定的时间内在湿润状态下硬化。

A. 开始养护时间。当最高气温低于 25℃ 时，混凝土浇筑完后应在 12h 以内加以覆盖和浇水；最高气温高于 25℃ 时，应在 6h 以内开始养护。

B. 养护天数。浇水养护时间的长短视水泥品种定，硅酸盐水泥、普通硅酸盐水泥和矿渣硅酸盐水泥拌制的混凝土，不得少于 7 昼夜；火山灰质硅酸盐水泥和粉煤灰硅酸盐水泥拌制的混凝土或有抗渗性要求的混凝土，不得少于 14 昼夜。混凝土必须养护至其强度达到 1.2MPa 以后，方准在其上踩踏和安装模板及支架。

C. 浇水次数。应使混凝土保持具有足够的湿润状态。养护初期，水泥的水化反应较快，需水也较多，所以要特别注意在浇筑以后头几天的养护工作，此外，在气温高，湿度低时，也应增加洒水的次数。

D. 喷洒塑料薄膜养护。将过氯乙烯树脂塑料溶液用喷枪洒在混凝土表面上，溶液挥发后在混凝土表面形成一层塑料薄膜，使混凝土与空气隔绝，阻止其由水分的蒸发以保证水化作用的正常进行。所选薄膜在养护完成后能自行老化脱落。在构件表面喷洒塑料薄膜，来养护混凝土，适用于在不易洒水养护的高耸构筑物和大面积混凝土结构。

2) 蒸汽养护

蒸汽养护主要是构件厂应用，它就是将构件放置在有饱和蒸汽或蒸汽空气混合物的养护室内，在较高的温度和相对湿度的环境中进行养护，以加速混凝土的硬化，使混凝土在较短的时间内达到规定的强度标准值。

4. 混凝土结构质量缺陷与修补

混凝土结构质量问题主要有蜂窝、麻面、露筋、孔洞等。蜂窝是指混凝土表面无水泥浆，露出石子深度大于5mm，但小于保护层厚度的缺陷。露筋是指主筋没有被混凝土包裹而外露的缺陷，但梁端主筋锚固区内不允许有露筋。孔洞是深度超过保护层厚度，但不超过截面面积的1/3的缺陷。混凝土结构质量缺陷的修补方法主要有：

(1) 表面抹浆修补

对于数量不多的小蜂窝、麻面、露筋、露石的混凝土表面，主要是保护钢筋和混凝土不受侵蚀，可用1∶2～1∶2.5水泥砂浆抹面修整。在抹砂浆前，须用钢丝刷或加压力的水清洗润湿，抹浆初凝后要加强养护工作。

对结构构件承载能力无影响的细小裂缝，可将裂缝处加以冲洗，用水泥浆抹补。如果裂缝开裂较大较深时，应将裂缝附近的混凝土表面凿毛，或沿裂缝方向凿成深为15～20mm、宽为100～200mm的V形凹槽，扫净并洒水湿润，先刷水泥净浆一层，然后用1∶2～1∶2.5水泥砂浆分2～3层涂抹，总厚度控制在10～20mm，并压实抹光。

(2) 细石混凝土填补

当蜂窝比较严重或露筋较深时，应除掉附近不密实的混凝土和突出的骨料颗粒，用清水洗刷干净并充分润湿后，再用比原强度等级高一级的细石混凝土填补并仔细捣实。对孔洞事故的补强，可在旧混凝土表面采用处理施工缝的方法处理，将孔洞处疏松的混凝土和突出的石子剔凿掉，孔洞顶部要凿成斜面，避免形成死角，然后用水刷洗干净，保持湿润72h后，用比原混凝土强度等级高一级的细石混凝土捣实。混凝土的水灰比宜控制在0.5以内，并掺水泥用量万分之一的铝粉，分层捣实，以免新旧混凝土接触面上出现裂缝。

(3) 水泥灌浆与化学灌浆

对于影响结构承载力，或者防水、防渗性能的裂缝，为恢复结构的整体性和抗渗性，应根据裂缝的宽度、性质和施工条件等，采用水泥灌浆或化学灌浆的方法予以修补。一般对宽度大于0.5mm的裂缝，可采用水泥灌浆；宽度小于0.5mm的裂缝，宜采用化学灌浆。化学灌浆所用的灌浆材料，应根据裂缝性质、缝宽和干燥情况选用。作为补强用的灌浆材料，常用的有环氧树脂浆液（能修补缝宽0.2mm以上的干燥裂缝）和甲凝（能修补0.05mm以上的干燥细微裂缝）等。作为防渗堵漏用的灌浆材料，常用的有丙凝（能灌入0.01mm以上的裂缝）和聚氨酯（能灌入0.015mm以上的裂缝）等。

5. 钢筋混凝土工程施工质量要求与安全措施

(1) 钢筋混凝土质量的检查内容和要求

1) 钢筋质量的检查内容和要求

A. 钢筋质量的检查内容

钢筋安装完毕后,应根据施工规范进行认真地检查,主要检查以下内容:

A) 根据设计图纸,检查钢筋的钢号、直径、根数、间距是否正确,特别钢筋的位置是否正确,特别要检查负筋的位置是否正确。

B) 检查钢筋接头的位置、搭接长度、同一截面接头百分率及混凝土保护层是否符合要求。水泥垫块是否分布均匀、绑扎牢固。

C) 钢筋的焊接和绑扎是否牢固,钢筋有无松动、移位和变形现象。

D) 预埋件的规格、数量、位置等。

E) 钢筋表面是否有漆污和颗粒(片)状铁锈,钢筋骨架里边有无杂物等。

B. 钢筋质量的检查要求

钢筋绑扎要求位置正确、绑扎牢固,钢筋安装位置的偏差应符合表2-25的规定。

钢筋安装位置的偏差和检验方法　　　　表2-25

项　目			允许偏差(mm)	检　验　方　法
绑扎钢筋网	长、宽		±10	钢尺检查
	网眼尺寸		±20	钢尺量连续三档,取最大值
绑扎钢筋骨架	长		±10	钢尺检查
	宽、高		±5	钢尺检查
受力钢筋	间距		±10	钢尺量两端、中间各一点,取量大值
	排距		±5	
	保护层厚度	基础	±10	钢尺检查
		柱、梁	±5	钢尺检查
		板、墙、壳	±3	钢尺检查
绑扎箍筋、横向钢筋间距			±20	钢尺量连续三档,取最大值
钢筋弯起点位置			20	钢尺检查
预埋件	中心线位置		5	钢尺检查
	水平高差		+3,0	钢尺和塞尺检查

注:1. 检查预埋件中心线位置时,应沿纵、横两个方向量测,并取其中的较大值。
　　2. 表中梁类、板类构件上部纵向受力钢筋保护层厚度的合格点率应达到90%及以上,且不得有超过表中数值的1.5倍。

2) 模板质量的检查内容和要求

A. 模板质量的检查内容

模板安装完毕后,应根据施工规范进行认真地检查,主要检查以下内容:

应检查模板的位置、标高、模板尺寸、模板垂直度、相邻两板高低差、模板表面平整度、模板接缝是否严密等;检查预埋件和预留孔洞的位置是否符合要求;检查支撑系统是否符合要求,上下层立柱应对准,并铺设垫板。

B. 模板质量的检查要求

A) 固定在模板上的预埋件和预留孔洞的允许偏差如表2-26所示。

B) 现浇结构模板安装的允许偏差及检验方法如表2-27所示。

预埋件和预留孔洞的允许偏差（单位：mm）　　　　表 2-26

项　　目		允　许　偏　差
预埋钢板中心线位置		3
预埋管、预留孔中心线位置		3
插筋	中心线位置	5
	外露长度	+10,0
预埋螺栓	中心线位置	2
	外露长度	+10,0
预留洞	中心线位置	10
	尺寸	+10,0

现浇结构模板安装的允许偏差及检验方法　　　　表 2-27

项　　目		允许偏差(mm)	检　验　方　法
轴线位置		5	钢尺检查
底模上表面标高		±5	水准仪或拉线、钢尺检查
截面内部尺寸	基础	±10	钢尺检查
	柱、墙、梁	+4,-5	钢尺检查
层高垂直度	不大于5m	6	经纬仪或吊线、钢尺检查
	大于5m	8	经纬仪或吊线、钢尺检查
相邻两板表面高低差		2	钢尺检查
表面平整度		5	2m靠尺和塞尺检查

注：检查轴线位置时，应沿纵横两个方向置测，取其中较大值。

3) 混凝土的质量的检查内容和要求

A. 混凝土质量的检查内容

混凝土质量的检查包括施工过程中的质量检查和养护后的质量检查。施工过程的质量检查，即在制备和浇筑过程中对原材料的质量、配合比、坍落度等的检查，每一工作班至少检查二次，遇有特殊情况还应及时进行检查。混凝土的搅拌时间应随时检查。

混凝土养护后的质量检查，主要包括混凝土的强度（主要指抗压强度）、表面外观质量和结构构件的轴线、标高、截面尺寸和垂直度的偏差。如设计上有特殊要求时，还需对其抗冻性、抗渗性等进行检查。

B. 混凝土质量的检查要求

A) 混凝土的抗压强度。混凝土标准养护条件下的抗压强度应以边长为150mm的立方体试件，在温度为20±2℃和相对湿度为95％以上的潮湿环境或水中的标准条件下，经28d养护后试验确定。

B) 试件取样要求。评定结构或构件混凝土强度质量的试块，应在浇筑处随机抽样制成，不得挑选。试件留置规定为：

a. 拌制100盘且不超过100m³的同配合比的混凝土，其取样不得少于一次。

b. 每工作班拌制的同配合比的混凝土不足100盘时，其取样不得少于一次。

c. 每一现浇楼层同配合比的混凝土，其取样不得少于一次。

d. 同一单位工程每一验收项目中同配合比的混凝土其取样不得少于一次。每次取样应至少留置一组标准试件，同条件养护试件的留置组数根据实际需要确定。

预拌混凝土除应在预拌混凝土厂内按规定取样外，混凝土运到施工现场后，尚应按上述的规定留置试件。若有其他需要，如为了抽查结构或构件的拆模、出厂、吊装、预应力张拉和放张，以及施工期间临时负荷的需要，还应留置与结构或构件同条件养护的试块，试块组数可按实际需要确定。

C）确定试件的混凝土强度代表值。每组三个试件应在同盘混凝土中取样制作，并按下列规定确定该组试件的混凝土强度代表值：

a．取3个试件强度的平均值。

b．当3个试件强度中的最大值或最小值之一与中间值之差超过中间值的15％时，取中间值。

c．当3个试件强度中的最大值和最小值与中间值之差均超过中间值的15％时，该组试件不应作为强度评定的依据。

D）混凝土结构强度的评定。应按下列要求进行：

混凝土强度应分批进行验收。同一验收批的混凝土应由强度等级相同、生产工艺和配合比基本相同的混凝土组成，对现浇混凝土结构构件，尚应按单位工程的验收项目划分验收批，每个验收项目应按现行国家标准《建筑工程施工质量验收统一标准》GB 50300—2001确定。对同一验收批的混凝土强度，应以同批内标准试件的全部强度代表值来评定。

当对混凝土试件强度的代表性有怀疑时，可采用非破损检验方法或从结构、构件中钻取芯样的方法，按有关标准的规定，对结构构件中的混凝土强度进行推定，作为是否应进行处理的依据。

混凝土表面外观质量要求：不应有蜂窝、麻面、孔洞、露筋、缝隙及夹层、缺棱掉角和裂缝等现象。

现浇混凝土结构的允许偏差应符合规范的规定，当有专门规定时，尚应符合相应规定的要求。

（2）钢筋混凝土工程施工的安全措施

1）钢筋加工安全技术措施

A．夹具、台座、机械的安全要求：机械的安装必须坚实稳固，保持水平位置；外作业应设置机棚；加工较长的钢筋时，应有专人帮扶；作业后，应堆放好成品、清理场地、切断电源、锁好电闸；钢筋进行冷拉、冷拔及预应力筋加工，还应严格地遵守有关规定。

B．焊接必须遵循的规定：焊机必须接地，对于焊接导线及焊钳接导处，都应可靠的绝缘；大量焊接时，焊接变压器不得超负荷，变压器升温不得超过60℃；点焊、对焊时，必须开放冷却水，焊机出水温度不得超过40℃，排水量应符合要求；对焊机闪光区域，必须设铁皮隔挡；室内电弧焊时，应有排气装置，焊工操作地点相互之间应设挡板，以防弧光刺伤眼睛。

2）模板施工安全技术措施

A．进入施工现场人员必须戴好安全帽，高空作业人员必须配戴安全带，并应系牢。

B．经医生检查认为不适宜高空作业的人员，不得进行高空作业。

C．工作前应先检查使用的工具是否牢固，扳手等工具必须绳链系挂在身上，以免掉落伤人。工作时要思想集中，防止钉子扎脚和空中滑落。

D. 安装与拆除5m以上的模板，应搭脚手架，并设防护栏，防止上下在同一垂直面操作。

E. 高空、复杂结构模板的安装与拆除，事先应有切实的安全措施。

F. 遇六级以上大风时，应暂停室外的高空作业，雪霜雨后应先清扫施工现场，略干后不滑时再进行工作。

G. 二人抬运模板时要互相配合、协同工作。高空拆模时，应有专人指挥，并在下面标出工作区，有绳子和红白旗加以围栏，暂停人员过往。

H. 不得在脚手架上堆放大批模板等材料。

I. 支撑、牵杠等不得搭在门框架和脚手架上。通路中间的斜撑、拉杠等就设在1.8m高以上。

J. 支模过程中，如需中途停歇，就将支撑、搭头、柱头板等钉牢。拆模间歇应将已活动的模板、牵杠等运走或妥善堆放，防止因扶空、踏空而坠落。

此外，模板上有预留洞者，应在安装后将空洞口盖好；拆除模板一般用长撬棍，人不许站在正在拆除的模板上；在组合钢模板上架设的电线和使用电动工具，应用36V低压电源或采取其他有效措施。

3) 混凝土施工安全技术措施

A. 混凝土搅拌机的安全规定：进料时，严禁将头或手伸入料斗与机架之间察看或探摸进料情况；料斗升起时，严禁在其下方工作或穿行；向搅拌筒内加料应在运转中进行；添加新料必须先将搅拌机内原有的混凝土全部卸出来才能进行；作业中，如发生故障不能继续运转时，应立即切断电源、将筒内的混凝土清除干净，然后进行检修。

B. 混凝土喷射机作业安全注意事项：机械操作和喷射操作人员应密切联系，送风、加料、停机以及发生堵塞等应相互协调配合；在喷嘴的前方或左右5m范围内不得站人，工作停歇时，喷嘴不准对向有人方向；作业中，暂停时间超过1h，必须将仓内及输料管内干混合料（不加水）全部喷出；如输料软管发生堵塞时，可用木棍轻轻敲打外壁如敲打无效，可将胶管拆卸用压缩空气吹通；转移作业面时，供风、供水系统也随之移动，输料管不得随地拖拉和折弯；作业，必须将仓内和输料软管内的干混合料（不加水）全部喷出，再将喷嘴拆下清洗干净，并清除喷射机粘附的混凝土。

C. 混凝土泵送设备作业的安全要求：支腿应全部伸出并支固，未支固前不得启动布料杆；当布料杆处于全伸状态时，严禁移动车身；应随时监视各种仪表和指示灯，发现不正常应及时调整或处理；泵送工作应连续作为，必须暂停时应每隔5～10min（冬期3～5min）泵送一次；应保持储满清水，发现水质混浊并有较多砂粒时应及时检查处理；泵送系统受压力时，不得开启任何输送管道和液压管道。

6. 钢筋混凝土工程施工实例

【例2-8】 单层工业厂房杯形基础混凝土浇筑施工

(1) 背景

某厂电度车间，跨度21m，长72m，柱距6m，共12个节间，现浇杯形基础。主要承重结构采用装配式钢筋混凝土工字形柱，预应力混凝土折线形屋架，1.5m×6m大型屋面板，T形吊车梁。

(2) 问题

试确定单层工业厂房杯形基础混凝土浇筑施工方案。

(3) 分析与解答

1) 施工程序

杯形基础的施工程序是：放线、支下阶模板、安放钢筋网片、支上阶模板及杯口模、浇捣混凝土、修整、养护等。

2) 施工方法

A. 放线、支模、绑扎钢筋按常规方法施工。

B. 混凝土浇筑施工方法如下：

A) 整个杯形基础要一次浇捣完成，不允许留设施工缝。混凝土分层浇灌厚度一般为25～30cm，并应凑合在基础台阶变化部位。每层混凝土要一次卸足，用拉耙、铁锹配合拉平，顺序是先边角后中间。下料时，锹背应向模板，使模板侧面砂浆充足；浇至表面时锹背应向上。

B) 混凝土振捣应用插入式振动器，每一插点振捣时间一般为20～30s。插点布置宜为行列式。当浇捣到斜坡时，为减少或避免下阶混凝土落入基坑，四周20cm范围内可不必摊铺，振捣时如有不足可随时补加。

C) 为防止台阶交角处出现"吊脚"现象（上阶与下阶混凝土脱空），采取以下技术措施：在下阶混凝土浇捣下沉20～30mm后暂不填平，继续浇捣上阶，先用铁锹沿上阶侧模底圈做混凝土内、外坡，然后再浇上阶，外坡混凝土在上阶振捣过程中自动摊平，待上阶混凝土浇捣后，再将下阶混凝土侧模上口拍实抹平；捣完下阶后拍平表面，在下阶侧模外先压上200mm×100mm的压角混凝土并加以捣实，再继续浇捣上阶，待压角混凝土接近初凝时，将其铲掉重新搅拌利用。

D) 为了保证杯形基础杯口底标高的正确，宜先将杯口底混凝土振实，再捣杯口模四周外的混凝土，振捣时间尽可能缩短，并应两侧对称浇捣，以免杯口模挤向一侧或由于混凝土泛起而使杯口模上升。

E) 基础混凝土浇捣完毕后，还要进行铲填、抹光工作。铲填由低处向高处、铲高填低，并用直尺检验斜坡是否准确，坡面如有不平，应加以修整，直到外形符合要求为止。接着用铁抹子拍抹表面，把凸起的石子拍平，然后由高处向低处加以压光。拍一段，抹一段，随拍随抹。局部砂浆不足，应随时补浆。为了提高杯口模的周转率，可在混凝土初凝后终凝前将杯口模拔出。混凝土强度达到设计标号25%时，即可拆除侧模。

F) 本基础工程采用自然养护方法，严格执行硅酸盐水泥拌制的混凝土的养护洒水规定。

【例 2-9】 钢筋混凝土梁模板拆除

(1) 背景

某长度为6m钢筋混凝土简支梁，用32.5级普通硅酸盐水泥，混凝土强度等级为C20，室外平均气温为20℃。

(2) 问题

试确定侧模、底模的最短拆除时间。

(3) 分析与解答

1) 侧模拆除方案

侧模为不承重模板，它的拆除条件是在混凝土强度能保证其表面及棱角不因拆除模板而受损坏时，才能拆除侧模板。但拆模时不要用力过猛，不要敲打振动整个梁模板。一般当混凝土的强度达到设计强度的25％时即可拆除侧模板。查看温度、龄期对混凝土强度影响曲线，可知当室外气温为20℃，用32.5级普通硅酸盐水泥，达到设计强度等级25％的强度时间为终凝后24h，即为拆除侧模的最短时间。

2）底模拆除方案

底模为承重模板，跨度小于8m的梁底模拆除时间是当混凝土强度达到设计强度的70％时才能拆除底模。为了核准强度值，在浇捣梁混凝土时就应留出试块，与梁同条件养护。然后查温度、龄期、强度曲线知达到70％设计强度需7昼夜。此时将试块送试验室试压，结果达到或超过设计强度的70％时，即可拆除底模。对于重要结构和施工时受到其他影响，严格地说底模拆除时间应由试块试压结果确定。一般在养护期外界温度变化不大，查温度、龄期、强度曲线即可确定底模拆除时间。本例的梁底模拆除最短时间为终凝后7昼夜。

（六）预应力混凝土工程

1. 预应力混凝土工程的施工工艺

在混凝土结构中，混凝土能够承受较大的压力，但抵抗拉力的能力很低。一般的钢筋混凝土构件在正常使用条件下，受拉区都会出现开裂，从而刚度降低、挠度增大。为了保证构件的使用安全，限制钢筋混凝土构件的变形和裂缝，一种方法是采取增加构件的截面尺寸和用钢量的方法，但这不经济。另一种方法是采用高标号混凝土和高强度钢筋。由于在中低强度混凝土结构时高强度钢筋不能充分发挥作用。所以为了充分利用高强度钢材，出现了预应力混凝土。这种施工工艺是使构件的受拉区预先施加压力，产生预压应力，造成一种人为的应力状态。这样，当构件在使用荷载下产生拉应力时，首先要抵消混凝土的预压应力，然后随着荷载的增加，到混凝土因受拉才出现裂缝，从而延迟了裂缝的出现，这对结构的承载能力有很大的提高，更能满足使用要求。这种在构件受载荷以前预先对混凝土构件区施加压应力的方法称为"预应力混凝土施工"。

（1）先张法施工工艺

1）先张法

先张法是先张拉钢筋，后浇筑混凝土的施工方法。是在浇筑混凝土前，预先将需张拉的预应力钢筋，用夹具固定在台座或钢材制成的定性模板上，然后做绑扎非预应力钢筋、支模等工序，并根据设计要求对预应力钢筋进行张拉到位，再浇筑混凝土，待混凝土具有一定强度（一般不低于混凝土设计强度标准值的75％）后，在保证预应力筋与混凝土之间有足够的粘结力时，把张拉的钢筋放张（称作放张），这时预应力钢筋产

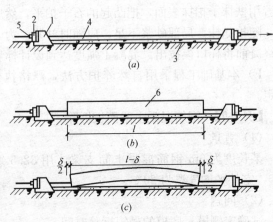

图2-68 先张法生产示意图
(a) 预应力筋张拉；(b) 混凝土浇筑和养护；(c) 放张预应力筋
1—台座；2—横梁；3—台面；4—预应力筋；5—夹具；6—构件

生弹性回缩，而混凝土已与钢筋粘结在一起，阻止钢筋的回缩，于是钢筋对混凝土施加了预压应力。如图 2-68 所示。

2) 先张法施工工艺流程

先张法根据生产方式的不同，分有台座法和机组流水法（模板法）。

当采用台座法施工时，预应力筋的张拉、锚固，混凝土构件的浇筑、养护和预应力筋放张等工序皆在台座上进行，预应力筋的张拉力由台座承受。

当用机组流水法生产时，预应力筋的拉力由钢模承受。

先张法一般适用于生产定型的中小型预应力混凝土构件，如空心板、槽形板、T 形板、薄板、吊车梁、檩条等。

先张法施工流程如图 2-69 所示：

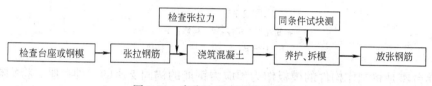

图 2-69 先张法生产示意流程图

A. 台座

台座是先张法生产中的主要设备之一，它主要用在制造空心板之类的制作场两端，它承受预应力筋的全部张拉力。故要求其应有足够的强度、刚度和稳定性，以免台座变形、滑移或倾斜而引起预应力损失。按构造型式不同，可分为墩式台座和槽式台座等。选用时根据构件种类、张拉力的大小和施工条件而定。

A) 墩式台座

生产空心板、平板等平面布筋的混凝土构件时，由于张拉力不大，可利用简易墩式台座，如图 2-70 所示。

生产中小型构件或多层叠浇构件，可用图 2-71 的墩式台座，台座局部加厚，以承受较大的张拉力。墩式台座是由承力台墩、台面和横梁组成。目前常用的是台墩与台面共同受力的墩式台座。

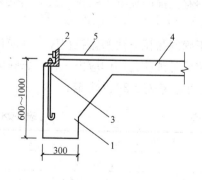

图 2-70 简易墩式台座
1—卧梁；2—角钢；3—预埋螺栓；
4—混凝土台面；5—预应力钢丝

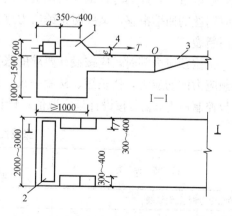

图 2-71 墩式台座
1—混凝土墩；2—钢横梁；3—局部加厚的
台面；4—预应力筋

台座一般由现浇混凝土制成。在设计时，应进行强度、刚度和稳定性的验算，对稳定性的验算包括抗倾覆验算和抗滑移验算。

B) 槽式台座

槽式台座由钢筋混凝土端柱、传力柱、柱垫、上下横梁、台面和砖墙等组成，如图2-72所示。该台座既可承受张拉力，又可作为蒸汽养护槽，适用于张拉吨位较高的大型构件，如吊车梁、屋架等。槽式台座亦需进行强度和稳定性计算。

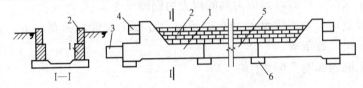

图 2-72　槽式台座
1—钢筋混凝土端柱；2—砖墙；3—下横梁；
4—上横梁；5—传力柱；6—柱垫

钢模台座是将制作构件的模板作为预应力钢筋的锚固支座的一种台座。将钢模板作成具有相当刚度的结构，将钢筋直接放置在模板上进行张拉。这种模板主要在流水线生产中应用。图2-73是钢模台座的示意图。

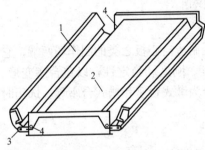

图 2-73　钢模台座
1—侧模；2—底模；3—活动铰；
4—预应力筋锚固孔

B. 预应力筋的张拉

预应力筋张拉时，张拉机具与预应力筋应在一条直线上；同时在台面上每隔一定的距离放一根圆钢筋头，以防止预应力筋因自重而下垂，破坏隔离剂，弄脏预应力筋。施加张拉力时，应以稳定的速度逐渐加大拉力，并使拉力传到台座横梁上，而不使预应力筋或夹具产生次应力（如钢丝在分丝板、横梁或夹具处产生尖锐的转角或弯曲）。锚固时，敲击锥塞或模块应先轻后重；与此同时，倒开张拉机，放张钢丝。操作时彼此间要密切配合，既要减少锚固时钢丝的回缩滑移，又要防止锤击力过大，导致钢丝在锚固夹具与张拉夹具处因受力过大而断裂。

张拉预应力筋时，应按设计要求的张拉力采用正确的张拉方法和张拉程序，并应调整各预应力的初应力，使长短、松紧一致，以保证张拉后各预应力筋的应力一致。张拉时的张拉控制应力 σ_{con} 应按设计规定取值；设计无规定时可参考表2-28的规定。

张拉控制应力限值表　　　　　　　　　　　　　表 2-28

钢 筋 种 类	张 拉 方 法	
	先 张 法	后 张 法
消除应力钢丝、钢绞线	$0.75 f_{ptk}$	$0.75 f_{ptk}$
热处理钢筋	$0.70 f_{ptk}$	$0.65 f_{ptk}$
冷拉钢筋	$0.90 f_{pyk}$	$0.85 f_{pyk}$

注：f_{ptk} 为预应力筋极限抗拉强度标准值；f_{pyk} 为预应力筋屈服强度标准值。

实际张拉时的应力尚应考虑各种预应力损失,采用超张拉补足。此时预应力筋的最大超张拉力,对冷拉Ⅱ～Ⅳ级钢筋不得大于屈服点的95%;钢丝、钢绞线和热处理钢筋不得大于标准强度的80%。张拉后的实际预应力值的偏差不得大于或小于规定值的5%。

预应力筋的张拉程序可采用以下两种方法:

$$0 \to 1.05\sigma_{con} \xrightarrow{\text{持续2min}} \sigma_{con}$$

或:$0 \to 1.03\sigma_{con}$ (σ_{con}为张拉设计的控制应力)

在第一种张拉程序中,超张拉5%并持荷两分钟是为了加速钢筋松弛早期发展,以减少应力松弛引起的预应力损失(约减少50%);第二种张拉程序超张拉3%是为了弥补应力松弛所引起的应力损失。

预应力筋张拉后,一般应校核其伸长值,其理论伸长值与实际伸长值的误差不应超过+10%、-5%。若超过则应分析其原因,采取措施后再继续施工。

C. 混凝土的浇筑与养护

混凝土构件的侧模应在预应力筋张拉锚固和非预应力筋绑扎完毕后进行支设。所立模板应避开台面的伸缩缝及裂缝,如无法避免伸缩缝、裂缝时,可采取在裂缝处先铺设薄钢板或垫油毡或应采取其他相应的措施后,再浇筑混凝土。

预应力混凝土可采用自然养护或湿热养护。

D. 预应力筋放张

先张法预应力筋的放张工作应有序并缓慢进行,防止突然放张所引起的冲击,造成混凝土裂缝。

A) 放张要求

a. 放张预应力筋时,混凝土强度必须符合设计要求。当设计无要求时,不得低于设计的混凝土强度标准值的75%。

b. 预应力筋的放张顺序,必须符合设计要求;当设计无要求时,应符合下列规定:

对承受轴心预压力的构件(如拉杆、桩等),所有预应力筋应同时放张。

对承受偏心预压力的构件,应同时放张预压力较小区域的预应力筋,再同时放张预压力较大区域的预应力筋。

当不能按上述规定放张时,应分阶段、对称、相互交错地放张。

c. 放张后预应力筋的切断顺序,宜由放张端开始,逐次切向另一端。

B) 放张的方法

放张的方法有:千斤顶放张、砂箱放张、楔块放张,此外,还有用剪线钳剪断钢丝等方法。

放张前,注意应拆除侧模,使放张时构件能自由压缩,否则将损坏模板或造成构件开裂。对有横肋的构件(如大型屋面板),其横肋断面应有合宜的斜度,或采用活动模板,以免放张钢筋时,构件端肋开裂。

(2) 后张法施工工艺

1) 工艺原理

后张法是先浇筑混凝土,后张拉钢筋的方法,即是在构件中配置预应力筋的位置处预先留出相应的孔道,然后绑扎非预应力钢筋、浇筑混凝土,待构件混凝土强度达到设计规定的数值后（一般不低于设计强度的75%），在孔道内穿入预应力筋，用张拉机具进行张拉，并利用锚具把张拉后的预应力筋锚固在构件的端部。预应力筋的张拉力，主要靠构件端部的锚具传给混凝土，使其产生压应力。张拉锚固后，立即在预留孔道内压力灌浆，使预应力筋不受锈蚀，并与构件形成整体。后张法即可以应用在预制构件上，也可以应用在钢筋混凝土框架结构及高大筒体构筑物上。

图2-74为预应力混凝土后张法生产示意图。

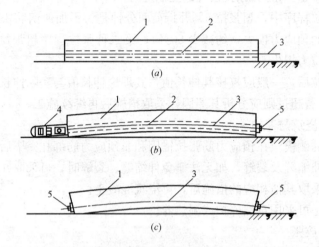

图 2-74 预应力混凝土后张法生产示意图
(a) 制作混凝土构件；(b) 张拉钢筋；(c) 锚固和孔道灌浆
1—混凝土构件；2—预留孔道；3—预应力筋；4—千斤顶；5—锚具

2）施工工艺要点

后张法分预制生产和现场施工。后张法施工工艺中，其主要工序为孔道留设、预应力筋张拉和孔道灌浆三部分。

A. 预留孔道

预留孔道，是后张法施工的一道关键工序。孔道有直线和曲线之分；成孔方法有钢管抽芯法（无缝钢管抽芯法）、胶管加压抽芯法和预埋管法。预留孔道端头均有承压的钢筋网片及一些承受张拉的装置。

孔道成形的基本要求是：孔道的尺寸与位置应正确；孔道应平顺；接头不漏浆；端部预埋钢板应垂直于孔道中心线等。

钢管抽芯法用于留设直线孔道，胶管抽芯法可用于留设直线、曲线及折线孔道。这两种方法主要用于预制构件，管道可重复使用，成本较低。

预埋管法可采用薄钢管、镀锌钢管与波纹管（金属波纹管或塑钢波纹管）等。用于钢筋混凝土框架结构上，波纹管的安置在结构支模时和非预应力钢筋时配合进行则是一道重要工序。

A) 浇筑混凝土：浇筑混凝土时，应注意避免触及、损伤成孔管和造成支撑马凳移位，在钢筋密集区和构件两端，因钢筋密集，浇捣困难，应用小直径的振动棒仔细振捣密实，切勿漏振，以免造成孔洞和混凝土不密实，以至张拉时使端部承压板凹陷或破坏，造成质量安全事故，影响构件性能。浇筑完混凝土后要对混凝土及时覆盖浇水养护，以防混凝土收缩裂纹。

B) 穿筋（束）：即将预应力筋穿入孔道，分先穿筋（束）和后穿筋（束）。先穿筋（束）是在浇筑混凝土前把波纹管放入模板时，预应力筋已装入波纹管中。后穿筋（束）是放入波纹管时，管内是空的，但以后穿筋比较困难。先穿筋在浇筑混凝土时应在混凝土初凝之前，要不断来回拉动管内的预应力筋，预防预应力筋被渗入的水泥浆黏住而增大张拉时的摩擦阻力。所以，必须防止振捣混凝土时损破管壁。后穿筋（束）法是在浇筑混凝土之后进行，可在混凝土养护期内操作，不占工期。钢丝束应整束穿、钢绞线优先采用整束穿，也可单根穿。

B. 预应力筋的张拉

预应力筋的张拉施工时，首先，要按照施工要求做好各项准备工作，如千斤顶、油泵等的准备及检测标定、张拉区的划出、预应力筋数量的检查、锚具的准备。同时张拉前应对构件（或块体）的几何尺寸、混凝土浇筑质量、孔道位置及孔道是否畅通、灌浆孔和排气孔是否符合要求、构件端部预埋铁件位置等进行全面检查。其次，构件的混凝土强度应符合设计要求（如设计无要求时，不应低于强度等级的75%）。

A) 预应力筋的张拉方法

张拉时的混凝土强度、张拉力值、张拉理论伸长值，都应由设计单位给出。对于为减少预应力束松弛损失，采用超张法施工时，张拉应力不应大于预应力筋抗拉强度标准值的80%；预应力筋理论伸长值可根据虎克定律计算。如果曲线筋采用两端张拉而又对称布置，其张拉伸长值可算至跨中处加倍求得。对多曲线段或由直线段与曲线段组成的预应力筋，张拉伸长值应分段计算，然后叠加。

张拉时的实际伸长值与理论伸长值相比，应不超出±6%范围，否则应暂停张拉，并在采取措施纠正后，方可继续张拉。

张拉顺序应按设计要求进行，如无设计要求时，尚应遵守对称张拉的原则，也应考虑到尽量减少设备的移动次数。

B) 预应力筋的张拉形式

张拉形式可采用两端张拉、一端张拉一端补足、分段张拉、框架构件分层自上而下或自下而上分层张拉、分期张拉等，针对不同结构形式和设计要求而定。

预应力筋张拉后，会产生预应力损失。在张拉时要充分考虑的一个因素。

配有多根预应力筋的构件原则上应同时张拉。如果不能同时张拉时，则应分批张拉。在分批张拉中，其张拉顺序应充分考虑到尽量避免混凝土产生超应力、构件的扭转与侧弯，结构的变位等因素。对在同一构件上的预应力筋的张拉一般应对称张拉。

在实施张拉过程中，它既考虑了张拉的对称性，又考虑了因分批张拉而引起的应力损失。对重要的结构可采用分两阶段建立预应力，即全部预应力筋先张拉到50%之后，再第二次拉至100%。

C) 预应力筋的张拉程序

预应力筋的张拉程序，主要根据构件类型、张锚体系、松弛损失取值等因素确定。用超张拉方法减少预应力筋的松弛损失时，预应力筋的张拉程序宜为：$0 \rightarrow 1.05\sigma_{con}$ $\xrightarrow{\text{持续2min}} \sigma_{con}$。

如果预应力筋的张拉吨位不大，根数很多，而设计中又要求采取超张拉以减小应力松弛损失，则其张拉程序为：0→$1.03\sigma_{con}$。

采用抽芯成型孔道时，曲线预应力筋和长度大于24m的直线预应力筋应在两端张拉；长度等于或小于24m的直线预应力筋，可在一端张拉。

采用预埋波纹管孔道时，曲线预应力筋和长度大于30m的直线预应力筋，宜在两端张拉；长度等于或小于30m的直线预应力筋，可在一端张拉。

在同一截面中有多根一端张拉的预应力筋时，张拉端宜分别设置在结构的两端。当两端同时张拉一根（束）预应力筋时，为了减小预应力损失，宜先在一端锚固，再在另一端补足张拉力后进行锚固。

用后张法生产预应力混凝土屋架等大型构件时，一般在施工现场平卧重叠制作，重叠层数为3～4层，其张拉顺序宜先上后下逐层进行。为了减少上下层之间因摩擦引起的预应力损失，可逐层加大张拉力。所增加的数值随构件形式、隔离层和张拉方式而不同，但最大超张拉力不宜比顶层张拉力大5%（钢丝、钢绞线和热处理钢筋）或9%（冷拉Ⅱ～Ⅳ级钢筋），并且要保证加大张拉控制应力后不要超过最大超张拉力的规定。若为4层重叠生产屋架，预应力筋为E级冷拉钢筋；用废机油、滑石粉作为隔离剂时，其自上而下的张拉值为$1.0\sigma_{con}$、$1.03\sigma_{con}$、$1.06\sigma_{con}$、$1.09\sigma_{con}$。克服叠层摩阻损失的超张拉值与减小松弛损失的张拉值可以结合起来，不必叠加。

D）张拉伸长量的校核与预应力检验

为了解预应力值建立的可靠性，需对所张拉的预应力筋的应力及损失进行检验和测定，以便在张拉时补足和调整预应力值。

在张拉过程中，必要时还应测定预应力筋的实际伸长值，用以对预应力值进行校核。若实测伸长值大于预应力筋控制应力所计算伸长值的10%，或小于计算伸长值的5%，应暂停张拉，待查明原因并采取措施调整后，方可重新张拉。

构件张拉完毕后，应检查端部和其他部位是否有裂缝。锚固后的预应力筋的外露长度不宜小于15mm。长期外露的锚具，可涂刷防锈油漆或用混凝土封裹，以防腐蚀。

C. 孔道灌浆

预应力张拉锚固后，利用灰浆泵将水泥浆压灌到预应力孔道中去，这样既可以起到预应力筋的防锈蚀作用，也可使预应力筋与混凝土构件的有效粘结增加，控制超载时的裂缝发展，减轻两端锚具的负荷状况。

灌浆用的灰浆，宜用标号不低于42.5级普通硅酸盐水泥调制的水泥浆。水泥浆应有较大的流动性和较小的干缩性、泌水性。水灰比一般为0.4～0.45。水泥浆的强度不应低于M20。

为使孔道灌浆饱满，可在灰浆中掺入占水泥质量为0.05%～0.1%的铝粉或0.25%的木质素磺酸钙。对空隙较大的孔道，水泥浆中可掺入适量的细砂。

用灰浆搅拌机搅拌好的水泥浆，必须通过过滤器后，置于贮浆桶内备用，并不断搅拌，以防泌水沉淀。用灌浆泵灌浆时，按先下后上顺序缓慢均匀地进行，不得中断，并应通畅排气。待孔道两端冒出浓浆并封闭排气以后，宜再继续加压至0.5～0.6N/mm²，稍后再封闭灌浆孔。灰浆硬化后即可将灌浆孔的木塞拔出，并用水泥砂浆抹平。预制构件应在灰浆强度达到15MPa后，方能移动。

若气温低于5℃，灌浆后还应按冬期施工要求进行养护，以防由于灰浆冰冻而使构件胀裂。

预应力筋锚固后的外露长度，不宜小于30mm，对于钢绞线端头其混凝土保护层厚度不小于20mm。外露的锚具，需涂刷防锈油漆，并用混凝土封裹，以防腐蚀。

（3）无粘结预应力施工工艺

无粘结预应力技术是预应力技术的一个重要分支与发展。无粘结预应力筋是带有专用防腐油脂涂料层和聚乙烯（聚丙烯）外包层和钢绞线或7ϕ5钢丝束，预应力筋与混凝土直接不接触，预应力靠锚具传递，施工时，不需要预留孔道、穿筋、灌浆等工序，而是把预先组装好的无粘结筋在浇筑混凝土前，与非预应力筋一起按设计要求铺放在模板内，然后浇筑混凝土，待混凝土达到设计强度的75%后，利用无粘结预应力筋在结构内与周围混凝土不粘结，在结构内可作纵向滑动的特性，进行张拉锚固，借助两端锚具，达到对结构产生预应力的效果。

1）工艺流程

安装梁或楼板模板→放线→下部非预应力钢筋铺放、绑扎→铺放暗管、预埋件→安装无粘结筋张拉端模板（包括打眼、钉焊预埋承压板、螺旋筋、穴模及各部位马凳筋等）→铺放无粘结筋→检查修补破损的护套→上部非预应力钢筋铺放、绑扎→检查无粘结筋的矢高、位置及端部状况→隐蔽工程检查验收→浇灌混凝土→混凝土养护→松动穴模、拆除侧模→张拉准备→混凝土强度试验→张拉无粘结筋→切除超长的无粘结筋→封锚。

2）技术特点

无粘结预应力混凝土施工工艺，提供了使用灵活的空间，为发展大跨度、大柱网、大开间楼盖体系创造了条件。其优点是：

A. 降低了楼层的高度，提高了结构整体性能和刚度；

B. 无粘结筋可曲线配置，其形状与外荷弯矩图形相适应，可充分发挥预应力筋的强度；

C. 不需要预留孔洞、穿筋和灌浆等工序，设备管道及电气管线在楼板下可通行无阻，减少建筑、结构、设备的布局矛盾。施工简单方便，缩短工期，摩擦力小，易弯成多跨面曲线形状；

D. 无粘结筋成型采用挤压成型工艺，产品质量稳定，摩阻损失小，便于工厂化生产，达到国外同类产品先进水平。

缺点是：预应力筋强度不能充分发挥（一般要降低10%～20%），锚具质量要求较高。

3）适用范围

多层及高层建筑大跨度、大柱网、大开间楼盖体系，如单向连续板、四边支承双向平板、柱支承元梁双向平板和密肋板；现浇大跨度连续梁、框架及预制梁式结构；桥梁、飞机跑道、大型基础、筒壁结构、挡土墙的加固等设计允许的工程结构。

4）施工要点

A. 无粘结筋的制作

无粘结预应力筋由预应力钢丝（一般选用7根ϕ5高强度钢丝组成钢丝束，也可选用

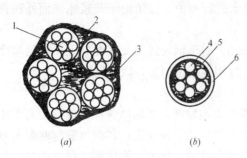

图2-75 无粘结筋横截面示意图
(a) 无粘结钢绞线束；(b) 无粘结钢丝束或单根钢绞线
1—钢绞线；2—沥青涂料；3—塑钢布；
4—钢丝；5—油脂；6—塑钢管

7φ^{S}5 钢绞线束）、涂料层、外包层（见图 2-75）及锚具组成。其性能、防腐润滑涂料、护套材料均应符合规范要求。

B. 无粘结筋的铺设

无粘结预应力筋铺设前，应仔细检查筋的规格尺寸和端部配件，对有局部轻微破坏的外包层，可用塑钢胶带补好，破坏严重的应予以报废。

无粘结筋的铺设按设计图纸规定进行。

A) 铺设顺序：在单向连续梁板中，无粘结钢筋的铺设顺序与非预应力钢筋的铺设顺序相同。在双向连续平板中，无粘结预应力钢筋需要配制成两个方向的悬垂曲线。

B) 铺设方法：一般是事先编制铺设顺序，将各无粘结钢筋搭接处的标高（从板底至无粘结筋上表面的高度）标出，根据双向钢丝束交点的标高差，绘制出钢丝束的铺设顺序图。波峰低的底层钢丝束先行铺设；然后依次铺设波峰高的上层钢丝束，以避免各钢丝束之间的相互碰撞穿插。

C. 无粘结筋的张拉

无粘结预应力筋的张锚体系应根据设计要求确定或根据结构端部的预埋承压板形式选定，当端部为单筋的布置时预应力体系可采用单根张拉与锚固体系，并用单根夹片式锚具锚固；张拉设备可选用 YC-18、YCD-2 型穿心式及 YCJ 等各类轻型千斤顶。当无粘结预应力筋在端部成束布置时，应采用相应张拉力的中、大吨位的千斤顶。张拉顺序应按设计要求进行，如设计无特殊要求时，可依次张拉。

D. 无粘结筋端部处理

A) 张拉端头处理

张拉端头处理，应根据所采用的无粘结筋与锚具不同而异。

当采用镦头锚具时，张拉端处理如图 2-76 所示。

对无粘结钢丝束的镦头应进行防腐及防火处理。

当采用夹片式锚具时，张拉后可先切除外露预应力筋多余长度。一般保留 200~800mm 并分散弯折，埋在混凝土圈梁内，以加强锚固，如图 2-77 所示。

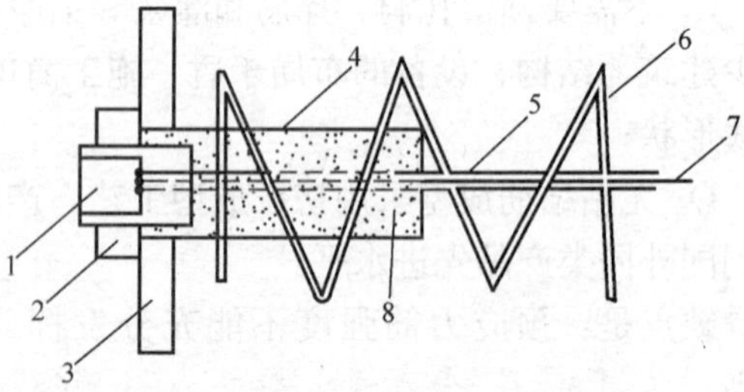

图 2-76 镦头锚固系统张拉端
1—锚杯；2—螺母；3—承压板；4—塑钢套筒；5—软塑钢管；6—螺旋筋；7—无粘结钢丝束；8—防腐油脂

B) 非张拉端头处理

无粘结筋的非张拉端可设置在构件内，其端头做法主要根据所采用的预应力钢材而定。当采用无粘结钢丝束时，非张拉端可采用扩大的镦头锚板，并用螺旋筋加强，如图 2-78 所示。施工中如端头无结构配筋时，则应配置结构钢筋，使锚板与混凝土之间有可靠锚固性能。

当采用无粘结钢绞线时，钢绞线在非张拉端可"压花"成型，如图 2-79 所示。

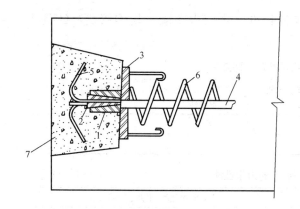

图 2-77 夹片式铺具张拉端处理
1—铺环；2—夹片；3—承压板；4—无粘结筋；
5—散开打弯钢丝；6—螺旋筋；7—后浇混凝土

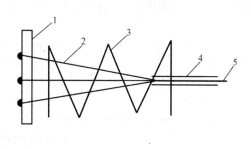

图 2-78 镦头锚非张拉端处理
1—锚板；2—钢丝；3—螺旋筋；
4—外包层；5—无粘结筋

并配置螺旋筋而形成压花锚具，但应注意端部混凝土应有足够的强度，才能形成可靠的铺固。

2. 预应力混凝土的材料、配件及设备

（1）预应力混凝土结构应用的材料

1）混凝土材料：

A. 混凝土材料要求与钢筋混凝土基本一致。但作为预应力混凝土时，混凝土强度不宜低于C30。

图 2-79 钢绞丝在固定端压花

B. 对孔道灌浆的水泥浆内，不准掺加有氯盐的任何外加剂。

2）预应力混凝土钢筋

A. 冷拉Ⅱ级～Ⅳ级，热处理钢筋、钢绞线、钢丝束、无粘结预应力筋等。

B. 预应力筋的基本要求：

A）消除应力钢丝尺寸及允许偏差见表2-29，消除应力钢丝（ϕ^s）的力学性能见表2-30。

钢丝尺寸及允许偏差　　　　　表2-29

钢丝公称直径(mm)	直径允许偏差(mm)	横截面面积(mm²)	理论重量(kg/m)
5.00	±0.05	19.63	0.154
7.00	±0.05	38.48	0.302

消除应力钢丝（ϕ^s）的力学性能　　　　　表2-30

公称直径 (mm)	抗拉强度 σ_b (MPa)	屈服强度 $\sigma_{0.2}$ (MPa)	伸长率(%) L=100	弯曲次数 次数(180)	弯曲半径 (mm)	松弛 初始应力相当于公称抗拉强度的百分数(%)	松弛 1000h 应力损失(%)不大于 Ⅰ级松弛	松弛 1000h 应力损失(%)不大于 Ⅱ级松弛
			不小于					
5.00	1470	1250	4	4	15	70	8.0	2.5
	1570	1330						
	1670	1420						
	1770	1500				80	12.0	4.5
7.00	1470	1250			20			
	1570	1330						

注：1. Ⅰ级松弛即普通松弛，Ⅱ级松弛即低松弛。
　　2. 屈服强度 $\sigma_{0.2}$ 值不小于公称抗拉强度的85%。
　　3. 弹性模量为 $(2.05\pm0.1)\times10^5 \text{N/mm}^2$。

B) 钢绞线的规格和力学性能应符合国家标准《预应力混凝土用钢绞线》(GB/T 5224—1995) 的规定，见表2-31和表2-32。

1×7结构钢绞线尺寸及允许偏差　　　　　　　　　　　　表2-31

钢绞线结构	公称直径 (mm)	直径允许偏差 (mm)	钢绞线公称截面积(mm)	每1000m的理论重量(kg)	中心钢丝直径加大不小(%)
1×7标准型	12.70	+0.40 −0.20	98.7	774	2.0
	15.20		139	1101	

预应力钢绞线 (ϕ) 的力学性能　　　　　　　　　　　　表2-32

钢绞线结构	钢绞线公称直径 (mm)	强度级别 (MPa)	整根钢绞线的最大负荷 (kN)	屈服负荷 (kN)	伸长率 (%)	1000h松弛率，不大于(%)			
						Ⅰ级松弛		Ⅱ级松弛	
						初始负荷			
			不小于			70% 公称最大负荷	80% 公称最大负荷	70% 公称最大负荷	80% 公称最大负荷
1×7	12.70	1860	184	156	3.5	8.0	12	2.5	4.5
	15.20	1720	239	203					
		1860	259	1220					

注：1. Ⅰ级松弛即普通松弛级，Ⅱ级松弛即低松弛级。
   2. 屈服负荷不小于整根钢绞线公称最大负荷的85%。
   3. 弹性模量为 $(1.95\pm0.1)\times10^5 \text{N/mm}^2$。

C. 预应力钢筋强度标准值、强度设计值见表2-33和表2-34。

预应力钢筋强度标准值　　　　　　　　　　　　表2-33

种　类		符号	d(mm)	f_{ptk}
钢绞线	1×3	ϕ^S	8.6、10.8	1860、1720、1570
			12.9	1720、1570
	1×7		9.5、11.1、12.7	1860
			15.2	1860、1720
消除应力钢丝	光面 螺旋肋	ϕ^P ϕ^H	4、5	1770、1670、1570
			6	1670、1570
			7、8、9	1570
	刻痕	+I	5、7	1570
热处理钢筋	40Si₂Mn	+HT	6	1470
	48Si₂Mn		8.2	
	45Si₂Cr		10	

注：1. 钢绞线直径 d 系指钢绞线外接圆直径，钢丝和热处理钢筋的直径 d 均指公称直径。
   2. 消除应力光面钢丝直径 d 为4～9mm，消除应力螺旋肋钢丝直径 d 为4～8mm。

(2) 预应力混凝土的设备及配件

1) 张拉设备

千斤顶有普通液压千斤顶、拉杆式千斤顶和穿心式千斤顶等。

拉杆式千斤顶用于螺母锚具、钢丝镦头锚具等。它由主油缸、主缸活塞、回油缸、回油活塞、连接器、传力架、活塞拉杆等组成。

预应力钢筋强度设计值（N/mm²）　　　　表 2-34

种　类		符号	f_{ptk}	f_{py}	f'_{py}
钢绞线	1×3	ϕ^S	1860	1320	
			1720	1220	390
	1×7		1570	1110	
			1860	1320	390
消除应力钢丝	光面螺旋肋	ϕ^P ϕ^H	1720	1220	
			1770	1250	
			1670	1180	410
			1570	1110	
	刻痕	ϕ^I	1570	1110	410
热处理钢筋	40Si₂Mn 8Si₂Mn 45Si₂Cr	ϕ^{HT}	1470	1040	400

注：当预应力钢绞线、钢丝的强度标准值不符合规定时，其强度设计值应进行换算。

千斤顶主要用于张拉力较大的钢筋张拉。

穿心式千斤顶是利用双液压缸张拉预应力筋和顶压锚具的双作用千斤顶。穿心式千斤顶适用于张拉带 JM 型锚具、XM 型锚具的钢筋，配上撑脚与拉杆后，也可作为拉杆式千斤顶。

2）锚具和张拉机具

预应力锚具种类很多，按外形可分为镦头式、夹片式、锥销式、挤压式等等，按使用部位可分为张拉端锚具、锚固端锚具、工具锚具。

锚具还可按其作用机理分为磨阻型、握裹型和承压型。磨阻型有钢质锥形锚具、夹片锚具等；握裹型有挤压锚具、压花类锚具、桥梁施工中常用的冷铸锚等；承压型锚具则包括螺杆式、锻头式、帮条锚具等。先张法常采用钢质锥形锚具、波形夹具、墩头夹具等钢丝锚夹具、夹片锚具、锥销夹具、帮条锚具等粗钢筋锚夹具。

后张法张拉端常采用夹片式锚具、镦头式锚具、钢制锥形锚具等钢丝、钢绞线锚具锚固端常采用辙头式、挤压式、压花式等形式锚具。

3）波纹管

波纹管主要用于预应力预留孔道中。按其波纹的数量分为单波纹和双波纹；按照截面开头分为圆形和扁形；按照径向刚度分为标准型和增强型；按照钢带表面状况分为镀锌波纹管和不镀锌波纹管。

（3）单根预应力钢筋的锚具及制作

单根预应力钢筋主要用于后张法中。

1）锚具

用单根粗钢筋做预应力筋时，张拉端通常采用螺丝端杆锚具，固定端采用帮条锚具。

A. 螺丝端杆锚具。螺丝端杆锚具是由螺丝端杆、螺母、垫板组成。

这种锚具适用于锚固直径不大于 36mm 的冷拉Ⅱ级与Ⅲ级钢筋。

B. 帮条锚具。帮条锚具是由衬板与 3 根帮条焊接而成。帮条与衬板相接触部分的截面应在同一垂直面上，以免受力时产生扭曲。

2）预应力筋的制作

单根粗钢筋预应力筋的制作包括配料、对焊、冷拉等工序配料中的下料长度需进行计算。计算时要考虑结构孔道的长度、锚具厚度、千斤顶长度、焊接接头或镦头的预留量、冷拉伸长值、弹性回缩值、张拉伸长值等。

预应力筋下料长度的计算可参照图 2-80，其公式见（2-20）：

$$L=\frac{l+2l_2-2l_1}{1+\delta-\delta_1}+n\Delta \tag{2-20}$$

式中 l——构件的孔道长度（m）
l_1——螺丝端杆长度（mm），可取 320mm；
l_2——螺丝端杆伸出构件外的长度（mm），可取 120~150mm；
δ——预应力筋的冷拉率（由试验确定）；
δ_1——预应力筋的弹性回缩率（%），一般为 0.4%~0.6%；
n——对焊接头数量；
Δ——每个对焊接头压缩量（一般为 20~30mm）。

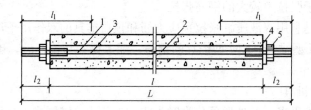

图 2-80 粗钢筋下料长度计算示意图
1—螺丝端杆；2—预应力钢筋；3—对焊接头；4—垫板；5—螺母

【例 2-10】 预应力混凝土屋架，采用机械张拉后张法施工。孔道长度 $l=29.80$m，预应力筋为冷拉 25 号锰硅钢筋，直径为 20mm，长度 8m。实测钢筋冷拉率 $\delta=5\%$，弹性回缩率 $\delta_1=0.5\%$，螺丝端杆长 $l_1=320$mm。计算预应力钢筋的下料长度和预应力筋张拉力。

解：依题意：

采取两端同时张拉的方法，锚具均为螺丝端杆的锚具，张拉机械为拉杆式千斤顶。

预应力钢筋的下料长度：

$$L=\frac{l+2l_2-2l_1}{1+\delta-\delta_1}+n\Delta$$

$$=\frac{29800+2\times120-2\times320}{1+5\%-0.5\%}+5\times20$$

$$=28234\text{mm}$$

预应力钢筋的张拉力：

$$N_{PY}=1.05\times\sigma_{con}A_P$$

$$=1.05\times0.85\times f_{PYK}\times314$$

$$=1.05\times0.85\times500\times314$$

$$=140123N=140.1kN$$

由此可知：预应力筋的下料长度为 28.23m，预应力钢筋张拉力为 140.1kN。

3）张拉设备

YL-60 型拉杆式千斤顶常用于张拉带有螺丝端杆锚具的预应力钢筋。它由主缸、副缸、主副缸活塞、联结器、传力架、拉杆等组成。

（4）预应力钢筋束和钢绞线束的锚具及制作

预应力钢筋束和钢绞线束主要用于后张法中。

1）锚具

钢筋束和钢绞线束常使用 JM 型、QM 型、XM 型等锚具。

2）预应力筋的制作

预应力钢筋束（钢绞线束）比较长，一般呈圆盘状运到现场。预应力筋的制作一般需经开盘冷拉（预拉）、下料编束等工序。

预应力钢筋束下料前要进行冷拉。预应力钢绞线束在下料前需经预拉。预拉应力值采用钢绞线抗拉强度的 85%，预拉速度不宜过快，拉至规定应力后，应保持 5～10min，然后放张。钢筋束和钢绞线的下料长度 L，应等于构件孔道长度加上两端为张拉、锚固所需的外露长度，如图 2-81 所示。

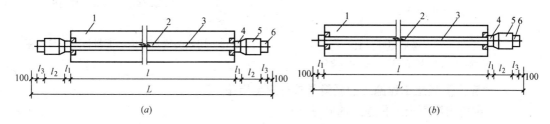

图 2-81 钢筋束、钢绞线束下料长度计算简图
(a) 两端张拉；(b) 一端张拉
1—混凝土构件；2—孔道；3—钢绞线；4—夹片式工作锚；5—穿心式千斤顶；6—夹片式工具锚

下料长度可按式（2-21）、式（2-22）计算：

两端张拉时： $L=l+2(l_1+l_2+l_3+100)$ (2-21)

一端张拉时： $L=l+2(l_1+100)+l_2+l_3$ (2-22)

式中 l——构件的孔道长度（mm）；

l_1——工作锚厚度（mm）；

l_2——穿心式千斤顶长度（mm）；

l_3——夹片式工具锚厚度（mm）。

切断钢筋束和钢绞线束时，对热处理钢筋、冷拉Ⅳ级钢筋及钢绞线，宜采用切断机或砂轮锯切断，不得采用电弧切割。为了保证穿入构件孔道中的钢绞线不发生扭结，在钢绞线切断前，需要编束。编束时应先将钢筋或钢绞线理顺，并尽量使各根钢绞线、钢筋松紧一致，用 20 号铁丝绑扎，绑扎点的间距为 1～1.5m。

3）钢丝束的制作

钢丝束的制作随着锚具型式的不同，制作的方法也有差异，但一般都要经过调直、下料、编束和安装锚具等工序。

用钢质锥形锚具锚固的钢丝束,其制作和下料长度的计算基本与钢筋束相同。

如采用钢丝束镦头锚具一端张拉时,钢丝的下料长度 L 可按图 2-82、图 2-83,用式(2-23)计算:

$$L = L_0 + 2a + 2\delta - 0.5(H - H_1) - \Delta L - c \tag{2-23}$$

式中 L_0——孔道长度(mm);

a——锚板厚度(mm);

δ——钢丝镦头留量(取钢丝直径的 2 倍)(mm);

H——锚环高度(mm);

H_1——螺母高度(mm);

ΔL——张拉时钢丝伸长值(mm);

c——混凝土弹性压缩(mm)。

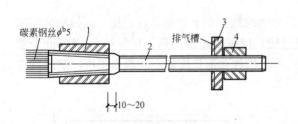

图 2-82 锥形螺杆锚具　　　图 2-83 用镦头锚具时钢丝下料长度计算简图

1—套筒;2—锥形螺杆;3—垫板;4—螺母

3. 预应力混凝土工程施工的质量要求与安全措施

(1) 预应力混凝土工程施工的质量要求

为保证预应力工程的施工质量,应对施工全过程加强控制,并及时进行检查和验收。应特别注意下列各点:

1) 对原材料(预应力筋、锚夹具、灌浆用水泥等)应根据国家标准、规范等进行检验和验收。

2) 后张法预应力工程的施工应由具有相应资质等级的预应力专业施工单位承担。

3) 预应力筋张拉机具设备及仪表,应定期维护和校验。

4) 在浇筑混凝土之前,应进行预应力隐蔽工程验收,其内容包括:

A. 预应力筋的品种、规格、数量、位置等。

B. 预应力筋锚具和连接器的品种、规格、数量、位置等。

C. 预留孔道的规格、数量、位置、形状及灌浆孔、排气兼泌水管等。

D. 锚固区局部加强构造等。

各施工过程具体的检查和验收的内容方法,参见国家标准《混凝土结构工程施工质量验收规范》GB 50204—2002。

(2) 预应力混凝土工程施工的安全措施

1) 先张法

张拉台座两端要设置防护墙,张拉时沿台座长度每隔 2～3m 放一个防护架,台座两端不得站人,防止钢丝或钢筋拉断打伤人。

油泵要放在台座的侧面,操作人员要站在油泵的外侧面进行操作,操作人员如有条件最好戴防护目镜。

预应力筋张拉到设计应力后,要停 2~3min,待稳定后再打紧夹具。

预应力筋放张不能采取在受拉状态下骤然切割的方法,否则会使构件端部受到冲击力,出现水平裂缝,同时,张拉区域要设置明显标注并防止非工作人员入内。常用的方法有:千斤顶放张、滑模放张、螺杆张拉架放张、混凝土缓冲块放张等方法。

浇筑混凝土时,振动器不得挤碰预应力筋。

2) 后张法

钢绞线、钢丝束发盘下料时应采取措施以防其弹开伤人,预应力筋穿束时搭设牢固的穿束平台,平台上满铺脚手板、平台挑出张拉端不小于 2m,并设防护架子。

张拉时千斤顶两端严禁站人,闲杂人员不得围观,预应力施工人员在千斤顶两侧操作,不得在端部来回穿越。

穿束和张拉地点上下垂直方向无其他工程同时施工。

雨期张拉应搭防雨篷,冬期要有保暖措施,防止油管和油泵受冻,影响操作。

孔道灌浆时,主要操作人员戴防护镜、穿雨靴、戴手套、胶皮管与灰浆泵要连接牢固,喷嘴要紧压在灌浆孔上,堵灌浆孔时应站在孔的侧面,以防灰浆喷出伤人。

高空作业要有防坠落措施。

操作人员要胆大心细,责任心强,严格按操作规程操作。严防电火花损伤波纹管和预应力筋,严禁在孔道附近进行电焊作业。

油泵应设在预应力筋的外侧面,不宜直对预应力筋。严禁在负荷情况下拆换油管或压力表。

保持油管设备清洁,防止杂物进入,张拉设备每隔半年进行一次校验。

4. 预应力混凝土工程施工案例

【例 2-11】 屋架预应力筋制作及张拉

(1) 背景

该预应力屋架长 24m,下弦截面为 220×240mm,有 4 根预应力筋(见图 2-84)。孔道长 23800mm。预应力筋采用冷拉Ⅲ级钢筋 4ϕ25,每根预应力筋截面面积为 491mm^2,现场钢筋每根长 7 米。冷拉采用应力控制方法。张拉采取沿对角线分两批对称张拉,其张拉程序为 0→1.03σ_{con},张拉控制应力 σ_{con}=0.85f_{pyk}=0.85×500=425N/mm^2,第二批张拉时第一批张拉的钢筋应力下降,经计算 $n\sigma_c$=12.3N/mm^2。实测冷拉率为 4.2%,冷拉回弹率 0.4%。两端采用螺丝端杆锚具。混凝土为 C40。

(2) 问题

试确定其预应力筋制作及张拉方案。

(3) 分析与解答

依题意有:

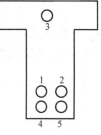

图 2-84 预应力屋架截面图

1) 张拉力计算(采用冷拉采用应力控制方法):

    A. 第一批钢筋张拉力为:N_1=1.03(425+12.3)×491=221.6kN;

    B. 第二批钢筋张拉力为:N_2=1.03×425×491=214.9kN。

2）预应力筋下料长度计算

根据规范规定，选用螺丝端杆锚具。其尺寸如下：

钢筋直径为 25mm，螺纹规格为 M30×2，螺丝端杆长度 $l_1=320$mm，螺帽厚度 $=45$mm。取螺杆外露长 $l_2=120$mm。

预应力筋全长 $L_1=l+2l_2=23.8+2\times0.12=24.04$m。

预应力筋的钢筋部分冷拉后的长度 L_0：

$$L_0=L_1-2l_1=24.04-2\times0.32=23.4\text{m}$$

今现场钢筋长 7m 左右，因此需用 4 根钢筋对焊接长，加上两端焊螺丝端杆，共计对焊接头数 $n=5$ 个，每个对焊接头压缩长度 Δ 取为 30mm，则钢筋下料长度 L 为：

$$L=\frac{L_0}{1+\gamma-\delta}+n\Delta=\frac{23.4}{1+0.042-0.004}+5\times0.03=22.54+0.15=22.69\text{m}$$

3）钢筋冷拉计算

钢筋冷拉采用应力控制方法，冷拉控制应力为 500N/mm²，直径 25mm 钢筋截面面积为 491mm²，钢筋冷拉时的拉力为：

$N=500\times491=245.5$kN。

冷拉时钢筋（不包括螺丝端杆）应拉到下列长度：

$22.54\times(1+0.042)=23.487$m。

放张后预应力筋全长（包括螺丝端杆长）为：

$23.487-22.54\times0.004+2\times0.32=24.04$m。

放张后钢筋部分的长度为 23.4m。

4）预应力筋张拉计算

采用两台 YL60 千斤顶（或两台 YC60 千斤顶）张拉，4 根预应力筋，采用对角线对称分批张拉顺序。

第一批张拉的钢筋拉力为 $=221.16$kN；第二批张拉的钢筋拉力为 $=214.9$kN。由于千斤顶活塞面积 $=16200$mm²，所以，张拉第一批钢筋时油压表读数的理论值为：

$$P_1=\frac{221.16\times10^3}{16200}=13.7\text{N/mm}^2$$

张拉第二批钢筋时油压表读数的理论值为：

$$P_2=\frac{214.9\times10^3}{16200}=13.3\text{N/mm}^2$$

5）检查校核

张拉时相应的伸长值 ΔL_1 和 ΔL_2 分别为：

$$\Delta L_1=\frac{221.16\times10^3\times24.04\times10^3}{491\times1.8\times10^5}=60\text{mm}$$

$$\Delta L_2=\frac{214.9\times10^3\times24.04\times10^3}{491\times1.8\times10^5}=58\text{mm}$$

由上计算可知，满足要求。

（七）钢结构工程

钢结构建筑具有自重轻、安装容易、施工周期短、抗震性能好、投资回收快、环境污染少、建筑造型美观等综合优势被得到广泛认同,受到建筑界的广泛运用。在当今,更是被称为21世纪的绿色工程。

目前在我国,钢结构工程一般由专业厂家或承包单位总负责。即负责详图设计、构件加工制作、构件拼接安装、涂饰保护等任务。其工作程序如图2-85所示:

工程承包 → 详图设计 → 技术设计单位审批 → 材料订货 → 材料运输 → 钢结构构件加工、制作 → 成品运输 → 现场安装

图2-85 钢结构工程工作程序图

钢结构工程的施工,除应满足建筑结构的使用功能外,还应符合《钢结构工程施工质量验收规范》(GB 50205—2001)及其他相关规范、规程的规定。

1. 钢结构构件的加工制作

(1) 加工制作前的准备工作

1) 图纸审查

图纸审查的主要内容包括:

A. 设计文件是否齐全。

B. 构件的几何尺寸是否标注齐全,相关构件的尺寸是否正确。

C. 构件连接是否合理,是否符合国家标准。

D. 加工符号、焊接符号是否齐全。

E. 构件分段是否符合制作、运输安装的要求。

F. 标题栏内构件的数量是否符合工程的总数量。

G. 结合本单位的设备和技术条件考虑能否满足图纸上的技术要求。

2) 备料

根据设计图纸算出各种材质、规格的材料净用量,并根据构件的不同类型和供货条件,增加一定的损耗率(一般为实际所需量的10%)提出材料预算计划。

3) 工艺装备和机具的准备

A. 根据设计图纸及国家标准定出成品的技术要求。

B. 编制工艺流程,确定各工序的公差要求和技术标准。

C. 根据用料要求和来料尺寸统筹安排、合理配料,确定拼装位置。

D. 根据工艺和图纸要求,准备必要的工艺装备。

(2) 零件加工

1) 放样

放样是指把零(构)件的加工边线、坡口尺寸、孔径和弯折、滚圆半径等以1:1的比例从图纸上准确地放制到样板和样杆上,并注明图号、零件号、数量等。

2) 划线

划线是指根据放样提供的零件的材料、尺寸、数量,在钢材上画出切割、铣、刨边、弯曲、钻孔等加工位置,并标出零件的工艺编号。

3) 切割下料

钢材切割下料方法有气割、机械剪切和锯切等。

4) 边缘加工

边缘加工分刨边、铣边和铲边三种：

刨边是用刨边机切削钢材的边缘，加工质量高，但工效低、成本高。

铣边是用铣边机滚铣切削钢材的边缘，工效高、能耗少、操作维修方便、加工质量高，应尽可能用铣边代替刨边。

铲边分手工铲边和风镐铲边两种，对加工质量不高，工作量不大的边缘加工可以采用。

5）矫正平直

钢材由于运输和对接焊接等原因产生翘曲时，在划线切割前需矫正平直。矫平可以用冷矫和热矫的方法。

6）滚圆与煨弯

滚圆是用滚圆机把钢板或型钢变成设计要求的曲线形状或卷成螺旋管。

煨弯是钢材热加工的方式之一，即把钢材加热到 900～1000℃（黄赤色），立即进行煨弯，在 700～800℃（樱红色）前结束。采用热煨时一定要掌握好钢材的加热温度。

7）零件的制孔

零件制孔方法有冲孔、钻孔两种。冲孔在冲床上进行，冲孔只能冲较薄的钢板，孔径的大小一般大于钢材的厚度，冲孔的周围会产生冷作硬化。钻孔是在钻床上进行，可以钻任何厚度的钢材，孔的质量较好。

（3）构件组装

组装亦称装配、组拼，是把加工好的零件按照施工图的要求拼装成单个构件。钢构件的大小应根据运输道路、现场条件、运输和安装单位的机械设备能力与结构受力的允许条件等来确定。

1）一般要求

A. 钢构件组装应在平台上进行，平台应测平。用于装配的组装架及胎模要牢固的固定在平台上。

B. 组装工作开始前要编制组装顺序表，组拼时严格按照顺序表所规定的顺序进行组拼。

C. 组装时，要根据零件加工编号，严格检验核对其材质、外形尺寸，毛刺飞边要清除干净，对称零件要注意方向，避免错装。

D. 对于尺寸较大、形状较复杂的构件，应先分成几个部分组装成简单组件，再逐渐拼成整个构件，并注意先组装内部组件，再组装外部组件。

E. 组装好的构件或结构单元，应按图纸的规定对构件进行编号，并标注构件的重量、重心位置、定位中心线、标高基准线等。

2）焊接连接的构件组装

A. 根据图纸尺寸，在平台上画出构件的位置线，焊上组装架及胎模夹具。组装架离平台面不小于 50mm，并用卡兰、左右螺旋丝杠或梯形螺纹，作为夹紧调整零件的工具。

B. 每个构件的主要零件位置调整好并检查合格后，把全部零件组装上并进行点焊，使之定形。在零件定位前，要留出焊缝收缩量及变形量。高层建筑钢结构的柱子，两端除增加焊接收缩量的长度之外，还必须增加构件安装后荷载压缩变形量，并留好构件端头和支承点铣平的加工余量。

C. 为了减少焊接变形，应该选择合理的焊接顺序。如对称法、分段逆向焊接法、跳焊法等。在保证焊缝质量的前提下，采用适量的电流，快速施焊，以减小热影响区和温度差，减小焊接变形和焊接应力。

(4) 构件成品的表面处理

1) 高强度螺栓摩擦面的处理

采用高强度螺栓连接时，应对构件摩擦面进行加工处理。摩擦面的处理方法一般有喷砂、酸洗、砂轮打磨等几种，其中喷砂处理过的摩擦面的抗滑移系数值较高，离散率较小。

构件出厂前应按批做试件检验抗滑移系数，试件的处理方法应与构件相同，检验的最小数值应符合设计要求，并附三组试件供安装时复验抗滑移系数。

2) 构件成品的防腐涂装

钢结构构件在加工验收合格后，应进行防腐涂料涂装。但构件焊缝连接处、高强度螺栓摩擦面处不能作防腐涂装，应在现场安装完后，再补刷防腐涂料。

(5) 构件成品验收

钢结构构件制作完成后，应根据《钢结构工程施工质量验收规范》(GB 50205—2001) 及其他相关规范、规程的规定进行成品验收。钢结构构件加工制作质量验收，可按相应的钢结构制作工程或钢结构安装工程检验批的划分原则划分为一个或若干个检验批进行。

构件出厂时，应提交产品质量证明 (构件合格证) 和下列技术文件：

1) 钢结构施工详图、设计更改文件、制作过程中的技术协商文件。
2) 钢材、焊接材料及高强度螺栓的质量证明书及必要的实验报告。
3) 钢零件及钢部件加工质量检验记录。
4) 高强度螺栓连接质量检验记录，包括构件摩擦面处抗滑移系数的试验报告。
5) 焊接质量检验记录。
6) 构件组装质量检验记录。

2. 钢结构连接施工

(1) 焊接施工

1) 焊接方法选择

焊接是钢结构使用最主要的连接方法之一。在钢结构制作和安装领域中，广泛使用的是电弧焊。在电弧焊中又以药皮焊条、手工焊条、自动埋弧焊、半自动与自动 CO_2 气体保护焊为主。在某些特殊场合，则必须使用电渣焊。

2) 焊接工艺要点

A. 焊接工艺设计：确定焊接方式、焊接参数及焊条、焊丝、焊剂的规格型号等。

B. 焊条烘烤：焊条和粉芯焊丝使用前必须按质量要求进行烘焙，低氢型焊条经过烘焙后，应放在保温箱内随用随取。

C. 定位点焊：焊接结构在拼接、组装时要确定零件的准确位置，要先进行定位点焊。定位点焊的长度、厚度应由计算确定。电流要比正式焊接提高 10%～15%，定位点焊的位置应尽量避开构件的端部、边角等应力集中的地方。

D. 焊前预热：预热可降低热影响区冷却速度，防止焊接延迟裂纹的产生。预热区焊缝两侧，每侧宽度均应大于焊件厚度的 1.5 倍以上，且不应小于 100mm。

E. 焊接顺序确定：一般从焊件的中心开始向四周扩展；先焊收缩量大的焊缝，后焊收缩量小的焊缝；尽量对称施焊；焊缝相交时，先焊纵向焊缝，待冷却至常温后，再焊横向焊缝；钢板较厚时分层施焊。

F. 焊后热处理：焊后热处理主要是对焊缝进行脱氢处理，以防止冷裂纹的产生。焊后热处理应在焊后立即进行，保温时间应根据板厚按每 25mm 板厚 1h 确定。预热及后热均可采用散发式火焰枪进行。

(2) 高强度螺栓连接施工

高强度螺栓连接是目前与焊接并举的钢结构主要连接方法之一。其特点是施工方便，可拆可换，传力均匀，接头刚性好，承载能力大，疲劳强度高，螺母不易松动，结构安全可靠。高强度螺栓从外形上可分为大六角头高强度螺栓（即扭矩形高强度螺栓）和扭剪型高度螺栓两种。高强度螺栓和与之配套的螺母、垫圈总称为高强度螺栓连接副。

1) 一般要求

A. 高强度螺栓使用前，应按有关规定对高强度螺栓的各项性能进行检验。运输过程应轻装轻卸，防止损坏。当发现包装破损、螺栓有污染等异常现象时，应用煤油清洗，按高强度螺栓验收规程进行复验，经复验扭矩系数合格后方能使用。

B. 工地储存高强度螺栓时，应放在干燥、通风、防雨、防潮的仓库内，并不得沾染异物。

C. 安装时，应按当天需用量领取，当天没有用完的螺栓，必须装回容器内，妥善保管，不得乱扔、乱放。

D. 安装高强度螺栓时接头摩擦面上不允许有毛刺、铁屑、油污、焊接飞溅物。摩擦面应干燥，没有结露、积霜、积雪，并不得在雨天进行安装。

E. 使用定扭矩扳子紧固高强度螺栓时，每天上班前应对定扭矩扳子进行校核，合格后方能使用。

2) 安装工艺

A. 一个接头上的高强度螺栓连接，应从螺栓群中部开始安装，向四周扩展，逐个拧紧。扭矩型高强度螺栓的初拧、复拧、终拧，每完成一次应涂上相应的颜色或标记，以防漏拧。

B. 接头如有高强度螺栓连接又有焊接连接时，直按先栓后焊的方式施工，先终拧完高强度螺栓再焊接焊缝。

C. 高强度螺栓应自由穿入螺栓孔内，当板层发生错孔时，允许用铰刀扩孔。扩孔时，铁屑不得掉入板层间。扩孔数量不得超过一个接头螺栓的 1/3，扩孔后的孔径不应大于 1.2d（d 为螺栓直径）。严禁使用气割进行高强度螺栓孔的扩孔。

D. 一个接头多个高强度螺栓穿入方向应一致。垫圈有倒角的一侧应朝向螺栓头和螺母，螺母有圆台的一面应朝向垫圈，螺母和垫圈不应装反。

E. 高强度螺栓连接副在终拧以后，螺栓丝扣外露应为 2~3 扣，其中允许有 10% 的螺栓丝扣外露 1 扣或 4 扣。

3) 紧固方法

A. 大六角头高强度螺栓连接副紧固

大六角头高强度螺栓连接副一般采用扭矩法和转角法紧固。

扭矩法：使用可直接显示扭矩值的专用扳手，分初拧和终拧二次拧紧。初拧扭矩为终拧扭矩的60%~80%，其目的是通过初拧，使接头各层钢板达到充分密贴，终拧扭矩把螺栓拧紧。

转角法：根据构件紧密接触后，螺母的旋转角度与螺栓的预拉力成正比的关系确定的一种方法。操作时分初拧和终拧两次施拧。初拧可用短扳手将螺母拧至附件靠拢，并作标记。终拧用长扳手将螺母从标记位置拧至规定的终拧位置。转动角度的大小在施工前由试验确定。

B. 扭剪型高强度螺栓紧固

扭剪型高强度螺栓有一特制尾部，采用带有两个套筒的专用电动扳手紧固。紧固时用专用扳手的两个套筒分别套住螺母和螺栓尾部的梅花头，接通电源后，两个套筒按反向旋转，拧断尾部后即达相应的扭矩值。一般用定扭矩扳手初拧，用专用电动扳手终拧。

3. 多层及高层钢结构安装

（1）安装顺序

一般钢结构标准单元施工顺序如图2-86所示。

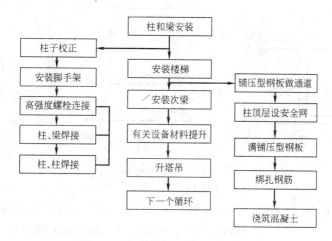

图2-86 钢结构标准单元施工顺序

多高层建筑钢结构安装前，应根据安装流水段和构件安装顺序，编制构件安装顺序表。表中应注明每一构件的节点型号、连接件的规格数量、高强度螺栓规格数量、栓焊数量及焊接量、焊接形式等。构件从成品检验、运输、现场核对、安装、校正到安装后的质量检查，应统一使用该安装顺序表。

（2）构件吊点设置与起吊

1）钢柱

平运2点起吊，安装1点立吊。立吊时，需在柱子根部垫上垫木，以回转法起吊，严禁根部拖地。吊装H型钢柱、箱形柱时，可利用其接头耳板作吊环，配以相应的吊索、吊架和销钉。钢柱起吊如图2-87所示。

2）钢梁

距梁端500mm处开孔，用特制卡具2点平吊，次梁可三层串吊，如图2-88所示。

3）组合件

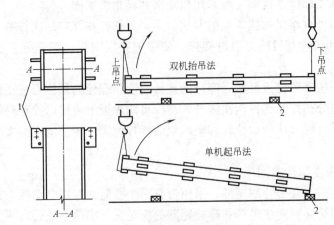

图 2-87 钢柱起吊示意图
1—吊耳；2—垫木

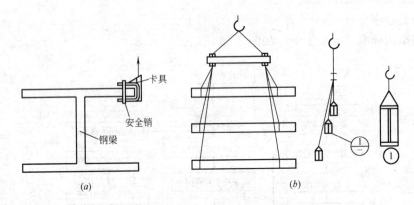

图 2-88 钢梁吊装示意图
(a) 卡具设置示意；(b) 钢梁吊装

因组合件形状、尺寸不同，可计算重心确定吊点，采用 2 点吊、3 点吊或 4 点吊。凡不易计算者，可在力口设倒链协助找重心，构件平衡后起吊。

4) 零件及附件

钢构件的零件及附件应随构件一并起吊。尺寸较大、重量较重的节点板、钢柱上的爬梯、大梁上的轻便走道等，应牢固固定在构件上。

(3) 构件安装与校正

1) 钢柱安装与校正

A. 首节钢柱的安装与校正。安装前，应对建筑物的定位轴线、首节柱的安装位置、基础的标高和基础混凝土强度进行复检，合格后才能进行安装。

A) 柱顶标高调整。根据钢柱实际长度、柱底平整度，利用柱子底板下地脚螺栓上的调整螺母调整柱底标高，以精确控制柱顶标高（见图 2-89）。

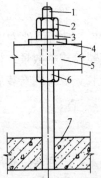

图 2-89 采用调整螺母控制标高
1—地脚螺栓；2—止退螺母；3—紧固螺母；4—螺母垫圈；5—柱子底板；6—调整螺母；7—钢筋混凝土基础

B) 纵横十字线对正。首节钢柱在起重机吊钩不脱钩的情况下,利用制作时在钢柱上划出的中心线与基础顶面十字线对正就位。

C) 垂直度调整。用两台呈 90°的经纬仪投点,采用缆风法校正。在校正过程中不断调整柱底板下螺母,校毕将柱底板上面的 2 个螺母拧上,缆风松开,使柱身呈自由状态,再用经纬仪复核。如有小偏差,微调下螺母,无误后将上螺母拧紧。柱底板与基础面间预留的空隙,用无收缩砂浆以捻浆法垫实。

B. 上节钢柱安装与校正。上节钢柱安装时,利用柱身中心线就位,为使上下柱不出现错口,尽量做到上、下柱定位轴线重合。上节钢柱就位后,按照先调整标高,再调整位移,最后调整垂直度的顺序校正。

校正时,可采用缆风法校正法或无缆风校正法。目前多采用无缆风校正法(见图 2-90),即利用塔吊、钢模、垫板、撬棍以及千斤顶等工具,在钢柱呈自由状态下进行校正。

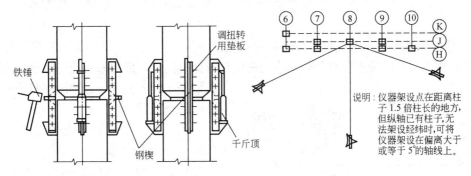

图 2-90 无缆风校正法示意图

2) 钢梁的安装与校正

A. 钢梁安装时,同一列柱,应先从中间跨开始对称地向两端扩展;同一跨钢梁,应先安上层梁再安中下层梁。

B. 在安装和校正柱与柱之间的主梁时,可先把柱子撑开,跟踪测量二校正,预留接头焊接收缩量,这时柱产生的内力,在焊接完毕焊缝收缩后也就消失了。

C. 一节柱的各层梁安装好后,应先焊上层主梁后焊下层主梁,以使框架稳固,便于施工。一节柱的竖向焊接顺序是:上层主梁→下层主梁→中层主梁→上柱与下柱焊接。

(4) 楼层压型钢板安装

多高层钢结构楼板,一般多采用压型钢板与混凝土叠合层组合而成(见图 2-91)。

一节柱的各层梁安装校正后,应立即安装本节柱范围内的各层楼梯,并铺好各层楼面的压型钢板,进行叠合楼板施工。

楼层压型钢板安装工艺流程是:弹线→清板→吊运→布板→切割→压合→侧焊→端焊→封堵→验收→栓钉焊接。

1) 压型钢板安装铺设

A. 在铺板区弹出钢梁的中心线。

B. 将压型钢板分层分区按料单清理、编号,并运至施工指定部位。

C. 用专用软吊索吊运。吊运时,应保证压型钢板板材整体不变形、局部不卷边。

D. 按设计要求铺设。压型钢板铺设应平整、顺直、波纹对正,设置位置正确;压型钢板与钢梁的锚固支承长度应符合设计要求,且不应小于 50mm。

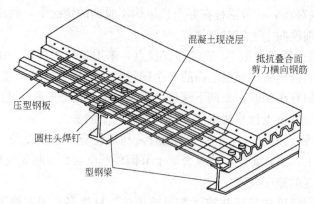

图 2-91　压型钢板组合楼板的构造

E. 采用等离子切割机或剪板钳裁剪边角。裁减放线时，富余量应控制在 5mm 范围内。

F. 压型钢板固定。压型钢板与压型钢板侧板间连接采用咬口钳压合，使单片压型钢板间连成整板，然后用点焊将整板侧边及两端头与钢梁固定，最后采用栓钉固定。为了浇筑混凝土时不漏浆，端部肋作封端处理。

2) 栓钉焊接

焊接时，先将焊接用的电源及制动器接上，把栓钉插入焊枪的长口，焊钉下端置入母材上面的瓷环内。按焊枪电钮，栓钉被提升，在瓷环内产生电弧，在电弧发生后规定的时间内，用适当的速度将栓钉插入母材的融池内。焊完后，立即除去瓷环，并在焊缝的周围去掉卷

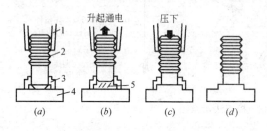

图 2-92　栓钉焊接工序
(a) 焊接准备；(b) 引弧；(c) 焊接；(d) 焊后清理
1—焊枪；2—栓钉；3—瓷环；4—母材；5—电弧

边，检查焊钉焊接部位。栓钉焊接工序如图 2-92 所示。

4. 钢结构涂装施工

根据钢结构所处的环境及工作性能采取相应的防腐与防火措施，是钢结构设计与施工的重要内容。目前国内外主要采用涂料涂装的方法进行钢结构的防腐与防火。

(1) 钢结构防腐涂装施工

1) 防腐涂装方法

钢结构防腐涂装，常用的施工方法有刷涂法和喷涂法两种。刷涂法应用较广泛，适宜于油性基料刷涂。喷涂法施工工效高，适合于大面积施工，对于快干和挥发性强的涂料尤为适合。

2) 防腐涂装质量要求

A. 涂料、涂装遍数、涂层厚度均应符合设计要求。当设计对涂层厚度无要求时，涂层干漆膜总厚度：室外应为 150μm，室内应为 125μm，其允许偏差为 -25μm。每遍涂层干漆膜厚度的允许偏差为 -5μm。

B. 配制好的涂料不宜存放过久，涂料应在使用的当天配制。稀释剂的使用应按说明规定执行，不得随意添加。

C. 涂装时的环境温度和相对湿度应符合涂料产品说明书的要求，当产品说明书无要求时，环境温度宜在5~38℃之间，相对湿度不应大于85%。涂装时构件表面不应有结露；涂装后4h内应保护免受雨淋。

D. 施工图中注明不涂装的部位不得涂装。焊缝处、高强度螺栓摩擦面处，暂不涂装，现场安装完后，再对焊缝及高强度螺栓接头处补刷防腐涂料。

E. 涂装应均匀，无明显起皱、流挂、针眼和气泡等，附着应良好。

F. 涂装完毕后，应在构件上标注构件的编号。大型构件应标明其重量、构件重心位定位标记。

（2）钢结构防火涂装施工

1）防火涂料涂装的一般规定

A. 防火涂料的涂装，应在钢结构安装就位，并经验收合格后进行。

B. 钢结构防火涂料涂装前钢材表面应除锈，并根据设计要求涂装防腐底漆。防腐底漆与防火涂料不应发生化学反应。

C. 防火涂料涂装基层不应有油污、灰尘和泥砂等污垢。钢构件连接处4~12mm宽的缝隙应采用防火涂料或其他防火材料，填补堵平。

D. 对大多数防火涂料而言，施工过程中和涂层干燥固化前，环境温度应宜保持在5~38℃之间，相对湿度不应大于85%，空气应流动。涂装时构件表面不应有结露，涂装后4h内应保护免受雨淋。

2）厚涂型防火涂料涂装

A. 施工方法与机具：

厚涂型防火涂料一般采用喷涂施工。机具可为压送式喷涂机或挤压泵，配能自动调压的0.6~0.9m³/min的空压机，喷枪口径为6~12mm，空气压力为0.4~0.6MPa。局部修补可采用抹灰刀等工具手工抹涂。

B. 涂料的搅拌与配置：

A）由工厂制造好的单组分湿涂料，现场应采用便携式搅拌器搅拌均匀。

B）由工厂提供的干粉料，现场加水或用其他稀释剂调配，应按涂料说明书规定配比混合搅拌，边配边用。

C）由工厂提供的双组分涂料，按配制涂料说明规定的配比混合搅拌，边配边用。特别是化学固化干燥的涂料，配制的涂料必须在规定的时间内用完。

D）搅拌和调配涂料，使稠度适宜，即能在输送管道中畅通流动，喷涂后不会流淌和下坠。

C. 施工操作：

A）喷涂应分2~5次完成，第一次喷涂以基本盖住钢材表面即可，以后每次喷涂厚度为5~10mm，一般以7mm左右为宜。通常情况下，每天喷涂一遍即可。

B）喷涂时，应注意移动速度，不能在同一位置久留，以免造成涂料堆积流淌；配料及往挤压泵加料应连续进行，不得停顿。

C）施工工程中，应采用测厚针检测涂层厚度，直到符合设计规定的厚度，方可停止喷涂。

D）喷涂后的涂层要适当维修，对明显的乳突，应采用抹灰刀等工具剔除，以确保涂层表面均匀。

3) 薄涂型防火涂料涂装

A. 施工方法与机具

A) 喷涂底层、主涂层涂料，宜采用重力（或喷斗）式喷枪，配能自动调压的 0.6～0.9m^3/min 的空压机。喷嘴直径为 4～6mm，空气压力为 0.4～0.6MPa。

B) 面层装饰涂料，一般采用喷涂施工，也可以采用刷涂或滚涂的方法。喷涂时，应将喷涂底层的喷嘴直径换为 1～2mm，空气压力调为 0.4MPa。

C) 局部修补或小面积施工，可采用抹灰刀等工具手工抹涂。

B. 施工操作：

A) 底层及主涂层一般应喷 2～3 遍，每遍间隔 4～24h，待前遍基本干燥后再喷后一遍。头遍喷涂以盖住基底面 70% 即可，二、三遍喷涂每遍厚度不超过 25mm 为宜。施工工程中应采用测厚针检测涂层厚度，确保各部位涂层达到设计规定的厚度。

B) 面层涂料一般涂饰 1～2 遍。若头遍从左至右喷涂，二遍则应从右至左喷涂，以确保全部覆盖住下部主涂层。

5. 钢结构的质量要求与施工安全

（1）钢结构常见的质量通病原因及其预防

1) 构件运输、堆放变形

构件制作时因焊接而产生变形和构件在运输过程中因碰撞会产生变形，一般用千斤顶或其他工具校正或辅以氧乙炔火焰烘烤后校正。

2) 构件拼装扭曲

节点型钢不吻合，缝隙过大，拼接工艺不合理。节点处型钢不吻合，应用氧乙炔火焰烘烤或用杠杆加压方法调直。拼装构件一般应设拼装工作台，如在现场拼装，则应放在较坚硬的场地上并用水平仪找平。拼装时构件全长应拉通线，并在构件有代表性的点上用水平尺找平，符合设计尺寸后用电焊固定，构件翻身后也应进行找平，否则构件焊接后无法校正。

3) 构件起拱或制作尺寸不准确

构件尺寸不符合设计要求或起拱数值偏小。构件拼装时按规定起拱，构件尺寸应在允许偏差范围内。

4) 钢柱、钢屋架、钢吊车梁垂直偏差过大

在制作或安装过程中，误差过大或产生较大的侧向弯曲。制作时检查构件几何尺寸，吊装时按照合理的工艺吊装，吊装后应加设临时支撑。

（2）钢结构的质量要求

1) 钢结构的制作质量要求

A. 在进行钢结构制作之前，应对各种型钢进行检验，以确保钢材的型号符合设计要求。

B. 受拉杆件的细长比不得超过 250。

C. 若杆件用角钢制作时，宜采用肢宽而薄的角钢，以增大回转半径。

D. 一榀屋架内，不得选用肢宽相同而厚度不同的角钢。

E. 钢结构所用的钢材，型号规格尽量统一，以便于下料。

F. 钢材的表面，应彻底除锈，去油污，且不得出现伤痕。

G. 采用焊接的钢结构，其焊缝质量的检查数量和检查方法，应按规范进行。

H. 焊接的焊缝表面的焊波应均匀，且不得有裂缝、焊瘤、夹渣、弧坑、烧穿和气孔等现象。

I. 桁架各个杆件的轴线必须在同一平面内，且各个轴线都为直线，相交于节点的中心。

J. 荷载都作用在节点上。

2) 钢结构的安装质量要求

A. 各节点应符合设计要求。传力可靠。

B. 各杆件的重心线应与设计图中的几何轴线重合，以避免各杆件出现偏心受力。

C. 腹杆的端部应尽量靠近弦杆，以增加桁架外的刚度。

D. 截断角钢，宜采用垂直于杆件轴线直切。

E. 在装卸、运输和堆放的过程中，均不得损坏杆件，并防止其变形。

F. 扩大扩装时，应作强度和稳定性验算。

G. 为了使两个角钢组成"┐┌"形或"X"字形截面杆件共同工作，在两个角钢之间，每隔一定的距离应焊上一块钢板。

H. 对钢结构的各个连接头，在经过检查合格后，方可紧固和焊接。

I. 用螺栓连接时，其外露丝扣不应少于2~3扣，以防止在振动作用下，发生丝扣松动。

J. 采用高强螺栓组接时，必须当天拧紧完毕，外露丝扣不得少于两扣。对欠拧、漏打的，除用小锤逐个检查探紧外，还要用小锤划缝，以免松动。

(3) 钢结构施工的安全措施

1) 钢结构制作的安全要求

A. 进入施工现场的操作者和生产管理人员均应穿戴好劳动防护用品，按规程要求操作。

B. 对操作人员进行安全学习和安全教育，特殊工种必须持证上岗。

C. 为了便于钢结构的制作和操作者的操作活动，构件宜在一定高度上测量。装配组装胎架、焊接胎架、各种搁置架等，均应与地面离开0.4~1.2m。

D. 构件的堆放、搁置应十分稳固，必要时应设置支撑或定位。构件堆垛不得超过二层。

E. 索具、吊具要定时检查，不得超过额定荷载。正常磨损的钢丝绳应按规定更换。

F. 所有钢结构制作中各种胎具的制造和安装，均应进行强度计算，不能仅凭经验估算。

G. 生产过程中所使用的氧气、乙炔、丙烷、电源等必须有安全防护措施，并定期检测泄漏和接地情况。

H. 对施工现场的危险源应做出相应的标志、信号、警戒等，操作人员必须严格遵守各岗位的安全操作规程，以避免意外伤害。

I. 构件起吊应听从一个人的指挥。构件移动时，移动区域内不得有人滞留和通过。所有制作场地的安全通道必须畅通。

2) 钢结构安装工程安全技术

A. 高空安装作业时，应戴好安全带，并应对使用的脚手架或吊架等进行检查，确认安全后方可施工。操作人员需要在水平钢梁上行走时，安全绳要挂在钢梁上设置的安全绳上，安全绳的立杆钢管必须与钢梁连接牢固。

B. 高空操作人员携带的手动工具、螺栓、焊条等小件物品，必须放在工具袋内，互相传递要用绳子，不准扔掷。

C. 凡是附在柱、梁上的爬梯、走道、操作平台、高空作业吊篮、临时脚手架等，要与钢构件连接牢固。

D. 构件安装后，必须检查连接质量，无误后才能摘钩或拆除临时固定。

E. 风力大于5级，雨、雪期和构件有积雪、结冰、积水时，应停止高空钢结构的安装作业。

F. 高层建筑钢结构安装时，应按规定在建筑物外侧搭设水平和垂直安全网。

G. 构件吊装时，要采取必要措施防止起重机倾翻。

H. 使用塔式起重机或长吊杆的其他类型起重机时，应有避雷防触电设施。

I. 各种用电设备要有接地装置，地线和电力用具的电阻不得大于4Ω。各种用电设备和电缆（特别是焊机电缆），要经常进行检查，保证绝缘良好。

3) 钢结构涂装工程安全技术

A. 防腐涂装安全技术

钢结构防腐涂料的溶剂和稀释剂大多为易燃品，大部分有不同程度的毒性，且当防腐涂料中的溶剂与空气混合达到一定比例时，一遇火源（往往不是明火）即发生爆炸，为此应重视钢结构防腐涂装施工中的防火、防暴、防毒工作。

B. 防火涂装安全技术

防火涂装施工中，应注意溶剂型涂料施工的防火安全，现场必须配备消防器材，严禁现场明火、吸烟。

施工中应注意操作人员的安全保护。施工人员应戴安全帽、口罩、手套和防尘眼镜，并严格执行机械设备安全操作规程。

防火涂料应储存在阴凉的仓库内，仓库温度不宜高于35℃，不应低于5℃，严禁露天存放、日晒雨淋。

6. 钢结构工程施工案例

【例2-12】主体承重钢结构施工

(1) 背景

某大厦工程，主体承重结构为的双肢钢管柱，该钢管柱向上一直贯通至68m高，中间每11m层间设置刚性交叉拉杆，将外部幕墙的水平荷载可靠传递到中心钢柱上，使结构的整体性能得到了很好的加强。

(2) 问题

试确定该工程的施工方案。

(3) 分析与解答

1) 主体钢结构施工程序

主体钢结构工程主要施工程序：主钢架下料→组对与焊接→喷砂除锈→喷底漆放线→

钢架主件吊装→钢架附件安装。

2) 测量控制

A. 定位轴线：分别在建筑物内外设置控制轴线，两个控制桩为架设激光控制仪和经纬仪之用，以保证施工控制精度。柱安装时，每节柱的定位轴线从地面控制轴线直接引上。同一层柱顶的高度偏差均要控制在 5mm 以下。为减少误差，在主柱安装过程中采用定位销，即在每节钢柱（外侧立柱）两头焊上一块定位板，定位板与钢柱之间用加强板满焊连接，定位板上开定位孔。安装时，将上钢柱与下钢柱的定位板对齐，留好焊缝，打入定位销，等焊好焊口后，再打出定位销，割下定位板、打磨、刷漆。各拉杆之间，支管与主管之间组对好后，先定位焊，然后进行焊接。

B. 标高控制：因为精度要求较高，在制作钢管柱时经过严格的计算，将压缩变形进行计算考虑。每节柱子的接头产生的收缩变形和竖向荷载作用下引起的压缩变形加到每节钢柱中去。每节钢柱的累加尺寸总和符合设计要求的总尺寸。

经常对钢结构工程所使用的机械和检测设备的性能进行检测，保证施工过程中各种设备的工作状态良好，使用功能良好。

3) 钢结构施工

A. 钢结构制作

A) 管材的下料：钢管端部下料采用三维自动切管机切割。切割下料后，不得采用人工修补的方法修正切割完的支管。钢管下料前，按照设计图要求，在放样平台上对曲管进行 1∶1 的实物放样，对弦管定制加工样板、样条、保证弯管的制作精度。所有的钢结构钢管和钢板均在专业厂内进行，下料切割加工前，要进行预处理。钢管在专业涂装车间内进行喷砂除锈，钢板则由钢板预处理流水线进行预处理，同时喷涂保养底漆，保证钢材加工制作期间不锈蚀，以保证产品的最终涂装质量。

B) 钢结构组装：钢结构组合件在现场完成，施工过程中现场主要采用手工焊接为主，组合件焊接完成后，对焊缝进行打磨消除毛刺和尖角，达到光滑过渡。然后，按照制定的钢结构表面防护方案对钢结构表面进行防腐防锈处理。

C) 除锈及油漆：由于钢结构的腐蚀是长期使用过程中不可避免的一种自然现象，因此，防止结构过早腐蚀、提高其使用寿命，表面涂装层的施工是非常重要的。所有的喷砂除锈均采用石英砂，其含水量不大于 1%。除锈后涂第一层无机涂料底漆自然干 2h 后，用配好的磷酸溶液在涂层上刷 2～3 遍。自然固化 2h，然后用水对固化后的涂层进行水洗，洗净涂层表面磷酸溶液，直到涂层厚度达到设计规定值为止。

B. 钢结构安装

安装应严格按施工组织设计进行。安装前，再次对构件明细表核对进场的构件，查验产品合格证和设计图纸。工厂预拼装过的构件在现场组装时，根据预拼装记录进行。

A) 安装机械选择：由于受到施工场地的限制，无法采用大吨位长臂的起重机械，经过现场论证计算，采用内爬升式独立桅杆吊装，桅杆基座需固定，随着结构的上升，内爬升式独立桅杆不断提升，直至安装完毕。

B) 主管对接：主管对接采用全焊透对接焊缝，坡口介于 25°～30°之间，先用小焊条打底，然后用常规焊条施焊，角焊缝端部在构件的转角处连续绕角施焊，垫板、节点板的连续角焊缝，其落弧点距焊缝端部至少 10mm，焊接厚度不超过设计焊缝厚度的 2/3，且不应大于 8mm，定位焊位置布置在焊道以内，由持合格证的焊工施焊。

C) 拉杆、拉索的安装：主拉杆长度约 13m 左右，分段加工现场对接，对接时严格按工艺进行，焊后并进行超声波探伤。焊接后进行纠正，并对焊缝进行打磨。拉索结构预应力的控制对安装位置的精确度影响很大，拉索在张拉后所产生的伸长对安装位置的影响是施工的关键，所以在张拉前，通过试验确定拉索材料在张拉力作用下的延伸，然后计算出拉索的延伸长度。张拉过程中，整体的控制尤为重要，需用应力控制和应变控制两种方式交叉进行，从而保证安装位置的正确。同方向的拉索，张拉应力应保持一致。张拉时使用扭力扳手按计算值逐级施力。

（八）预制装配工程

预制装配工程是将预先在工厂或施工现场制作的结构构件，按照设计的部位和质量要求，采用机械施工的方法在现场进行安装的施工全过程。

装配式单层工业厂房一般由杯形基础、预制柱子、吊车梁、屋架及屋面板组成。如图 2-93 所示。

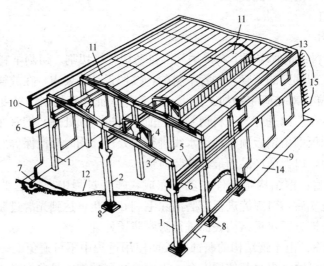

图 2-93 单层装配式工业厂房钢筋混凝土骨架及主要构件
1—边列柱；2—中列柱；3—屋面大梁；4—天窗架；5—吊车梁；6—连系梁；7—基础梁；
8—基础；9—外墙；10—圈梁；11—屋面板；12—地面；13—天窗；14—散水；15—风力

在施工现场对工厂预制的结构构件或构件组合，用起重机械把它们吊起并安装在设计位置上，这样形成的结构称为装配式结构。

装配式单层工业厂房的施工通常可分为四个阶段，即基础工程施工阶段、预制构件阶段、结构吊装阶段和其他配套工程施工阶段（包括砌筑工程、屋面防水工程、地坪及装修工程等）。

1. 吊装前的准备工作

准备工作在结构吊装工程中占有重要的地位。它不仅影响施工进度与安装质量，而且与安全生产和文明施工直接相关。准备工作的内容包括：室内的技术准备、吊装方案的编制、场地的清理、道路的修筑、基础的准备，构件的检查、清理、运输、排放、堆放，拼装加固，弹线放样、编号及吊装机具的准备等，现主要介绍起重机型号的选择。

履带式起重机的型号，应根据所安装构件的尺寸、质量以及安装位置来确定。起重机的性能和起重杆长度，均应满足结构吊装的要求。

（1）起重量

起重机的起重量必须大于所安装构件的重量与索具重量之和。

$$Q_{min}=Q+q \qquad (2-24)$$

式中　Q_{min}——起重机的最小起重量（t）；

　　　Q——构件的重量（t）；

　　　q——索具的重量（t）。

（2）起重高度

起重机的起重高度必须满足所吊构件吊装高度的要求，如图 2-94 所示。

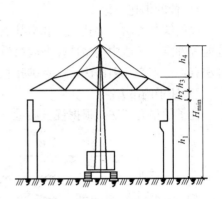

图 2-94　起重机的起重高度示意图

对于吊装单层厂房应满足：

$$H_{min}=h_1+h_2+h_3+h_4 \qquad (2-25)$$

式中　H_{min}——起重机最小起重高度（m）；

　　　h_1——安装支座表面高度，自停机面算起（m）；

　　　h_2——安装空隙，一般不小于 0.3m；

　　　h_3——绑扎点至所吊构件底面的距离（m）；

　　　h_4——吊索高度，EP 绑扎点至吊钩底的垂直距离（m）。

（3）回转半径

当起重机可以不受限制地开到所安装构件附近去吊装构件时，可不验算起重半径。但当起重机受限制不能靠近安装位置去吊装构件时，则应验算当起重机的起重半径为一定值时的起重量与起重高度能否满足吊装构件的要求。一般根据所需的值，初步选定起重机型号，再按式（2-26）进行计算：

$$R_{min}=F+D+0.5b \qquad (2-26)$$

$$D=g+(h_1+h_2+h_3'-E)\cot\alpha \qquad (2-27)$$

式中　F——吊杆枢轴中心距回转中心距离（m）；

　　　b——构件的宽度（m）

　　　D——吊杆枢轴中心距所吊构件边缘距离，可用式（2-27）计算：

　　　g——构件上口边缘与起重杆之间的水平空隙，不小于 0.5m；

　　　E——吊杆枢轴中心距地面高度（m）；

　　　α——起重杆的倾角；

　　　h_1、h_2——含义同前（m）；

　　　h_3'——所吊构件的高度（m）。

回转半径的计算简图，如图 2-95 所示。

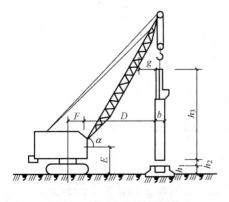

图 2-95　回转半径计算简图

2. 构件吊装工艺

预制构件的吊装过程一般包括绑扎、起吊、对位、临时固定、校正、最后固定等工序。

（1）柱的吊装

1）柱的绑扎

柱的绑扎方法、绑扎位置和绑扎点数，要根据柱的形状、断面、长度、配筋和起重机性能等确定。一般中小型柱按柱起吊后柱身是否垂直，分为直吊法和斜吊法，常用的绑扎方法有：一点绑扎斜吊法；一点绑扎直吊法；两点绑扎法；对柱子有三面牛腿的绑扎法。

2）柱子的吊升

柱子的吊升方法，根据柱子质量、长度、起重机性能和现场施工条件而定。常采用的起吊方法有：

A. 旋转吊法

这种方法是使柱子的绑扎点、柱脚中心和杯口中心三点共弧，该圆弧的圆心为起重机的回转中心，半径为圆心到绑扎点的距离。柱子堆放时，应尽量使柱脚靠近基础，以提高吊装速度，如图 2-96 所示。

B. 滑行法

采用此法吊升时，柱子的绑扎点应布置在杯口附近，并与杯口中心位于起重机的同一工作半径的圆上，以便将柱子吊离地面后，稍转动吊杆，即可就位，如图 2-97 所示。

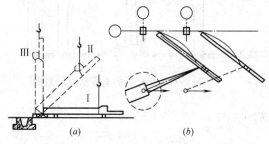

图 2-96 用旋转法吊柱
（a）旋转过程；（b）平面布置

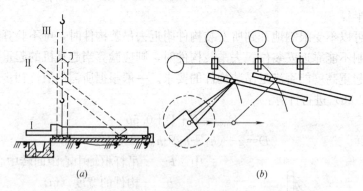

图 2-97 用滑行法吊柱
（a）滑行过程；（b）平面布置

此外，结构吊装工程中还有斜吊法、递送法。

3）柱子就位

是指采取"四方八楔块"法将柱子插入杯口就位并加设斜撑及缆风绳临时固定的方法。如图 2-98 所示。

4）校正

柱子是厂房建筑的重要构件。柱子的校正，有平面位置的校正和垂直度的校正。

校正的方法很多，如敲打楔块法、千斤顶斜顶法（或丝杠千斤顶平顶法）、钢管撑杆斜向调正法等。工地上采用较多的是后两种方法。

柱子垂直度允许偏差见表 2-35。

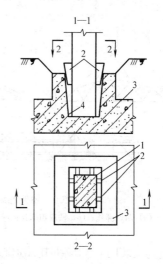

图 2-98 柱子临时固定
1—柱子；2—楔子；3—杯形基础；4—石子

柱子垂直度允许偏差　　　　表 2-35

柱高(m)	允许偏差(mm)
≤5	5
>5	10
10 及大于 10 的多节柱	1/1000 柱高但不大于 20

在实际施工中，无论采用哪种方法，均须注意以下几点：

A. 应先校正偏差大的，后校正偏差小的。

B. 柱子在两个方向的垂直度都校正好后，应再复查平面位置。

C. 校正柱子垂直度需用两台经纬仪观测。仪器的架设位置，应使其望远镜的旋转面与观测面尽量垂直（夹角应大于 75°），观测柱子两个方向均在经纬仪观测的垂直线上。

D. 在阳光照射下校正柱子垂直度时，要考虑温差的影响。

5）最后固定

柱子校正后，应立即进行最后固定。最后固定的方法是在柱脚与杯口的空隙中分两次灌注细石混凝土，混凝土的强度等级应比柱的混凝土强度等级提高一级。

（2）吊车梁的安装

吊车梁的安装，必须在柱子杯口二次浇灌混凝土的强度达到 75％的设计强度以后进行。

其安装程序为：绑扎、起吊、就位、校正和最后固定。

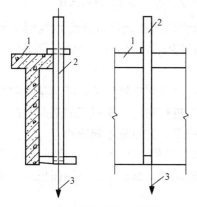

图 2-99 吊车梁垂直度的检查
1—吊车梁；2—靠尺；3—线锤

吊车梁校正的内容，主要是垂直度与平面位置。吊车梁的垂直度和平面位置的校正，应同时进行。

吊车梁垂直度的偏差，应在 5mm 以内。垂直度的测量，用靠尺、线锤，如图 2-99 所示。

吊车梁平面位置的校正，包括纵轴线（各梁的纵轴线位于同一直线上）和跨距两项。

吊车梁校正的方法有：拉钢丝法、仪器放线法、边吊边校法。

吊车梁的最后固定，是在校正完毕后，将梁与柱上的预埋铁件焊牢，并在接头处支模，浇灌细石混凝土。

（3）屋架吊装

工业厂房的钢筋混凝土屋架，一般是在施工现场平卧叠浇。吊装的施工顺序是：绑扎、扶直与就位、吊升、临时固定、校正和最后固定。

1）绑扎

屋架的绑扎方法，有以下几种：

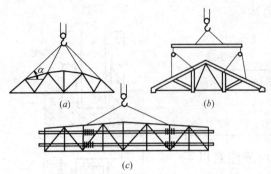

图 2-100 屋架的绑扎
(a) 四点绑扎；(b) 铁扁担绑扎；(c) 杉木杆临时加固

A. 跨度小于 15m 的屋架，绑扎两点即可；跨度在 15m 以上时，可采取四点绑扎，如图 2-100（a）所示。屋架跨度超过 30m 时，可采用铁扁担，以减小吊索高度。

B. 三角形组合屋架由于整体性和侧向刚度较差，且下弦为圆钢或角钢，必须用铁扁担绑扎，如图 2-100（b）所示，最好加绑杉杆等加固。大于 18m 跨度的钢筋混凝土屋架，也要采取一定的加固措施，以增加屋架的侧向刚度。

C. 钢屋架的侧向刚度很差，在翻身扶直与安装时，均应绑扎几道杉杆，作为临时加固措施，如图 2-100（c）所示。

2) 扶直与就位

扶直屋架时由于起重机与屋架的相对位置不同，有两种方法：

A. 正向扶直。起重机位于屋架下弦一边，如图 2-101 所示。

B. 反向扶直。起重机位于屋架上弦一边，吊钩对准上弦中点，收紧吊钩，起臂约 2°，随之升钩、降臂，使屋架绕下弦转动而直立，如图 2-102 所示。

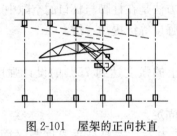

图 2-101 屋架的正向扶直　　　　图 2-102 屋架的反向扶直

屋架扶直后，应立即进行就位。就位位置与屋架预制位置在起重机开行路线同一侧时，叫做同侧就位；就位位置与屋架预制位置分别在开行路线各一侧时，叫做异侧就位。

3) 吊升、对位与临时固定

屋架吊起后，应基本保持水平。吊至柱顶以上，用两端拉绳旋转屋架，使其基本对准安装轴线，随之缓慢落钩，在屋架刚接触柱顶时，即刹车进行对位，使屋架的端头轴线与柱顶轴线重合；对好线后，即可做临时固定，屋架固定稳妥，起重机才能脱钩。

第一榀屋架的临时固定必须十分可靠，因为它是单片结构，无处依托，侧向稳定很差；同时，它还是第二榀屋架的支撑，所以必须做好临时固定。做法一般是用四根缆风绳从两边把屋架拉牢，如图 2-103 所示。

第二榀屋架的临时固定，是用工具式支撑撑牢在第一榀屋架上，如图 2-103 所示。

4) 校正、最后固定

屋架经对位、临时固定后，主要校正垂直度偏差。规范规定，屋架上弦（跨中）对通过两支座中心垂直面的偏差不得大于 $h/250$（h 为屋架高度）。检查时可用垂球或经纬仪，校正无误后，立即用电焊焊牢，应对角施焊，避免预埋铁板受热变形。

（4）屋面板安装

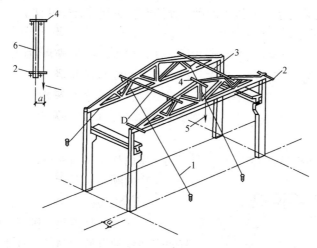

图 2-103 屋架的临时固定
1—缆风绳；2、4—挂线木尺；3—工具式支撑；5—线锤；6—屋架

屋面板一般埋有吊环,用带钩的吊索钩住吊环即可安装。屋面板的安装次序,应自两边檐口左右对称地逐块铺向屋脊,避免屋架承受半边荷载。屋面板对位后,立即进行电焊固定,每块屋面板可焊三点,最后一块只能焊两点。如图 2-104 所示。

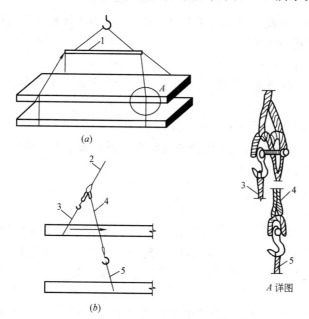

图 2-104 大型屋面板的钩挂示意图
(a) 正确的钩挂方法；(b) 不正确的钩挂方法
1—铁扁担；2—吊索；3—上面一块屋面板的兜索；
4—短吊索；5—下面一块屋面板的兜索

3. 结构吊装方案

(1) 结构安装方法和起重机运行路线

1) 结构安装方法

单层厂房的安装方法，有以下两种：分件安装法和综合安装法。

A. 分件安装法

分件安装法是指起重机在车间每开行一次，仅安装一种或两种构件，一般厂房仅需开行三次，即可安装好全部构件。三次开行中每次的安装任务是：

第一次开行，安装全部柱子，同时，吊车梁、连系梁也要运输就位；

第二次开行，跨中开人，进行屋架的扶直就位，再转至跨外，安装全部吊车梁、连系梁；

第三次开行，分节间安装屋架、天窗架、屋面板及屋面支撑等。

安装的顺序如图 2-105 所示。

B. 综合安装法

综合安装法是指起重机在车间一次开行中，分节间安装各种类型的构件。具体的做法是：先安装 4~6 根柱子，立即加以校正和最后固定；随后安装吊车梁、连系梁、屋架、屋面板等构件。起重机在每一个停机点上，尽可能安装构件。

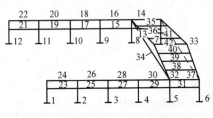

图 2-105 安装顺序示意图

这种方法的特点是：停机点少，开行路线短。但由于同时安装各种不同类型的构件，安装速度较慢；使构件供应和平面布置复杂；构件的校正、最后固定时间紧迫；操作面狭窄，易发生安全事故。因此，施工现场中很少采用，只有用桅杆式起重机时，因移动比较困难，才考虑用此法进行安装。

2）起重机的开行路线

起重机的开行路线和起重机的性能、构件的尺寸与质量、平面布置、供应方法、安装方法等有关。

采用分件安装法时，起重机的开行路线如下：

A. 柱子。布置在跨内时，起重机沿跨内靠近开行；布置在跨外时，起重机沿跨外开行。每一停机点一般吊一根柱子。

B. 屋架扶直就位。起重机沿跨中开行。

C. 屋架、屋面板吊装。起重机沿跨中开行。

当厂房面积比较大，或为多跨结构时，为加快安装进度，可将建筑物划分为若干段，用多台起重机同时作业，每台起重机负责一个区段的全部安装任务。也可选用不同性能的起重机，有的专安装柱子，有的专安装屋盖，分工合作，互相配合，组织大流水施工。

制定安装方案时，尽可能使起重机的开行路线最短，在安装各类构件的过程中，互相衔接，环环相扣，不跑空车。同时，开行路线要能多次重复使用，以减少铺设钢板、枕木的设施。要充分利用附近的永久性道路作为起重机的开行路线。

(2) 构件的平面布置与运输堆放

构件的平面布置，是一项十分重要的工作，构件布置得合理，可以方便吊装，加快进度，避免构件在现场的二次搬运，提高安装质量。

构件的平面布置和起重机的性能、安装方法、构件的制作方法等有关。在选定起重机型号、确定施工方案后，根据施工现场实际情况加以制定。

1) 构件的平面布置原则

A. 每跨的构件宜布置在本跨内,如场地狭窄无法排放时,也可布置在跨外便于安装的地方。

B. 构件的布置,应便于支模及浇灌混凝土;当为预应力混凝土构件时,要为抽管、穿钢筋留出必要的场地。构件之间留有一定的空隙,便于构件编号、检查,清除预埋件上的污物等。

C. 构件的布置,要满足安装工艺的要求,尽可能布置在起重机的工作半径内,减少起重机"跑吊"的距离及起伏起重杆的次数。

D. 构件的布置,力求占地最少,保证起重机、运输车辆的道路畅通。起重机回转时,机身不得与构件相碰。

E. 构件的布置,要注意安装时的朝向(特别是屋架),以免在安装时在空中调头,影响安装进度,也不安全。

F. 构件均应在坚实的地基上浇注,新填土要加以夯实,垫上通长的木板,以防下沉。

构件的布置方式也与起重机的性能有关,一般说来,起重机的起重能力大,构件比较轻时,应先考虑便于预制构件的浇注;起重机的起重能力小,构件比较重时,则应优先考虑便于吊装。

2) 预制阶段的构件平面布置

A. 柱子的布置

柱子的布置方式与场地大小、安装方法有关,一般有三种:即斜向布置、纵向布置及横向布置。其中以斜向布置应用最多,因其占地较少,起吊也方便。纵向布置是柱身和车间的纵轴线平行,虽然占地面积少,制作方便,但起吊不便,只有当场地受限制时,才采用此种方式。横向布置占地最多,且妨碍交通,只在个别特殊情况下加以采用。

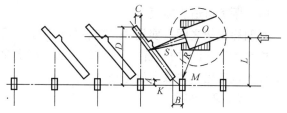

图 2-106 柱子的斜向布置

A) 柱子的斜向布置

柱子如用旋转法起吊,场地空旷,可按三点共弧斜向布置,如图 2-106 所示。

B) 柱子的纵向布置。

对于一些较轻的柱子,起重机能力有富余,考虑到节约场地、方便构件制作,可顺柱列纵向布置,如图 2-107 所示。

为了节约模板,减少用地,也可采取两柱叠浇。预制时,先安装的柱子放在上层,两柱之间要做好隔离措施。上层柱子由于不能绑扎,预制时要埋设吊环。柱子预制位置的确定方法同上,但上层柱子有时需先行就位。

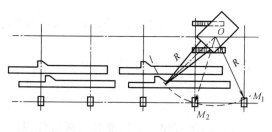

图 2-107 柱子的纵向布置

B. 屋架的布置

屋架一般安排在跨内叠层预制,每叠 3～4 榀。布置的方式有正面斜向布置、正反斜

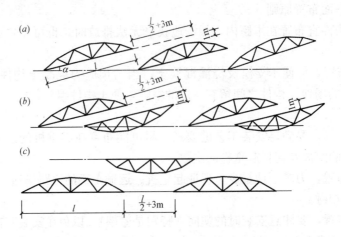

图 2-108 屋架的现场布置示意
(a) 正面斜向布置；(b) 正、反斜向布置；(c) 顺轴线正反向布置

向布置、顺轴线正反向布置等，如图 2-108 所示。

确定预制位置时，要优先考虑正面斜向布置，因其便于屋架的扶直就位。只有当场地受限制时，才考虑采用其他两种方式。

屋架正面斜向布置时，下弦与厂房纵轴线的夹角 $α=10°～20°$。预应力混凝土屋架，预留孔洞采用钢管时，屋架两端应留出 $(J/2+3)$m 的一段距离（J 为屋架跨度）作为抽管、穿筋的操作场地；如在一端抽管时，应留出 $(f+3)$m 的一段距离。如用胶皮管预留孔洞时，距离可适当缩短。

每两垛屋架之间，要留 1m 左右的空隙，以便支模及浇混凝土。布置屋架预制位置时，要考虑屋架的扶直就位要求和扶直的先后次序，先扶直的放在上层。屋架的朝向、预埋铁件的位置也要注意安放正确。

C. 吊车梁的布置

吊车梁安排在现场预制时，可靠近柱基顺纵向轴线或略作倾斜布置；也可插在柱子的空当中预制。

3）安装阶段构件的就位布置及运输堆放

安装阶段的就位布置，是指柱子已安装完毕，其他构件的就位布置。包括屋架的扶直就位，吊车梁、屋面板的运输就位等。

A. 屋架的扶直就位

屋架吊装前，应先扶直就位，为安装做准备。屋架可靠柱边斜向就位或成组纵向就位。

A) 屋架的斜向就位：如图 2-109 所示，屋架的斜向就位与柱列呈一角度，优点在于屋架起吊后与安装中心同在一回转半径上，操作简单、工效高，但为满足稳定性要求，每榀屋架都需两个支座及多道人字杆加扫地杆支撑。

B) 屋架的纵向就位：屋架纵向就位时，一般以四至五榀为一组靠柱边顺轴线纵向就位。屋架与柱之间、屋架与屋架之间的净距不小于 20cm。相互之间用铅丝及支撑拉紧撑牢。每组屋架之间，应留 3m 左右的间距作为横向通道。应避免在已安装好的屋架下面去

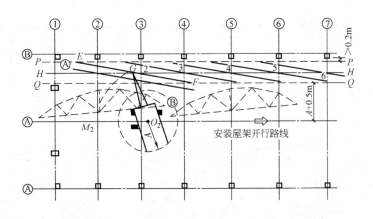

图 2-109 屋架的就位位置示意图

绑扎、吊装屋架。屋架起吊后，注意不要与已安装的屋架相碰；因此，布置屋架时，每组屋架的就位中心线，可大约安排在该组屋架倒数第二榀安装轴线之后 2m 处，如图 2-110 所示。

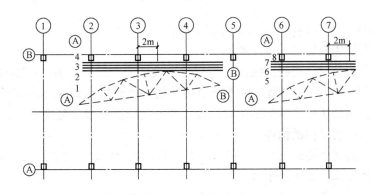

图 2-110 屋架的纵向就位示意图
注：1，2，3，4……代表屋架的榀数

B. 吊车梁、连系梁、屋面板的运输堆放

单层厂房的吊车梁、连系梁、屋面板一般在预制厂集中生产，运至工地安装。构件运至现场后，按平面布置图安排的部位，依编号、安装顺序进行就位和集中堆放。吊车梁、连系梁的就位位置，一般在其安装位置的柱列附近，跨内跨外均可；有时，也可从运输车辆上直接起吊。屋面板的就位位置，可布置在跨内或跨外，根据起重机安装屋面板时所需的回转半径，排放在适当部位。一般情况，屋面板在跨内就位时，后退四五个节间开始堆放；跨外就位时，应后退一两个节间。

构件集中堆放时应注意：场地要平整压实，并有排水措施；构件应按使用时的受力情况放在垫木上；重叠构件之间，也要加垫木，上下层垫木，要在同一垂直线上。构件之间，应留有 20cm 的空隙，以免吊装时互相碰坏。堆垛的高度应按构件强度、垫木强度、地基耐压力以及堆垛的稳定性而定，一般梁 2~3 层，屋面板 6~8 层。

图 2-111 所示为某单跨厂房各构件的预制位置及起重机开行路线、停机点位置图。

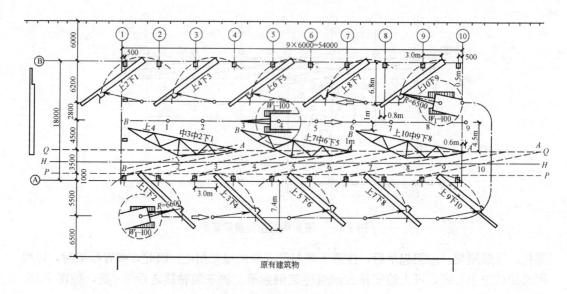

图 2-111　某单跨厂房预制构件平面布置图

4. 结构安装工程施工的质量要求与安全措施

（1）结构安装工程施工的质量要求

预应力构件安装时，混凝土强度必须要达到设计强度的要求的75％以上，有的甚至要达到100％的强度。预应力预制构件孔道灌浆的强度应该达到15MPa以上时，方可进行构件安装。在吊装装配式框架结构时，接头或者接缝的混凝土强度必须达到10MPa以上，方可吊装上一层结构的构件。

安装构件，必须要按照绑扎、吊升、就位、柱的临时固定、校正、最后固定、柱接头施工的顺序，保证构件安装的质量。

构件的安装，必须保证具有一定的精度，确保构件的安装在偏差的允许范围内。所表2-36所示。

（2）结构安装工程施工的安全技术要求与安全措施

1）人员的安全要求

人员主要是指项目经理、施工技术负责人、作业队长、班组长、现场施工人员、技术人员、安全员、操作人员等。

A. 安全员的主要安全职责和要求

A）做好安全生产管理和监督检查工作。

B）贯彻执行劳动保护法规。

C）督促实施各项安全技术措施。

D）开展安全生产宣传教育和职工培训工作。

E）组织安全生产检查，研究和解决施工生产中的不安全因素，消除施工生产中存在的隐患。

F）参加事故调查，提出事故处理意见，制止违章作业，遇有险情制止施工。

B. 操作人员的安全要求

构件安装时的允许偏差　　　　　　　　　　　表 2-36

项目	名称			允许偏差(mm)
1	杯形基础	中心线对轴线位移		10
		杯底标高		−10
2	柱	中心线对轴线的位移		5
		上下柱连接中心线位移		3
		垂直度	≤5m	5
			>5m	10
			≥10m且多节	高度的1‰
		牛腿顶面和柱顶标高	≤5m	−5
			>5m	−8
3	梁或吊车梁	中心线对轴线位移		5
		梁顶标高		−5
4	屋架	下弦中心线对轴线位移		5
		垂直度	桁架	屋架高的1/250
			薄腹梁	5
5	天窗架	1构件中心线对定位轴线位移		5
		1垂直度(天窗架高)		1/3000
6	板	相邻两板板底平整	抹灰	5
			不抹灰	3
7	墙板	中心线对轴线位移		3
		垂直度		3
		每层山墙倾斜		2
		整个高度垂直度		10

A) 从事安装工作人员要进行身体检查，对不符合规范要求的心脏病或高血压患者，不得进行高空作业。

B) 操作人员进入施工现场，必须佩戴安全帽，系好安全带等安全器械。

C) 电焊作业必须穿戴好防护罩。

D) 结构安装时施工现场必须要统一指挥，所有作业人员都要服从指挥，熟悉各种信号。

一个项目主要的安全责任人是项目经理，项目经理必须认真对待安全问题，做好职工教育的安全培训工作。

2) 起重吊装机械的安全要求

A. 起重机在吊装前，要检查起重臂、吊钩、钢丝绳、平衡重等部件是否紧密牢固。发现吊钩、卡环出现变形或裂纹时，不得再使用。吊装所用的钢丝绳，事先必须认真检查，表面磨损、或者腐蚀严重，不得使用。

B. 起重机在工作时，要标上醒目的标志。作业时，严禁碰撞高压电线等障碍物。

C. 起重机负重行驶时，一定要缓慢，严禁在超负荷时，同时进行两种操作动作。

D. 操作人员一定要按照起重机的作业手册进行操作，不得违章作业。构件安装时的允许偏差。

E. 在施工作业前,要对现场的工作环境、车辆行使的路线、空中的电线走向、建筑物的影响,构件的重量等各个情况都要进行了解和熟悉。

F. 施工现场的周围,应设置临时栏杆,进行封闭式作业,严禁外来人员围观,更不得在作业时,行人从吊臂下经过。

G. 对吊臂活动范围内的障碍物进行清除,给起重机提供一个足够的作业区域。

H. 在天气不好的情况下,严禁吊装作业,特别是大风、大雾、大雨、大雪等恶劣天气。在雨季和冬季施工,必须注意防滑措施。

5. 结构安装工程施工案例

【例 2-13】 单层工业厂房结构安装

(1) 背景

设计为单层工业厂房结构的某金工车间,其跨度 18m,长度为 66m,柱距 6m,共 11个节间,厂房平面图、剖面图如图 2-112 所示。

该金工车间主要的构件数量、重量、长度、安装标高等一览表见表 2-37。

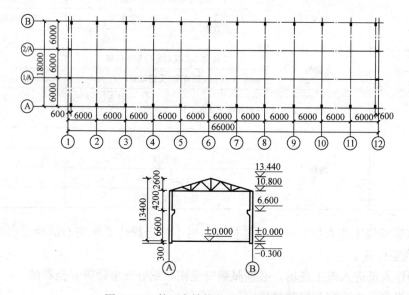

图 2-112 某厂房结构的平面图及剖面图

车间主要构件一览表　　　　　　　　　　　　　　　表 2-37

厂房轴线	构件名称及编号	构件数量	构件质量(t)	构件长度(m)	安装标高(m)
Ⓐ Ⓑ ① ⑭	基础梁 JL	28	1.51	5.95	
Ⓐ、Ⓑ	连系梁 LL	22	1.75	5.95	+6.60
Ⓐ、Ⓑ	柱 Z_1	4	6.95	12.05	-1.25
Ⓐ、Ⓑ	柱 Z_2	20	6.95	12.05	-1.25
	柱 Z_3	4	5.6	13.74	-1.25
①、⑭	屋架 YWJ18-1	12	4.8	17.70	+10.80
Ⓐ、Ⓑ	吊车梁 DCL	18	3.85	5.95	+6.60
Ⓐ、Ⓑ		4	3.85	5.95	+6.60
Ⓐ、Ⓑ	屋面板 YWB	132	1.16	5.97	+13.80
Ⓐ、Ⓑ	天沟板 TGB	22	0.86	5.97	+11.40

（2）问题

试确定施工方案。

（3）分析与解答

根据实践案例题意，结合该金工车间厂房基本概况及施工单位现有的起重设备条件，拟选用 W_1-100 型履带式起重机进行结构吊装施工。其实施如下：

1）起重机的选择及工作参数计算

主要构件吊装的参数计算：

A. 柱

柱子采用一点绑扎斜吊法吊装。

柱 Z_1Z_2 要求起重量：$Q=Q_1+Q_2=6.95+0.2=7.15$（t）。

柱 Z_1Z_2 要求起升高度根据图 2-113 所示，可知：

$H=h_1+h_2+h_3+h_4=0+0.3+6.9+2.0=9.2$（m）。

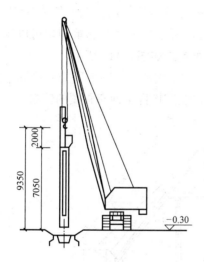

图 2-113 柱的起重高度

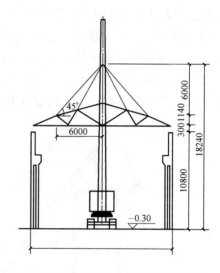

图 2-114 屋面板的起升高度计算简图

柱 Z_3 要求起重量：$Q=Q_1+Q_2=5.6+0.2=5.8$（t）。

柱 Z_3 要求起升高度根据图 2-114 所示，可知：

$H=h_1+h_2+h_3+h_4=0+0.30+11.35+2.0=13.65$（m）。

B. 屋面板

吊装跨中屋面板时，起重量：$Q=Q_1+Q_2=1.16+0.2=1.36$（t）。

起升高度为：$H=h_1+h_2+h_3+h_4=(10.8+2.64)+0.3+0.24+2.5=16.48$（m）。

根据相关规定和实际施工经验，安装屋面板时起重机吊钩需跨过已经安装的屋架 3m，同时要求起重臂轴线与已安装的屋架上弦中线最少需保持 1m 的水平距离。因此，起重机起吊时其最小起重臂长度所需起重仰角 α 为：

$$\alpha=\arctan\sqrt[3]{\frac{h}{f+g}}=\arctan\sqrt[3]{\frac{10.8+2.64-1.7}{3+1}}=55.07°$$

起重机的最小起重臂长度 L 为：

$$L=\frac{h}{\sin\alpha}+\frac{f+g}{\cos\alpha}=\frac{11.74}{\sin 55.07°}+\frac{4}{\cos 55.07°}=21.34\text{（m）}$$

C. 核算起重高度

根据上述计算,当选用 W_1-100 型履带式起重机吊装屋面板,取起重臂长 $L=23m$,起重仰角 $α=55°$。同时假定起重机顶端至吊钩的距离 $d=3.5m$,则实际的起重高度为:

$H=L\sin55°+E-d=23\sin55°+1.7-3.5=17.04m>16.48m$;

此时 $d=23\sin55°+1.7-16.48=4.06m>3.5m$,

所以,满足要求。

在此条件下,起重机在吊板时的起重半径为:

$$R=F+L\cos α=1.3+23\cos55°=14.49 (m)$$

D. 作图法复核

用作图法来复核吊装最边缘一块屋面板时能否满足要求:

以选定的 23m 长起重臂及 $α=55°$ 倾角为依据,如图 2-115 所示。

以最边缘一块屋面板的中心 K 为圆心,以 $R=14.49m$ 为半径画弧,交起重机开行路线于 O_1 点,O_2 点即为起重机吊装边缘一块屋面板的停机位置。用比例尺量 $KQ=3.8m$。过 O_1K 按比例作 2—2 剖面。从 2—2 剖面可以看出,所选起重臂及起重仰角可以满足吊装要求。屋面板吊装工作参数计算及屋面板的就位布置图如图 2-115 所示。

根据以上各种工作参数计算,确定选用 23m 长度的起重臂,并查 W-100 型起重机性曲线,列出表 2-38,再根据合适的起重半径 R,作出制定构件平面布置图的依据。

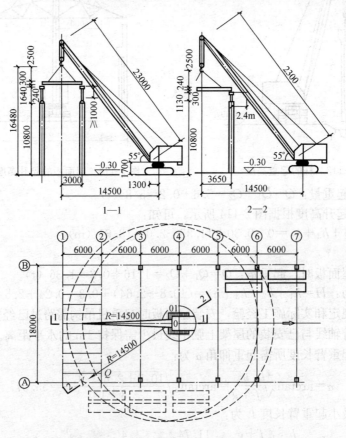

图 2-115 屋面板吊装工作参数计算简图及屋面板的排放布置图

结构吊装工作参数表　　　　　　　　　　　　　　　　　表 2-38

构件名称	Z_1 柱			Z_3 柱			屋架			屋面板		
吊装工作参数	Q(t)	H(m)	R(m)	Q(t)	H(m)	R(m)	Q(t)	H(m)	R(m)	Q(t)	H(m)	R(m)
计算所需工作参数	7.15	9.2		5.8	13.65		5.0	18.24		1.36	16.48	
采用数值	7.2	19	7	6	19	6.5	6	19	8	2.3	17	14.5

2) 现场预制构件的平面布置与起重机的开行路线

本工程构件吊装采用分件吊装的方法。

柱子、屋架现场预制，其他构件（如吊车梁、连系梁、屋面板）均在附近预制构件厂预制，吊装前运到现场排放吊装。

A. Ⓐ列柱预制

在场地平整及杯形基础浇筑后即可进行柱子预制。根据现场情况及起重半径 R，先确定起重机开行路线，吊装Ⓐ列柱时，跨内、跨边开行，且起重机开行路线距Ⓐ轴线的距离为 4.8m；然后以各杯口中心为圆心，以 $R=6.5$m 为半径画弧与开行线路相交，其交点即为吊装各柱的停机点，再以各停机点为圆心，以 $R=6.5$m 为半径画弧，该弧均通过各杯口中心，并在杯口附近的圆弧上定出一点作为柱脚中心，然后以柱脚中心为圆心，以柱脚至绑扎点的距离 7.05m 为半径作弧与以停机点为圆心，以 $R=6.5$m 为半径的圆弧相交，此交点即柱的绑扎点。根据圆弧上的两点（柱脚中心及绑扎点）作出柱子的中心线，并根据柱子尺寸确定出柱的预制位置，如图 2-116 所示。

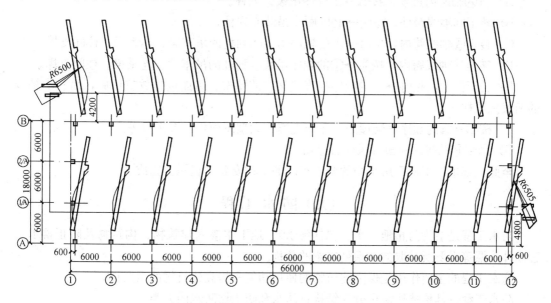

图 2-116　柱子预制阶段的平面布置及吊装时起重机开行路线

B. Ⓑ列柱预制

根据施工现场情况确定Ⓑ列柱跨外预制，由Ⓑ轴线与起重机的开行路线的距离为 4.2m，定出起重机吊装Ⓑ列柱的开行路线，然后按上述Ⓐ列柱预制同样的方法确定停机点及柱子的布置位置，如图 2-116 所示。

C. 抗风柱的预制

抗风柱在①轴及⑭轴外跨外布置，其预制位置不能影响起重机的开行。

D. 屋架的预制

屋架的预制安排在柱子吊装完后进行；屋架以 3～4 榀为一叠安排在跨内叠浇。在确定屋架的预制位置之前，先定出各屋架排放的位置，据此安排屋架的预制位置。屋架的预制位置及排放布置如图 2-117 所示。

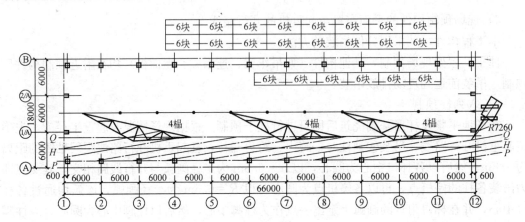

图 2-117　屋架预制阶段的平面布置及起重机吊装屋架时扶直、排放开行路线

按图 2-116 及图 2-117 的布置方案，起重机的开行路线及构件的安装顺序如下：

A) 自Ⓐ轴跨内进场，按⑭→①顺序吊装Ⓐ列柱。

B) 转至Ⓑ轴线跨外，按①→⑭的顺序吊装Ⓑ列柱。

C) 转至Ⓐ轴线跨内，按⑭→①的顺序吊装Ⓐ列柱的吊车梁、连系梁、柱间支撑。

D) 转至⑤轴线跨内，按⑩→①的顺序吊装Ⓑ列柱的吊车梁、连系梁、柱间支撑。

E) 转至跨中，按⑭→①的顺序扶直屋架，使屋架、屋面板排放就位后，吊装①轴线的两根抗风柱。

F) 按①→⑭的顺序吊装屋架、屋面支撑、大型屋面板、天沟板等。

G) 吊装Ⓑ轴线的两根抗风柱后退场。

至此，某单层工业厂房结构的金工车间的结构安装工程施工完成。

（九）防水工程

防水工程是指为防止地上水（包括雨水）、地下水渗入建筑物、构筑物及防止蓄水工程向外渗漏等需要所采取的一系列措施的总称。

防水工程的主要作用是保障建筑物的使用功能和提高建筑物的耐久性。

防水工程按其构造作法可分为结构自防水和防水层防水两大类。

防水工程按其使用材料又可分为柔性防水（如卷材防水、涂膜防水等）和刚性防水（如细石混凝土、结构自防水等）两大类。。

防水工程按其部位又可分为房屋屋面防水、地下工程防水、室内卫生间防水、蓄水设施的内防水等。

1. 屋面防水工程

根据建筑物的性质、重要程度、使用功能要求以及防水层耐用年限等，将屋面防水分为四个等级,并按不同等级进行设防,见表 2-39。屋面工程应根据工程特点、地区自然条件等,按照设计的屋面防水等级的要求,进行防水施工。

屋面防水等级和设防要求　　　　　　　　　　表 2-39

项　目	屋面防水等级			
	Ⅰ	Ⅱ	Ⅲ	Ⅳ
建筑物类别	特别重要或对防水有特殊要求的建筑	重要的建筑和高层建筑	一般的建筑	非永久性的建筑
防水层合理使用年限	25 年	15 年	10 年	5 年
防水层选用材料	宜选用合成高分子防水卷材、高聚物改性沥青防水卷材、金属板材、合成高分子防水涂料、细石混凝土等材料(Ⅰ级细石混凝土作为面层保护时不得单独使用)	宜选用高聚物改性沥青防水卷材、合成高分子防水卷材、高聚物改性沥青防水涂料、细石混凝土、平瓦、油毡瓦等材料	宜选用三毡四油沥青防水卷材、高聚物改性沥青防水卷材、合成高分子防水涂料、合成高分子防水涂料、细石混凝土、平瓦、油毡瓦等材料	可选用二毡三油沥青防水卷材、高聚物改性沥青防水涂料等材料
设防要求	三道或三道以上防水设防	二道防水设防	一道防水设防	一道防水设防

(1) 屋面防水的种类和基本构造

卷材防水屋面是用胶黏剂粘贴卷材形成一整片防水层的屋面。所用的卷材有石油沥青防水卷材、高聚物改性沥青防水卷材、高分子防水卷材等三大系列,其特点是卷材本身具有一定的韧性,可以适应一定程度的胀缩和变形,不易开裂,属于柔性防水。

卷材屋面一般由结构层、隔汽层、保温层、找平层、防水层和保护层组成,其构造如图 2-118 所示。隔汽层能阻止室内水蒸汽进入保温层,以免影响保温效果;保温层的作用是隔热保温,找平层用以找平保温层或结构层;防水层主要防止雨雪水向屋面渗透;保护层是保护防水层免受外界因素的影响而遭受损坏。

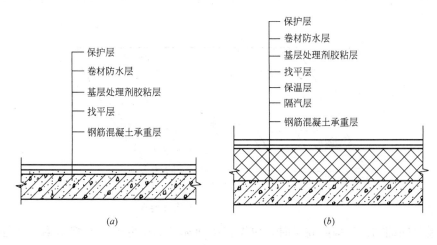

图 2-118　卷材屋面构造层次示意图
(a) 不保温卷材屋面;(b) 保温卷材屋面

(2) 柔性防水屋面的施工工艺

柔性防水屋面的施工工艺流程是：基层清理干净→涂刷基层处理剂→弹线→铺贴关键部位附加层→大面积铺贴→自检互检验收→做面层保护层→蓄水试验→质量验收签证。

1) 石油沥青卷材防水屋面施工方法

石油沥青卷材防水屋面防水层的施工包括基层的准备、沥青胶的调制、卷材铺贴前的处理及卷材铺贴等工序。

A. 基层要求：防水层以下的各构造层可称为防水层的基层。基层施工质量的好坏，将影响到屋面防水层的施工质量。故要求基层要有足够的结构整体性和刚度，承受荷载时不产生显著变形。找平层的排水应符合设计要求。平屋面采用结构找坡不小于 3%，采用材料找坡宜不小于 2%；天沟、檐沟纵向找坡应不小于 0.5%，沟底水落差不得超过 200mm。基层的平整度，应用 2m 靠尺检查，按规定验收。基层表面不得有酥松、起皮起砂、空裂缝等现象。平面与突出物连接处和阴阳角等部位的找平层应抹成圆弧或 45°转角。施工前，基层要清理干净，涂刷冷底子油。

B. 卷材的铺贴顺序与要求：防水层施工应在屋面上其他工程（如砌筑、烟囱、设备管道等）完工后进行；屋面有高低错层的卷材铺贴应采取先高后低的施工顺序；等高的大面积屋面，先铺离上料地点远的部位，后铺较近部位；同一屋面上由最低标高处向上施工。铺贴卷材的方向应根据屋面坡度或屋面是否受震动而确定。当屋面坡度小于 3%时，宜平行于屋脊铺贴；屋面坡度在 3%～15%时，卷材可平行于或垂直于屋脊铺贴；当屋面坡度大于 15%或屋面受震动时，为防止卷材下滑，应垂直于屋脊铺贴；上下层卷材不得相互垂直铺贴。大面积铺贴卷材前，应先做好节点和屋面排水比较集中的部位（屋面与水落口连接处、檐口、天沟、变形缝、管道根部等）的处理，通常采用附加卷材或防水涂料、密封材料作附加增强处理。

C. 搭接要求：铺贴的卷材之间要采用错缝搭接。各层卷材的搭接宽度：长边不应小于 70mm，短边不应小于 100mm，上下两层卷材的搭接接缝应错开 1/3 或 1/2 幅宽，相邻两幅卷材的短边搭接应错开不小于 300mm 以上，如图 2-119 所示。平行于屋脊的搭接缝，上坡的卷材应压住下坡的卷材；垂直于屋脊的搭接缝，应顺主导风向压住搭接。

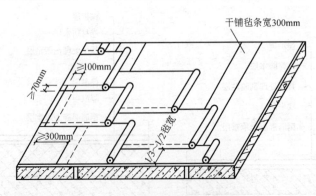

图 2-119 卷材水平铺贴搭接要求

D. 卷材的铺贴：在铺贴卷材时，应先在屋面标高的最低处开始弹出第一块卷材的铺贴基准线，然后按照所规定的搭接宽度边铺边弹基准线。卷材铺贴方法常用的有浇油粘贴法和刷油粘贴法。浇油粘贴法是用带嘴油壶将沥青胶浇在基层上，然后用力将卷材往前推滚。刷油粘贴法是用长柄棕刷（或粗帆布刷）将沥青胶均匀涂刷在基层上，然后迅速铺贴卷材。施工时，要严格控制沥青胶的厚度，底层和里层宜为1～1.5mm，面层宜为2～3mm。卷材的搭接缝应粘结牢固，密封严密，不得有皱折、翘边和鼓泡等缺陷；防水层的收头应与基层粘结牢固，缝口封严，不得翘边。

E. 保护层施工：保护层应在油毡防水层完工并经验收合格后进行，施工中应做好成品的保护。具体做法是在卷材上层表面浇一层2～4mm厚的沥青胶，趁热撒上一层粒径为3～5mm的小豆石（绿豆砂），并加以压实，使豆石与沥青胶粘结牢固，未粘结的豆石随即清扫干净。

2）高聚物改性沥青卷材防水屋面

所谓"改性"，即改善沥青性能，也就是在石油沥青中掺入适量聚合物，主要是橡胶和塑钢，可以降低沥青的脆点，并提高其耐热性，采用这类聚合物改性的材料，可以延长屋面的使用期限。目前使用较为普遍的是SBS改性沥青卷材、APP改性沥青卷材、PVC改性沥青卷材和再生胶改性沥青卷材等，其施工工艺流程与普通卷材防水层基本相同，其特殊性补充如下：

高聚物改性沥青防水卷材施工，可以采取单层外露或双层外露两种构造作法，有冷粘贴、热熔法及自粘法三种施工方法，目前使用最多的是热熔法。

热熔法施工是指将卷材背面用喷灯或火焰喷枪加热熔化，靠其自身熔化后的黏性与基层粘结在一起形成防水层的施工方法。

A. 材料要求

进场的改性沥青防水卷材应有出厂合格证。其外观质量、规格和物理性能经复验均应符合标准、规范的规定要求。并采用具有相容性好的改性沥青涂料或胶粘剂作为基层处理剂。

B. 施工条件

改性沥青防水卷材热熔施工可在－10℃气温下进行，施工不受季节限制，但雨天、风天不得施工；基层必须干燥，局部稍潮可用火焰喷枪烘烤干燥；施工操作易着火，除施工中注意防火外，施工现场不得有其他明火作业。

C. 施工工艺流程及操作要点

清理基层→涂刷基层处理剂→铺贴卷材附加层→热熔铺贴大面防水卷材→热熔封边→蓄水试验→保护层施工→质量验收。

A）清理基层。将基层杂物、浮灰等清扫干净。

B）涂刷基层处理剂。基层处理剂一般为溶剂型橡胶改性沥青防水涂料或橡胶改性沥青胶粘剂。将基层处理剂均匀涂刷在基层上，要求厚薄一致。基层处理剂干燥后，才能进行下道工序。

C）铺贴附加层卷材。按设计要求在构造节点部位铺贴附加层卷材。

D）热熔铺贴大面防水卷材。将卷材定位后，重新卷好，点燃火焰喷枪（喷灯）烘烤卷材底面与基层的交接处，使卷材底面的沥青熔化，边加热，边向前滚动卷材并用压辊滚压，使卷材与基层粘结牢固。应注意调节火焰的大小和移动速度，以卷材表层刚刚熔化为佳（此时沥青温度在200～230℃之间）。火焰喷枪与卷材的距离约0.5m。若火焰太大或距离太近，会烤透卷材，造成粘连，打不开卷；反之，卷材表面会熔化不够，与基层粘结不牢。

E）热熔封边。把卷材搭接缝处用抹子挑起，用火焰喷枪烘烤卷材搭接处，火焰方向应与施工人员前进方向相反，随即用抹子将接缝处熔化的沥青抹平。

F）蓄水实验。屋面防水层完工后，应做蓄水试验或淋水试验。一般有女儿墙的平屋面做蓄水试验，坡屋面做淋水试验。蓄水高度根据工程而定，在不超过屋面允许荷载前提下，尽可能使水没过屋面。蓄水24h以上屋面无渗漏为合格。若进行淋水试验，淋水时间应不少于2h，屋面无渗漏为合格。

G）保护层施工，上人屋面按设计要求做面层施工。不上人屋面在卷材防水层表面涂改性沥青胶结剂，边撒石屑（最好先筛过，将石屑中的粉除去），撒布要均匀，用压辊滚压，使其粘结牢固。待干透粘牢后，将未粘牢的石屑扫掉。

3）合成高分子卷材防水屋面

合成高分子防水卷材有橡胶、塑钢和橡塑共混三大系列，这类防水卷材与传统的石油沥青卷材相比，具有单层结构防水、冷施工、使用寿命长等优点。合成高分子卷材主要品种有：三元乙丙橡胶防水卷材，氯磺化聚乙烯—橡胶共混防水卷材、氯化聚乙烯防水卷材和聚氯乙烯防水卷材等。

合成高分子卷材防水施工方法分为冷粘贴施工、热熔（或热焊接）法施工及自粘法施工三种，使用最多的是冷贴法。

冷粘贴防水施工是指以合成高分子卷材为主体材料，配以与卷材同类型的胶黏剂及其它辅助材料，用胶黏剂贴在基层形成防水层的施工方法。下面以三元乙丙橡胶防水卷材为例介绍冷粘贴法施工。

三元乙丙橡胶防水卷材一般用于高档工程屋面单层外露防水工程。卷材厚度应根据防水等级选用Ⅰ级为1.5mm厚；Ⅱ级为1.2mm厚。

A．施工条件

三元乙丙橡胶防水卷材冷粘贴施工时，应选晴好天气，下雨、预期下雨或雨后基层潮湿均不得进行施工；冬季负温时，由于胶结剂中的溶剂挥发较慢不宜施工；施工现场100m以内不得有火源或焊接作业。

B．材料要求

三元乙丙橡胶防水卷材的类型及尺寸要求应符合有关规定，其外观应平直，不应有破损、断裂、砂眼、折皱等缺陷。

C．施工工艺流程及操作要点

清理基层→涂刷基层处理剂→铺贴附加层卷材→涂刷基层胶粘剂→粘贴防水卷材→卷材接缝的粘接→卷材末端收头的处理→蓄水试验→保护层施工→质量验收。

A）清理基层：将基层杂物、浮灰等清扫干净。

B）涂刷基层处理剂：基层处理剂一般用低黏度聚氨酯。将各种材料按比例配合并搅拌均匀涂刷于基层上，其目的是为了隔绝基层的潮气，提高卷材与基层的粘结强度。在大面积涂刷前，先用油漆刷子在阴阳角、管根部、水落口等部位涂刷一道，然后再用长把滚刷在基层满刷一道，涂刷要厚薄均匀，不得露底。一般在涂刷4h以后或根据气候条件待处理剂渗入基层且表面干燥后，才能进行下道工序。

C）涂刷基层胶黏剂：一般采用氯丁系胶黏剂（如CX—404胶），需在基层和防水卷材表面分别涂刷。涂胶前，先在准备铺贴第一幅卷材的位置弹好基准线，用长把滚刷将胶结剂涂刷在铺贴卷材的范围内。同时，将卷材用潮布擦净浮灰，用笔划出长边及短边各100mm不涂胶的接缝部位，然后在划线范围内均匀涂刷胶黏剂。涂刷应厚薄均匀，不得有露底、凝胶现象。

D) 铺贴附加层卷材：在檐口、屋面与立面的转角处、水落口周围、管道根部等构造节点部位先铺一层卷材附加层，天沟宜铺二层。

E) 粘贴防水卷材：胶结剂涂刷后，需凉置20min左右，待基本干燥（手触不黏）后方可进行卷材的粘贴。

F) 卷材接缝的粘接：在卷材接缝100mm宽的范围内，把丁基粘结剂A料、B料按1∶1的比例配合搅拌均匀，用油漆刷子均匀涂刷在卷材接缝处的两个粘接面上，涂胶后20min左右（手触不黏手时）即可进行粘贴。粘贴从一端开始，顺卷材长边方向粘贴，并用手持压辊滚压粘牢。

G) 卷材末端收头的处理：为了防止卷材末端收头处剥落，卷材的收头及边缝处应用密封膏（常用聚氯脂密封膏或氯磺化聚乙烯封膏）嵌严。

H) 蓄水试验：同高聚物改性沥青防水卷材施工。

I) 保护层施工：蓄水试验合格后，应立即进行保护层施工，保护卷材免受损伤。不上人屋面涂刷配套的表面着色剂，着色剂呈银灰色，分水乳型和溶剂型两种。涂刷前要将卷材表面的浮灰清理干净，用长把滚刷依次涂刷均匀，两道成活，干燥前不许上人走动。上人屋面应按设计要求铺设面层材料，如为地面砖，砖下宜铺10～20mm厚干砂，地砖之间的缝隙用水泥砂浆灌实。要求面层平整，横竖缝整齐。在女儿墙周围及每隔一定距离应留适当宽度的伸缩缝。

4) 涂料防水屋面

涂料防水屋面是采用防水涂料在屋面基层（找平层）上现场喷涂、刮涂或涂刷抹压作业，涂料经过自然固化后形成一层有一定厚度和弹性的无缝涂膜防水层，从而使屋面达到防水的目的。这种屋面具有施工操作简单、无污染，冷操作，无接缝，能适应复杂基层，防水性能好，温度适应性强，容易修补等特点。防水涂料应采用高聚物改性沥青防水涂料或合成高分子防水涂料。施工时有薄质涂料和厚质涂料两类方法。

A. 薄质防水涂料施工

A) 对基层的要求：涂料防水屋面的结构层、找平层的施工与卷材防水屋面基本相同。

B) 特殊部位的附加增强处理：在排水口、檐口、管道根部、阴阳角等容易渗漏的薄弱部位，应先增涂一布二油附加层，宽度为300～450mm。

C) 涂料防水层施工：基层处理剂干燥后方可进行涂膜的施工。薄质防水涂料屋面一般有三胶、一毡三胶、二毡四胶、一布一毡四胶、二布五胶等做法。防水涂料和胎体增强材料必须符合设计要求（检验方法：检查出厂合格证、质量检验报告和现场抽样复验报告）。涂膜应根据防水涂料的品种分层分遍涂布，不得一次涂成。涂膜的厚度必须达到有关标准、规范规定和设计要求。涂料的涂布顺序为：先高跨后低跨，先远后近，先立面后平面。同一屋面上先涂布排水较集中的水落口、天沟、檐口等节点部位，再进行大面积涂布。涂层应厚薄均匀、表面平整，待先涂的涂层干燥成膜后，方可涂布后一遍涂料。涂层中夹铺增强材料（玻璃棉布或毡片，其主要目的是增强防水层）时，宜边涂边铺胎体，应采用搭接法铺贴，其长边搭接宽度不得小于 50mm，短边搭接宽度不得小于 70mm。采用二层胎体增强材料时，上下不得相互垂直铺设，搭接缝应错开，其间距不应小于 1/3 幅宽。涂膜防水层收头应用防水涂料多遍涂刷或用密封材料封严。涂膜防水层与基层应粘结牢固，表面平整，涂刷均匀，无流淌、皱折、鼓泡、露胎体和翘边等缺陷。在涂膜未干前，不得在防水层上进行其他施工作业。

D）保护层施工：涂膜防水屋面应设置保护层，保护层材料根据设计规定或涂料的使用说明书选定，一般可采用细砂、蛭石、云母、浅色涂料、水泥砂浆或块材等。当采用水泥砂浆或块材时，应在涂膜与保护层之间设隔离层。当用细砂、蛭石、云母时，应在最后一遍涂料涂刷后随即撒上，并随即用胶辊滚压，使之粘牢，隔日将多余部分扫去。涂层刷浅色涂料时，应在涂膜固化后进行。

B. 厚质防水涂料施工

采用抹压法施工。要求基层干燥密实、坚固干净，无松动现象，不得起砂、起皮。沥青基厚质防水涂料因稀释剂较少，固体含量较大，涂刷较少的次数就可达到要求的厚度，且节省了大量的稀释剂，这种涂料配制容易，施工简便，价格低廉。同时具有良好的耐热性、耐裂性、低温柔和性和不透水性。主要用于屋面防水。

铺抹前，宜根据不同季节和气温高低决定涂刷不同的冷底子油。当日最高气温不小于 30℃时，应先用水将屋面基层冲洗干净，然后刷稀释的沥青冷底子油（汽油：沥青＝7：3），必要时应通过试抹确定冷底子油的种类和配合比。待冷底子油干燥后，立即铺抹沥青基厚质防水涂料，厚度为 5～7mm，待表面收水后，用铁抹子压实抹光，施工气温以 5～30℃为宜。

5）刚性防水屋面

刚性防水屋面是指用细石混凝土、块体材料或补偿收缩混凝土等刚性材料作为防水层的屋面。它主要是依靠混凝土自身的密实性，并采取一定的构造措施（如增加钢筋、设置隔离层、设置分格缝，油膏嵌缝等）以达到防水目的。刚性防水屋面所用材料易得，价格低廉、耐久性好、维修方便，但对地基不均匀沉降、温度变化、结构振动等因素都非常敏感，因而容易产生变形开裂，且防水层与大气直接接触，表面易碳化和风化，如处理不当，极易发生渗漏水现象，所以刚性防水屋面主要适用于防水等级为Ⅲ、Ⅳ级的屋面防水；不适用于松散保温层屋面、大跨度和轻型屋盖以及受较大震动或冲击的建筑屋面。

A. 材料要求

A）水泥：防水层的细石混凝土宜用普通硅酸盐水泥或矿渣硅酸盐水泥，用矿渣硅酸盐水泥时应采取减少泌水性的措施。水泥的强度等级不宜低于 32.5 级。不得使用火山灰质水泥。水泥贮存时应防止受潮，存放期不得超过 3 个月，否则必须重新检验，确定其强度等级。

B）骨料与水：在防水层的细石混凝土和砂浆中，粗骨料的最大粒径不宜大于 15mm，含泥量不应大于 1%，细骨料应采用粗砂或中砂，含泥量不应大于 2%；拌用水应不含有害物质的洁净水。

C）外加剂：防水层细石混凝土使用的膨胀剂、减水剂、防水剂等外加剂，应根据不同品种的适用范围及技术要求选定。

D) 钢筋：防水层内配置的钢筋宜采用冷拔低碳钢丝。

E) 配制：细石混凝土应按防水混凝土的要求设计，每立方米混凝土的水泥用量不得少于330kg；含砂率为35%~40%；灰砂比为1:2~1:2.5；水灰比不应大于0.55；混凝土强度等级不应低于C20。

B. 施工工艺

A) 基层要求

刚性防水屋面的结构层宜为整体现浇的钢筋混凝土。刚性防水屋面的坡度宜为2%~3%，并应采用结构找坡。如采用装配式钢筋混凝土时，应用强度等级不小于C20的细石混凝土灌缝，灌缝的细石混凝土宜掺微膨胀剂。当屋面板板缝宽度大于40mm或上窄下宽时，板缝内必须设置构造钢筋，板端缝应进行密封处理。

B) 隔离层施工

细石混凝土防水层与结构层宜设隔离层。隔离层可选用干铺卷材、砂垫层、低强度等级砂浆等材料，以起到隔离作用，使结构层和防水层的变形互不受制约，以减少因结构变形对防水层的不利影响。干铺卷材隔离层的做法是在找平层上干铺一层卷材，卷材的接缝均应粘牢；表面涂二道石灰水或掺10%水泥的石灰浆（防止日晒卷材发软），待隔离层干燥有一定强度后进行防水层施工。

C) 现浇细石混凝土防水层施工

a. 分格缝的设置。为了防止大面积的防水层因温差、混凝土收缩等影响而产生裂缝，应按设计要求设置分格缝，分格缝处可采用嵌填密封材料并加贴防水卷材的办法进行处理，以增加防水的可靠性。分格缝的一般做法是在施工刚性防水层前，先在隔离层上定好分格缝的位置，再放分格条，分格条应先浸水并涂刷隔离剂，用砂浆固定在隔离层上。

b. 钢筋网施工。钢筋网铺设应按设计要求，设计无规定时，一般配置$\phi^b 4$，间距为100~200mm双向钢丝网片，网片可采用绑扎或点焊成型，其位置宜居中偏上为宜，保护层不小于15mm。分格缝钢筋必须断开。

c. 浇筑细石混凝土。混凝土厚度不宜小于40mm。混凝土搅拌应采用机械搅拌，其质量应严格保证。应注意防止混凝土在运输过程中漏浆和分层离析，浇筑时应按先远后近，先高后低的原则进行。一个分格缝内的混凝土必须一次浇筑完成，不得留施工缝。从搅拌到浇筑完成应控制在2h以内。

d. 表面处理。用平板振动器振捣至表面泛浆为宜，将表面刮平，用铁抹子压实压光，达到平整并符合排水坡度的要求。抹压时严禁在表面洒水、加水泥浆或撒干水泥。当混凝土初凝后，拆出分格条并修整。混凝土收水后应进行二次表面压光，并在终凝前三次压光成活。

e. 养护。混凝土浇筑12~24h后进行养护，养护时间不应少于14d，养护初期屋面不允许上人。养护方法可采取洒水湿润，也可覆盖塑钢薄膜、喷涂养护剂等，但必须保证细石混凝土处于湿润状态。

6) 常见屋面渗漏及防治方法

A. 山墙、女儿墙和突出屋面的烟囱等墙体与防水层相交处渗漏

A) 原因：节点做法过于简单，垂直面卷材与屋面卷材没有很好地分层搭接，经过冻融的交替作用，使开口增大，并延伸至屋面基层，造成漏水；基层与突出屋面结构的转角

处找平层未做成圆弧、钝角或角太小；女儿墙、山墙的抹灰或压顶开裂使雨水从裂缝渗入；女儿墙泛水的收头处理不当产生翘边现象，使雨水从开口处渗入防水层下部。

B）防治方法：如女儿墙压顶开裂，可铲除开裂压顶的砂浆，重抹 1：2～1：2.5 水泥砂浆，并做好滴水线；在基层与突出屋面结构（山墙、女儿墙、天窗壁、变形缝、烟囱等）的交接处以及基层转角处，均应按规定做成圆弧，并在该部位增铺卷材或防水涂膜附加层，垂直面与屋面的卷材应分层搭接。卷材在泛水处应采用满粘，防止立面卷材下滑，收头处要密封处理，如砖墙上的卷材收头可直接铺压在女儿墙压顶下；也可以压入砖墙凹槽内固定密封，凹槽距屋面找平层不应小于 250mm，凹槽上部的墙体应做防水处理；涂膜防水层应直接涂刷至女儿墙的压顶下，收头处理应用防水涂料多遍涂刷封严，压顶应做防水处理。混凝土墙上的卷材收头应采用金属压条钉压，并用密封材料封严。对已漏水的部位，可将转角渗漏处的卷材割开，并分层将旧卷材烤干剥离，清除原有的沥青胶，再按规定步骤进行施工。

B. 屋面变形缝处漏水

A）原因：泛水处构造处理不当。如泛水高度不够，钢盖板装反等。

B）防治方法：屋面变形缝处的泛水高度不应小于 250mm，防水层应铺贴到变形缝两侧砌体的上部，缝内应充聚苯乙烯泡沫塑钢，上部填放衬垫材料，并用卷材封盖；变形缝顶部应加扣混凝土或金属盖板，混凝土盖板的接缝应用密封材料嵌填。

C. 天沟、檐沟漏水

A）原因：天沟、檐沟长度大，纵向坡度小，水落口少，水落口杯四周卷材粘贴不严，排水不畅，使沟中积水，造成渗漏。

B）防治方法：天沟、檐沟的纵向坡度不能过小，否则施工找坡困难造成积水，防水层长期被水浸泡会加速损坏，所以沟底的水落差应不超过 200mm，即雨水口离天沟分水线不得超过 20m 的要求；沟内附加层在天沟、檐沟与屋面交接处宜空铺，空铺宽度不应小于 200mm，卷材防水层应由沟底翻上至沟外檐顶部，卷材收头应用水泥钉固定，并用密封材料封严。

D. 挑檐、檐口处漏水

A）原因：檐口处密封材料未压住卷材，造成封口处卷材张口，檐口砂浆开裂，下口滴水线未做好而造成漏水。

B）防治方法：铺贴檐口 800mm 范围内的卷材时应采取满粘法；天沟、檐沟卷材收头的端部应裁齐，塞入预留的凹槽内，用金属压条钉压规定，最大钉距不应大于 900mm，并用密封材料嵌填封严；檐口的下端应抹出鹰嘴或滴水槽。

E. 水落口漏水

A）原因：水落口杯安装过高，排水坡度不够，周围密封不严，使雨水顺着落水口杯外侧留入室内，造成渗漏。

B）防治方法：水落口杯上口的标高应设置在沟底的最低处，与基层接触处应留宽 20mm、深 20mm 的凹槽；水落口周围直径 500mm 范围内的坡度不应小于 5%，并采用防水涂料或密封材料涂封，其厚度不应小于 2mm；防水层贴入水落口杯内不应小于 50mm。

2. 地下防水工程

（1）防水方法

地下工程的防水方法，大致可分为三类：防水混凝土结构、结构表面附加防水层（水泥砂浆、卷材）、渗排水措施。

1）防水混凝土结构

防水混凝土结构是以调整混凝土配合比或在混凝土中掺入外加剂或使用新品种水泥等方法来提高混凝土本身的憎水性、密实性和抗渗性，使其具有一定防水能力的整体现浇混凝土和钢筋混凝土结构。它将防水、承重和围护合为一体，具有施工简单、工期短、造价低的特点，应用较为广泛。

2）结构表面附加防水层

在地下结构物的表面另加防水层，使地下水与结构隔离，以达到防水的目的。常用的防水层有水泥砂浆、卷材、沥青胶结材料和金属防水层等。可根据不同的工程对象、防水要求及施工条件选用。

3）渗排水防水

利用盲沟、渗排水层等措施来排除附近的水源以达到防水目的。适用于形状复杂、受高温影响、地下水为上层滞水且防水要求较高的地下建筑。

（2）防水混凝土结构的防水施工

1）防水混凝土的种类

常用的防水混凝土有：普通防水混凝土、外加剂或掺合料防水混凝土和膨胀水泥防水混凝土三类。

A. 普通防水混凝土：在普通混凝土骨料级配的基础上，通过调整和控制配合比的方法，提高自身密实度和抗渗性的一种混凝土。

B. 掺外加剂的防水混凝土：在混凝土拌合物中加入少量改善混凝土抗渗性的有机或无机物，如减水剂、防水剂、引气剂等外加剂；掺合料防水混凝土是在混凝土拌合物中加入少量硅粉、磨细矿渣粉、粉煤灰等无机粉料，以增加混凝土密实性和抗渗性。防水混凝土中的外加剂和掺合料均可单掺，也可以复合掺用。

C. 膨胀水泥防水混凝土：利用膨胀水泥在水化硬化过程中形成体积增大的结晶（如钙矾石），主要是改善混凝土的孔结构，提高防水混凝土的抗渗性能。同时，膨胀后产生的自应力使混凝土处于受压状态，提高混凝土的抗裂能力。

2）材料要求

防水混凝土使用的水泥品种应按设计要求选用，其强度等级不应低于32.5级，不得使用过期或受潮结块水泥；碎石或卵石的粒径宜为5～40mm，含泥量不得大于1.0%，泥块含量不得大于0.5%；砂宜用中砂，含泥量不得大于3.0%，泥块含量不得大于1.0%；拌制混凝土所用的水，应采用不含有害杂质的洁净水；外加剂的技术性能，应符合国家或行业标准一等品及以上的质量要求；粉煤灰的级别不应低于二级；硅粉掺量不应大于3%，其他掺合料的掺量应通过试验确定。

防水混凝土首先必须满足设计的抗渗等级要求，同时适应强度要求，所以防水混凝土的配合比必须由试验室根据实际使用的材料及选用的外加剂（或外掺料）通过试验确定，其抗渗等级应比设计要求提高0.2MPa；水泥用量不得少于300kg/m³，掺有活性掺合料时，水泥用量不得少于280kg/m³；砂率宜为35%～45%，灰砂比宜为1∶2～1∶2.5，水灰比不得大于0.55；普通防水混凝土坍落度不宜大于50mm，泵送时入泵坍落度宜为

100～140mm。

3）防水混凝土的施工

防水混凝土配料必须按重量配合比准确称量，采用机械搅拌。在运输和浇筑过程中，应防止漏浆和离析，坍落度不损失。浇筑时必须做到分层连续进行，采用机械振捣，严格控制振捣时间，不得欠振漏振，以保证混凝土的密实性和抗渗性。

施工缝是防水结构容易发生渗漏的薄弱部位，应连续浇筑宜少留施工缝。墙体一般只允许留水平施工缝，其位置应留在高出底板上表面300mm的墙身上，其形式见图2-120所示。在施工缝处继续浇筑混凝土时，应将施工缝处的混凝土表面凿毛，清理浮粒和杂物，用水冲洗干净，保持湿润，再铺一层20～25mm厚的水泥砂浆，捣压实后再继续浇筑混凝土。

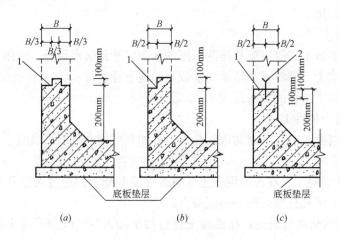

图 2-120 施工缝接缝形式

(a)、(b) 企口式（适于壁厚300mm以上的结构）；
(c) 止水片施工缝（适于壁厚300mm以上的结构）
1—施工缝；2—2～4mm 金属止水片

防水混凝土的养护对其抗渗性能影响极大，因此，必须加强养护，一般混凝土进入终凝后（浇筑后4～6h）即应覆盖，浇水湿润不少于14d，不宜采用电热养护和蒸汽养护。

防水混凝土养护达到设计强度等级的70%以上，且混凝土表面温度与环境温度之差不大于15℃时，方可拆模，拆摸后应及时回填土，以免温差产生裂缝。

4）变形缝、后浇缝的处理

防水混凝土的变形缝、施工缝、后浇缝等是防水的薄弱环节，处理不当，极易引起渗漏。

A. 变形缝

地下结构物的变形缝应满足密封防水、适应变形、施工方便、检查容易等要求。选用变形缝的构造形式和材料时，应综合考虑工程特点、地基或结构变形情况以及水压、水质影响等因素，以适应防水混凝土结构的伸缩和沉降的需要，并保证防水结构不受破坏。变形缝的宽度宜为20～30mm，通常采用止水带、遇水膨胀橡胶腻子止水条等高分子防水材料和接缝密封材料。

对压力大于 0.3MPa，变形量为 20～30mm、结构厚度大于和等于 300mm 的变形缝，应采用中埋式橡胶止水带；对环境温度高于 50℃、结构厚度大于和等于 300mm 的变形缝，可采用 2mm 厚的紫铜片或 3mm 厚的不锈钢等中间呈圆弧形的金属止水带；需要增强变形缝的防水能力时，可采用两道埋入式止水带，或采用嵌缝式、粘贴式、附贴式、埋入式等复合使用。其中埋入式止水带不得设在结构转角处。如图 2-121 所示。

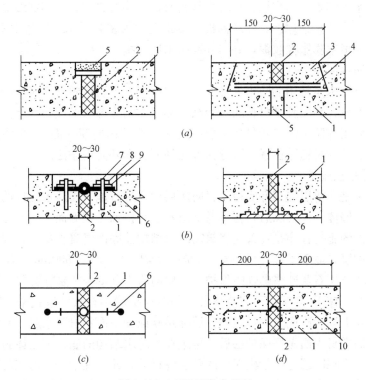

图 2-121 变形缝防水处理
（a）嵌缝式、粘贴式变形缝；（b）附贴式止水带变形缝；
（c）埋入式橡胶止水带变形缝；（d）埋入式金属止水带变形缝
1—围护结构；2—填缝材料；3—细石混凝土；4—橡胶片；5—嵌缝材料；
6—止水带；7—螺栓；8—螺母；9—压铁；10—金属止水带

B. 后浇缝

当地下室为大面积防水混凝土结构时，为防止结构变形、开裂而造成渗漏水时，在设计与施工时需留设后浇缝，缝内的结构钢筋不能断开。混凝土后浇缝是一种刚性接缝，应设在受力和变形较小的部位，宽度以 1m 为宜，其形式有平直缝、阶梯缝和企口缝，如图 2-122 所示。后浇缝的混凝土施工，应在其两侧混凝土浇筑完毕并养护 6 周，待混凝土收缩变形基本稳定后再进行，浇筑前应将接缝处混凝土表面凿毛，清洗干净，保持湿润。浇筑后浇缝的混凝土应优先选用补偿收缩的混凝土，其强度等级与两侧混凝土相同。后浇缝混凝土的施工温度应低于两侧混凝土施工时的温度，而且宜选择

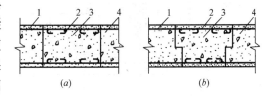

图 2-122 混凝土后浇缝示意图
（a）平直缝；（b）阶梯缝
1—主钢筋；2—附加钢筋；3—后浇混凝土；4—先浇混凝土

在气温较低的季节施工,以保证先后浇筑的混凝土相互粘结牢固,不出现缝隙。后浇缝的混凝土浇筑完成后应保持在潮湿条件下养护4周以上。

C. 穿墙管

当结构变形或管道伸缩量较小时,穿墙管可采用直接埋入混凝土内的固定式防水法,主管应满焊止水环;当结构变形或管道伸缩量较大或有更换要求时,应采用套管式防水法,套管与止水环满焊;当穿墙管线较多且密时,宜相对集中,采用穿墙盒法。盒的封口钢板应与墙上的预埋角钢焊严,并从钢板的浇筑孔注入密封材料。穿过地下室外墙的水、暖、电的管周应填塞膨胀橡胶泥,并与外墙防水层连接。

(3) 卷材防水层施工

地下室卷材防水是常用的防水处理方法。卷材有沥青防水卷材、高聚物防水卷材和合成高分子防水卷材,利用胶结材料通过冷粘、热熔黏结等方法形成防水层。地下室卷材防水层施工大多采用外防水法(卷材防水层粘贴在地下结构的迎水面)。而外防水中,依保护墙的施工先后及卷材铺贴位置,可分为外防外贴法和外防内贴法。

1) 外防外贴法施工

外防外贴法是在垫层铺贴好底板卷材防水层后,进行地下需防水结构的混凝土底板与墙体的施工,待墙体侧模拆除后,再将卷材防水层直接铺贴在墙面上,如图2-123所示。

外防外贴法的施工程序是:首先浇筑需防水结构的底面混凝土垫层,并在垫层上砌筑部分永久性保护墙,墙下干铺油毡一层,墙高不小于 $B+200\sim500$mm(B 为底板厚度)。在永久性保护墙上用石灰砂浆砌临时保护墙,墙高为 150mm×(油毡层数+1);在永久性保护墙上和垫层上抹1:3水泥砂浆找平层,临时保护墙用石灰砂浆找平;待找平层基本干燥后,即在其上满涂冷底子油,然后分层铺贴立面和平面卷材防水层,并将顶端临时固定。在铺贴好的卷材表面做好保护层后,再进行需防水结构的底板和墙体施工。需防水结构施工完成后,将临时固定的接槎部位的各层卷材揭开并清理干净,再在此区段的外墙表面上补抹水泥砂浆找平层,找平层上满涂冷底子油,将卷材分层错槎搭接向上铺贴在结构表面上,并及时做好防水层的保护结构。

2) 外防内贴法施工

外防内贴法是在垫层四周先砌筑保护墙,然后将卷材防水层铺贴在垫层和保护墙上,

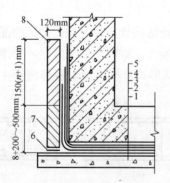

图 2-123 外贴法
1—垫层;2—找平层;3—卷材防水层;4—保护层;
5—构筑物;6—油毡;7—永久保护墙;8—临时性保护墙

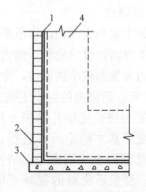

图 2-124 内贴法
1—卷材防水层;2—保护层;3—垫层;
4—尚未施工的构筑物

最后再进行地下需防水结构的混凝土底板与墙体的施工,如图 2-124 所示。

外防内贴法的施工程序是:先铺设底板的垫层,在垫层四周砌筑永久性保护墙,然后在垫层及保护墙上抹 1∶3 水泥砂浆找平层,待其基本干燥并满涂冷底子油,沿保护墙与底层铺贴防水卷材。铺贴完毕后,在立面防水层上涂刷最后一层沥青胶时,趁热粘上干净的热砂或散麻丝,待冷却后,立即抹一层 10~20mm 后的 1∶3 水泥砂浆找平层;在平面上铺设一层 30~50mm 厚的水泥砂浆或细石混凝土保护层,最后再进行需防水结构的混凝土底板和墙体的施工。

卷材防水层的施工要求是:铺贴卷材的基层表面必须牢固、平整、清洁和干燥。阴阳角处均应做成圆弧或钝角,在粘贴卷材前,基层表面应用与卷材相容的基层处理剂满涂。铺贴卷材时,胶结材料应涂刷均匀。外贴法铺贴卷材时应先铺平面,后铺立面,平立面交接处应交叉搭接;内贴法宜先铺立面,后铺平面;铺贴立面卷材时,应先铺转角,后铺大面。卷材的搭接长度,要求长边不应小于 100mm,短边不应小于 150mm。上下两层和相邻两幅卷材的接缝应相互错开 1/3 幅宽,并不得相互垂直铺贴。在立面和平面的转角处,卷材的接缝应留在平面上距离立面不小于 600mm 处。所有转角处均应铺贴附加层。卷材与基层和各层卷材间必须黏结紧密。搭接缝要仔细封严。

(4) 地下防水工程渗漏及防治方法

地下工程的防水包括两部分内容:一是主体防水,二是细部构造防水。任何一方处理不当,都会引发渗漏。目前,主体防水效果尚好,而细部构造(施工缝、变形缝、后浇带等)的渗漏水现象最为普遍,有"十缝九漏"之称。渗漏水的形式主要有孔洞漏水、裂缝漏水、防水面渗水或是上述几种渗漏水的综合。因此,堵漏前必须分析、查明其原因,确定其位置,弄清水压大小,予以修补堵漏。堵漏的原则是先把大漏变小漏、缝漏变点漏、片漏变孔漏,然后堵住漏水。堵漏的方法和材料较多,如水泥胶浆、环氧树脂、丙凝、甲凝、氰凝等。下面简要介绍几种常用堵漏方法。

1) 渗漏部位及原因

A. 防水混凝土结构渗漏的部位及原因

由于模板表面粗糙或清理不干净,模板浇水湿润不够,脱模剂涂刷不均匀,接缝不严,振捣混凝土不密实等原因,致使混凝土出现蜂窝、空洞、麻面而引起渗漏。墙板和底板及墙板与墙板间的施工缝处理不当而造成地下水沿施工缝渗入。由于混凝土中砂石含泥量大,养护不及时等,产生干缩和温度裂缝而造成渗漏。混凝土内的预埋件及管道穿墙处未作认真处理而致使地下水渗入。

B. 卷材防水层渗漏部位及原因

由于保护墙和地下工程主体结构沉降不同,致使粘在保护墙上的防水卷材被撕裂而造成漏水。卷材的压力和搭接宽度不够,搭接不严,结构转角处卷材铺贴不严实,后浇或后砌结构时卷材被破坏,也会产生渗漏,另外还有管道处的卷材与管道粘结不严,出现张口翘边现象而引起渗漏。

C. 变形缝处渗漏原因

止水带固定方法不当,埋设位置不准确或在浇筑混凝土时被挤动,止水带两翼的混凝土包裹不严,特别是底板止水带下面的混凝土振捣不实;钢筋过密,浇筑混凝土时下料和振捣不当,造成止水带周围骨料集中、混凝土离析,产生蜂窝、麻面;混凝土分层浇筑前，止水带周围的木屑杂物等未清理干净，混凝土中形成薄弱的夹层，均会造成渗漏。

2）堵漏技术

A. 快硬水泥胶浆（简称胶浆）堵漏法

这种胶浆直接用水泥和促凝剂按 1:0.5～1:1 拌合，其凝结时间很快，能达到迅速堵住渗漏水的目的。胶浆应先做试配，一般从开始拌合到操作使用以 1～2min 为宜。

A）堵塞法

堵塞法适用于孔洞漏水或裂缝漏水时的修补处理。堵漏时，应根据水压和漏水大小，采取不同的操作方法：

a. 孔洞漏水的处理：当水压不大（水位在 2m 以下），漏水孔洞较小时，可采用"直接堵塞法处理"。操作时，先将漏水孔洞处剔槽，槽壁必须与基面垂直，并用水刷洗干净，随即将配制好的快凝水泥胶浆捻成与槽直径相接近的锥形团，在胶浆开始凝固时，迅速用手压入槽内，并挤压密实，持 0.5min 左右即可。堵塞完后，要检查无渗水现象时，再抹上一层素灰和一层水泥砂浆保护，并将砂浆表面扫成毛纹。待砂浆层有一定强度后（一般 24h），再按四层做法做防水层（对已抹好防水层的孔洞处理，只需抹上两层做法的防水层即可）。

当水压较大（水位 2～4m），漏水孔洞较大时，可采用"下管堵漏法"处理，如图 2-125 所示。操作时，首先将漏水处空鼓面层及粘结不牢的石子剔除，并剔成上下基本垂直的孔洞，其深度视漏水情况决定，漏水严重的，可直接剔至基层下的垫层。在孔洞底部铺碎石一层，碎石上面盖一层与孔洞大小相同的油毡（或铁皮），油毡中间留一小孔，将胶皮管插入孔内，水即顺管流出，使管的周围水压降低。如地面孔洞漏水，需在孔洞四周砌筑挡水墙，将水引出墙外，以利操作。然后用快凝水泥胶浆填塞孔洞并压实，厚度略低于地面 10mm。经检查无渗水时，再在胶浆表面抹一层素灰和一层砂浆。待砂浆有一定强度后，将管拔出，按"直接堵塞法"的要求将管孔堵塞。最后拆除挡水墙，清理干净后，再做防水层。

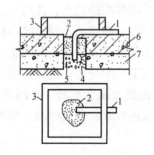
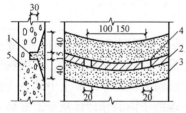

图 2-125　下管堵漏法
1—胶皮管；2—快凝胶浆；3—挡水墙；
4—油毡一层；5—碎石；
6—构筑物；7—垫层

b. 裂缝漏水的处理：当水压较小裂缝漏水时，可采用"裂缝直接堵塞法"。操作时，沿裂缝剔成八字形边坡的沟槽，并刷洗干净后，用快凝水泥砂浆直接堵塞。经检查无渗水时，再做保护层和防水层。

B）抹面法

对于较大面积的渗水面，一般可采用先降低水压或降低地下水位，将基层处理好，然后用抹面法做刚性防水层修补处理。降低渗水面的水压，通常是在渗水面上选取漏水较严重的部位，用凿子剔出半贯穿性的孔眼，并刷洗干净后，在孔眼中插进胶皮管将水导出。这样就把"片渗"变为"点渗"，将大片渗水面的水压降低下来。然后，可在渗水面上做刚性防水层修补处理。待修补的防水层砂浆凝固后，拔出胶皮管，再按"孔洞直接堵塞法"的要求将管孔堵塞好。对于较大面积渗水面的补漏处理，在可能条件下，最好采用降低地下水位，使补漏处理在没有水压情况下进行，则更能保证施工质量。

B. 化学灌浆堵漏法

A) 灌浆材料：氰凝（聚氨酯）是一种常用的灌浆堵漏材料。氰凝的主体成分是以多异氰酸酯与含羟基的化合物（聚酯，聚醚）制成的预聚体。使用前，在预聚体内掺入一定量的副剂（表面活性剂、乳化剂、增塑剂、溶剂与催化剂等），搅拌均匀即配制成氰凝浆液。氰凝浆液不遇水不发生化学反应，稳定性好；当浆液灌入漏水部位后，立即与地下水发生化学反应，生成不溶于水的凝胶体；同时放出二氧化碳气体，使浆液发泡膨胀，再向四周渗透扩散，直至反应结束时才停止膨胀和渗透。由于氰凝遇水反应有膨胀特点，氰凝就产生了二次渗透现象，因而具有较大的渗透半径，最终形成容积大、强度高、抗渗性好的固结体。

B) 灌浆堵漏施工：灌浆堵漏施工，可分为混凝土表面处理、布置灌浆孔、埋设灌浆嘴、封闭漏水部位、压水实验、灌浆、封孔等工序。灌浆孔的间距一般为1m左右，并要交错布置；将灌浆嘴埋入灌浆孔中，进行灌浆。灌浆是整个灌浆堵漏施工的重要的环节。灌浆前应对灌浆系统全面检查，认为灌浆机具运转正常、道路畅通后方可进行灌浆。灌浆结束，待浆液固结后，拔出灌浆嘴并用水泥砂浆封闭灌浆孔。灌浆完毕后，应立即清洗灌浆机具。

3. 卫生间防水施工

（1）卫生间楼地面聚氨酯防水施工

聚氨酯涂膜防水材料是双组分化学反应固化形的高弹性防水涂料，多以甲、乙双组分形式使用。主要材料有聚氨酯涂膜防水材料甲组份、聚氨酯涂膜防水材料乙组分和无机铝盐防水剂等。施工用辅助材料应备有二甲苯（清洗工具用）、二月桂酸二丁基锡（凝固过慢时，作促凝剂用）、苯磺酰氯（凝固过快时，作缓凝剂用）等。

1) 基层处理

卫生间的防水基层必须用1:3的水泥砂浆找平，要求抹平压光无空鼓，表面要坚实，不应有起砂、掉灰现象。在抹找平层时，凡遇到管子根部周围要使其略高于地面；在地漏的周围应做成略低于地面的洼坑。找平层的坡度以1‰~2‰为宜，凡遇到阴、阳角处，要抹成半径不小于10mm的小圆弧。穿过楼地面或墙壁的管件（如套管、地漏等）及卫生洁具等，必须安装牢固，收头必须圆滑，并按设计要求用密封膏嵌固。基层必须基本干燥，一般在基层表面均匀泛白无明显水印时，才能进行涂膜防水层施工。施工前要把基层表面的尘土杂物彻底清扫干净。

2) 施工工艺

A. 清理基层：施工前，先将基层表面的突出物、砂浆疙瘩等异物铲除，并进行彻底清扫。如发现有油污、铁锈等，要用钢丝刷、砂布和有机溶剂等彻底清扫干净。

B. 涂布底胶：将聚氨酯甲、乙组分和二甲苯按1:1.5:2的比例（质量比）配合搅拌均匀，再用小滚刷均匀涂布在基层表面上。干燥4h以上，才能进行下一道工序。

C. 配制聚氨酯涂膜防水涂料：将聚氨酯甲、乙组分和二甲苯按1:1.5:0.3的比例配合，用电动搅拌器强力搅拌均匀备用。涂料应随配随用，一般在2h内用完。

D. 涂膜防水层施工：用小滚刷或油漆刷将已配好的防水混合材料均匀涂布在底胶已干固的基层表面上。涂布时要求厚薄均匀一致，平刷3~4度为宜。防水涂膜的总厚度不小于1.5mm为合格。涂完第一度涂膜后，一般需固化5h以上，在基本不粘手时，再按上述方法涂布第二、三、四度涂膜，并使后一度与前一度的涂布方向相垂直。对管子根部和地漏周围以及下水管转角墙部位，必须认真涂刷，涂刷厚度不小于2mm。在涂刷最后一度涂膜固化前及时稀撒少许干净的粒径为2mm～3mm的小豆石，使其与涂膜防水层粘接牢固，作为与水泥砂浆保护层粘结的过渡层。

E. 作好保护层：当聚氨酯涂膜防水层完全固化和通过蓄水试验并检验合格后，即可铺设一层厚度为15mm～25mm的水泥砂浆保护层，然后可根据设计要求铺设饰面层。

3) 质量要求

聚氨酯涂膜防水材料的技术性能应符合设计要求或标准规定，并应附有质量证明文件和现场取样进行检验的试验报告以及其他有关质量的证明文件。涂膜厚度应均匀一致，总厚度不应小于1.5mm。涂膜防水层必须均匀固化，不应有明显的凹坑、气泡和渗漏水的现象。

(2) 卫生间楼地面氯丁胶乳沥青防水涂料施工

氯丁胶乳沥青防水涂料是氯丁橡胶乳液与乳化沥青混合加工而成，它具有橡胶和石油沥青材料的双重优点。该涂料与溶剂型的同类涂料相比，成本较低，基本无毒，不易燃，不污染环境，成膜性好，涂膜的抗裂性较强，适宜于冷施工。

1) 基层处理

与聚氨酯涂膜防水施工要求相同。

2) 施工工艺

A. 阴角、管子根部和地漏等部位的施工：这些部位必须先铺一布二油进行附加补强处理。即将涂料用毛刷均匀涂刷在需要进行附加补强处理的部位，再按形状要求把剪好的玻璃纤维布或聚酯纤维无纺布粘贴好，然后涂刷涂料。待干燥后，再按要求进行一布四油施工。

B. 一布四油施工：在洁净的基层上均匀涂刷第一遍涂料，待涂料表面干燥后（4h以上），即可铺贴玻璃纤维布或聚酯纤维无纺布，接着涂刷第二遍涂料。施工时可边铺边涂刷涂料。聚酯纤维无纺布的搭接宽度不应小于70mm。铺布过程中要用毛刷将布铺刷平整，彻底排除气泡，并使涂料浸透布纹，不得有白茬、折皱，垂直面应贴高250mm以上，收头处必须粘贴牢固，封闭严密。然后再涂刷第二遍涂料，待干燥（24h以上）后，再均匀涂刷第三遍涂料，待表面干燥（4h以上）后再涂刷涂料。

C. 蓄水试验：第四遍涂料涂刷干燥（24h以上）后，方可进行蓄水试验，蓄水高度一般为50～100mm，蓄水时间24～48h，当无渗漏现象时，方可进行刚性保护层施工。

3) 质量要求

水泥砂浆找平层做完后，应对其平整度、坡度和干燥程度进行预验收。防水涂料应有产品质量证明书以及现场取样的复检报告。施工完成后的氯丁胶乳沥青防水涂膜不得有起鼓、裂纹、孔洞等缺陷。末端收头部位应粘贴牢固，封闭严密，形成一个整体的防水层。做完防水层的卫生间，经24h以上的蓄水检验，无渗漏现象方为合格。要提供检查验收记录，连同材料质量证明文件等技术资料一并归档备查。

(3) 卫生间涂膜防水施工注意事项

施工用材料有毒性，存放材料的仓库和施工现场必须通风良好，无通风条件的地方必须安装机械通风设备。

施工材料多属易燃物质，存放、配料以及施工现场必须严禁烟火，现场要配备足够的消防器材。

在施工过程中，严禁上人踩踏未完全干燥的涂膜防水层。施工人员应穿平底胶布鞋，以免损坏涂膜防水层。

凡需做附加补强层的部位应先施工，然后再进行大面防水层施工。

已完工的涂膜防水层，必须经蓄水试验无渗漏现象后，方可进行行刚性保护层的施工。进行刚性保护层施工时，切勿损坏防水层，以免留下渗漏隐患。

（4）卫生间渗漏及堵漏措施

卫生间的渗漏常发生在板面和墙面、楼板的管道等部位。

1）板面及墙面渗水

A. 原因：混凝土、砂浆施工的质量不良，存在微孔渗漏；板面、隔墙出现轻微裂缝；防水涂层施工质量不好或被损坏。

B. 堵漏措施：拆除卫生间渗漏部位饰面材料，涂刷防水涂料；如有开裂现象，则应对裂缝先进行增强防水处理，再刷防水涂料。增强处理一般采用贴缝法、填缝法和填缝加贴缝法。贴缝法主要适用于微小的裂缝，可刷防水涂料并加贴纤维材料或布条，作防水处理。填缝法主要用于较显著的裂缝，施工时要先进行扩缝处理，将缝扩展成15mm×15mm左右的V形槽，清理干净后刮填嵌缝材料。填缝加贴缝法除采用填缝处理外，在缝表面再涂刷防水涂料，并粘纤维材料处理。

当渗漏不严重，饰面拆除困难，也可直接在其表面刮涂透明或彩色聚氨脂防水涂料。

2）卫生洁具及穿楼板管道、排水管口等部位渗漏

A. 原因：细部处理方法欠妥，卫生洁具及管口周边填塞不严；由于振动及砂浆、混凝土收缩等原因，出现裂隙；卫生洁具及管口周边未用弹性材料处理，或施工时嵌缝材料及防水材料粘结不牢；嵌缝材料及防水涂层被拉裂或拉离粘结面。

B. 堵漏措施：将漏水部位彻底清理，刮填弹性嵌缝材料；在渗漏部位涂刷防水涂料，并粘贴纤维材料处理增强。

4. 防水工程施工的质量要求与安全措施

（1）防水工程施工的质量要求

1）屋面防水工程施工质量

A. 屋面防水工程施工质量要求

A）屋面不得有渗漏和积水现象。

B）所使用的材料必须符合设计要求和质量标准。

C）天沟、檐沟、泛水和变形缝等构造，应符合设计要求。

D）卷材铺贴方法和搭接顺序应符合设计要求，搭接宽度正确，接缝严密，无皱折、鼓泡和翘边等现象。

E）卷材防水层的基层、搭接宽度，附加层、天沟、檐沟、泛水和变形缝等细部做法，刚性保护层与卷材防水层之间设置的隔离层，密封防水处理部位等，应作隐蔽工程验收，并有记录。

B. 施工质量措施

卷材屋面防水工程施工时，应保证基层平整干燥，隔汽层良好，避免在雨、雾、霜、雪天施工、沥青胶结材料涂刷均匀，以免油毡防水层起鼓。应正确选择材料，严格执行施工操作规定，以免基层变形、接头错动、油毡老化和防水层破裂。各层之间应粘结牢固、表面平整，接缝严密，不得有皱折，鼓泡和翘边。松散材料保护层、涂料保护层应覆盖均匀、粘结牢固，块体保护层应铺砌平整，勾缝严密，并留设表面分格缝。

涂膜防水屋面防水层施工应平整均匀，厚度应符合设计要求，不得有裂纹、脱皮、流淌鼓泡、露胎体和皱皮等缺陷。保护层应覆盖严密，不得露底。密封部位应平直、光滑。

刚性防水屋面工程施工，要求表面平整度，每米不得超过5m，可用2m直尺检查测定。防水层内钢筋位置应处于中部偏上，厚度符合设计要求，分格缝位置正确，平直，用密封材料嵌缝严密粘结牢固。

屋面不得有渗漏和积水，可采用雨水淋水检查，特种屋面应采用24h蓄水检查。

2) 地下防水工程施工质量

地下防水工程防水层施工应满铺不断，接缝严密；各层之间应紧密结合；管道、电缆等穿过防水层处应封严；变形缝的止水带不应折裂、脱焊或脱胶，并用填缝材料严密封填缝隙，对防水材料应严格检测；特殊部位和关键工序应严格把关。

（2）防水工程施工的安全措施

1) 屋面防水工程的安全措施

屋面防水工程属高空作业，油毡屋面防水层施工又为高温作业，防水材料多含有一定有毒成分和易燃物质，因此，施工时，应防止火灾、中毒、烫伤和坠落等工伤事故，要采取必要的安全措施。

A. 施工前应进行安全技术交底工作，施工操作过程符合安全技术规定。

B. 皮肤病、支气管炎病等以及对沥青、橡胶刺激过敏的人员，不得参加工作。

C. 按有关规定配给劳保用品，合理使用。

D. 操作时应注意风向、防止下风操作人员中毒、受伤。

E. 防水卷材、防水涂料和粘结剂在仓库、工地现场存放剂在运输过程中应严禁烟火、高温和曝晒。

F. 运输线路应畅通、各项运输设施应牢固可靠，屋面孔洞及檐口应有安全措施。

G. 高空作业操作人员不得过分集中，必要时应系安全带。

H. 屋面施工时，不允许穿带钉子鞋的人员进入；施工人员不得踩踏未固化的防水涂膜。

2) 地下防水工程施工安全措施

安全措施地下防水工程施工，首先应检查护坡和支护是否可靠；材料堆放应距坑边沿1m以外，重物应距土坡在安全距离以外操作人员应穿戴工作服、戴安全帽、口罩和手套等劳动保护用品；熬制沥青，铺贴油毡等安全操作的要求同屋面防水工程。

5. 防水工程施工案例

【例2-14】 上人屋面防水施工

（1）背景

现浇钢筋混凝土框架结构的某商场，屋面设计防水等级Ⅰ级的上人屋面，防水层为二道高聚改性沥青防水卷材（SBS），采用热熔法施工，保温层用加气混凝土块，保护层为

C20 细石混凝土，厚度为 4mm，内设 $\phi6@200$ 的双向钢筋网片。沿建筑物纵向、横向中部位置有两道变形缝，把屋面分为四大块，屋面的排水坡度为 2%，水落口沿屋面四周设置，宽度方向中部位置沿纵向设置暗排水。女儿墙、变形缝、水落管口构造做法详见图 2-126、图 2-127、图 2-128。

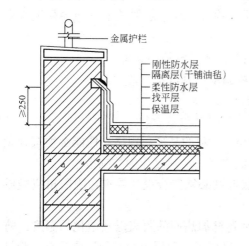
图 2-126 女儿墙处层面泛水处理详图

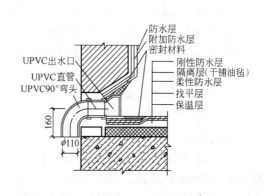
图 2-127 女儿墙 UPVC 雨水口详图

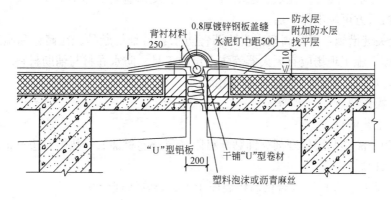
图 2-128 变形缝构造详图

（2）问题

试确定施工方案。

（3）分析与解答

根据案例所给定的要求与条件，该防水屋面施工方案如下：

1）施工准备工作

A. 技术准备：施工之前必须对专业施工队伍和施工人员进行技术交底并进行必要的培训。施工队伍要有资质合格证，操作必须持证上岗；施工前应较详细制定该屋面的施工作业方案。

B. 材料准备：SBS 高聚物改性沥青防水卷材其品种、规格、技术性能等，必须满足设计与施工技术规范的要求，必须有出厂合格证和质量检验报告，并经现场抽查复试达到合格。基层处理用冷底子油为氯丁橡胶沥青胶黏剂，细部嵌固边缝用密封膏为橡胶改性沥青嵌缝膏。用 70 号汽油清洗受污染的地方。

C. 主要机具准备：喷灯、铁抹子、滚动刷、长把滚动刷、钢卷尺、剪刀、扫帚、小线绳、电动搅拌器、高压吹风机、自动热风焊接机等。

2）施工作业条件

A. 防水层的基层表面应将尘土、杂物等清理干净；表面必须平整干净、坚实、干燥。将 $1m^2$ 卷材铺在找平层上，静置 3~4h 后掀开检查，找平层覆盖地方与卷材上未见水印，说明基层表面干燥程度满足施工要求。

B. 找平层与突出屋面的物体相连位置，阳角应抹成光滑的小圆角。

C. 采用热熔法施工，气温不低于 $-5℃$，环境温度不宜低于 $-10℃$。

D. 遇雨天、雪天及五级以上风必须停止施工。

3）材料和质量措施

A. 材料关键措施：SBS 卷材厚度不小于 3mm。材料的品种、规格、性能必须符合设计及规范要求，以不透水性、拉力、延伸率、低温柔度、耐热度作为控制指标。

B. 技术关键措施：基层表面必须干燥，基层坡度必须符合设计要求，阴阳角应做成 $R=30~50mm$ 的圆弧。

C. 质量关键措施：掌握好火焰加热器与防水卷材加热面的距离以及熔化的温度。防水卷材搭接及封边是关键，搭接长度必须按工艺标准要求；每层封边必须逐层检查，验收无误后方可施工上一层。女儿墙、水落口、管根、变形缝等细部处理和防水收头是关键，必须验收合格后方可施工保护层。

D. 安全关键措施：SBS 高聚物改性沥青防水卷材是易燃品。在储存和施工中应有可靠的防火措施，施工现场应有灭火器等防火设施工具。防水卷材与辅助材料均有毒，施工人员必须戴好口罩、袖套、手套等劳保用品。

4）施工操作要点

A. 施工工艺流程

基层清理→涂刷基层处理剂→铺贴卷材附加层→卷材铺贴→热熔封边→蓄水实验→做细石混凝土保护层。

A）基层清理：基层验收合格后将表面尘土、杂物清理干净。

B）涂刷基层处理剂：将氯丁橡胶沥青胶黏剂加入工业汽油稀释，搅拌均匀，用滚刷均匀涂刷在基层表面上，以不黏脚时，开始铺贴卷材。

C）附加层施工：待基层处理剂干燥后，先对女儿墙、水落口、变形缝、檐口、阴阳角等细部做附加层，在其中心 200mm 范围内均匀涂刷 1mm 厚的胶黏剂，干燥后会形成一层无接缝和弹塑性的整体附加层。铺贴在立墙上的卷材高度不小于 250mm。

D）卷材铺贴：卷材铺贴的方向应平行屋脊铺贴。上下层接缝应错开不小于 250m，上下层卷材不得互相垂直铺贴。火焰加热器距卷材加热面 300mm 左右，经往返均匀加热，至卷材表面发光亮黑色，即卷材的材面熔化时，将卷材向前滚铺、粘结，搭接部位应满粘牢固。搭接宽度满粘法长边为 80mm，短边为 100mm。

E）热熔封边：将卷材搭接处用火焰加热器加热，趁热使两者粘结牢固，以边缘溢出沥青为度，末端收头可用密封膏嵌填严密。

F）细石混凝土保护层施工：细石混凝土保护层分格面积不大于 $36m^2$；刚性保护层与女儿墙间应预留 3mm 宽的缝，并用密封材料嵌填密实。

B. 成品保护措施

A）已铺好的防水卷材层，应有可靠保证措施进行保护，绝对禁止在防水层上进行其他施工和运输材料，并应及时做细石混凝土保护层。

B）屋面的变形缝、水落口等处，施工中应临时堵塞和挡盖，以防落杂物。

C）屋面施工时不得污染墙面等部位。

【例 2-15】 卷材防水施工

(1) 背景

某医院综合病房楼工程，建筑面积 50019m², 地下 1 层、地上 16 层，建筑物檐高 67.04m，基础采用筏片基础，地下室防水采用微膨胀混凝土自防水和外贴双层 SBS 卷材防水相结合，主体为框架—剪力墙体系。屋面采用两道 SBS 卷材防水，上铺麻刀灰隔离层，面贴缸砖保护。该屋面防水工程经质量检验坡度合理，排水通畅，女儿墙、泛水收头顺直、规矩，管道根部制作精致，经过一个夏季的考验，未发现有渗漏现象，防水效果较好。屋面构造层次为：

缸砖面层，1：1 水泥砂浆嵌缝。

麻刀灰隔离层。

Ⅲ＋Ⅲ SBS 卷材防水层。

20mm 厚 1：3 水泥砂浆找平层。

1：6 水泥焦渣找坡层，最薄处 30mm 厚，坡度为 3%。

60mm 厚聚苯板保温层。

现浇混凝土楼板。

(2) 问题

试确定其施工方案。

(3) 分析与解答

该工程施工方案为：

1) 施工工艺流程

屋面防水层的施工工艺流程为：基层清理→涂刷基层处理剂→细部节点处理→铺贴防水卷材→收头密封→蓄水试验→隔离层施工→保护层施工

A. 清理基层。铲除基层表面的凸起物、砂浆疙瘩等杂物，并将基层清理干净。在分格缝处埋设排汽管，排汽管要安装牢固、封闭严密；排汽道必须纵横贯通，不得堵塞，排汽孔设在女儿墙的立面上，如图 2-129 所示。

B. 涂布基层处理剂。基层处理剂采用溶剂型橡胶改性沥青防水涂料，涂刷时要厚薄均匀，在基层处理剂干燥后，才能进行下一道工序。

C. 细部节点处理。在大面积铺贴卷材防水层之前，应对所有的节点部位先进行防水增强处理。

D. 铺贴防水卷材。采用热熔法施工，火焰加热器加热卷材时应均匀，不得过分加热或烧穿卷材；卷材表面热熔后应立即滚铺卷材，卷材下面的空气应排尽，并辊压粘结牢固，不得空鼓；卷材接缝部位必须溢

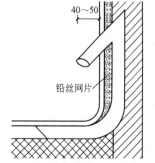

图 2-129 排汽孔

出热熔的改性沥青胶；铺贴的卷材应平整顺直，搭接尺寸准确，不得扭曲、皱折。

E. 收头密封。防水层的收头应与基层粘结并固定牢固，缝口封严，不得翘边。

F. 蓄水试验。按标准试验方法进行。

G. 隔离层、保护层施工。将防水层表面清理干净，铺设缸砖保护层。保护层与女儿墙、山墙之间应预留宽度为30mm的缝隙，并用密封材料嵌填密实。

2）质量要求

A. 材料要求：所用防水材料的各项性能指标均必须符合设计要求（检查出厂合格证、质量检验报告和试验报告）。

B. 找平层质量要求：找平层必须坚固、平整、粗糙，表面无凹坑、起砂、起鼓或酥松现象，表面平整度，以2m的直尺检查，面层与直尺间最大间隙不应大于5mm，并呈平缓变化；要按照设计的要求准确留置屋面坡度，以保证排水系统的通畅；在平面与突出物的连接处和阴阳角等部位的找平层应抹成圆弧，以保证防水层铺贴平整、粘结牢固；防水层作业前，基层应干净、干燥。

C. 卷材防水层铺贴工艺要求：铺贴工艺应符合标准、规范的规定和设计要求，卷材搭接宽度准确。防水层表面应平整，不应有孔洞、皱折、扭曲、损烫伤现象。卷材与基层之间、边缘、转角、收头部位及卷材与卷材搭接缝处应粘贴牢固，封边严密，不允许有漏熔、翘边、脱层、滑动、空鼓等缺陷。

D. 细部构造要求：水落口、排气孔、管道根部周围、防水层与突出结构的连接部位及卷材端头部位的收头均应粘贴牢固、密封严密。

E. 质量控制：施工过程中应坚持三检制（自检、互检、专检），即每一道防水层完成后，应由专人进行检查，合格后方可进行下一道防水层的施工。竣工的屋面防水工程应进行闭水或淋水试验，不得有渗漏和积水现象。

（十）装饰工程

建筑装饰工程是指单位工程的主体结构工程完工以后，对建筑物的外表进行美化、修饰处理的一系列建筑工程活动。达到对建筑物、构筑物的主体保护，进而起到美化空间、渲染环境的作用和效果。

建筑的装饰工程内容包括：建筑物的内外抹灰工程、饰面安装工程、轻质隔墙的墙面和顶棚罩面工程、油漆涂料工程、刷浆工程、裱糊及玻璃工程以及用于装饰工程的新型固结技术等。

1. 抹灰工程施工工艺

抹灰工程分为一般抹灰和装饰抹灰两大类。一般抹灰是用石灰砂浆加纸筋灰、水泥砂浆、混合砂浆、膨胀珍珠岩砂浆（起保温、隔声作用）、重晶石水泥砂浆（防辐射）以及聚合物水泥砂浆等，抹到结构构件的表面，达到表面平整、美观光洁的效果，实施装饰目的。装饰抹灰则是在外观上具有一定的色彩或线条感，比一般抹灰更能体现其装饰效果。如水刷石、斩假石、仿石抹灰、彩色抹灰等。

（1）一般抹灰工程

1）墙面抹灰组成

抹灰一般分为三层，即底层、中层和面层。底层主要是起与基层粘结的作用；中层抹灰起找平作用，面层起装饰作用。

2）施工的一般规定

按建筑标准、操作程序和质量要求，可分为普通抹灰和高级抹灰两个等级。

抹灰工程开始，必须在结构验收核定为合格或优良之后，以及屋面防水工程完成后进行。框架结构的填充墙体上抹灰，应给墙体在砌完后有一个自沉压缩的时间，然后先对压缩、收缩的缝道先嵌密实之后再行抹灰。

3）施工准备

A. 熟悉图纸，进行施工操作技术交底。

B. 检查抹灰基层的平整皮、垂直度、局部凸出或凹进的地方应提前处理好，并根据抹灰等级确定抹灰总厚度。

C. 要检查已安装好的门窗框位置是否准确，门窗框与墙体间的缝隙应用1：3水泥砂浆或混合砂浆分层嵌塞密实。

D. 将过梁、图梁、架势、构造柱等混凝土表面凸出部分剔凿，有蜂窝、麻面的应将酥松表面凿除后再用1：2水泥砂浆分层补抹平整。

E. 抹灰前应将管道穿过的墙洞、楼板洞、脚手眼、支模孔等用砖加砂浆、或C15的细石混凝土、或1：3水泥砂浆，根据情况进行堵填密实。散热器及管道密集的背面墙，应先抹灰后安装。

F. 检查有关安装的预埋件等标高及位置是否正确，无误后做好防腐处理，再做墙面抹灰。

G. 根据操作面的高度和施工现场的具体情况，要安排是否搭设操作脚手架。

H. 清扫墙面、清理垃圾、基层面浇水湿润。

4）材料要求

A. 所用材料的质量、品种、规格、色泽均应符合设计图纸的要求。

B. 水泥强度等级应不低于32.5级，并按出厂日期的先后顺序堆放和使用，安定性试验必须合格。砂宜用中砂，含泥量不超过5%；石灰膏必须经过块状石灰淋制，熟化时间不少于15d，使用时不得有未熟化的颗粒和其他杂质。纸筋石灰，应集中加工，纸筋应磨细，且熟化时间不少于15d。石灰膏、纸筋石灰膏进场后要加以覆盖保护，防止干燥硬化、污集和冬期时冻结。

C. 其他材料。如膨胀珍珠岩应色如砂状，无粉末。配制水泥珍珠岩砂浆时，宜采用32.5级普通水泥或矿渣水泥。重晶石砂及粉应洁净无杂质，粉必须通过0.3mm筛孔，砂平均粒径应在0.35mm以上。配制重晶石砂浆，尚需用洁净中砂，水泥采用42.5级纯硅酸盐水泥。胶粘剂如明胶（聚乙烯醇缩甲醛）等成品，要桶装，保持干净，用时调成适当稠度。水要用洁净水，城市的自来水不能用工业废水和海水。对水质有疑问时应取样检验合格后才可用。

5）施工工艺

A. 内墙面抹灰施工工艺

操作流程：

基层处理→浇水湿润基层→找规矩、做灰饼→设置标筋→阳角做护角→抹底灰、中灰→抹窗台板、墙裙或踢脚板→抹面灰→清理。

内墙抹灰常见做法及施工要点：

A）石灰砂浆抹灰（见表2-40）

石灰砂浆抹灰　　　　　　　　　　　　　表2-40

基层材料	分层做法	施工要点
普通砖墙	①1：3石灰砂浆抹底层 ②1：3石灰砂浆抹中层 ③纸筋、麻刀灰罩面	①底层先由上往下抹一遍，接着抹第二遍，由下往上刮平，用木抹子搓平 ②在中层5～6成干时抹罩面，用铁抹子先竖着刮一遍，再横抹找平，最后压一遍
加气混凝土墙	①1：3石灰砂浆抹底层 ②1：3石灰砂浆抹中层 ③刮石灰膏	墙面浇水湿润，刷一道108胶：水=1：3～1：4的溶液，随后抹灰

B）水泥混合砂浆抹灰施工工艺（见表2-41）

水泥混合砂浆抹灰　　　　　　　　　　　表2-41

基层材料	分层做法	施工要点
普通砖墙	①1：1：6水泥石灰砂浆抹底层 ②1：1：6水泥石灰砂浆抹中层 ③刮石灰膏或大白腻子	①中层石灰砂浆用抹子搓平后，再用铁抹子压光 ②刮石灰膏或大白腻子，要求平整 ③待前层灰膏凝结后，再刮面层
做油漆墙面	①1：0.3：3水泥石灰砂浆抹底层 ②1：0.3：3水泥石灰砂浆抹中层 ③1：0.3：3水泥石灰砂浆罩面	与石灰砂浆抹灰相同（若是混凝土基层，应先刮一层薄水泥浆后随即抹灰）

C）水泥砂浆抹灰施工工艺（见表2-42）

水泥砂浆抹灰　　　　　　　　　　　　　表2-42

基层材料	分层做法	施工要点
普通砖墙	①1：3水泥砂浆抹底层 ②1：3水泥砂浆抹中层 ③1：2.5或1：2水泥砂浆罩面	待前层灰膏凝结后，再刮第二层
混凝土墙	①1：1水泥砂浆抹底层 ②1：1水泥砂浆抹中层 ③1：25或1：2水泥砂浆罩面	与石灰砂浆抹灰相同（若是混凝土基层，应先刮一层薄水泥浆后随即抹灰）

B. 外墙抹灰施工工艺

A）工艺流程：基层处理→浇水湿润基层→找规矩、做灰饼、冲筋→抹底灰和中灰→弹分格线、嵌分格条→抹面灰→起分格条→养护。

B）施工要点：外墙抹灰应先上部，后下部，先檐口，再墙面。高层建筑，应按一定层数划分一个施工段，垂直方向控制用经纬仪来代替垂线，水平方向拉通线。大面积的外墙可分片同时施工，如一次抹不完，可在阴阳交接处或分格线处间断施工。

（2）装饰抹灰

装饰抹灰与一般抹灰的主要操作程序和工艺基本相同，主要区别在于装饰面层的不同，即装饰抹灰对材料的基本要求、主要机具的准备、施工现场的的要求以及工艺流程与一般抹灰相同,其面层根据材料及施工方法的不同而具不同的形式。

装饰抹灰工程,主要包括拉毛灰、搓毛灰、弹涂、滚涂、水刷石、斩假石、干粘石、水磨石等。

这里主要介绍水刷石、斩假石的施工。

1) 水刷石

水刷石是石碴类材料饰面的传统做法,多用于外墙面。

其特点是采取分格分色、线条凸凹等适当的艺术处理,使饰面达到天然美观、明快庄重的艺术效果。水刷石一般多用于建筑物墙面、檐口、腰线、窗帽、窗套、门套、柱子、壁柱、阳台、雨篷、勒脚、花台等部位。

水刷石可用于砖、混凝土或加气混凝土等墙体饰面。其常见的分层做法见表2-43。

水刷石分层做法   表2-43

基体	分层做法(体积比)	厚度(mm)
砖墙	(1)1:3水泥砂浆抹底层	5~7
	(2)1:3水泥砂浆抹中层	5~7
	(3)刮水灰比为1:(0.37~0.40)水泥浆一遍	
	(4)水泥石粒浆或水泥石灰膏石粒浆面层	
	1:1水泥大八厘石粒浆(或1:0.5:1.3水泥石灰膏石粒浆)	20
	1:1.25水泥中八厘石粒浆(或1:0.5:1.5水泥石灰膏石粒浆)	15
	1:1.5水泥小八厘石粒浆(或1:0.5:2.0水泥石灰膏石粒浆)	10
混凝土墙	(1)刮水灰比为1:(0.37~0.40)水泥浆或洒水泥砂浆	5~7
	(2)1:0.5:3水泥混合砂浆抹底层	5~6
	(3)1:3水泥砂浆抹中层	
	(4)刮水灰比为1:0.37~1:0.40水泥浆一遍	
	(5)水泥石粒浆或水泥石灰膏石糙浆面层	
	1:1水泥大八厘石粒浆(或1:0.5:1.3水泥石灰膏石粒浆)	20
	1:1.25水泥中八厘石粒浆(或1:0.5:1.5水泥石灰膏石粒浆)	15
	1:1.5水泥小八厘石粒浆(或1:0.5:2水泥石灰膏石粒浆)	10
加气混凝土	(1)涂刷一遍1:(3~4)的107胶水溶液	
	(2)1:1:8水泥混合砂浆抹底层	7~9
	(3)1:3水泥砂浆抹中层	5~7
	(4)刮水灰比为1:0.37~1:0.40水泥浆一遍	
	(5)水泥石粒浆或水泥石灰膏石粒浆面层	
	1:1水泥大八厘石粒浆(或1:0.5:1.3水泥石灰膏石粒浆)	20
	1:1.25水泥中八厘石粒浆(或1:0.5:1.5水泥石灰膏石粒浆)	15
	1:1.5水泥小八厘石粒浆(或1:0.5:2水泥石灰膏石粒浆)	10

注:掺石灰膏的目的主要是改善石粒浆的性能。

2) 斩假石

斩假石又称剁斧石。是在水泥砂浆基层上,涂抹水泥石碴浆,待硬化后,用剁斧、齿斧和各种凿子等工具剁成有规律的石纹,类似天然花岗岩一样。斩假石装饰效果好,常用于外墙面、勒脚、室外台阶等。

A. 分层做法

斩假石在不同基体上的分层做法，与水刷石基本相同。区别是斩假石中层抹灰应用1：2水泥砂浆，面层使用1：1.25的水泥石碴（内掺30％石屑）浆，厚度为10～11cm。

B. 操作方法

A）面层抹灰：面层砂浆一般用2mm的白色米粒石内掺30％粒径为0.15～1mm的石屑。材料应统一配料，干拌均匀备用。罩面时一般分两次进行。面层完成后不能受烈日暴晒，应进行养护。常温下养护2～3d，其强度应控制在5MPa，即水泥强度还不大，易剁得动而石粒又剁不掉的程度为宜。

B）面层斩剁：面层在斩剁时，应先进行试斩，以石碴不脱落为准。一般棱角及分格缝周边留15～20mm不剁。

C）斩剁方法：斩剁应由上到下、由左到右进行，先剁转角和四周边缘，后剁中间墙面。转角和四周剁水平纹，中间剁垂直纹。

2. 门窗工程施工工艺

门窗工程按制作材料不同分为：木门窗、金属门窗（铝合金门窗和钢门窗）、塑钢门窗和特种门窗等。

门窗工程按施工方式不同可分为两类：一类是由工厂预先加工拼装成型，在现场安装。另一类是在现场根据设计要求加工制作即时安装。

（1）门窗安装的一般工艺流程

门窗安装的一般工艺流程如图2-130所示：

弹线找规矩 → 决定门窗框安装位置 → 决定安装标高 → 掩扇、门框安装样板 →

窗框、扇、安装 → 门框安装 → 门扇安装

图2-130 门窗安装的一般工艺流程

（2）木制门窗安装工艺

1）安装方法

门窗的安装有立口法（先立门窗框）和塞口法（后立门窗框）两种。

2）施工工艺要点

A. 结构工程经过监督站验收达到合格后，即可进行门窗安装施工。

B. 依据室内50cm高的水平线检查门窗框安装的标高尺寸，对不符合的结构边棱进行处理。

C. 室内外门框应根据图纸位置和标高安装，为保证安装的牢固，应提前检查预埋木砖数量是否满足要求。

D. 木门框安装应在地面工程和墙面抹灰施工以前完成。

E. 采用预埋带木砖或采用其他连接方法的，应符合设计要求。

F. 弹线安装门窗框扇时，应考虑抹灰层厚度，并根据门窗尺寸、标高、位置及开启方向，在墙上画出安装位置线。有贴脸的门窗立框时，应与抹灰面齐平；

G. 若隔墙为加气混凝土条板时，应按要求预埋木橛，待其凝固后，再安装门窗框。

（3）金属门窗安装工艺

建筑中的金属门窗主要有铝合金门窗、钢门窗和涂色钢板门窗三大类。

1) 铝合金门窗

A. 工艺流程

工艺流程如图 2-131 所示：

```
弹线找规矩 → 门、窗洞口处理 → 安装连接件的检查 → 外观检 →
按要求运至安装地点 → 框安装、保护 → 框四周嵌缝 → 门扇安装 → 清理
```

图 2-131 金属门窗安装工艺流程

铝合金门窗是用经过表面处理的型材，通过选材、下料、打孔、铣槽、攻丝和制框、扇等加工过程而制成的门窗框料构件，再与连接件、密封件和五金配件一起组装而成。

B. 安装方法

铝合金门窗安装一般采用塞口安装法施工。

C. 安装要点

A) 弹线

铝合金门、窗框一般是采取后塞口方法安装。在结构施工期间，应根据设计将洞口尺寸留出。门窗框加工的尺寸应比洞口尺寸略小，门窗框与结构之间的间隙，应视不同的饰面材料而定。抹灰面一般为20mm；大理石、花岗石等板材，厚度一般为50mm。以饰面层与门窗框边缘正好吻合为准，不可让饰面层盖住门窗框。

弹线时应注意：

a. 同一立面的门窗在水平与垂直方向应做到整齐一致。安装前，应先检查预留洞口的偏差。对于尺寸偏差较大的部位，应剔凿或填补处理。

b. 在洞口弹出门、窗位置线。安装前一般是将门窗立于墙体中心线部位，也可将门窗立在内侧。

c. 门的安装，须注意室内地面的标高。地弹簧的表面，应与室内地面饰面的标高一致。

B) 门窗框就位和固定

按弹线确定的位置将门窗框就位，先用木楔临时固定，待检查立面垂直、左右间隙、上下位置等符合要求后，用射钉将铝合金门窗框上的铁脚与结构固定。

C) 填缝

铝合金门窗安装固定后，应按设计要求及时处理窗框与墙体缝隙。若设计未规定具体堵塞材料时，应采用矿棉或玻璃棉毡分层填塞缝隙，外表面留5～8mm深槽口，槽内填嵌缝油膏或在门窗两侧作防腐处理后填1∶2水泥砂浆。

D) 门、窗扇安装

门窗扇的安装，需在土建施工基本完成后进行，框装上扇后应保证框扇的立面在同一平面内，窗扇就位准确，启闭灵活。平开窗的窗扇安装前应先固定窗，然后再将窗扇与窗铰固定在一起；推拉式门窗扇，应先装室内侧门窗扇，后装室外侧门窗扇；固定扇应装在室外侧，并固定牢固，确保使用安全。

2) 涂色镀锌钢板门窗安装工艺

A. 施工工艺流程：施工工艺流程如图 2-132 所示：

弹线找规矩 → 门窗洞口处理 → 门窗洞口预埋铁件的核查 → 拆包检查门窗质量 → 按图纸编号运至安装地点 → 涂色镀锌钢板门窗就位安装 → 门窗四周嵌缝、填保温材料 → 清理 → 质量检验 → 成品保护

图 2-132　涂色镀锌钢板门窗安装工艺流程

B. 弹线找规矩：在最高层找出门窗口边线，用大线坠将门窗口边线引到各层，并在每层窗口处划线、标注，对个别不直的口边应进行处理。高层建筑可用经纬仪打垂直线。门窗口的标高尺寸应以楼层＋50cm 水平线为准往上返，这样可分别找出窗下皮安装标高，及门口安装标高位置。

C. 墙厚方向的安装位置

根据外墙大样及窗台板的宽度，确定涂色镀锌钢板门窗安装位置，安装时应同一房间窗台板外露宽度相同来掌握。

D. 与墙体固定有带副框的门窗安装和不带副框的安装两种方法。

(4) 塑钢门窗安装工艺

塑钢门窗及其附件应符合国家标准，按设计选用。塑钢门窗不得有开焊、断裂等损坏现象，如有损坏，应予以修复或更换。塑钢门窗进场后应存放在有靠架的室内并与热源隔开，以免受热变形。

1) 工艺流程

施工工艺流程如图 2-133 所示：

弹线找规矩 → 门窗洞口处理 → 洞口预埋连接件的检查与核查 → 塑钢门窗外观质量检查 → 按图纸编号要求运至安装地点 → 塑钢门窗就位安装 → 门窗四周嵌缝、填保温材料 → 安装五金配件 → 质量检验 → 清理 → 成品保护

图 2-133　塑钢门窗安装工艺流程

2) 施工工艺要点

安装方法为塞口施工方法。其施工要点为：

A) 检查门窗洞口尺寸是否比门窗框尺寸大 30mm，否则应先行剔凿处理。

B) 按图纸尺寸放好门窗框安装位置线及立口的标高控制线。

C) 安装门窗框上的铁脚。

D) 安装门窗框，并按线就位找好垂直度及标高，并牢固固定。

E) 嵌缝。门窗框与墙体的缝隙应要求填实密封。

F) 门窗附件安装。

G) 安装后注意成品保护。防污染，防电焊火花烧伤及机械损坏面层。

3. 吊顶和隔墙工程施工工艺

(1) 吊顶工程

吊顶是采用悬吊方式将装饰顶棚支承于屋顶或楼板下面。

1) 工艺流程

施工工艺流程如图 2-134 所示：

弹顶棚标高水平线 → 划分龙骨分档线 → 安装管线设施 → 安装大龙骨 → 安装小龙骨 → 防火处理 → 安装罩面板轴 → 安装压条

图 2-134　吊顶安装工艺流程

2）吊顶施工工艺要点

吊顶的构造组成吊顶主要由支承、基层和面层三个部分组成。

A. 木质吊顶施工

A）施工准备

施工准备包括：弹标高水平线、划龙骨分档线、顶棚内管线设施安装，应按顶棚的标高控制，安装完毕后需打压试验和隐蔽验收等。

B）龙骨安装

龙骨安装包括主龙骨的安装和安装小龙骨。

一般而言，大龙骨固定应按设计标高起拱；设计无要求时，起拱一般为房间跨度的 1/200～1/300。

主龙骨与屋顶结构或楼板结构连接主要有三种方式：用屋面结构或楼板内预埋铁件固定吊杆；用射钉将角铁等固定于楼底面固定吊杆；用金属膨胀螺栓固定铁件再与吊杆连接。

C）安装罩面板

木骨架底面安装顶棚罩面板，一般采用固定方式。常用方式有圆钉钉固法、木螺丝拧固法、胶结粘固法等三种。

a. 圆钉钉固法：这种方法多用于胶合板、纤维板的罩面板安装。

b. 木螺丝固定法：这种方法多用于塑钢板、石膏板、石棉板。

c. 胶结粘固法：这种方法多用于钙塑板。每间顶棚先由中间行开始，然后向两侧分行逐块粘贴。

B. 轻金属龙骨吊顶施工

轻金属龙骨按材料分为轻钢龙骨和铝合金龙骨。

A）轻钢龙骨装配式吊顶施工

利用薄壁镀锌钢板带经机械冲压而成的轻钢龙骨即为吊顶的骨架型材。轻钢吊顶龙骨有 U 型和 T 型两种。其中 U 型上人轻钢龙骨安装方法如图 2-135 所示：

a. 施工准备

弹顶棚标高水平线。根据楼层标高水平线，用尺竖向量至顶棚设计标高，沿墙、往四周弹顶棚标高水平线。

划龙骨分档线。按设计要求的主、次龙骨间距布置，在已弹好的顶棚标高水平线上划龙骨分档线。

安装主龙骨吊杆。弹好顶棚标高水平线及龙骨分档位置线后，确定吊杆下端头的标高，按主龙骨位置及吊挂间距，将吊杆无螺栓丝扣的一端与楼板预埋钢筋连接固定。未预埋钢筋时可用膨胀螺栓。

b. 龙骨安装

安装主龙骨：

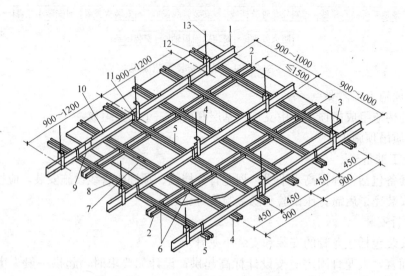

图 2-135 U型龙骨吊顶示意图

1—BD大龙内；2—UZ横撑龙骨；3—吊顶板；4—UZ龙骨；5—UX龙骨；
6—UZ_3支托连接；7—UZ_2连接件；8—UX_2连接件；9—BD_2连接件；
10—UX_1吊挂；11—UX_2吊件；12—BD_1吊件；13—UX_3吊杆 $\phi 8 \sim \phi 10$

配装吊杆螺母。

在主龙骨上安装吊挂件。

安装主龙骨：将组装好吊挂件的主龙骨，按分档线位置使吊挂件穿入相应的吊杆原栓，拧好螺母。

主龙骨相接处装好连接件，拉线调整标高、起拱和平直。

安装洞口附加主龙骨，按图集相应节点构造，设置连接卡固件。

钉固边龙骨，采用射钉固定。设计无要求时，射钉间距为1000mm。

安装次龙骨：

按已弹好的次龙骨分档线，卡放次龙骨吊挂件。

吊挂次龙骨：按设计规定的次龙骨间距，将次龙骨通过吊挂件吊挂在大龙骨上，设计无要求时，一般间距为500～600mm。

当次龙骨长度需多根延续接长时，用次龙骨连接件，在吊挂次龙骨的同时相接，调直固定。

当采用T型龙骨组成轻钢骨架时，次龙骨的卡档龙骨应在安装罩面板时，每装一块罩面板先后各装一根卡档次龙骨。

c. 安装罩面板

罩面板与轻钢骨架固定的方式分为：罩面板自攻螺钉钉固法、罩面板胶结粘固法，罩面板托卡固定法三种。

d. 安装压条与防锈

罩面板顶棚如设计要求有压条，应按拉缝均匀，对缝平整的原则进行压条安装。其固定方法宜用自攻螺钉，螺钉间距为300mm；也可用胶结料粘贴。

轻钢骨架罩面板顶棚，碳钢或焊接处在各工序安装前应刷防锈漆。

B) 铝合金龙骨装配式吊顶施工

铝合金龙骨吊顶按罩面板的要求不同分龙骨底面不外露和龙骨底面外露两种形式；按龙骨结构型式不同分 T 型和 TL 型。TL 型龙骨属于安装饰面板后龙骨底面外露的一种（见图 2-136，图 2-137）。

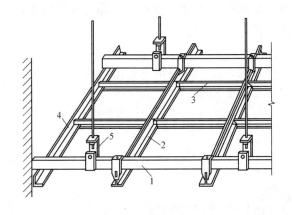

图 2-136　TL 型铝合金吊顶（锚固式）
1—大龙骨；2—大 T；3—小 T；4—角条；5—大吊挂件

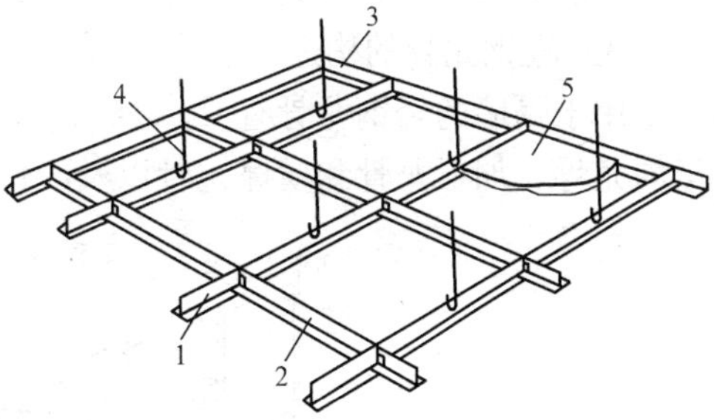

图 2-137　TL 型铝合金不上人吊顶
1—大 T；2—小 T；3—吊件；4—角条；5—饰面板

铝合金吊顶龙骨的安装方法与轻钢龙骨吊顶基本相同。

(2) 顶棚装饰

1) 顶棚装饰的安装方法

顶棚装饰即龙骨和挂件安装完毕后，进行的装饰面板的安装，方法有：搁置法、嵌入法、粘贴法、钉固法、卡固法等。

2) 常见饰面板的安装

铝合金龙骨吊顶与轻钢龙骨吊顶饰面板安装方法基本相同。

A. 石膏饰面板的安装可采用钉固法、粘贴法和暗式企口胶接法。

B. 钙塑泡沫板的主要安装方法有钉固和粘贴两种。

C. 胶合板、纤维板安装应用钉固法。

D. 矿棉板安装的方法主要有搁置法、钉固法和粘贴法。

E. 金属饰面板主要有金属，条板、金属方板和金属格栅。

板材安装方法有卡固法和钉固法。卡固法要求龙骨形式与条板配套；钉固法采用螺钉固定时，后安装的板块压住前安装的板块，将螺钉遮盖，拼缝严密。

方形板可用搁置法和钉固法，也可用铜丝绑扎固定。

格栅安装方法有两种，一种是将单体构件先用卡具连成整体，然后通过钢管与吊杆相连接；另一种是用带卡口的吊管将单体物体卡住，然后将吊管用吊杆悬吊。

金属板吊顶与四周墙面空隙，应用同材质的金属压缝条找齐。

(3) 轻质隔墙工程

1) 隔墙的构造类型

隔墙依其构造方式，可分为砌块式、立筋式和板材式。砌块式隔墙构造方式与黏土砖墙相似，装饰工程中主要为立筋式和板材式隔墙。立筋式隔墙骨架多为木材或型钢（轻钢龙骨、铝合金骨架），其饰面板多为人造板（如胶合板、纤维板、木丝板、刨花板、玻璃等)。板材式隔墙采用高度等于室内净高的条形板材进行拼装,常用的板材有:加气混凝土条板、石膏空心条板、碳化石灰板、石膏珍珠岩板等。这种板材自重轻、安装方便,而且能锯、能刨、能钉。

A. 轻钢龙骨纸面石膏板隔墙施工

轻钢龙骨纸面石膏板墙体具有施工速度快、成本低、劳动强度小、装饰美观及防火、隔声性能好等特点。因此其应用广泛,具有代表性。

A) 轻钢龙骨的构造

用于隔墙的轻钢龙骨有 C_{50}、C_{75}、C_{100} 三种系列,各系列轻钢龙骨由沿顶沿地龙骨、竖向龙骨、加强龙骨和横撑龙骨以及配件组成(见图 2-138)。

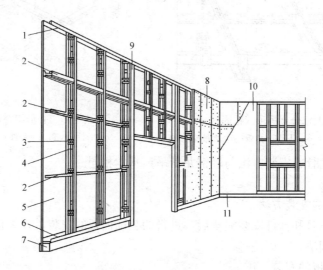

图 2-138 轻钢龙骨纸面石膏板隔墙
1—沿顶龙骨;2—横撑龙骨;3—支撑卡;4—贯通孔;5—石膏板;6—沿地龙骨;
7—混凝土踢脚座;8—石膏板;9—加强龙骨;10—塑钢壁纸;11—踢脚板

B) 轻钢龙骨墙体的施工操作工序

弹线→固定沿地、沿顶和沿墙龙骨→龙骨架装配及校正→石膏板固定→饰面处理。

a. 弹线。根据设计要求确定隔墙的位置、隔墙门窗的位置,包括地面位置、墙面位置、高度位置以及隔墙的宽度。并在地面和墙面上弹出隔墙的宽度线和中心线,按所需龙骨的长度尺寸,对龙骨进行划线配料。按先配长料,后配短料的原则进行。量好尺寸后,用粉饼或记号笔在龙骨上画出切截位置线。

b. 固定沿地、沿顶龙骨。沿地、沿顶龙骨固定前,将固定点与竖向龙骨位置错开,用膨胀螺栓和打木楔钉、铁钉与结构固定,或直接与结构预埋件连接。

c. 骨架连接。按设计要求和石膏板尺寸,进行骨架分格设置,然后将预选切裁好的竖向龙骨装入沿地、沿顶龙骨内,校正其垂直度后,将竖向龙骨与沿地、沿顶龙骨固定起来,固定方法用点焊将两者焊牢,或者用连接件与自攻螺钉固定。

d. 石膏板固定。固定石秆板用平头自攻螺钉,其规范通常为 M4×25 或 M5×25 两种,螺钉间距 200mm 左右。安装时,将石膏板竖向放置,贴在龙骨上用电钻同时把板材与龙骨一起打孔,再拧上自攻螺丝。螺钉要沉入板材平面 2~3mm。

石膏板之间的接缝分为明缝和暗缝两种做法。明缝是用专门工具和砂浆胶合剂勾成立缝。明缝如果加嵌压条，装饰效果较好。暗缝的做法首先要求石膏板有斜角，在两块石膏板拼缝处用嵌缝石膏腻子嵌平，然后贴上50mm的胶带，再用腻子补一道，与墙面刮平。

e. 饰面。待嵌缝腻子完全干燥后，即可在石膏板隔墙表面裱糊墙纸、织物或进行涂料施工。

B. 铝合金隔墙施工技术

铝合金隔墙是用铝合金型材组成框架，再配以玻璃等其他材料装配而成。

其主要施工工序为：弹线→下料→组装框架→安装玻璃。

A）弹线。根据设计要求确定隔墙在室内的具体位置、墙高、竖向型材的间隔位置等。

B）下料。划线在平整干净的平台上，用钢尺和钢划针对型材划线，要求长度误差±0.5mm，同时不要碰伤型材表面。下料时先长后短，并将竖向型材与横向型材分开。沿顶、沿地型材要划出与竖向型材的各连接位置线。划连接位置线时，必须划出连接部位的宽度。

C）组装框架。铝合金隔墙的安装固定半高铝合金隔墙通常先在地面组装好框架后再竖立起来固定，全封铝合金隔墙通常是先固定竖向型材，再安装横档型材来组装框架。铝合金型材相互连接主要用铝角和自攻螺钉，它与地面、墙面的连接，则主要用铁脚固定法。

D）玻璃安装。先按框洞尺寸缩小3～5mm裁好玻璃，将玻璃就位后，用与型材同色的铝合金槽条，在玻璃两侧夹定，校正后将槽条用自攻螺钉与型材固定。安装活动窗口上的玻璃，应与制作铝合金活动窗口同时安装。

此外，还有钢丝网架水泥夹心板轻质隔墙、增强石膏空心条板轻质隔墙等。

4. 饰面工程施工工艺

饰面工程是指把块料面层镶贴（或安装）在墙柱表面以形成装饰层。块料面层的种类基本可分为饰面砖和饰面板两大类。

（1）墙面石材装饰施工

用于饰面的石材有大理石、花岗岩石、青石、人造石及预制水磨石板等。饰面的安装工艺主要有"镶、贴、挂"三种。石材饰面的施工部位常为墙面、柱面、地面、楼梯等的表面。地面的饰面石材常为水泥粘贴安装。墙柱面石材安装，可根据具体情况决定施工方法，一般来说小规格的饰面石材采用粘贴的方法；大规格的饰面板一般采用挂贴法和干挂法安装。

A. 湿法铺贴工艺

湿法铺贴工艺是传统的铺贴方法，即在竖向基体上预挂钢筋网，用铜丝或镀锌铁丝绑扎板材并灌水泥砂浆粘牢。

这种方法的优点是牢固可靠，缺点是工序繁琐，卡箍多样，板材上钻孔易损坏，特别是灌注砂浆易污染板面和使板材移位。

采用湿法铺贴工艺，墙体应设置锚固体。

饰面板的接缝宽度可垫木楔调整，应确保饰面板外表面平整、垂直及板的上沿平顺。每安装好一行横向饰面板后，即进行灌浆。待砂浆初凝后，应检查板面位置。如有移动错位应拆除重新安装；若无移位，方可安装上一行板。施工缝应留在饰面板水平接缝以下 50～100mm 处。

突出墙面的勒脚饰面板安装，应待墙面饰面板安装完工后进行。

待水泥砂浆硬化后，将填缝材料清除。饰面板表面清洗干净。光面和镜面的饰面经清洗晾干后，方可打蜡擦亮。

B. 干法铺贴工艺

干法铺贴工艺，通常称为干挂法施工，即在饰面板材上直接打孔或开槽，用各种形式的连接件与结构基体用膨胀螺栓或其他架设金属连接而不需要灌注砂浆或细石混凝土。饰面板与墙体之间留出 40～50mm 的空腔。这种方法适用于 30m 以下的钢筋混凝土结构基体上，不适用于砖墙和加气混凝土墙。干法铺贴工艺主要采用扣件固定法。

A）扣件固定法

扣件固定法的安装施工步骤如下：

板材切割→磨边→钻孔开槽→涂防水剂→墙面修整→弹线→墙面涂刷防水剂→板材安装→板材固定→板材接缝的防水处理等施工步骤。

安装板块的顺序是自下而上进行，在墙面最下一排板材安装位置的上下口拉两条水平控制线，板材从中间或墙面阳角开始就位安装。先安装好第一块作为基准，其平整度以事先设置的灰饼为依据，用线垂吊直，经校准后加以固定。一排板材安装完毕，再进行上一排扣件固定和安装。板材安装要求四角平整，纵横对缝。

B）干法铺贴工艺主要优点

a. 在风力和地震作用时，允许产生适量的变位，而不致出现裂缝和脱落。

b. 冬期照常施工，不受季节限制。

c. 没有湿作业的施工条件，既改善了施工环境，也避免了浅色板材透底污染的问题以及空鼓、脱落等问题的发生。

d. 可以采用大规格的饰面石材铺贴，从而提高了施工效率。

e. 可自上而下拆换、维修厂无损于板材和连接件，使饰面工程拆改翻修方便。

（2）内墙瓷砖粘贴施工

釉面砖的排列方法有"对缝排列"和"错缝排列"两种。

镶贴墙面时应先贴大面，后贴阴阳角、凹槽等难度较大、耗工较多的部位。

（3）外墙釉面砖镶贴

外墙釉面砖镶贴由底层灰、中层灰、结合层及面层组成。

面砖宜竖向镶贴；一般应对缝排列，接缝宜采用离缝，缝宽不大于 10mm；不宜采用错缝排列。

镶贴顺序应自下而上分层分段进行。

在同一墙面应用同一品种、同一色彩、同一批号的面砖，并注意花纹倒顺。

（4）幕墙的安装工艺

玻璃幕墙主要部分由饰面玻璃和固定玻璃的骨架组成。其主要特点是：建筑艺术效果好，自重轻，施工方便，工期短。不足之处表现为造价高，抗风、抗震性能较弱，能耗较大，对周围环境可能形成光污染。

1）单元式玻璃幕墙的安装工艺

A. 工艺流程

施工工艺流程如图 2-139 所示：

测量放线 → 检查预埋 T 形槽位置 → 穿入螺钉 → 固定牛腿 → 牛腿找正 → 牛腿精确找正 → 焊接牛腿 → 将 V 形和 W 形胶带大致挂好 → 起吊幕墙并垫减震胶垫 → 紧固螺丝 → 调整幕墙平直 → 塞入和热压接防风带 → 安装室内窗台板、内扣板 → 填塞与梁、柱间的防火、保温材料

图 2-139　单元式玻璃幕墙施工工艺流程

B. 施工要点

A) 测量放线：测量放线的目的是确定幕墙安装的准确位置。

B) 牛腿安装：在土建结构施工时，应按设计要求将固定牛腿锁件的 T 形槽在每层楼板（梁、柱）的边缘或墙面上预埋。

牛腿的找正和幕墙安装要采取"四四法"。

C) 幕墙的吊装和调整：幕墙由工厂整榀组装后，要经质检人员检验合格后，采用专用车辆按立运方式运往现场。

幕墙运到现场后，有条件的应立即进行安装就位。否则，应存放箱中或用脚手架木支搭临时存放。

牛腿找正焊牢后即可吊装幕墙，幕墙吊装应由下逐层向上运行。

幕墙吊装就位后，通过紧固螺栓、加垫等方法进行水平、垂直、横向三个方向调整，使幕墙横平竖直，外表一致。

D) 塞焊胶带：幕墙与幕墙之间的间隙，用 V 形和 W 形橡胶带封闭，胶带两侧的圆形槽内，用一条 $\phi6mm$ 圆胶棍将胶带与铝框固定。

胶带遇有垂直和水平接口时，可用专用热压胶带电炉将胶带加热后压为一体。

E) 填塞保温、防火材料。

2) 构件式玻璃幕墙的安装工艺

A. 明框玻璃幕墙安装工艺：

A) 工艺流程

施工工艺流程如图 2-140 所示：

检验、分类堆放幕墙部件 → 测量放线 → 横梁、立柱装配 → 楼层紧固件安装 → 安装立柱并抄平、调整 → 安装横梁 → 安装保温镀锌钢板 → 在镀锌钢板上焊铆螺钉 → 安装层间保温矿棉 → 安装楼层封闭镀锌板 → 安装单层玻璃窗密封条 → 安装单层玻璃 → 安装双层中空玻璃密封条、卡 → 安装双层中空玻璃 → 安装侧压力板 → 镶嵌密封条 → 安装玻璃幕墙铝盖条 → 清扫 → 验收、收工

图 2-140　明框玻璃幕墙施工工艺流程

B) 施工要点

a. 测量放线：立柱由于主体结构锚固，所以位置必须准确，横梁以立柱为依托，在立柱布置完毕后再安装，所以对横梁的弹线可推后进行。

放线结束，必须建立自检、互检与专业人员复验制度，确保万无一失。

预埋件位置的偏差与单元式安装相同。

b. 装配铝合金主、次龙骨（立柱、横梁）：这项工作可在室内进行。主要是装配好竖向主龙骨紧固件之间的连接件、横向次龙骨的连接件、安装镀锌钢板、主龙骨之间接头的内套管、外套管以及防水胶等。装配好横向次龙骨与主龙骨连接的配件及密封橡胶、垫等。

c. 安装主、次龙骨（立柱、横梁）：常用，一种是将骨架立柱型钢连接件与预埋铁件依弹线位置焊牢；另一种是将立柱型钢连接件与主体结构上的膨胀螺栓锚固等两种固定办法。

d. 玻璃幕墙其他主要附件安装：有热工要求的幕墙，保温部分宜从内向外安装；固定防火保温材料应锚钉牢固，防火保温层应平整，拼接处不应留缝隙；冷凝水排出管及附件应与水平构件预留孔连接严密；其他通气留槽孔及雨水排出口等应按设计施工，不得遗漏。

e. 玻璃安装：幕墙玻璃的安装，由于骨架结构不同的类型，玻璃固定方法也有差异。横梁装配玻璃与立柱在构造上不同，横梁支承玻璃的部分呈倾斜，要排除因密封不严流入凹槽内的雨水，外侧须用一条盖板封住。

B. 隐框玻璃幕墙安装工艺：

A）施工顺序

施工工艺流程如图 2-141 所示：

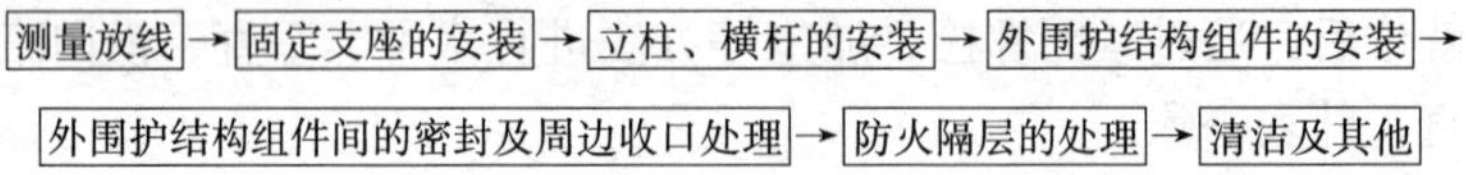

测量放线 → 固定支座的安装 → 立柱、横杆的安装 → 外围护结构组件的安装 → 外围护结构组件间的密封及周边收口处理 → 防火隔层的处理 → 清洁及其他

图 2-141 隐框玻璃幕墙施工工艺流程

其中外围护结构组件的安装及其之间的密封，与明框玻璃幕墙不同。

B）施工要点

a. 外围护结构组件的安装：在立柱和横杆安装完毕后，就开始安装外围护结构组件。在安装前，要对外围护结构件进行认真的检查，其结构胶固化后的尺寸要符合设计要求，同时要求胶缝饱满平整，连续光滑，玻璃表面不应有超标准的损伤及脏物。

外围护结构件的安装主要有两种形式，一为外压板固定式；二为内勾块固定式。

b. 外围护结构组件调整、安装固定后，开始逐层实施组件间的密封工序首先检查衬垫材料的尺寸是否符合设计要求。衬垫材料多为闭孔的聚乙烯发泡体。

放置衬垫时，要注意衬垫放置位置的正确。过深或过浅都影响工程的质量。

3）点支承玻璃幕墙的安装工艺

A. 钢结构的安装

A）安装前，应根据甲方提供的基础验收资料复核各项数据，并标注在检测资料上。预埋件、支座面和地脚螺栓的位置、标高的尺寸偏差应符合相关的技术规定及验收规范，钢柱脚下的支承预埋件应符合设计要求，需填垫钢板时，每叠不得多于 3 块。

B）钢结构的复核定位应使用轴线控制点和测量的标高基准点，保证幕墙主要竖向构件及主要横向构件的尺寸允许偏差符合有关规范及行业标准。

C）构件安装时，对容易变形的构件应作强度和稳定性验算，必要时采取加固措施，安装后，构件应具有足够的强度和刚度。

D) 确定几何位置的主要构件，如柱、桁架等应吊装在设计位置上，在松开吊挂设备后应做初步校正，构件的连接接头必须经过检查合格后，方可紧固和焊接。

E) 对焊缝要进行打磨，消除棱角和夹角，达到光滑过渡。钢结构表面应根据设计要求喷涂防锈、防火漆，或加以其他表面处理。

F) 对于拉杆及拉索结构体系，应保证支承杆位置的准确，一般允许偏差在±1mm，紧固拉杆（索）或调整尺寸偏差时，宜采用先左后右，由上至下的顺序，逐步固定支承杆位置，以单元控制的方法调整校核，消除尺寸偏差，避免误差积累。

G) 支承钢爪安装：支承钢爪安装时，要保证安装位置偏差在±1mm内，支承钢爪在玻璃重量作用下，支承钢爪系统会有位移，可用以下两种方法进行调整：

a. 如果位移量较小，可以通过驳接件自行适应，则要考虑支承杆有一个适当的位移能力。

b. 如果位移量大，可在结构上加上等同于玻璃重量的预加载荷，待钢结构位移后再逐渐安装玻璃。

支承钢爪的支承点宜设置球铰，支承点的连接方式不应阻碍面板的弯曲变形。

B. 拉索及支撑杆的安装

A) 拉索和支撑杆的安装过程中要掌握好施工顺序，安装必须按"先上后下，先竖后横"的原则进行安装：

a. 竖向拉索的安装：根据图纸给定的拉索长度尺寸加1～3mm从顶部结构开始挂索呈自由状态，待全部竖向按索安装结束后进行调整，调整顺序也是先上后下，按尺寸控制单元逐层将支撑杆调整到位。

b. 横向拉索的安装：待竖向拉索安装调整到位后连接横向拉索，横向拉索在安装前应先按图纸给定的长度尺寸加长1～3mm呈自由状态，先上后下单元逐层安装，待全部安装结束后调整到位。

B) 支撑杆的定位、调整：在支撑杆的安装过程中必须对杆件的安装定位几何尺寸进行校核，前后索长度尺寸严格按图纸尺寸调整，保证支撑连接杆与玻璃平面的垂直度。

C) 拉索的预应力设定与检测：用于固定支撑杆的横向和竖向拉索在安装和调整过程中必须提前设置合理的内应力值，才能保证在玻璃安装后受自重荷载的作用下结构变形在允许的范围内。

D) 配重检测：由于幕墙玻璃的自重荷载的所受力的其他荷载都是通过支撑杆传递到支承结构上的，为确保结构安装后在玻璃安装时拉杆系统的变形在允许范围内，必须对支撑杆上进行配重检测。

C. 玻璃的安装

A) 检查校对钢结构的垂直度、标高、横梁的高度和水平度等是否符合设计要求。

B) 用钢刷局部清洁钢槽表面及底泥土、灰尘等杂物。

C) 清洁玻璃及吸盘上的灰尘，并根据玻璃重量及吸盘规格确定吸盘个数。

D) 检查支承钢爪的安装位置是否准确。

E) 现场安装玻璃时，应先将支承头与玻璃在安装平台上装配好，然后再与支承钢爪进行安装，确保支承处的气密性和水密性。

F）现场组装后，应调上下左右的位置，保证玻璃水平偏差在允许范围内。

G）玻璃全部调整好后，应进行整体里面平整度的检查，确认无误后，方能打胶密封。

5. 地面工程施工工艺

（1）整体面层地面施工

1）水泥砂浆地面

水泥砂浆地面面层的厚度应不小于 20mm，一般用硅酸盐水泥、普通硅酸盐水泥，水泥强度等级不低于 32.5 级，用中砂或粗砂配制，配合比为 1:2～1:2.5（体积比）。

面层施工前，先按设计要求测定地坪面层标高，校正门框，将垫层清扫干净洒水湿润，表面比较光滑的基层，应进行凿毛，并用清水冲洗干净。铺抹砂浆前，应在四周墙上弹出一道水平基准线，作为确定水泥砂浆面层标高的依据。面积较大的房间，应根据水平基准线在四周墙角处每隔 1.5～2m 用 1:2 水泥砂浆抹标志块，以标志块的高度做出纵横方向通长的标筋来控制面层厚度。

面层铺抹前，先刷一道含 4%～5% 的 108 胶素水泥浆，随即铺抹水泥砂浆，用刮尺赶平，并用木抹子压实，在砂浆初凝后终凝前，用铁抹子反复压光三遍。砂浆终凝后用锯末等铺盖，洒水养护。当施工大面积的水泥砂浆面层时，应按设计要求留分格缝，防止砂浆面层产生不规则裂缝。

水泥砂浆面层强度小于 5MPa 之前，不准上人行走或进行其他作业。

2）细石混凝土地面

细石混凝土地面可以克服水泥砂浆地面干缩较大的弱点。这种地面强度高，干缩值小。与水泥砂浆面层相比，它的耐久性更好，但厚度较大，一般为 30～40mm。混凝土强度等级不低于 C20，所用粗骨料要求级配适当，粒径不大于 15mm，且不大于面层厚度的 2/3。用中砂或粗砂配制。

细石混凝土面层施工的基层处理和找规矩的方法与水泥砂浆面层施工相同。

铺细石混凝土时，应由里向门口方向进行铺设，按标志筋厚度刮平拍实后，稍待收水，即用钢抹子预压一遍，待进一步收水，即用铁滚筒滚压 3～5 遍或用表面振动器振捣密实，直到表面泛浆为止，然后进行抹平压光。细石混凝土面层与水泥砂浆基本相同，必须在水泥初凝前完成抹平工作，终凝前完成压光工作，要求其表面色泽一致，光滑无抹子印迹。

钢筋混凝土现浇楼板或强度等级不低于 C15 的混凝土垫层兼面层时，可用随捣随抹的方法施工，在混凝土楼地面浇捣完毕，表面略有吸水后即进行抹平压光。混凝土面层的压光和养护时间和方法与水泥砂浆面层同。

3）现制水磨石地面

A. 水磨石地面构造

水磨石地面构造如图 2-142 所示。

图 2-142 水磨石地面构造

水磨石地面面层施工，一般是在完成顶棚、墙面等抹灰后进行。也可以在水磨石楼、地面磨光两遍后再进行顶棚、墙面抹灰，但对水磨石面层必须在最后进行磨光打蜡并采取相应的保护措施。

B. 水磨石地面施工工艺流程

基层清理→浇水冲洗湿润→设置标筋→铺水泥砂浆找平层→养护→清理基层→弹分格线→嵌分格条→养护镶嵌分格条的水泥砂浆→清理、修理分格条内基层→刷水泥素浆结合层→铺抹水泥石子浆→清边拍实→滚筒滚压→抹平→养护→研磨、补浆、养护→清洗晾干→打蜡抛光→验收交工。

水磨石面层所用的石子应用质地密实、磨面光亮，如硬度不大的大理石、白云石等。石子应洁净无杂质，石子粒径一般为4~12mm；白色或浅色的水磨石面层，应采用白色硅酸盐水泥，深色的水磨石面层应采用普通硅酸盐水泥或矿渣硅酸盐水泥，其强度等级不低于32.5级，水泥中掺入的颜料应选用遮盖力强、耐光性、耐候性、耐水性和耐酸碱性好的矿物颜料。掺量不大于水泥用量的12%为宜。

C. 施工要点

A）基层处理：将混凝土基层上的浮灰、污物清理干净。

B）抹底灰：抹底灰前地漏或安装管道处要临时堵塞。在基层清理好后，应刷以水灰比为0.4~0.5的水泥浆。并根据墙上水平基准线，纵横相隔1.5~2m，用1:2水泥砂浆做出标志块，待标志块达到一定强度后，以标志块为高度做标筋，标筋宽度为8~10cm，待标筋砂浆凝结、硬化后，即可铺设底灰（其目的是找平）。然后用木抹子搓实，至少两遍。24h后洒水养护。其表面不用压光，要求平整、毛糙、无油渍。

C）弹线、镶条：待底灰有一定强度后，方可进行弹线分格。先在底灰表面按设计要求弹上纵横垂直线或图案分格墨线，然后按墨线固定嵌条（铜条或玻璃条），并予以埋牢。如图2-143所示。

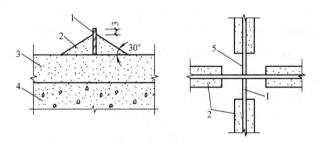

图2-143 分格嵌条设置
1—分格条；2—素水泥浆；3—水泥砂浆找平层；
4—混凝土垫层；5—40~50mm内不抹素水泥浆

水磨石分格条的嵌固是一道很重要的工序，应特别注意水泥浆的粘嵌高度和水平方向的角度。

D）罩面：分格条固定3d左右，待分格条稳定，便可抹面灰。

首先应清理找平层（底灰），对于浮灰渣或破碎分格条要清扫干净。为了面层砂浆与底灰粘结牢固，在抹面层前湿润找平层，然后再刷一道素水泥浆。抹面层宜自里向外，抹完一块，用铁抹子轻轻拍打，再将其抹平。最后用小靠尺搭在两侧分格条上，检查平整度与标高，最后用滚筒滚压。

如果局部超高，用铁抹子将多余部分挖掉，再将挖去的部分拍打抹平。用抹子拍打用力要适度，以面平和石粒稳定即可，面层抹灰宜比分格条高出1~2mm，待磨光后，面层与分格条能够保持一致。

如果采用美术水磨石，宜先将同一色彩的面层砂浆抹完，再做另一种色彩，免得相混或色彩上有差异。在同一地面中使用深浅不同的面层，铺灰时宜先铺深色部分，再铺浅色部分。面层颜料的搅拌与掺量，石粒不同规格与不同色彩的掺量，应由专人负责。特别是添加的颜料数量，应严格计量。颜料拌入水泥中，先干拌均匀，然后再将洗净的石粒与水泥搅拌。水泥石粒浆的稠度为6cm左右。大面积施工前宜先做小样板，经设计单位确认后，方可大面积施工。

E）水磨：水磨的主要目的是将面层的水泥浆磨掉，将表面的石粒磨平。

水磨石大面积施工宜用磨石机研磨，小面积、边角处，可用小型湿式磨光机研磨或手工研磨，石磨盘下应边磨边加水，对磨下的石浆应及时清除。

水磨石面一般采用"二浆三磨"法，即整修研磨过程中磨光三遍，补浆二次。

水磨主要控制两点：一是控制好开磨时间（表2-44）；二是掌握好水磨的遍数。水磨石的开磨时间与水泥强度和气温高低有关，应先试磨，在石子不松动后方可开磨。开磨早，水泥石粒浆强度太低，则造成石粒松动甚至脱落。开磨时间晚，水泥石粒浆强度高，给磨光带来困难，要想达到同样的效果，花费的时间相应地要长一些。

水磨石面层开磨参考时间表　　　　表2-44

平均温度（℃）	开磨时间(d)	
	机　磨	人　工　磨
20～30	2～3	1～2
10～20	3～4	1.5～2.5
5～10	5～6	2～3

F）打蜡抛光：目的是使水磨石地面更光亮、光滑、美观。同时也因表面有一层薄蜡而易于保养与清洁。

打蜡前，为了使蜡液更好地同面层粘结，要对面层进行草酸擦洗。

打蜡常用办法：一是用棉纱蘸成品蜡向表面满擦一层，待干燥后，用磨石机扎上磨袋卷，磨擦几遍，直到光亮为止。另一种是将成品蜡抹在面层，用喷灯烤，使熔化的蜡液渗到孔隙内，然后再磨光。

打蜡后须进行养护。

（2）板块面层铺设施工

块材地面是在基层上用水泥砂浆或水泥浆铺设块料面层（如陶瓷地砖、预制水磨石板、花岗石板、大理石板等）形成的楼地面。

1）大理石板、花岗石板及预制水磨石板地面铺贴施工工艺

A. 地面施工前应进行选材，并将板材（特别是预制水磨石板）浸水湿润后晾干。铺贴时，板材的底面以有湿润感为宜。

B. 摊铺结合层：即在基层或找平层上刷一道掺有4％～5％108胶的素水泥浆，水灰比为0.4～0.5。随刷随铺水泥砂浆结合层，厚度10～15mm，每次铺2～3块板面积为宜，并对照拉线将砂浆刮平。

C. 铺贴施工时，要将板块四角同时着浆，四角平稳下落，对准纵横缝后，用木槌敲

击中部使其密实、平整，准确就位。

D. 对铺贴有灌缝、嵌铜条要求的地面，应先将相邻两块板铺贴平整，留出嵌条缝隙，然后向缝内灌水泥砂浆，将铜条敲入缝隙内，使其外露部分略高于板面即可，然后擦净挤出的砂浆。

对于不设镶条的地面，应在铺完 24h 后洒水养护，2d 后进行灌缝，灌缝力求达到紧密。

E. 上蜡磨亮板块铺贴完工，待结合层砂浆强度达到 60%～70%即可打蜡抛光，3d 内禁止上人走动。

2）陶瓷地砖铺贴施工工艺

铺贴前应先将地砖浸水湿润后晾干备用，以地砖表面有潮湿感但手按无水迹为准。

A. 在基层（楼层的结构层、地面的垫层），铺设 1∶3 水泥砂浆找平层（做法同水磨石地面）。

B. 弹线定位：根据设计要求弹出铺设面的标高线和平面的分块或十字中线。

C. 铺贴地砖：先洒水湿润找平层，再用 1∶2 水泥砂浆摊抹于找平层上作结合层，按定位线的位置铺于地面结合层上，用橡皮槌或木槌敲击地砖表面，使之与地面标高线吻合并达到密实，边贴边用水平尺检查平整度。

D. 擦缝：地面铺贴完成后，养护 1～2d 后再进行擦缝，擦缝时用水泥（或白水泥）调成干团，擦入缝隙中，使地砖的拼缝内填满水泥，再将砖面擦净。

3）塑钢地面施工

塑钢地面按其材料的外形分为块材或卷材两种；按材质来分有软质、半硬质和硬质三种；按材料的结构分有单层、双层复合、多层复合三种。

A. 半硬质聚氯乙烯塑钢地板（PVC 地板）施工

塑钢地板块材应平整、光滑、无裂缝、色泽均匀、厚薄一致、边缘平直，板内不允许有杂物、气泡，并符合相应产品的各项技术指标。

胶粘剂常与地板配套供应，一般可按使用说明使用，铺贴时使用的主要工具有：梳形刮刀，橡胶双滚筒（或单滚筒）、橡皮榔头、橡胶压边滚筒、裁切刀、划线器等

塑钢板材地面要求基层必须平整、结实，有足够强度，干燥（含水率不大于 8%），无污垢灰尘或其他杂质。

A）施工工艺流程

基层清理→弹线→预铺（干摆）→涂胶→铺贴地面板块→铺贴踢脚板→表面清理→打蜡光洁→保护成品→验收交工。

B）施工方法

a. 弹线、分格、定位。以房间中心点为基准，弹出相互垂直的两条定位线。定位线有丁字、十字和对角等形式。然后根据板块尺寸和房间的长度尺寸，弹出分格线和四周加条边线。

b. 脱脂除蜡、裁切、试铺。将塑钢板放进 75℃左右的热水中浸泡 10～20min，取出晾干，再用棉纱蘸 1∶8 的丙酮汽油混合溶液涂刷进行脱脂除蜡。

c. 根据分格情况，在塑钢地板脱脂除蜡后进行试铺，试铺合格后，按顺序编号，以备正式铺贴。

d. 涂胶。将基层清理干净后先涂刷一层薄而均匀的底子胶（按原胶粘剂的重量加10%汽油和10%的醋酸乙酯搅拌均匀而成），干燥后将胶粘剂用梳齿形涂胶刀均匀地涂刮在塑钢地板背面和基层上，要求涂刮均匀，齿锋明显，涂刮面积一次不宜过大，一般以一排地板的宽度为宜。胶粘剂涂刮后在室温下暴露在空气中，使溶剂部分挥发，至胶层表面手触不粘手时，即可进行铺贴。

e. 地板铺贴。铺贴顺序是：先铺定位块和定位带，而后由里向外，或由中心向四周进行。铺贴时，将板材正面向上，轻轻放在已刮胶的基层上再双手向下挤出，相邻两块的接缝要平整严密。每铺贴 2~3 排后，及时用橡胶滚筒滚压，将粘结层中的气体赶出，以增强块材与基层的粘结力。

f. 踢脚板铺贴。踢脚板上口应弹线，在踢脚板粘贴面和墙面上同时刮胶，胶晾干后从门口开始铺贴。遇阴角时，踢脚板下口应剪去一个三角形切口，以保证贴的平整。

g. 表面清理。铺贴结束后，根据粘贴种类用毛巾或棉纱蘸松香水或工业酒精等擦拭表面残留或多余的胶液，用橡胶压边滚筒再一次压平压实，养护 3 天后打蜡即可。

B. 软质聚氯乙烯卷材地面施工

软质塑钢卷材地面胶粘时，基层处理、刮胶和铺贴的方法与半硬质块材基本相同。

软质聚氯乙烯卷材在铺前应做预热处理，放入 75℃ 左右热水浸泡约 10~20min，至板面全部变软并伸平后取出晾干待用，但不得使用炉火或电热炉预热。

塑钢卷材应根据卷材幅度、每卷长度、花饰、设计要求和房间尺寸决定纵铺或横铺。一般以缝少为好。

塑钢卷材刮胶的方法与上述相同，铺贴时四人分两边同时将卷材提起，按预先弹好的搭接线，先将一端放下，再逐渐顺线铺设，若离线时应立即掀起移动调整，铺正后从中间往两边用手和橡胶滚筒滚压赶平，若有未赶出的气泡，应将前端掀起赶出。

4）木地板施工

A. 木地板施工工艺

木地板施工根据条板（又称普通木地板）和拼花木地板按构造方法不同，通常有架铺和实铺两种（图 2-144）。

架铺由木搁栅、企口板、剪刀撑等组成，即在地面上先做出木搁栅，然后在木搁栅上铺贴基面板，最后在基面板上镶铺面层木地板；实铺是在建筑物楼、地面上直接拼铺木地板。

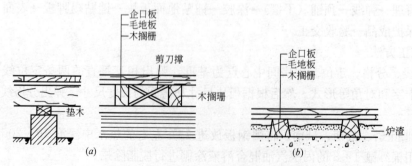

图 2-144 木板面层构造做法示意图
(a) 架铺式；(b) 实铺式

施工工艺：安装木搁栅→钉木地板→刨平→净面细刨、磨光→安装踢脚板

B. 施工工艺要点

A）安装木搁栅

架铺法：在砖砌基础墙上和地垄墙上垫放通长沿椽木，用预埋的钢丝将其捆绑好，并在沿椽木表面划出各搁栅的中线，然后将搁栅对准中线摆好，端头离开墙面约30mm的缝隙，依次将中间的搁栅摆好，当顶面不平时，可用垫木或木楔在搁栅底下垫平，并将其钉牢在沿缘木上，为防止搁栅活动，应在固定好的木搁栅表面临时钉设木拉条，使之互相牵拉着，搁栅摆正后，在搁栅上按剪刀撑的间距弹线，然后按线将剪刀撑钉于搁栅侧面，同一行剪刀撑要对齐顺线，上口齐平。

实铺法：楼层木地板的铺设，通常采用实铺法施工。应先在楼板上弹出各木搁栅的安装位置线（间距约400mm）及标高。将搁栅（断面呈梯形，宽面在下）放平、放稳，并找好标高，将预埋在楼板内的铁丝拉出，捆绑好木搁栅（如未预埋镀锌钢丝，可按设计要求用膨胀螺栓等方法固定木搁栅），然后把干炉渣或其他保温材料塞满两搁栅之间。

B）钉木地板

空铺的条板铺钉方法为剪刀撑钉完之后，可从墙的一边开始铺钉企口条板，靠墙的一块板应离墙面有10～20mm缝隙，以后逐块排紧，用钉从板侧凹角处斜向钉入，钉长为板厚的2～2.5倍，钉帽要砸扁，企口条板要钉牢、排紧。板的排紧方法一般可在木搁栅上钢扒钉1只，在扒钉与板之间夹一对硬木楔，打紧硬木楔就可以使板排紧。钉到最后一块企口板时，因无法斜着钉，可用明钉钉牢，钉帽要砸扁，冲入板内。企口板的接头要在搁栅中间，接头要互相错开，板与板之间应排紧，搁栅上临时固定的木拉条，应随企口板的安装随时拆去，铺钉完之后及时清理干净，先应垂直木纹方向粗刨一遍，再依顺木纹方向细刨一遍。

实铺条板铺钉方法同空铺。

拼花木地板铺钉：硬木地板下层一般都钉毛地板，可采用纯棱料，其宽度不宜大于120mm，毛地板与搁栅成45°或30°方向铺钉，并应斜向钉牢，板间缝隙不应大于3mm，毛地板与墙之间应留10～20mm缝隙，每块毛地板应在每根搁栅上各钉两个钉子固定，钉子的长度应为板厚的2.5倍。铺钉拼花地板前，宜先铺设一层沥青纸（或泊毡），以隔声和防潮用。

在铺钉硬木拼花地板前，应根据设计要求的地板图案，一般应在房间中央弹出图案墨线，再按墨线从中央向四边铺钉。有镶边的图案，应先钉镶边部分，再从中央向四边铺钉，各块木板应相互排紧，对于企口拼装的硬木地板，应从板的侧边斜向钉入毛地板中，钉头不要露出；钉长为板厚的2～2.5倍，当木板长度小于30cm时，侧边应钉两个钉子，长度大于30cm时，应钉入3个钉子，板的两端应各钉1个钉固定。板块间缝隙不应大于0.3mm，面层与墙之间缝隙，应以木踢脚板封盖。钉完后，清扫干净刨光，刨刀吃口不应过深，防止板面出现刀痕。

拼花地板粘结：采用沥青胶结料铺贴拼花木板面层时，其下一层应平整、洁净、干燥，并应先涂刷一遍同类底子油，然后用沥青胶结料随涂随铺，其厚度宜为2mm，在铺贴时，木板块背面亦应涂刷一层薄而均匀的沥青胶结料。

当采用胶粘剂铺贴拼花板面层时，胶粘剂应通过试验确定。胶粘剂应存放在阴凉通

风、干燥的室内。超过生产期 3 个月的产品，应取样检验，合格后方可使用，超过保质期的产品，不得使用。

C) 净面细刨、磨光

地板刨光宜采用地板刨光机（或六面刨），转速在 5000r/min 以上。长条地板应顺水纹刨，拼花地板应与地板木纹成 45°斜刨。刨时不宜走得太快，刨口不要过大，要多走几遍，地板机不用时应先将机器提起关闭，防止啃伤地面。机器刨不到的地方要用手刨，并用细刨净面。地板刨平后，应使用地板磨光机磨光，所用砂布应先粗后细，砂布应绷紧绷平，磨光方向及角度与刨光方向相同。

木地板油漆、打蜡详见装饰工程木地板油漆工艺标准。

D) 木踢脚板安装

木踢脚应提前刨光，在靠墙的一面开成凹槽，并每隔 1m 钻直径 6mm 的通风孔，在墙上应每隔 75cm 砌防腐木砖，在防腐木砖外面钉防腐木块，再把踢脚板用明钉钉牢在防腐木块上，钉帽砸扁冲入木板内，踢脚板板面要垂直，上口至水平，在木踢脚板与地板交角处，钉三角木条，以盖住缝隙。木踢脚板阴阳角交角处应切割成 45°角后再进行拼装，踢脚板的接头应固定在防腐木块上（图 2-145）。

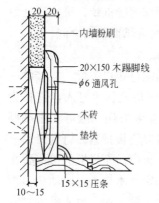

图 2-145 木踢脚板安装

6. 涂饰工程施工工艺

涂料（油漆）是装饰工程中的一个部分，它往往是起给建筑或建筑产品最后的增光添彩的作用。

油漆在我国已有上千年的历史。在当今对建筑外表涂饰的材料都叫涂料时，把它也列入涂料这个范围中，但它是属于油性涂料。除油漆外，还有其他的涂饰材料，有水性的、水胶质性的等不同品种。涂料施工，一般而言由油漆工来承担施工作业，但在用水泥胶粘材料作外墙涂饰时，又往往由抹灰工来完成这项任务。

涂饰工程施工的基本工序有：基层处理、打底子、刮腻子、磨光、涂刷涂料等，根据质量要求的不同，涂料工程分为普通、中级和高级三个等级。

涂料主要由胶黏剂、颜料、溶剂和辅助材料等组成。涂料的品种繁多，按装饰部位不同有内墙涂料、外墙涂料、顶棚涂料、地面涂料；按成膜物质不同有油性涂料（也称油漆）、有机高分子涂料、无机高分子涂料、有机无机复合涂料；按涂料分散介质不同有：溶剂型涂料、水性涂料、乳液涂料（乳胶漆）。

涂料工程施工技术要点：

1) 基层处理

混凝土和抹灰表面为：基层表面必须坚实平整，无酥板、脱层、起砂、粉化等现象，否则应铲除。

木材表面：应先将木材表面上的灰尘，污垢应清除，并把木材表面的缝隙、毛刺等用腻子填补磨光。

金属表面：将灰尘、油渍、锈斑、焊渣、毛刺等清除干净。

2) 涂料施工

涂料施工主要操作方法有：刷涂、滚涂、喷涂、刮涂、弹涂、抹涂等。

A. 刷涂：是人工用刷子蘸上涂料直接涂刷于被饰涂面。要求：不流、不挂、不皱、不漏、不露刷痕。刷涂一般不少于两道，应在前一道涂料表面干后再涂刷下一道。

B. 滚涂：是利用涂料辊子蘸上少量涂料，在基层表面上下垂直来回滚动施涂。阴角及上下口一般需先用排笔、鬃刷刷涂。滚涂是在底层上均匀地抹一层厚为2～3mm带色的聚合物水泥浆，随即用平面或刻有花纹的橡胶、泡沫塑钢磙子在罩面层上直上直下施滚涂拉，并一次成活滚出所需花纹。滚涂方法有干滚和湿滚两种。干滚法是磙子上下一个来回后再向下滚一遍，达到表面均匀拉毛即可，滚出的花纹较粗，但功效较高；湿法为磙子蘸水水上墙，并保持整个表面水量一致，滚出花纹。待面层干燥后，喷涂有机硅水溶液形成饰面。

C. 喷涂：是一种利用压缩空气将涂料制成雾状（或粒状）喷出，涂于被饰涂面的机械施工方法。涂层一般两遍成活，横向喷涂一遍，竖向再涂一遍。两遍之间间隔时间由涂料品种及喷涂厚度而定，要求涂膜应厚薄均匀、颜色一致、平整光滑，不出现露底、皱纹、流挂、钉孔、气泡和失光现象。

D. 刮涂：是利用刮板，将涂料厚浆均匀地批刮于涂面上，形成厚度为1～2mm的厚涂层。这种施工方法多用于地面等较厚层涂料的施涂。刮涂地面施工时，为了增加涂料的装饰效果，可用划刀或记号笔刻出席纹、仿木纹等各种图案。

E. 弹涂：弹涂时在基层上喷刷一遍掺有108胶的聚合物水泥色浆涂层，然后用弹涂器分几遍将不同色彩的聚合物水泥浆弹在已涂刷的涂层上，形成1～3mm大小的扁圆花点。通过不同颜色的组合和浆点所形成的质感，相互交错，有近似于干粘石的装饰效果；也有做成色光面、细麻面、小拉毛拍平等多种花色。

F. 抹涂：先在基层刷涂或滚涂1～2道底涂料，待其干燥后，使用不锈钢抹灰工具将饰面涂料抹到底层涂料上。一般抹1～2遍，间隔1h后再用不锈钢抹子压平。涂抹厚度内墙为1.5～2mm，外墙2～3mm。在工厂制作组装的钢木制品和金属构件，其涂料宜在生产制作阶段施工，最后一遍安装后在现场施涂。现场制作的构件，组装前应先施涂一遍底子油（干油性且防锈的涂料），安装后再施涂。

7. 装饰施工中的质量要求及通病防治

（1）装饰施工中的质量要求

1）抹灰工程的质量要求

A. 主控项目

主控项目见表2-45。

一般抹灰工程主控项目　　　　表2-45

项次	项　目	检验方法
1	抹灰前基层表面的尘土、污垢、油渍等应清除干净，并应洒水润湿	检查施工记录
2	一般抹灰所用材料的品种和性能应符合设计要求。水泥的凝结时间和安定性复验应合格。砂浆的配合比应符合设计要求	检查产品合格证书、进场验收记录、复验报告和施工记录
3	抹灰工程应分层进行。当抹灰总厚度大于或等于35mm时，应采取加强措施。不同材料基体交接处表面的抹灰，应采取防止开裂的加强措施，当采用加强网时，加强网与各基体的搭接宽度不应小于100mm	检查隐蔽工程验收记录和施工记录
4	抹灰层与基层之间及各抹灰层之间必须粘结牢固，抹灰层应无脱层、空鼓，面层应无爆灰和裂缝	观察，用小锤轻击检查，检查施工记录

B. 一般项目

A) 一般抹灰工程的表面质量应符合下列规定：

a. 普通抹灰表面应光滑、洁净、接搓平整，分格缝应清晰。

b. 高级抹灰表面应光滑、洁净、颜色均匀、无抹纹，分格缝和灰线应清晰美观。

B) 护角、孔洞、槽、盒周围的抹灰表面应整齐、光滑；管道后面的抹灰表面应平整。

C) 抹灰层的总厚度应符合设计要求：水泥砂浆不得抹在石灰砂浆层上，罩面石膏灰不得抹在水泥砂浆层上。

D) 抹灰分格缝的设置应符合设计要求，宽度和深度应均匀，表面应光滑，棱角应整齐。

E) 有排水要求的部位应做滴水线（槽）。滴水线（槽）应整齐顺直，滴水线应内高外低，滴水槽的宽度和深度均不应小于10mm。

F) 一般抹灰工程质量的允许偏差和检验方法应符合表2-46的规定。

一般抹灰的允许偏差和检验方法　　　　　　　　　　　　表2-46

项次	项　　目	允许偏差(mm)		检　验　方　法
		普通抹灰	高级抹灰	
1	立面垂直度	4	3	用2m垂直检测尺检查
2	表面平整度	4	3	用2m靠尺和塞尺检查
3	阴阳角方正	4	3	用直角检测尺检查
4	分格条(缝)直线度	4	3	拉5m线，不足5m拉通线，用钢直尺检查
5	墙裙、勒脚上口直线度	4	3	拉5m线，不足5m拉通线，用钢直尺检查

2) 饰面施工质量要求

A. 主控项目

主控项目见表2-47。

饰面板主控项目　　　　　　　　　　　　表2-47

项次	项　　目	检　验　方　法
1	饰面板的品种、规格、颜色和性能应符合设计要求，木龙骨、木饰面板和塑钢饰面板的燃烧性能等级应符合设计要求	观察；检查产品合格证书、进场验收记录和性能检测报告
2	饰面板孔、槽的数量、位置和尺寸应符合设计要求	检查进场验收记录和施工记录
3	饰面板安装工程的预埋件（或后置埋件）、连接件的数量、规格、位置、连接方法和防腐处理必须符合设计要求。后置埋件的现场拉拔强度必须符合设计要求。饰面板安装必须牢固	手扳检查；检查进场验收记录、现场拉拔检测报告、隐蔽工程验收记录和施工记录

B. 一般项目

一般项目见表2-48。

3) 涂饰工程施工质量要求

涂料工程应待涂层完全干燥后，方可进行验收。验收时，应检查所用的材料品种、颜色应符合设计和选定的样品要求。

施涂薄涂料表面的质量，应符合表2-49的规定；施涂厚涂料表面的质量，应符合表2-50的规定；施涂复层涂料表面的质量，应符合表2-51的规定；施涂溶剂型色漆表面的质量，应符合表2-52的规定；施涂清漆表面的质量，应符合表2-53的规定；刷浆工程质量应符合表2-54的规定。

饰面板一般项目 表2-48

项次	项目	检验方法
1	饰面板表面应平整、洁净、色泽一致,无裂痕和缺损。石材表面应无泛碱等污染	观察
2	饰面板嵌缝应密实、平直,宽度和深度应符合设计要求,嵌填材料色泽应一致	观察;尺量检查
3	采用湿作业法施工的饰面板工程,石材应进行防碱背涂处理。饰面板与基体之间的灌注材料应饱满、密实	用小锤轻击检查;检查施工记录
4	饰面板上的孔洞应套割吻合,边缘应整齐	观察

薄涂料的涂饰质量和检验方法 表2-49

项次	项目	普通涂饰	高级涂饰	检验方法
1	颜色	均匀一致	均匀一致	观察
2	泛碱、咬色	允许少量轻微	不允许	观察
3	流坠、疙瘩	允许少量轻微	不允许	观察
4	砂眼、刷纹	允许少量轻微砂眼,刷纹通顺	无砂眼、无刷纹	观察
5	装饰线、分色线直线度允许偏差(mm)	2	1	拉5m线,不足5m拉通线,用钢直尺检查

厚涂料的涂饰质量和检验方法 表2-50

项次	项目	普通涂饰	高级涂饰	检验方法
1	颜色	均匀一致	均匀一致	观察
2	泛碱、咬色	允许少量轻微	不允许	观察
3	点状分布	—	疏密均匀	观察

复层涂料的涂饰质量和检验方法 表2-51

项目	项目	质量要求	检验方法
1	颜色	均匀一致	观察
2	泛碱、咬色	不允许	观察
3	喷点疏密程度	均匀,不允许连片	观察

色漆的涂饰质量和检验方法 表2-52

项次	项目	普通涂饰	高级涂饰	检验方法
1	颜色	均匀一致	均匀一致	观察
2	光泽、光滑	光泽基本均匀 光滑无挡手感	光泽均匀一致 光滑	观察、手摸检查
3	刷纹	刷纹通顺	无刷纹	观察
4	裹棱、流坠、皱皮	明显处不允许	不允许	观察
5	装饰线、分色线直线度允许偏差(mm)	2	1	拉5m线,不足5m拉通线,用钢直尺检查

注:无光色漆不检查光泽。

清漆的涂饰质量和检验方法 表2-53

项次	项目	普通涂饰	高级涂饰	检验方法
1	颜色	基本一致	均匀一致	观察
2	木纹	棕眼刮平、木纹清楚	棕眼刮平、木纹清楚	观察
3	光泽、光滑	光泽基本均匀 光滑无挡手感	光泽均匀一致 光滑	观察、手摸检查
4	刷纹	无刷纹	无刷纹	观察
5	裹棱、流坠、皱皮	明显处不允许	不允许	观察

刷浆工程质量要求表　　　　　表 2-54

项次	项　目	普通刷浆	高级刷浆
1	掉粉、脱皮	不允许	不允许
2	漏刷、透底	不允许	不允许
3	反碱、咬色	允许有少量	不允许
4	流坠、疙瘩、溅沫	允许有少量	不允许
5	颜色、刷纹	均匀一致、刷纹通顺	颜色一致，无砂眼，刷纹通顺
6	装饰线、分色线平直（拉 5m 线检查，不足 5m 拉通线检查）	不大于 3mm	偏差不大于 1mm
7	门窗、灯具等	洁净	洁净

（2）装饰施工中的通病防治

装饰对人们使用影响极大，但因其面广量大、种类繁多且多为手工作业，因此质量难以保证，通病时有发生。

1）内墙抹灰工程

内墙抹灰工程主要包括：墙体与门窗框交接处抹灰层空鼓，墙面抹灰层空鼓、裂缝，墙面起泡、开花或有抹纹，墙面抹灰层析白及墙裙、轻质隔墙抹灰层空鼓、裂缝、抹灰面不平、阴阳角不方正和不垂直等。

内墙面抹灰层空鼓、裂缝的处理方法如下：

A）将起鼓的范围内的抹灰铲除并清理干净，在其四周向里铲出 15°的倾角。当基体为砖砌体时，应刮掉砖缝 10~15mm 深，使新灰能嵌入缝内，与砖墙结合牢固。

B）基体表面（含四周铲口）洒水湿润，要求洒足而均匀，但也不要过量。

C）抹底灰，按原抹灰层的分层厚度分层补抹。

D）抹罩面层，待第二遍抹灰层干到六七成（一般约为 1~4h），罩面层应与原抹灰面相平，并在接缝处用排笔压实抹光。

其预防措施如下：

A）加强施工管理，处理好基体面层。

B）混凝土光滑面要用 10%的稀盐酸溶液洗刷面层的油污和隔离剂，随用清水冲洗干净。再进行"毛化处理"。

C）抹刷必须分层施工，头遍砂浆的稠度要大一点，厚度控制在 6mm 左右。要用力刮，使砂浆嵌入灰缝中，等干硬后再抹中层灰，要求平整，垂直，厚度宜在 7~8mm 之间，面层根据规定必须抹平、抹光，并进行喷水养护，以防止因早期脱水而开裂、脱落。

配电箱、消防箱的背面无砌体时，应钉有钢丝网。每边放大 100mm，再做抹灰层。

2）墙体与门窗框接交处抹灰层空鼓

防治措施：

A. 不同基层材料交汇处宜铺钉钢筋网，每边搭接长度应大于 100mm。

B. 门洞每侧墙体内预埋木砖不少于 3 块，预埋位置正确，木砖尺寸应与标准砖相同，并经过防腐处理。

C. 门窗框塞缝宜采用混合砂浆，砂浆不宜太稀，塞缝前先浇水润湿，缝隙过大时应分层多次填塞。

8. 装饰工程施工案例

【例 2-16】 轻钢龙骨纸面石膏板吊顶施工

（1）背景

某大楼底层大厅采取轻钢龙骨纸面石膏板吊顶施工。根据环保、节能、消防等部门要求，力求施工方便、美观大方、经济实用。针对轻钢龙骨纸面石膏板吊顶天花的施工特点，通过弹线、安装吊件及吊杆、安装龙骨及配件、石膏板安装等施工过程逐步完成。

（2）问题

试确定其施工方案。

（3）分析与解答

施工方案为：

1）弹线。根据顶棚设计标高，沿墙四周弹线，作为顶棚安装标准线，其允许偏差在 ±5mm 以内。

2）安装吊件、吊杆。根据施工大样图，确定吊顶位置弹线，再根据弹出的吊点位置钻孔，安装膨胀螺栓。吊杆采用 ϕ8mm 的钢筋安装时，上端与膨胀螺栓焊接（焊接位用防锈漆做好防锈处理），下端套线并配好螺帽。吊杆安装应保持垂直。

3）安装龙骨及配件。将主龙骨用吊杆件连接在吊杆上，拧紧螺丝卡牢。主龙骨安装完毕后应进行调平，并考虑顶棚的起拱高度不小于房间短向跨度的 1/200，主龙骨安装间隔小于等于 1200mm。次龙骨用吊挂件固定于主龙骨，次龙骨间隔小于等于 800mm。横撑龙骨与次龙骨垂直连接，间距在 400mm 左右。主次龙骨安装后，认真检查骨架是否有位移，在确认无位移后才进行石膏板安装。

4）石膏板安装。对已安装好的龙骨进行检查，待检查无误、符合要求后才进行石膏板安装。石膏板安装使用镀锌自攻螺钉与龙骨固定，螺钉间距在 150～170mm 的间隙，涂上防锈漆并用石膏粉将缝填平，用砂布涂上胶液封口，防止伸缩开裂。

（十一）季节性施工

季节施工是指非正常气候时，进行施工时应注意的施工方法和施工措施的调整。

我国疆域辽阔，地域广大，受内陆（海上）高低压及季风交替的影响，气候变化较大。在华北、东北、西北、青藏高原，每年都有较长的低温季节。沿海一带城市，春夏期间雨水频繁，并伴有台风、暴雨和潮汛。冬期的低温和雨期的降水，给施工带来很大的困难，常规的施工方法已不能适应。在冬期和雨期施工时，必须从具体条件出发，选择合理的施工方法，制定具体的措施，确保工程质量，降低工程的费用。

1. 冬期施工

冬期施工早期曾称为冬期施工，以气温为依据，规定：以日平均气温稳定低于 5℃（混凝土工程 5d，砌筑工程 10d）时，这段时间内称为冬期施工期。

（1）冬期施工的基本知识

1）冬期施工的特点

A. 在冬期施工中，长时间的持续负温、低温、大的温差、强风、降雪和反复的冰冻，容易造成建筑施工的质量事故。

B. 冬期施工质量事故的发现带滞后性。冬期发生质量事故往往当时不易觉察，到春天解冻时，一系列质量问题才暴露出来。这种事故的滞后性给处理解决质量事故带来困难。

C. 冬期施工有事先的计划性和准备工作时间长的特点。冬期施工时，常由于准备工作时间紧促，仓促施工，会引起质量事故发生。

2) 冬期施工的原则技术措施

A. 为确保工程质量，必须采取相应的技术措施。

B. 技术措施要经济合理，使增加的措施费用最少。

C. 所需的热源及技术措施材料有可靠的来源，并使消耗的能源最少。

D. 工期能满足规定要求。

3) 冬期施工的准备工作

A. 搜集有关气象资料作为选择冬期施工技术措施的依据之一。

B. 抓好冬期施工方案的编制，在入冬前应组织专人编制冬期施工方案，将不适宜冬期施工的分项工程安排在冬期前或后进行施工。

C. 凡进行冬期施工的工程分项，须会同设计单位，核对其是否能适应冬期施工要求。如有问题应及时提出并进行修改。

D. 根据冬期施工工程量提前准备好施工的设备、机具、材料及劳动防护用品。

E. 冬期施工前对配制外掺剂的人员、测温保温人员、锅炉工等，应专门组织技术培训。

(2) 土方工程的冬期施工

1) 冻土的特性及分类

当温度低于 0℃后，地面及地面以下一定的深度的含水土壤被冻结，该冻结深度的土称为冻土。冬期土层冻结的厚度叫冻结深度。土在冻结后，体积比冻前增大的现象称为冻胀。通常用冻胀量和冻胀率来表示冻胀的大小。

按季节性冻土地基冻胀量的大小及其对建筑物的危害程度，将地基土的冻胀性分为四类。

Ⅰ类：不冻胀。冻胀率≤1%，对敏感的浅基础均无危害。

Ⅱ类：弱冻胀。冻胀率＝1%～3.5%，对浅埋基础的建筑物也无危害，在最不利条件下，可能产生细小的裂缝，但不影响建筑物的安全。

Ⅲ类：冻胀。冻胀率＝3.5%～6%，浅埋基础的建筑物将产生裂缝。

Ⅳ类：强冻胀。冻胀率＞6%，浅埋基础将产生严重破坏。

2) 地基土的保温防冻

地基土的保温防冻是在冬期来临时土层未冻结之前，采取一定的措施使做基础的地基土层免遭冻结或减少冻结的一种方法。在土方冬期开挖中，土的保温防冻法是减少土方开挖费用最经济的方法之一。常用做法有松土防冻法、保温材料覆盖法等。

A. 松土防冻法

松土防冻法是在土壤冻结之前，将预先确定的冬期土方作业地段上的表土翻松耙平，利用松土中的许多充满空气的孔隙来降低土壤的导热性，达到防冻的目的。翻耕的深度一般在 25～30cm。

B. 保温材料覆盖法

面积较小的基槽（坑）的防冻，可直接用保温材料覆盖。常用保温材料有草袋、树叶等。在已开挖的基槽（坑）中，靠近基槽（坑）壁处覆盖的保温材料需加厚，以使土壤不致受冻或冻结轻微。对未开挖的基坑，保温材料铺设宽度为两倍的土层冻结深度与基槽（坑）底宽度之和。

3）冻土的开挖

土的强度在冻结时大大提高，冻土的抗压强度比抗拉强度大 2～3 倍，因此冻土的开挖宜采用剪切法。冬期土方施工可采取先将冻土破碎融化，然后挖掘。开挖方法一般有人工法、机械法和爆破法三种。

A. 冻土的融化

为了有利于冻土挖掘，可利用热源将冻土融化。融化冻土的方法有焖火烘烤法、循环针法和电热法三种，后两种方法因耗用大量能源，施工费用高，使用较少，只用在面积不大的工程施工中。

融化冻土的施工方法应根据工程量大小、冻结深度和现场条件综合选用。融化时应按开挖顺序分段进行，每段大小应适应当天挖土的工程量，冻土融化后，挖土工作应昼夜连续进行，以免因间歇而使地基土重新冻结。

A）焖火烘烤法。适用于面积较小、冻土不深，且燃料便宜的地区。常用锯末、谷壳和刨花等作燃料。在烘烤时应做到有火就有人，以防引起火灾。

B）循环针法。循环针分蒸汽循环针和热水循环针两种。蒸汽循环针是将管壁钻有孔眼的蒸汽管，插入事后钻好的冻土孔内。孔径 50～100mm，插入深度视土的冻结深度确定，间距不大于 1m。然后通入低压蒸汽，借蒸汽的热量来融化冻土。热水循环针法是用 $\phi 60～150$ 双层循环热水管按梅花形布置。间距不超过 1.5m，管内用 40～50℃的热水循环供热。

C）电热法。电热法通常用 $\phi 6～22$ 钢筋作电极，将电极打到冻土层以下 150～200mm 深度，作梅花形布置，间距 400～800mm，加热时间视冻土厚度、土的温度、电压高低等条件而定。通电加热时，可在冻土上铺 100～150mm 锯末，用浓度为 0.2%～0.5%的氯盐溶液浸湿，以加快表层冻土的融化。

电热法效果最佳，但能源消耗量大、费用高。仅在土方工程量不大和急需工程上采用这种方法施工。

B. 人工法开挖

人工开挖冻土适用开挖面积较小和场地狭窄，不具备用其他方法进行土方破碎、开挖。开挖时一般用大铁锤和铁楔子劈冻土。施工时掌铁楔的人与掌锤的不能脸对着脸，必须互成 90°。同时要随时注意去掉楔头打出的飞刺，以免飞出伤人。

C. 机械法开挖

当冻土层厚度为 0.25m 以内时，可用推土机或中等动力的普通挖掘机施工开挖。

当冻土层厚度为 0.3m 以内时，可用拖拉机牵引的专用松土机破碎冻土层。

当冻土层厚度为 0.4m 以内时，可用大马力的挖土机（斗容量≥1m³）开挖土体。

当冻土层厚度为 0.4～1m 时，可用松碎冻土的打桩机进行破碎。

最简单的施工方法是用风镐将冻土破碎,然后用人工和机械挖掘运输。

D. 爆破法开挖

爆破法适用于冻土层较厚,面积较大的土方工程,这种方法是将炸药放入直立爆破孔中或水平爆破孔中进行爆破,冻土破碎后用挖土机挖出,或借爆破的力量向四周崩出,做成需要的沟槽。

冻土深度在2m以内时,可以采用直立爆破孔。冻土深度超过2m时,可采用水平爆破孔。

冬期开挖土方时应注意以下几点:

采用防止冻结法开挖土方时,可在冻结前用保温材料覆盖或将表层土翻松,其翻松深度应根据气候条件确定,一般不少于0.3m。

松碎冻土采用的机具和方法应根据土质、冻结深度、机具性能和施工条件等确定。当冻土层厚度较小时,可采用铲运机、推土机或挖土机直接开挖;当冻土层厚度较大时,可采用松土机、破冻土犁、重锤冲击或爆破作业等方法。

融化冻土应根据工程量大小、冻结深度和现场条件选用谷壳焖火烘烤法、蒸汽循环法或电热法等。

冬期开挖土方时应防止基础下基土和邻近建筑物地基遭受冻结。

4) 冬期回填土施工

冬期回填土应尽量选用未受冻的、不冻胀的土壤进行回填施工。填土前,应清除基础坑边上的冰雪和保温材料;填方边坡表层1m以内,不得用冻土填筑;填方上层应用未冻的、不冻胀的或透水性好的土料填筑。冬期填方每层铺土厚度应比常温施工时减少20%~25%,预留沉降量应比常温施工时适当增加。用含有冻土块的土料作回填土时,冻土块粒径不得大于150mm;铺填时,冻土块应均匀分布、逐层压实。

冬期施工室外平均气温在−5℃以上时,填方高度不受限制;平均气温在−5℃以下时填方高度不宜超过表2-55的规定。用石块和不含冰块的砂土(不包括粉砂)、碎石类土填筑时,填方高度不受限制。

冬期填方高度限制 表2-55

平均气温(℃)	填方高度(m)	平均气温(℃)	填方高度(m)
−5~−10	4.5	−16~−20	2.5
−11~−15	3.5		

室外基槽(坑)或管沟可用含有冻土块的土回填,但冻土块体积不得超过填土总体积的15%,而且冻土块的粒径应小于150mm;室内的基槽(坑)或管沟的回填土不得含有冻土块;管沟底至管顶0.5m范围内不得用含有冻土块的土回填;回填工作应连续进行,防止基土或已填土层受冻。

冬期填方施工时应注意:

冬期填方每层铺土厚度应比常温施工时减少20%~25%,预留沉降量应比常温施工时适当增加;含有冻土块的土料用作填料时,冻土块粒径不得大于150mn,铺填时冻土块应均匀分布,逐层压实。

冬期填方施工应在填土前,清除基底上的冰雪和保温材料;填方边坡表层1m内不得用冻土填筑，且填方上层应用未冻的、不冻胀的或透水性好的土料填筑。

冬期填方高度在气温低于-5℃时不宜超过4.5m，低于-11℃时不宜超过3.5m。

冬期回填基坑（槽）和管沟时，室外的可用含有冻土块的土回填，但冻土块的体积不得超过填土总体积的15%；室内的或有路面的道路下的基坑（槽）或管沟不得用含有冻土块的土回填，回填应连续进行，以免基土受冻。

(3) 砌筑工程的冬期施工

当预计连续10d内的平均气温低于5℃时，砌筑工程的施工应按照冬期施工技术的有关规定进行。冬期施工期限以外，当日最低气温低于-3℃时，也应按冬期施工的有关规定进行。砌筑工程的冬期施工方法有掺盐砂浆法、冻结法和缓遭冻结法等。

1) 掺盐砂浆法

掺盐砂浆法就是在砌筑砂浆内掺入一定数量的抗冻剂，来降低水的冰点，以保证砂浆中有液态水存在，使水泥水化反应能在一定负温下进行，砂浆强度在负温下能够继续缓慢增长。同时，由于降低了砂浆中水的冰点，砌体的表面不会立即结冰而形成冰膜，故砂浆和砌体能较好的粘结。

A. 掺盐砂浆的不适用范围

A) 接近高压电路的建筑物，如发电站、变电所等工程。

B) 对装饰有特殊要求的工程。

C) 使用湿度大于60%的工程。

D) 热工要求高的建筑物。

E) 经常处于水位变化的工程，以及在水下未设防水保护层的结构。

F) 配有受力钢筋而未作防腐处理的砌体。

B. 对砂浆的要求

A) 砌体工程冬期施工所用材料、应符合下列规定：

a. 砌体在砌筑前，应清除冻霜。

b. 砂浆应选用普通硅酸盐水泥拌制。

c. 石灰膏等应防止受冻，如遭冻结，经融化后，方可使用。

d. 拌制砂浆所用的砂中，不得含有冰块和直径大于10mm的冻结块。

e. 拌制砂浆时，水的温度不得超过80℃，砂的温度不得超过40℃。

B) 砂浆的配制要求：掺盐砂浆配制时，应按不同负温界限控制掺盐量；当气温过低时，可掺用双盐（氯化钠和氯化钙同时掺入）来提高砂浆的抗冻性；不同气温时掺盐砂浆规定的掺盐量见表2-56。

C) 掺盐砂浆法的砂浆使用温度不应低于5℃。

掺盐砂浆的掺盐量（占用水量的百分比） 表2-56

日最低气温(℃)			≥-10	-11~-15	-16~-20
单盐	食盐	砌砖	3	5	7
		砌石	4	7	10
双盐	食盐	砌砖			5
	氯化钙				2

注：掺量以无水盐计。

D) 当日最低气温等于或低于-15℃时,对砌筑承重砌体的砂浆强度等级应按常温施工时提高一级,同时应以热水搅拌砂浆;当水温超60℃时,应先将水和砂拌合,然后再投放水泥。

E) 掺盐砂浆中掺入微沫剂时,盐溶液和微沫剂在砂浆拌合过程中先后加入。砂浆应采用机械进行拌合,搅拌的时间应比常温季节增加一倍。拌合后的砂浆应注意保温。

C. 砌筑施工工艺

普通砖和空心砖在正温度条件下砌筑时,应采用随浇水随砌筑的办法;负温度条件下,只要有可能应该尽量浇热水。当气温过低,浇水确有困难,则必须适当增大砂浆的稠度。抗震设防烈度为9度的建筑物,普通砖和空心砖无法浇水湿润时,无特殊措施,不得砌筑。

2) 冻结法

冻结法是采用不掺任何防冻剂的普通砂浆进行砌筑的一种施工方法。冻结法施工的砌体,允许砂浆遭受冻结,用冻结后产生的冻结强度采保证砌体稳定,融化时砂浆强度为零或接近于零,转入常温后砂浆解冻使水泥继续水化,使砂浆强度再逐渐增长。

A. 冻结法施工的适用范围

下列结构不宜选用冻结法施工:空斗墙、毛石墙、承受侧压力的砌体、在解冻期间可能受到振动或动力荷载的砌体、在解冻期间不允许发生沉降的砌体(如筒拱支座)。

B. 对砂浆的要求

冻结法施工砂浆的使用温度不应低于10℃;当日最低气温高于或者等于-25℃时,对砌筑承重砌体的砂浆强度等级应按常温施工时提高一级;当日最低气温低于-25℃时,则应提高二级。

C. 砌筑施工工艺

采用冻结法施工时,应按照"三一"砌筑方法砌筑,对于房屋转角处和内外墙交接处的灰缝应特别仔细砌合。砌筑时一般应采用一顺一丁的方法组砌。每天砌筑高度和临时间断处均不宜大于1.2m。当不设沉降缝的砌体,其分段处的高差不得大于4m。砖体水平灰缝不宜大于10mm。

D. 砌体的解冻

为保证砌体在解冻期间能够均匀沉降不出现裂缝,应遵守下列要求:

A) 解冻前应清除房屋中剩余的建筑材料等临时荷载。在开冻前,宜暂停施工。

B) 留置在砌体中的洞口和沟槽等,宜在解冻前填砌完毕。

C) 跨度大于0.7m的过梁,宜采用预制构件。

D) 门窗框上部应留3~5mm的空隙,作为化冻后预留沉降量。

E) 在楼板水平面上,墙的拐角处、交接处和交叉处每半砖设置一根$\phi 6$钢筋拉结。

用冻结法砌筑的砌体,在开冻前需进行检查,开冻过程中应组织观测。如发现裂缝、不均匀下沉等情况,应分析原因并立即采取加固措施。

3) 砌体冬期施工的其他施工方法

对有特殊要求的工程冬期施工可供选用的其他施工方法还有:蓄热法、暖棚法、快硬砂浆法等。

蓄热法:在施工过程中,先将水和砂加热,使拌合后的砂浆在上墙时保持一定正温,以推迟冻结的时间，在一个施工段内的墙体砌筑完毕后，立即用保温材料覆盖其表面，使砌体中的砂浆在正温下达到其砌体强度的20%。蓄热法可用于冬期气温不太低的地区（温度在－5～－10℃），以及寒冷地区的初冬或初春季节。特别适用于地下结构。

暖棚法：是利用简易结构和廉价的保温材料，将需要砌筑的工作面临时封闭起来，使砌体在正温条件下砌筑和养护。采用暖棚法要求棚内的温度不得低于5℃，故经常采用热风装置或蒸汽进行加热。主要适用于地下室墙、挡土墙、局部性事故修复工程的砌筑工程。

（4）钢筋混凝土结构工程的冬期施工

室外日平均气温连续5d稳定低于5℃时，混凝土结构工程应按冬期施工要求组织施工。

混凝土受冻后而不致使其各项性能遭到损害的最低强底称为混凝土受冻临界强度。规范规定：冬期浇筑的混凝土抗压强度，在受冻前，硅酸盐水泥或普通硅酸盐水泥配制的混凝土不得低于其设计强度标准值的30%；矿渣硅酸盐水泥配制的混凝土不得低于其设计强度标准值的40%；掺防冻剂的混凝土，温度降低到防冻剂规定温度以下时，混凝土的强度不得低于3.5N/mm^2。

1）混凝土冬期施工的要求

A. 对材料的要求

A）水泥应优先选用活性高、水化热大的硅酸盐水泥和普通硅酸盐水泥。水泥的标号不应低于425号，最小水泥用量不宜少于300kg/m^3。水灰比不应大于0.6。

B）骨料必须清洁，不得含有冰雪等冰结物及易冻裂的矿物质。冬期施工拌制混凝土的砂、石温度要符合热工计算需要温度。

C）对组成混凝土材料的加热，应优先考虑加热水。水的常用加热方法有三种：用锅烧水、用蒸汽加热水、用电极加热水。

D）钢筋冷拉可在负温下进行，但冷拉温度不宜低于－20℃。

E）可采用抗冻早强型外加剂。

B. 混凝土的搅拌、运输和浇筑

A）混凝土的搅拌。混凝土不宜露天搅拌，应尽量搭设暖棚，优先选用大容量的搅拌机，以减少混凝土的热量损失。搅拌前，用热水或蒸汽冲洗搅拌机。混凝土的拌合时间比常温规定时间延长50%。经加热后的材料投料顺序为：先将水和砂石投入拌合，然后加入水泥。这样可防止水泥与高温水接触时产生假凝现象。混凝土拌合物的出机温度不宜低于10℃。

B）混凝土的运输。混凝土的运输过程是热损失的关键阶段，应采取必要的措施减少混凝土的热损失，同时应保证混凝土的和易性。常用的主要措施为减少运输时间和距离；使用大容积的运输工具并采取必要的保温措施。保证混凝土入模温度不低于5℃。

C）混凝土的浇筑。混凝土在浇筑前，应清除模板和钢筋上的冰雪和污垢，尽量加快混凝土的浇筑速度，防止热量散失过多。当采用加热养护时，混凝土养护前的温度不得低于2℃。

冬期施工混凝土振捣应用机械振捣，振捣时间应比常温时有所增加。

2）混凝土的养护

常用的养护方法有蓄热法、人工加热法等。一般情况下，应优先考虑蓄热法的方法进行养护，只有在上述方法不能满足时，才选用人工外部加热法进行养护。

A. 蓄热法

蓄热法是利用加热混凝土组成材料的热量及水泥的水化热，并用保温材料（如草帘、草袋等）对混凝土加以适当的覆盖保温，使混凝土在正温条件下硬化或缓慢冷却，并达到抗冻临界强度或预期的强度要求。

蓄热法施工方法简单，费用低廉，较易保证质量。是目前最常用的养护方法。

B. 外加剂法

在混凝土中加入适量的抗冻剂、早强剂、减水剂及加气剂，使混凝土在负温下能继续水化，增长强度。使混凝土冬期施工工艺简化，节约能源，降低冬期施工费用，是冬期施工有发展前途的施工方法。

混凝土冬期施工中外加剂的配用，应满足抗冻、早强的需要；对结构钢筋无锈蚀作用；对混凝土后期强度和其他物理力学性能无不良影响；同时应适应结构工作环境的需要。单一的外加剂常不能完全满足混凝土冬期施工的要求，一般宜采用复合配方。

混凝土冬期掺外加剂法施工时，混凝土的搅拌、浇筑及外加剂的配制必须设专人负责，严格执行规定的掺量。搅拌时间应与常温条件下适当延长，按外加剂的种类及要求严格控制混凝土的出机温度，混凝土的搅拌、运输、浇筑、振捣、覆盖保温应连续作业，减少施工过程中的热量损失。

C. 外部加热法

外部加热法养护是利用外部热源加热浇筑后的混凝土，让其温度保持在0℃以上，为混凝土在正温下硬化创造条件。其最大优点是混凝土强度增长迅速，短期内可达到拆模条件。但费用较高，只有在蓄热养护法达不到要求时才采用。也可将人工加热与保温蓄热或外加剂法相结合，常能取得较好的效果。

外部加热法根据热源种类及加热方法不同，分为蒸汽加热法、电流加热法、远红外加热法和暖棚法等。

A) 蒸汽加热法

蒸汽加热法是用低压饱和蒸汽养护新浇筑的混凝土，在混凝土周围造成湿热环境来加速混凝土硬化的方法。

蒸汽加热方法有毛管法和汽套法。

常用的是内部通气法，即在混凝土内部预留孔道，让蒸汽通入孔道加热混凝土。预留孔道可采用预埋钢管和橡皮管的方法进行，成孔后拔出。蒸汽养护结束后将孔道用水泥砂浆填实。此法节省蒸汽，温度易控制，费用较低。但要注意冷凝水的处理。内部通气法常用于厚度较大的构件和框架结构，是混凝土冬期施工中的一种较好的方法。

汽套法是在混凝土模板外加封闭、不透风的套板，模板与套板中间留出15cm空隙，通过蒸汽加热混凝土。

蒸汽加热时应采用低压饱和蒸汽，加热应均匀，混凝土达到强度后，拆去覆盖层或套板。对掺用引气型外加剂的混凝土，不宜采用蒸汽养护。

B) 电热法

电热法施工是利用低压电流通过混凝土内钢筋产生的热量，加热养护混凝土。电热法施工设备简单，操作方便，但耗电量较多。

电热法分为电极法、表面电热法、电磁感应加热法等。

C）暖棚法

暖棚法是在被养护构件或建筑的四周搭设暖棚，或在室内用草帘、草垫等将门窗堵严，采用棚（室）内生火炉；设热风机加热，安装蒸汽排管通蒸汽或热水等热源进行采暖，使混凝土在正温环境下养护至临界强度或预定设计强度。暖棚法由于需要较多的搭盖材料和保温加热设施，施工费用较高。

暖棚法适用于严寒天气施工的地下室、人防工程或建筑面积不大而混凝土工程又很集中的工程。

用暖棚法养护混凝土时，要求暖棚内的温度不得低于5℃并应保持混凝土表面湿润。

D）远红外加热法

远红外加热法是通过热源产生的红外线，穿过空气冲击一切可吸收它的物质分子，当射线射到物质原子的外围电子时，可以使分子产生激烈的旋转和振荡运动发热，使混凝土温度升高从而获得早期强度。由于混凝土直接吸收射线变成热能，因此其热量损失要比其他养护方法小得多。产生红外线的能源有电源、天燃气、煤气和蒸汽等。

远红外加热适用于薄壁钢筋混凝土结构、装配式钢筋混凝土结构的接头混凝土，固定预埋件的混凝土和施工缝处继续浇混凝土处的加热等。

一般辐射距混凝土表面应大于300mm，混凝土表面温度宜控制在70～90℃。为防止水分蒸发，混凝土表面宜用塑钢薄膜覆盖。

3）混凝土的拆模和成熟度

A. 混凝土的拆模

混凝土养护到规定时间，应根据同条件养护的试块试压。证明混凝土达到规定拆模强度后方可拆模。对加热法施工的构件模板和保温层，应在混凝土冷却到5℃后方可拆模。当混凝土和外界温差大于20℃时，拆模后的混凝土应注意覆盖，使其缓慢冷却。

在拆除模板过程中发现混凝土有冻害现象，应暂停拆模，经处理后方可拆模。

B. 混凝土的成熟度

为了使选定的冬期施工方案对混凝土早期强度的增长处于正常的控制状态，用成熟度方法可以很方便地对其进行预测，作为施工中掌握混凝土强度增长情况的参考数据。所谓混凝土早期强度是指混凝土浇筑完毕后1～3d的强度。成熟度的定义是温度和时间的乘积，单位为℃·h或℃·d。其原理是：相同配合比的混凝土，在不同的温度和时间下养护，只要成熟度相等，其强度大致相同。因此只要事先对不同配合比的混凝土分别作出在20℃标准养护条件下的强度—时间曲线，以供查用。

成熟度的计算公式： $$M=\sum(T+10)\Delta t \tag{2-28}$$

式中 M——混凝土的成熟度（℃·h或℃·d）；

T——硬化温度（℃）；

Δt——测温间隔时间（h或d）。

按上式求出混凝土成熟度后，由成熟度换算出相当于20℃标准养护条件下的养护时间，由标准养护条件的强度—时间曲线查出相对强度。如无试验数据，对于普通混凝土可按下列公式计算：

$$f_c = K(M-200) \tag{2-29}$$

式中 f_c——在成熟度为 M 时的强度（MPa）；

K——与强度等级、水泥品种有关的系数，按表 2-57 选用。

f_c—M 方程中 K 值表　　　　　　　表 2-57

水泥品种	混凝土强度等级	C20	C30
矿渣硅酸盐水泥	32.5	0.0067	0.0075
	42.5	0.0075	0.010
普通硅酸水泥	32.5	0.0075	0.010
	42.5	0.010	0.015

4）混凝土的温度测量和质量检查

A. 冬期施工期间对混凝土的温度测量

为了保证冬期施工混凝土的质量，必须对施工全过程的温度进行测量监控。对施工现场环境温度每天在 2：00、8：00、14：00、20：00 定时测量四次；对水、骨料的加热温度和加入搅拌机时的温度，混凝土自搅拌机卸出时和浇筑时的温度每一工作班至少应测量四次；如果发现测试温度和热工计算要求温度不符合时，应马上采取加强保温措施或其他措施。

在混凝土养护时期除按上述规定监测环境温度外，同时应对掺用防冻剂的混凝土养护温度进行定点定时测量。采用蓄热法养护时，在养护期间至少每 6h 一次；对掺用防冻剂的混凝土，在强度未达到 3.5N/mm² 以前每 2h 测定一次，以后每 6h 测定一次；采用蒸汽法或电热法时，在升温、降温期间每 1h 一次，在恒温期间每 2h 一次。

常用的测量器有温度计、各种温度传感器、热电偶等。

在混凝土养护期间，温度是决定混凝土能否顺利达到"临界强度"的决定因素。为获得可靠的混凝土强度值，应在最有代表性的测温点测量温度。采用蓄热法施工时，应在易冷却的部位设置测温点；采取加热养护时，应在距离热源的不同部位设置测温点；厚大结构在表面及内部设置测试点；检查拆模强度的测温点应布置在应力最大的部位。温度的测温点应编号画在测温平面布置图上，测温结果应填写在"混凝土工程施工记录"和"混凝土冬期施工日报"上。

测温人员应同时检查覆盖保温情况，并了解结构的浇筑日期、养护期限以及混凝土最低温度。测量时，测温表插入测温管中，并立即加以覆盖，以免受外界气温的影响，测温仪表留置在测温孔内的时间不小于 3min，然后取出，迅速记下温度。如发现问题应立即通知有关人员，以便及时采取措施。

B. 混凝土的质量检查

冬期施工时，混凝土质量检查除应遵守常规施工的质量检查规定之外，尚应符合冬期施工的规定。要严格检查外加剂的质量和浓度；混凝土浇筑后应增加两组与结构同条件养护的试块，一组用以检验混凝土受冻前的强度，另一组用以检验转入常温养护 28d 的强度。

混凝土试块不得在受冻状态下试压，当混凝土试块受冻时，对边长为 150mm 的立方体试块，应在 15～20℃室温下解冻 5～6h，或浸入 10℃的水中解冻 6h，将试块表面擦干后进行试压。

(5) 装饰抹灰工程的冬期施工

1) 装饰工程的环境温度

《建筑装饰装修工程质量验收规范》指出，室内外装饰工程的环境温度应符合下列规定：

A. 刷浆、饰面和花饰工程以及高级的抹灰不应低于5℃。

B. 中级和普通抹灰，混色油漆工程，以及玻璃工程应在0℃以上。

C. 棱糊工程不应低于10℃。

D. 用胶黏剂粘贴的罩面板工程，应按产品说明要求的温度施工。

E. 涂刷清漆不应低于8℃，乳胶漆应按产品说明要求的温度施工。

F. 室外涂刷石灰浆不应低于3℃。

注：1. 环境温度是指施工现场的最低温度；
2. 室内温度应靠近外墙、离地面高500mm处测得。

2) 一般抹灰冬期施工

凡昼夜平均气温低于+5℃和最低气温低于-3℃时，抹灰工程应按冬期施工的要求进行。

一般拌灰冬期常用施工方法有热作法和冷作法两种。

A. 热作法施工

热作法施工是利用房屋的永久热源或临时热源来提高和保持操作环境的温度，人为创造一个正温环境，使抹灰砂浆硬化和固结。热作法一般用于室内抹灰。常用的热源有：火炉、蒸汽、远红外加热器等。

室内抹灰应在屋面已做好的情况下进行。抹灰前应将门、窗封闭，脚手眼堵好，对抹灰砌体提前进行加热，使墙面温度保持在+5℃以上，以便湿润墙面不致结冰，使砂浆与墙面粘接牢固。冻结砌体应提前进行人工解冻，待解冻下沉完毕，砌体强度达设计强度的20%后方可抹灰。抹灰砂浆应在正温的室内或暖棚内制作，用热水搅拌，抹灰时砂浆的上墙温度不低于10℃。抹灰结束后，至少7d内保持+5℃的室温进行养护。在此期间，应随时检查抹灰层的湿度，当干燥过快时，应洒水湿润，以防产生裂纹，影响与基层的粘结，防止脱落。

B. 冷作法施工

冷作法施工是低温条件下在砂浆中掺入一定量的防冻剂（氯化钠、氯化钙、亚硝酸钠等），在不采取采暖保温措施的情况下进行抹灰作业。冷作法适用于房屋装饰要求不高、小面积的外饰面工程。

冷作法抹灰前应对抹灰墙面进行清扫，墙面应保持干净，不得有浮土和冰霜，表面不洒水湿润；抗冻剂宜优先选用单掺氯化钠的方法，其次可用同时掺氯化钠和氯化钙的复盐方法或掺亚硝酸钠。其掺入量与室外气温有关，可按表2-58选用，也可由试验确定。

当采用亚硝酸钠外加剂时，砂浆内亚硝酸钠掺量应符合表2-59规定。

防冻剂应由专人配制和使用，配制时可先配制20%浓度的标准溶液，然后根据气温再配制成使用溶液。

砂浆内氯化钠掺量（占用水量的百分比） 表 2-58

项 目	室外气温(℃)	
	0～-5	-5～-10
挑檐、阳台、雨罩、墙面等抹水泥砂浆	4	4～8
墙面为水刷石、干粘石水泥砂浆	5	5～10

砂浆内亚硝酸钠掺量（占用水量的百分比） 表 2-59

室外气温(℃)	-3～0	-9～-4	-15～-10	-20～-16
掺量	1	3	5	8

掺氯盐的抹灰严禁用于高压电源的部位，做涂料墙面的抹灰砂浆中，不得掺入氯盐防冻剂。氯盐砂浆应在正温下拌制使用，拌制时，先将水泥和砂干拌均匀，然后加入氯盐水溶液拌合，水泥可用硅酸盐水泥或矿渣硅酸盐水泥，严禁使用高铝水泥。砂浆应随拌随用，不允许停放。

当气温低于-25℃时，不得用冷作法进行抹灰施工。

3）装饰抹灰

装饰抹灰冬期施工除按一般抹灰施工要求掺盐外，可另加水泥重量 20% 的 801 胶水。要注意搅拌砂浆应先加一种材料搅拌均匀后再加另一种材料，避免直接混搅。袖面砖及外墙面砖施工时宜在 2% 盐水中浸泡 2h，并在晾干后方可使用。

4）其他装饰工程的冬期施工

冬期进行油漆、刷浆、被糊、饰面工程，应采用热作法施工。应尽量利用永久性的采暖设施。室内温度应在 5℃ 以上，并保持均衡，不得突然变化。否则不能保证工程质量。

冬期气温低，油漆会发黏不易涂刷，涂刷后漆膜不易干燥。为了便于施工，可在油漆中加一定量的催干剂，保证在 24h 内干燥。

室外刷浆应保持施工均衡，粉浆类料宜采用热水配制，随用随配随用，料浆使用温度宜保持 15℃ 左右。裱糊工程施工时，混凝土或抹灰基层含水率不应大于 8%。施工中当室内温度高于 20℃，且相对湿度大于 80% 时，应开窗换气，防止壁纸皱折起泡。玻璃工程冬期施工时，应将玻璃、镶嵌用合成橡胶等材料运到有采暖设备的室内，操作地点环境温度不应低于 5℃。

外墙铝合金、塑钢框、大扇玻璃不宜在冬期安装。

室内外装饰工程的施工环境温度，除满足上述要求外，对新材料应按所用材料的产品说明要求的温度进行施工。

（6）屋面工程冬期施工

卷材屋面冬期施工宜选择气温不低于-15℃的风和日丽的天气，利用日照使基层达到正温条件，方可铺设卷材。当气温低于-5℃时，不宜进行找平层施工。

油毡使用前应先在+15℃的室内预热 8h，并在铺贴前一日，清扫油毡表面的滑石粉。使用时，根据施工进度的要求，分批送至屋面。

冬期施工不宜采用焦油系列产品，应采用石油系列产品，沥青胶配合比应准确。沥青的熬制及使用温度应比常温季节高 10℃，且不低于 200℃。

铺设前，应检查基层的强度、含水率及平整度。基层含水率不应超过 15%，应防止基层含水率过大，转入常温后水分蒸发而引起油毡鼓泡。

扫清基层上的霜雪、冰层、垃圾，然后涂刷冷底子油。铺设卷材时，应做到随涂沥青胶随铺贴和压实油毡，以免沥青胶冷却、粘结不好，产生孔隙等。沥青胶厚度宜控制在1～2mm，最大值不应超过2mm。

使用改性沥青防水卷材或合成高分子卷材，应按产品说明书中的有关规定进行施工。

2. 雨期施工

（1）雨期施工的特点及要求

雨期施工以防雨、防台风、防汛为依据，做好各项准备工作。

1）雨期施工特点

A. 雨期施工带有突击性。因为雨水对建筑结构和地基基础的冲刷或浸泡具有严重的破坏性，必须迅速及时地防护，才能避免给工程造成损失。

B. 雨期如果比较长时，阻碍了工程（主要包括土方工程、屋面工程等）顺利进行，会拖延工期。对这一点应事先有充分估计并做好合理安排。

2）雨期施工的要求

A. 编制施工组织计划时，要根据雨期施工的特点，将不宜在雨期施工的分项工程提前或拖后安排。对必须在雨期施工的工程应制定有效的措施。

B. 合理进行施工安排。做到晴天抓紧室外工作，雨天安排室内工作，尽量缩短雨天室外作业时间和减小工作面。

C. 密切注意气象预报，做好抗台防汛等准备工作，必要时应及时加固在建的工作。

D. 做好建筑材料防雨防潮的围护工作。

（2）雨期施工的准备工作

1）现场排水。施工现场的道路、设施必须做到排水畅通，尽量，做到雨停水干。要防止地面水排入地下室、基础、地沟内。要做好对危石的处理，防止滑坡和塌方。

2）应做好原材料、成品、半成品的防雨工作。水泥应按入库时间"先收先用"、"后收后用"的原则，避免久存受潮而影响水泥的性能。木门窗等易受潮变形的半成品应在室内堆放，其他材料也应注意防雨及材料堆放场地四周排水。

3）在雨期前应做好施工现场房屋、设备的排水防雨措施。

4）备足排水需用的水泵及有关器材，准备适量的塑钢布、油毡等防雨材料。

雨期施工时施工现场重点应解决好截水和排水问题。截水是在施工现场的上游设截水沟，阻止场外水流入施工现场。排水是在施工现场内合理规划排水系统，并修建排水沟，使雨水按要求排至场外。各工种施工根据施工特点不同，要求也不一样。

（3）土方和基础工程

大量的土方开挖和回填工程应在雨期来临前完成。如必须在雨期施工的土方开挖工程，其工作面不宜过大，应分段逐片的分期完成。开挖场地应设一定的排水坡度，场地内不能积水。

基槽（坑）或管沟开挖时，应注意边坡稳定。必要时可适当放缓边坡坡度或设置支撑。施工时要加强对边坡和支撑的检查。对可能被雨水冲塌的边坡，为防止边坡被雨水冲塌，可在边坡上挂钢丝网片，外抹50mm厚的细石混凝土，为了防止雨水对基坑漫泡，开挖时要在坑内设排水沟和集水井；当挖在基础标高后，应及时组织验收并浇筑混凝土垫层。

填方工程施工时,取土、运土、铺填、压实等各道工序应连续进行,雨前应及时压完已填土层,将表面压光并做成一定的排水坡度。

对处于地下的水池或地下室工程,要防止水对建筑的浮力大于建筑物自重时造成地下室或水池上浮。基础施工完毕,应抓紧基坑四周的回填工作。停止人工降水时,应验算箱形基础抗浮稳定性和地下水对基础的浮力。抗浮稳定系数不宜小于1.2,以防止出现基础上浮或者倾斜的重大事故。如抗浮稳定系数不能满足要求时,应继续抽水,直到施工上部结构荷载加上后能满足抗浮稳定系数要求为止。当遇上大雨,水泵不能及时有效的降低积水高度时,应迅速将积水灌回箱形基础之内,以增加基础的抗浮能力。

土方工程在雨期施工时应注意:

1)雨期施工的工作面不宜过大,重要的土方工程应尽量在雨期前完成。

2)雨期施工前应对施工现场原有排水系统进行检查、疏通或加固,必要时应增加排水设施。

3)雨期施工时,应保证现场运输道路畅通,路面要防滑,路边要修好排水沟。

4)雨期填方施工中,取土、运土、铺填、压实等各道工序应连续进行,雨前应及时压完已填土层或将表面压光,并做成一定坡度以利排水。

5)雨期开挖基坑(槽)或管沟时,应注意边坡稳定,并防止地面水流入。

(4)砌体工程

1)砖在雨期必须集中堆放,不宜浇水。砌墙时要求干湿砖块合理搭配。砖湿度较大时不可上墙。砌筑高度不宜超过1.2m。

2)雨期遇大雨必须停工。砌体停工时应在砖墙顶盖一层干砖,避免大雨冲刷灰浆。大雨过后受雨冲刷过的新砌墙体应翻砌最上面两皮砖。

3)稳定性较差的窗间墙、独立砖柱,应加设临时支撑或及时浇筑圈梁,以增加墙体稳定性。

4)砌体施工时,内外墙要尽量同时砌筑,并注意转角及丁字墙间的搭接。遇台风时,应在与风向相反的方向加临时支撑,以保持墙体的稳定。

5)雨后继续施工,须复核已完工砌体的垂直度和标高。

(5)混凝土工程

1)模板隔离层在涂刷前要及时掌握天气预报,以防隔离层被雨水冲掉。

2)遇到大雨应停止浇筑混凝土,已浇部位应加以覆盖。浇筑混凝土时应根据结构情况和可能,多考虑几道施工缝的留设位置。

3)雨期施工时,应加强对混凝土粗细骨料含水量的测定,及时调整混凝土的施工配合比。

4)大面积的混凝土浇筑前,要了解2~3d的天气预报,尽量避开大雨。混凝土浇筑现场要预备大量防雨材料,以备浇筑时突然遇雨进行覆盖。

5)模板支撑下部回填土要夯实,并加好垫板,雨后及时检查有无下沉。

(6)吊装工程

1)构件堆放地点要平整坚实,周围要做好排水工作,严禁构件堆放区积水、浸泡,防止泥土粘到预埋件上。

2）塔式起重机路基，必须高出自然地面 15cm，严禁雨水浸泡路基。

3）雨后吊装时，要先做试吊，将构件吊至 1m 左右，往返上下数次稳定后再进行吊装工作。

(7) 屋面工程

1）卷材层面应尽量在雨期前施工，并同时安装屋面的落水管。

2）雨天严禁进行油毡屋面施工，油毡、保温材料不准淋雨。

3）雨天屋面工程宜采用"湿铺法"施工工艺，"湿铺法"就是在"潮湿"基层上铺贴卷材，先喷刷 1～2 道冷底子油，喷刷工作宜在水泥砂浆凝结初期进行操作，以防基层浸水。如基层浸水，应在基层表面干燥后方可铺贴油毡。如基层潮湿且干燥有困难时，可采用排汽屋面。

(8) 抹灰工程

1）雨天不准进行室外抹灰，至少应能预计 1～2d 的大气变化情况。对已经施工的墙面，应注意防止雨水污染。

2）室内抹灰尽量在做完屋面后进行，至少做完屋面找平层，并铺一层油毡。

3. 冬期与雨期施工的安全技术

冬期的风雪冰冻，雨期的风雨潮汛，给建筑施工带来了一定的困难，影响和阻碍了正常的施工活动。为此必须采取切实可行的防范措施，以确保施工安全。

(1) 冬期施工的安全技术

冬期施工主要应做好防火、防寒、防毒、防滑、防爆等工作。

1）冬期施工前各类脚手架要加固，要加设防滑设施，及时清除积雪。

2）易燃材料必须经常注意清理；必须保证消防水源的供应，保证消防道路的畅通。

3）严寒时节，施工现场应根据实际需要和规定配设挡风设备。

4）要防止一氧化碳中毒，防止锅炉爆炸。

(2) 雨期施工的安全技术

雨期施工主要应做好防雨、防风、防雷、防电、防汛等工作。

1）基础工程应开设排水沟、基槽、坑沟等，雨后积水应设置防护栏或警告标志，超过 1m 的基槽、井坑应设支撑。

2）一切机械设备应设置在地势较高、防潮避雨的地方，要搭设防雨棚。机械设备的电源线路绝缘要良好，要有完善的保护接零装置。

3）脚手架要经常检查，发现问题要及时处理或更换加固。

4）所有机械棚要搭设牢固，防止倒塌漏雨。机电设备采取防雨、防淹措施，并安装接地安全装置。机械电闸箱的漏电保护装置要可靠。

5）雨期为防止雷电袭击造成事故，在施工现场高出建筑物的塔吊、人货电梯、钢脚手架等必须装设防雷装置。

施工现场的防雷装置一般是由避雷针、接地线和接地体三个部分组成。

A. 避雷针应安装在高出建筑的塔吊、人货电梯、钢脚手架的最高顶端上。

B. 接地线可用截面积不小于 $6mm^2$ 的铝导线，或用截面不小于 $12mm^2$ 的铜导线，也可用直径不小于 8mm 的圆钢。

C. 接地体有棒形和带形两种。棒形接地体一般采用长度 1.5m、壁厚不小于 2.5mm

的钢管或 5mm×50mm 的角钢。将其一端打尖并垂直打入地下，其顶端离地平面不小于 50cm。带形接地可采用截面积不小于 50mm²，长度不小于 3m 的扁钢，平卧于地下 500mm 处。

6) 防雷装置的避雷针、接地线和接地体必须焊接（双面焊），焊缝长度应为圆钢直径的 6 倍或扁钢厚度的 2 倍以上，电阻不宜超过 10Ω。

4. 季节性施工案例

【例 2-17】 冬期施工方案

(1) 背景

某教学楼工程，五层全现浇框架结构。本工程 9 月份开工，12 月份基础做完开始主体工程施工，但本地区 12 月份温度较低，主体现浇钢筋混凝土工程需编制冬期施工方案。

(2) 问题

试编制冬期施工方案。

(3) 分析与解答

冬期施工方案如下：

1) 冬期施工准备

A. 各分公司应对测温、安全、消防、保卫人员组织培训，培训后定员上岗。冬期施工期间不得随意调动换人。

B. 各项目部应在 12 月份前购进冬期施工所需物品。尤其是保温、防冻材料和外加剂等，应提前运至工地。

C. 在施工现场的临时设施，如工作棚、灰池、自来水管、供暖管线等，应提前做好检修和保温工作。

D. 热源设备应在 12 月份前检修完毕。

E. 密切注意气象预报，从 12 月起至来年 3 月，每天应掌握第一手天气资料，正确指导施工。

2) 主要技术措施

A. 工程所在地环境温度不会低−20℃，因此可以在负温条件下进行冷拉、冷弯和焊接。

B. 防冻剂应优先选用早强型复合外加剂，不宜使用氯化钠或氯化钙。凡使用掺有氯盐类的外加剂时，其说明书中的氯盐掺量不得超过水泥重量的 1％。防冻剂掺量应严格按说明书并经过试验确定；由专人负责，并经计量后掺入；适当延长搅拌时间；质检员每天至少抽查一次。

防冻剂每次进货都要进行复试，确保每次进货的实际组分都与说明书和样品的组分相同。

C. 应优选硅酸盐水泥和普通硅酸盐水泥。水泥的强度等级不低于 325。水泥的最小用量不应少于 300，水灰比不应大于 0.6。

D. 混凝土原材料加热，初冬阶段采用加热水的方法。严冬再对砂、石加热，水泥不得加热，但应存放在环境温度高于 5℃ 的库房中。强度等级低于 425 的普通硅酸盐水泥，水温不得超过 80℃，骨料不得超过 40℃。少数工程仍不能满足热工计算要求时，水温可提高到 100℃，但水泥不得与 40℃ 以上的水直接接触。

E. 混凝土养护保温，应优先采用综合蓄热法。

F. 掺用防冻剂的混凝土，在负温条件下养护时，严禁浇水且外露表面必须覆盖。

G. 混凝土的初期养护温度，不得低于防冻剂的规定温度。达不到规定的温度时，应立即采取保温措施。掺用防冻剂的混凝土，其表面温度与环境温度差大于15℃时，应进行保温覆盖养护。

H. 对掺用防冻剂的混凝土，在强度未达到 4.0N/mm^2 以前每2h应测温一次，以后每6h测温一次，室外气温每昼夜应测量4次。

I. 混凝土试块的留置，应比常温施工增加两组与结构同条件养护的试块。一组用于检验受冻前的混凝土强度，另一组检验转入常温养护28d的混凝土强度。这两组试件都要确保放在施工部位和同条件养护，同时应在解冻后再进行试压。

3) 安全、消防管理

A. 现场生产用火必须做到有用火管理制度，有消防器材和工具，有专人负责看管。做到火灭人才走。

B. 现场的易燃物品和材料，应远离火源。堆放处应有防火及灭火措施。

C. 电焊时，周围要加挡风板，避免火花溅射。

D. 入冬前应对现场的机械设备、脚手架和电气机具进行一次检修。每次大风、大雪后应对设备、脚手架和供电的安全状况进行检查。

E. 加强对有毒防冻剂的管理。所有外加剂均应入库存放，并由专人负责管理。尤其要加强对亚硝酸钠的管理，禁止单独进入库房领取和使用。

F. 其余未列出者，发生时应按照有关规范和有关部门的通知、规定执行。

【例 2-18】 雨期施工方案

(1) 背景

某工程采用筏板基础，在春季开工，最先进行大基坑土方开挖，工程所在地区春季雨水比较多。土方工程施工往往避开雨期，抢在雨期到来前完成基础施工或雨期末进行开工，但由于本工程工期要求很紧，必须在春季开工。

(2) 问题

为保证施工顺利进行，试编写雨期施工方案。

(3) 分析与解答

雨期施工方案如下：

1) 雨期施工准备

A. 密切注意气象预报，作好准备。

B. 做好建筑材料防雨防潮工作。

C. 施工现场的排水工作。施工现场的道路、设施必须做到排水通畅，防止雨水流入基坑。

D. 备足排水使用的水泵及有关设备。

2) 主要技术措施

A. 在开挖前应做好施工方案，注意边坡稳定，必要时可适当放缓边坡坡度或设置支撑。施工时应加强对边坡和支撑的检查。

B. 为防止边坡被雨水冲塌，在边坡上加钉钢丝网片，并抹上50mm厚细石混凝土。

C. 在开挖范围外事先挖好挡水沟，在沟边做土堤以防雨水进入坑内。

D. 设计好运土线路，垫好临时路基。

E. 雨期施工的工作面不宜过大，应逐段、逐片地分期完成。基础挖到设计标高后，及时验收并浇筑混凝土垫层，否则，挖土时应在基底标高以上保留150～300mm厚的土层，待基础施工时再行挖去。当采用机械挖土时，坑底应预留300～400mm，待浇筑垫层时由人工清土，以防止基土被水浸泡降低地基土质量。

F. 为防止基坑被雨水浸泡，开挖时要在坑内做好排水沟、积水井，排除雨水。

G. 土方的回填。基础施工完毕，应抓紧基坑四周的回填工作。雨期土方回填最忌土壤水饱和，回填后成为"橡皮土"很难密实。因此土在挖出后应进行遮盖，回填时含水量偏大应晾干至含水率适宜后回填。如急于回填可掺加废渣或质量差的碎石混合后进行回填，以达到回填土密度的要求。

（十二）施 工 测 量

建筑施工测量是在建筑工程施工的各个阶段，应用测量仪器和工具，采用一定的测量技术和方法，根据工程施工进度和质量要求所进行的各种测量工作。其基本任务是进行建（构）筑物的施工放样、竣工总平面图的编绘以及建（构）筑物的变形监测等测量工作。

1. 建筑施工测量定位、放线、抄平的程序和方法

（1）建筑施工测量定位、放线、抄平的程序

1）准备工作

设计资料和各种图纸是施工测设工作的依据，在放样前必须熟悉。对施工图纸进行详细的识读，从总平面图和基础平面图中查取拟建建筑物的总尺寸及内部各定位轴线间的关系，据此可得到建筑物细部放样的基础数据。并可计算出基础轴线放样的测设数据。

另外，还可以通过其他各种立面图、剖面图、建筑物的结构图、设备基础图及土方开挖图等，查取基础、地坪、楼板、楼梯等的设计高程，获得在施工建设中所需的测设高程数据资料，为制定测设方案作准备。

2）实地现场踏勘

通过现场实地踏勘，搞清施工现场的地物、地貌和测量控制点分布情况，调查与施工测设相关的一些问题。踏勘后，应对场地上的平面控制点、高程控制点进行校核，以获得正确的测设起始坐标数据和测站点位。

3）制定测设方案

在熟悉建筑物的设计与说明的基础上，从施工组织设计中了解建筑物的施工进度计划，然后结合现场地形和施工控制网布置情况，编制详细的施工测设方案，在方案中应依据建筑物施工放样的主要技术要求，确定出建筑定位及细部放线的精度标准。

4）计算测设数据并绘制建筑物测设略图

依据设计图纸计算所编制的测设方案的对应测设数据，然后绘制测设略图，并将计算数据标注在图中。

5）按照测设方案进行实地放样，检测及调整等。

测设方案经审批后即可实施，在实施过程中，应时时校核，若经过检校，未达到建筑限差相对应的测设精度要求，则须予以调整，直至达到精度标准。

（2）建筑施工测量定位、放线、抄平的方法

1）建（构）筑物定位

建（构）筑物定位是指将建（构）筑物外轮廓轴线的交点（即建筑物的主轴线点）测设在施工场地上。它是进行建筑物基础测设和细部放线的依据。建筑定位方法很多，主要有根据与现有建筑的关系定位、根据规划的建筑红线定位、根据已知控制点定位、根据施工控制网定位等方法。

如图 2-146 所示，A、BC、MC、EC、D 为城市规划道路红线点，其中 $A\text{-}BC$、$EC\text{-}D$ 为直线段，BC 为圆曲线起点，MC 为圆曲线中点，EC 为圆曲线终点，IP 为两直线段的交点，该交角为 90°，M、N、P、Q 为所设计的高层建筑的轴线（外墙中线）的交点，规定 MN 轴应离红线 $A\text{-}BC$ 为 12m，且与红线平行；NP 轴离红线 $EC\text{-}D$ 为 15m。

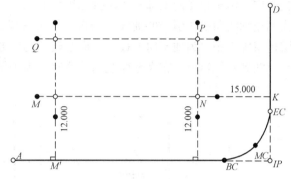

图 2-146 根据建筑红线定位

实地定位时，在红线上从 IP 点得 N' 点，在测设一点 M' 点，使其与 N' 的距离等于建筑物的设计长度 MN。然后在这两点上分别安置经纬仪，用直角坐标法测设轴线交点 M、N，使其与红线的距离等于 12m；同时在各自的直角方向上依据建筑物的设计宽度测设 Q、P 点。最终，再对 M、N、P、Q 点进行校核调整，直至定位点在限差范围内。

在建筑场地已测设有建筑方格控制网，则可根据建筑物和方格网点坐标，用直角坐标法进行建筑物的定位工作。如图 2-147 所示，拟建建筑物 $PQRS$ 周边施工场地上布设有建筑方格网，依据设计图纸得到此测设略图，并将相应的测设数据标在图上，实地测设时分别在方格控制网点 E、F 上建立站点，用直角坐标法进行测设，完成建筑物的定位。具体放样过程参见直角坐标法测设点的平面位置，测设好后，必须进行校核，要求测设精度：距离相对误差小于 1/3000，与 90°的偏差不超过 ±30″。

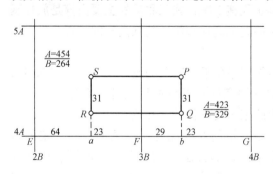

图 2-147 依据方格网进行建筑物定位

2）建（构）筑物细部放线

建（构）筑物的细部放线是根据已定位的外墙轴线交点桩详细测设出建筑物的其他各轴线交点的位置的工作，各放线点测设好后应用木桩标定（桩上中心钉小钉）测设位置，这种桩称为中心桩。据此按基础宽和放坡宽用白灰线在地面上画出基槽开挖边界线。

由于基槽开挖后，定位的轴线角桩和中心桩将被挖掉，为了便于在后期施工中恢复轴线位置，必须把各轴线引测到基槽外的安全地方，并作好相应标志，其方法有钉设龙门桩并设置龙门板和引测轴线控制桩两种方法。

在一般民用建筑中，为了施工方便，在基槽外一定距离（距离槽边大约2m以外）钉设龙门桩，并在每个龙门桩上测设±0.000标高线，以此为依据设置龙门板，即保证龙门板顶面的标高与建筑物的底层室内地坪的设计标高相同，以作为施工标高控制的依据；同时将各轴线位置、墙宽、基槽宽度引测在龙门板上，最终可根据基槽上口宽度，拉线画出基础开挖白灰线。

由于在机械挖槽时龙门板不宜保存，因而在此种情形下，一般采用在基槽外各轴线的延长线上测设引桩的方法，作为开槽后各阶段施工中确定轴线位置的依据。在多层建筑的施工中，引桩也是向上部各楼层投测轴线的依据。如图2-148所示，E、F、G、H等桩均为利用轴线角桩所引测的轴线控制桩。引桩一般钉在基槽开挖边线2～4m的地方，在多层建筑施工中，为便于向上投点，应在较远的地方测定，若附近有固定建筑物，最好把轴线引测到建筑物上。在大型建筑物放线时，为了保证引桩的精度，一般都先测引桩，再根据引桩测设轴线桩。

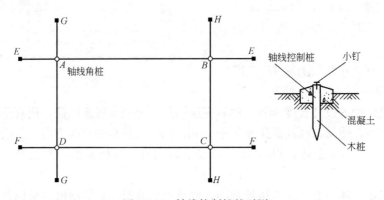

图2-148 轴线控制桩的引测

3）建（构）筑物基础工程施工测量

一般将基础分为墙基础和柱基础。在基础工程施工中，施工测量的主要内容是放样基槽开挖边线、控制基础的开挖深度和测设垫层的施工高程和放样基础模板的位置。

A. 墙基础施工测量

当完成建筑物轴线的定位和放线后，便可按照基础平面图上的设计尺寸，利用龙门板上所标示的基槽宽度和上口放坡尺寸，在地面上画出白灰线，由施工人员进行破土开挖。

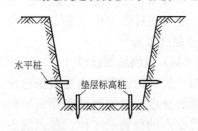

图2-149 水平桩和垫层标高桩

为了控制基槽的开挖深度，当基槽挖到一定的深度后，用水准测量的方法在基槽壁上、离坑底设计高程0.3～0.5m处、每隔2～3m和拐点位置，测设一水平桩，如图2-149所示，作为控制挖槽深度、修平槽底和打基础垫层的依据。在建筑施工中，通常将高程测设工作称为抄平。

基槽开挖完成后，应根据控制桩或龙门板，复核基槽宽度和槽底标高，合格后，方可进行垫层施工。此时首先应在基坑底测设垫层标高桩，使桩顶面的高程等于垫层设计高程，作为垫层施工的依据。

垫层施工完成后，根据控制桩（或龙门板），用拉线的方法，吊垂球将墙基轴线和基础边线投测到垫层上（俗称摆底），并用墨斗弹出墨线，用红油漆画出标记，以作为砌筑基础的依据。墙基轴线投测完成后，务必按设计尺寸复核，这是因为整个墙身砌筑是以此线为准的，墙基轴线投测是确定建筑物位置的关键环节，所以务必严格校核后方可进行基础砌筑施工。

B. 工业厂房柱基施工测量

对柱基础施工，首先应进行柱基定位放线工作。所谓柱基测设就是为每个柱子测设出四个柱基定位桩，以作为测设柱子基坑开挖边线、修坑和立模板的依据。一般，柱基定位桩应设置在柱基坑开挖范围以外。见图2-150所示。然后，按照基础大样图的尺寸，用特制的角尺，依据柱基定位桩，放出基坑开挖线，并用白灰标出开挖范围。进行桩基测设时，应注意定位轴线不一定都是基础中心线。经复核后，即可进行基坑开挖。

当基坑开挖到一定深度，快要挖到柱基设计标高（一般距基底0.3~0.5m）时，应在基坑的四壁或者坑底边沿及中央打入小木桩，并用水准仪在木桩上引测同一高程的标高，以便根据标点拉线修整边坡、坑底和打垫层。其标高的容许误差为±5mm。同时，在基坑底设置垫层标高桩，使桩顶面的高程等于垫层的设计高程，作为垫层施工的依据。

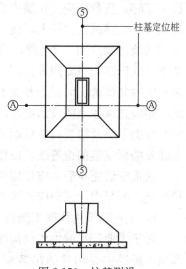

图2-150 柱基测设

完成垫层施工后，根据基坑边的柱基定位桩，用拉线的方法，吊垂球将柱基定位线投影到垫层上，用墨斗弹出墨线，用红油漆画出标记，作为柱基立模板和布置基础钢筋的依据。立模板时，将模板底线对准垫层上的定位线，并用垂球检查模板是否竖直，同时注意使杯内底部标高低于其设计标高2~5cm，作为抄平调整的余量。拆模后，在杯口面上定出柱轴线，在杯口内壁上定出设计标高。

4）建（构）筑物主体结构施工测量

A. 民用建筑墙体施工测量

民用建筑物墙体施工中的测设工作，主要是墙体的定位和墙体各部位的标高控制。

在基础工程结束后，应对龙门板（或轴线控制桩）进行检查复核，以防基础施工时，由于土方及材料的堆放与搬运产生碰动移位。检查无误后，便可利用龙门板或引桩将建筑物轴线测设到基础或防潮层等部位的侧面，并用红三角"▼"标示，如图2-151所示，这样就确定了建筑物上部砌体的轴线位置，施工人员可照此进行墙体的砌筑，也可作为向上投测轴线的依据。再将轴线投测到基础顶面上，并据此轴线弹出纵、横墙边

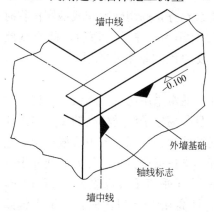

图2-151 基础侧面轴线标志的引测

线，同时定出门、窗和其他洞口的位置，并将这些线弹设到基础的侧面。

在墙体砌筑施工中，墙身上各部位的标高通常是用皮数杆来控制和传递的。使用皮数杆可以控制墙身各部件的准确高度位置，并保证每皮砖和灰缝厚度均匀，且都处于同一水平面上。皮数杆一般都立在建筑物拐角处和隔墙处，立墙体皮数杆时，应先在地面上打一木桩，用水准仪测出±0.000标高位置，并画一水平线作为标记；然后把皮数杆上的±0.000线与木桩上的该水平线对齐，钉牢。钉好后，应用水准仪对其进行检测，并用垂球来校正其竖直。为了施工方便，采用里脚手架砌砖时，皮数杆应立在墙外侧，若采用外脚手架时，皮数杆应立在墙内侧。若是砌筑框架或钢筋混凝土柱子之间的间隔墙时，每层皮数杆可直接画在构件上，而不必另外立皮数杆。

当墙体砌筑到1.2m时，可用水准仪测设出高出室内地坪线+0.500m的标高线于墙体上，此标高线主要用来控制层高，并作为设置门、窗、过梁高度的依据；同时也是后期进行室内装饰施工时控制地面标高、墙裙、踢脚线、窗台等的标高的依据。在楼板施工时，还应在墙体上测设出比楼板板底标高低10cm的标高线，以作为吊装楼板（或现浇楼板）板面平整及楼板板底抹面施工找平的依据，同时在抹好找平层的墙顶面上弹出墙的中心线及楼板安装的位置线，以作为楼板吊装的依据。

楼板安装完毕后，应将底层轴线引测到上层楼面上，作为上层楼的墙体轴线。在多层建筑施工测量中，一般应每施工2～3层后用经纬仪投测轴线。

B. 工业建筑主体施工测量

对于工业厂房的主体结构施工而言，其主要任务是柱子、梁、吊车轨道、屋架、天窗和屋面板等主要构件的吊装施工。为了配合施工人员搞好施工，一般要进行以下测设工作。

在柱子吊装之前，首先应对基础中心线及其间距，基础顶面和杯底标高进行复核，并检查柱子的尺寸是否符合图纸的尺寸要求，检查无误后，便可在柱身的三面，用墨线弹出柱中心线，每个面在中心线上画出上、中、下三点水平标记，并精密量出各标记间距离。同时，还应调整杯底标高、检查牛腿面到柱底的长度，看其是否符合设计要求，如不相符，就要根据实际柱长修整杯底标高，以使柱子吊装后，牛腿面的标高基本符合设计要求。完成这些吊装前的准备工作后，即可按施工精度要求进行柱子的吊装。

柱子安装时应保证柱子的平面和高程位置均符合设计要求，且柱身垂直。预制钢筋混凝土柱吊起插入杯口后，应使柱底三面的中线与杯口中线对齐，并用硬木楔或钢楔作临时固定，如有偏差可用锤敲打楔子拨正。其偏差限值为±5mm。柱子立稳后，即应观测±0.000点标高是否符合设计要求，其允许误差，一般的预制钢筋混凝土柱应不超过±3mm；钢柱应不超过±2mm。

柱子吊装就位后，便可进行柱子垂直校正测量工作。通常采用两台经纬仪同时进行检测，以校正柱子的垂直度，在柱子纵、横中心轴线上，且距离柱子约为柱高的1.5倍的地方，安置经纬仪，先照准柱底中线，固定照准部，再逐渐仰视到柱顶，若中线偏离十字丝竖丝，表示柱子不垂直，可指挥施工人员采用调节拉绳，支撑或敲打楔子等方法使柱子垂直。经校正后，柱的中线与轴线偏差不得大于±5mm；柱子垂直度容许误差为$H/1000$，当柱高在10m以上时，其最大偏差不得超过±20mm；柱高在10m以内时，其最大偏差不得超过±10mm。满足要求后，要立即灌浆，以固定柱子位置。

完成柱子吊装工作之后，即可进行梁的吊装工作，此时的测量工作主要是测设吊车梁的中线位置和梁的标高位置，以满足设计要求。

中线的测设，应根据厂房矩形控制网或柱中心轴线端点，在地面上定出吊车梁中心线（亦即吊车轨道中心线）控制桩，然后用经纬仪将吊车梁中心线投测在每根柱子牛腿上，并弹以墨线，投点误差为±3mm。吊装时使吊车梁中心线与牛腿上中心线对齐。

而对标高的测设，应根据±0.000标高线，沿柱子侧面向上量取一段距离，在柱身上定出牛腿面的设计标高点，作为修平牛腿面及加垫板的依据。同时在柱子的上端比梁顶面高5～10cm处测设一标高点，据此修平梁顶面。梁顶面置平以后，应安置水准仪于吊车梁上，以柱子牛腿上测设的标高点为依据，检测梁面的标高是否符合设计要求，其容许误差应不超过±3～±5mm。

对吊车轨道的安装，其测设工作主要是控制轨道中心线和轨顶标高，使其符合设计要求。首先，在吊车梁上测设轨道中心线；在吊车轨道面上投测好中线点后，应根据中线点弹出墨线，以便安放轨道垫板。在安装轨道垫板时，应根据柱子上端测设的标高点，测设出垫板标高，使其符合设计要求，以便安装轨道。梁面垫板标高测设时的容许误差为±2mm。

在吊车梁上安装好吊车轨道以后，必须进行轨道中心线检查测量，以校核其是否成一直线；还应进行轨道跨距及轨顶标高的测量，看其是否符合设计要求。检测结果要做出记录，作为竣工验收资料。

最后进行屋架安装测量。施工时，首先进行柱顶抄平测量，由于屋架是搁在柱顶上的，因而在屋架安装之前，必须根据各柱面上的±0.000标高线，利用水准仪或钢尺，在各柱顶部测设相同高程数据的标高点，以作为柱顶抄平的依据，据此安装屋架，才能保证屋架安装平齐。同时，还需用经纬仪或其他方法在柱顶上测设出屋架的定位轴线，并应弹出屋架两端的中心线，以作为屋架定位的依据。屋架吊装就位时，应使屋架的中心线与柱顶上的定位线对准，其允许偏差为±5mm。屋架安装就位后，应进行屋架垂直控制测量工作，屋架校正垂直后，即可将屋架用电焊固定。屋架安装的竖直容许误差为屋架高度的1/250，但不得超过±15mm。

2. 高层建筑施工测量

在高层建筑施工过程中有大量的施工测量工作，为了达到指导施工的目的，施工测量应紧密配合施工，具体步骤如下。

（1）施工控制网的布设

高层建筑必须建立施工控制网。其平面控制一般采用建筑方格网控制网形式。建立建筑方格网，必须从整个施工过程考虑，打桩、挖土、浇筑基础垫层及其他施工工序中的轴线测设等，要均能应用所布设的施工控制网。由于打桩、挖土对施工控制网的影响较大，除了经常进行控制网点的复测校核之外，最好随着施工的进行，将控制网延伸到施工影响区之外。而且，必须及时地伴随着施工将控制轴线投测到相应的建筑面层上，这样便可根据投测的控制轴线，进行柱列轴线等细部放样，以备绑扎钢筋、立模板和浇筑混凝土之用。施工控制网的坐标轴应严格平行于建筑物的主轴线或道路的中心线。施工方格网的布设必须与建筑总平面图相配合，以便在施工过程中能够保存最多数量的方格控制点。

建筑方格网的实施，首先在建筑总平面图上设计，然后依据高等级控制点用极坐标法或是直角坐标法测设在实地，最后，进行校核调整，保证精度在允许的限差范围之内。

在高层建筑施工中，高程测设在整个施工测量工作中所占比例很大，同时也是施工测量中的重要部分。正确而周密地在施工场地上布置水准高程控制点，能在很大程度上使立面布置、管道敷设和建筑物施工得以顺利进行，建筑施工场地上的高程控制必须以精确的起算数据来保证施工的质量要求。

高层建筑施工场地上的高程控制点，必须联测到国家水准点上或城市水准点上。高层建筑物的外部水准点高程系统应与城市水准点的高程系统统一。

一般高层建筑施工场地上的高程控制网用三、四等水准测量方法进行施测，且应把建筑方格网的方格点纳入到高程系统中，以保证高程控制点密度，满足工程建设高程测设工作所需。

(2) 高层建（构）筑物主要轴线的定位和放线

在软土地基场区上的高层建筑其基础常用桩基，桩基分为预制桩和灌注桩两种。其特点是：基坑较深，且位于市区，施工场地不宽敞；建筑物的定位大都是根据建筑施工方格网或建筑红线进行。由于高层建筑的上部荷载主要由桩承受，所以对桩位的定位精度要求较高，一般规定，根据建筑物主轴线测设桩基和板桩轴线位置的允许偏差为 20mm，对于单排桩则为 10mm。沿轴线测设桩位时，纵向（沿轴线方向）偏差不宜大于 3cm，横向偏差不宜大于 2cm。位于群桩外周边上的桩，测设偏差不得大于桩径或桩边长（方形桩）的 1/10；桩群中间的桩则不得大于桩径或边长的 1/5。为此在定桩位时必须依据建筑施工控制网，实地定出控制轴线，再按设计的桩位图中所示尺寸逐一定出桩位，实地控制轴线测设好后，务必进行校核，检查无误后，方可进行桩位的测设工作。

建筑施工控制网一般都确定一条或两条主轴线。因此，在建筑物放样时，按照建筑物柱列线或轮廓线与主控制轴线的关系，依据场地上的控制轴线逐一定出建筑物的轮廓线。现今大都使用全站仪采用极坐标法进行建筑物的定位。具体做法是：通过图纸将设计要素如轮廓坐标、曲线半径、圆心坐标及施工控制网点的坐标等识读清楚，并计算各自的方向角及边长，然后在控制点上安置全站仪（或经纬仪）建立测站，按极坐标法完成各点的实地测设。将所有建筑物轮廓点定出后，再行检查是否满足设计要求。

总之，根据施工场地的具体条件和建筑物几何图形的繁简情况，可以选择最合适的测设方法完成高层建筑物的轴线定位。

轴线定位之后，即可依据轴线测设各桩位（或柱列线上的桩位）。桩的排列随着建筑物形状和基础结构的不同而异。最简单的排列是格网形状，此时只要根据轴线，精确地测设出格网的四个角点，进行加密即可测设出其他各桩位。有的基础则是由若干个承台和基础梁连接而成。承台下面是群桩；基础梁下面有的是单排桩，有的是双排桩。承台下的群桩的排列，有时也会不同。测设时一般是按照"先整体、后局部，先外廓、后内部"的顺序进行。测设时通常根据轴线，用直角坐标法测设不在轴线上的桩位点。

测设出的桩位均用小木桩标示其位置，且应在木桩上用中心钉标出桩的中心位置，以供校核。其校核方法一般是：根据轴线，重新在桩顶上测设出桩的设计位置，并用油漆标明，然后量出桩中心与设计位置的纵、横向两个偏差分量 δ_x、δ_y，若其偏差值在允许范围内，即可进行下一工序的施工。

桩的平面位置测设好后，即可进行桩的灌注施工，此时需进行桩的灌入深度的测设。

一般是根据施工场地上已测设的±0.000标高,测定桩位的地面标高,通过桩顶设计标高及设计桩长,计算出各桩应灌入的深度,进行测设。同时可用经纬仪控制桩的铅直度。

(3) 高层建筑物的轴线投测

当完成建筑物的基础工程后,为保证在后期各层的施工中其相应轴线能位于同一竖直面内,应进行建筑物各轴线的投测工作。在进行轴线投测之前,为保证测设精度,首先必须向基础平面引测各轴线控制点。因为,在采用流水作业法施工中,当第一层柱子施工好后,马上开始围护墙的砌筑,这样原有建立的轴线控制标桩与基础之间的通视很快即被阻断,因而,为了轴线投测的需要,必须在基础面上直接标定出各轴线标志。

当施工场地比较宽阔时,可采用经纬仪引桩投测法(又称外控法)进行轴线的投测。用此方法分别在建筑物纵轴、横轴线控制桩(或轴线引桩)上安置经纬仪(或全站仪),就可将建筑物的主轴线点投测到同一层楼面上,各轴线投测点的连线就是该层楼面上的主轴线,据此再依据该楼层的平面图中的尺寸测设出层面上的其他轴线。最后,进行检测,保证投测精度在限差内。

当在建筑物密集的建筑区,施工场地狭小,无法在建筑物以外的轴线上安置仪器时,多采用内控法。施测时必须先在建筑物基础面上测设室内轴线控制点,然后用垂准线原理将各轴线点向建筑物上部各层进行投测,作为各层轴线测设的依据。

首先,在基础平面上利用地面上测设的建筑物轴线控制桩测设主轴线,然后选择适当位置测设出与建筑物主轴线平行的辅助轴线,并建立室内辅助轴线的控制点。室内轴线控制点的布置视建筑物的平面形状而定,对一般平面形状不复杂的建筑物,可布设成"L"形或矩形。内控点应设在角点的柱子附近,各控点连线与柱子设计轴线平行,间距约为0.5~0.8m,且应选择在能保持垂直通视(不受梁等构件的影响)和水平通视(不受柱子等影响)的位置。内控点的测设,应在基础工程完成后进行,先根据建筑物施工控制网点,校测建筑物轴线控制桩的桩位,看其是否移位变动,若无变化,依据轴线控制桩点,将轴线内控点测设到基础平面上,并埋设标志,一般是预埋一块小铁皮,上面划以十字丝,交点上冲一小孔,作为轴线投测的依据。为了将基础层上的轴线点投测到各层楼面上,在内控点的垂直方向上的各层楼面预留约300mm×300mm的传递孔(也叫垂准孔)。并在孔周围用砂浆做成20mm高的防水斜坡,以防投点时施工用水通过此孔流落到下方的仪器上。为保证投测精度,一般用专用的施工测量仪器激光铅垂仪进行投测。

如图2-163所示,投测时,安置激光铅垂仪于测站点(底层轴线内控点上),进行对中、整平,在对中时,打开对点激光开关,使激光束聚焦在测站基准点上,然后调整三脚架的高度,使圆水准气泡居中,以完成仪器对中操作,再利用脚螺旋调置水准管,使其在任何方向都居中,以完成仪器的整平,最终进行检查以确认仪器严格对中、整平,此时可将对点激光器关闭;同时在上层传递孔处放置网格激光靶,对其照准,打开垂准激光开关,会有一束激光从望远镜镜中射出,并聚焦在靶上,激光光斑中心处的读数即为投测的观测值。这样即将基础底层内控点的位置投测到上层楼面,然后依据内控点与轴线点的间距,在楼层面上测设出轴线点,并将各轴线点依次相连即为建筑物主轴线,再根据主轴线在楼面上测设其他轴线,完成轴线的传递工作。按同样的方法逐层上传,但应注意,轴线投测时,要控制并检校轴线向上投测的竖直偏差值在本层内不得超过±5mm,整栋楼的累积偏差不超过±20mm。同时还应用钢尺精确丈量投测的轴线点之间的距离,并与设

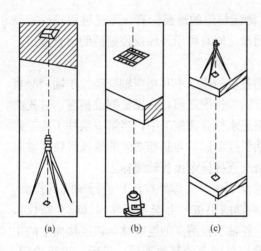

计的轴线间距相比较,其相对误差对高层建筑而言不得低于 1/10000。否则,必须重新投测,直至达到精度要求为止。图 2-152（a）、(b)为向上投点,图 2-152（c）为向下投点。

(4) 高层建筑物的高程传递

高层建筑施工中,要由下层楼面向上层传递高程,以使上层楼板、门窗、室内装修等工程的标高符合设计要求。楼面标高误差不得超过 ±10mm。传递高程的方法有以下几种。

1) 利用皮数杆传递高程

在皮数杆上自±0.000 标高线起,门窗、楼板、过梁等构件的标高都已标明。一层楼砌筑好后,则可从一层皮数杆起一层一层往

图 2-152 内控法轴线投测

上接,就可以把标高传递到各楼层。在接杆时要注意检查下层杆位置是否正确。

2) 利用钢尺直接丈量

在标高精度要求较高时,可用钢尺沿某一墙角自±0.000 标高处起直接丈量,把高程传递上去。然后根据下面传递上来的高程立皮数杆,作为该层墙身砌筑和安装门窗、过梁及室内装修、地坪抹灰时控制标高的依据。

3) 悬吊钢尺法（水准仪高程传递法）

根据高层建筑物的具体情况也可用水准仪高程传递法进行高程传递,不过此时需用钢尺代替水准尺作为数据读取的工具,从下向上传递高程。如图 2-153 所示,由地面已知高程点 A,向建筑物楼面 B 传递高程,先从楼面上（或楼梯间）悬挂一支钢尺,钢尺下端悬一重锤。观测时,为了使钢尺稳定,可将重锤浸于一盛满油的容器中。然后在地面及楼面上各安置一台水准仪,按水准测量方法同时读取 a_1、b_1 及 a_2 读数,则可计算出楼面 B 上设计标高为 H_B 的测设数据 $b_2=H_A+a_1-b_1+a_2-H_B$,据此可采用测设已知高程的测设方法放样出楼面 B 的标高位置。

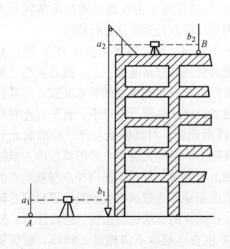

图 2-153 水准仪高程传递法

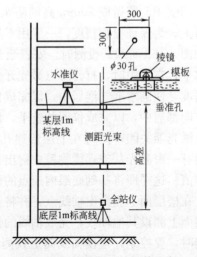

图 2-154 全站仪测距法传递高程

4）全站仪天顶测高法

如图 2-154 所示，利用高层建筑中的传递孔（或电梯井等），在底层高程控制点上安置全站仪，置平望远镜（显示屏上显示垂直角为 0°或天顶距为 90°），然后将望远镜指向天顶方向（天顶距为 0°或垂直角为 90°），在需要传递高程的层面传递孔上安置反射棱镜，即可测得仪器横轴至棱镜横轴的垂直距离，加仪器高，减棱镜常数（棱镜面至棱镜横轴的间距），就可以算得两层面间的高差，据此即可计算出测量层面的标高，最后与该层楼面的设计标高相比较，进行调整即可。

3. 施工测量方案的编制

施工测量工作是引导工程建设自始至终顺利进行的控制性工作，施工测量方案是预控质量、全面指导测量放线工作的依据。因此，在工程开工前通常均要求编制切实可行的施工测量方案。

（1）施工测量方案的编制依据

1）施工测量规范和规程。如《工程测量规范》、《城市测量规范》，国家颁布的《测绘法》等。

2）规划局给定的有关测设资料。如城市控制点、红线桩点、水准点等已知起始点。

3）施工用的整套图纸及相关的工程建设合同。

（2）施工测量方案的基本内容

1）工程概况。施工场地位置、面积与地形情况，工程总体布局、建筑面积、层数与高度，结构类型、施工工期与施工方案要点，工程的特点与对施工测量的基本要求。

2）施工测量的基本要求。场地、建筑物与建筑红线的关系，定位条件，工程设计与施工对测量精度与进度的要求，还应阐明设计条件和业主方的特殊要求。

3）施工场地准备。根据设计总平面图与施工现场总平面布置图，确定拆迁次序与范围，测定出场地上需要保留的原有地下管线、地下建（构）筑物与名贵植物与范围，场地平整与临时性的工程定位放线工作。

4）测量起始数据资料的检核。对起始依据点，在开工前，均应进行校核。

5）场区施工控制网的测设。根据场区情况、工程设计与施工的要求，设计好施工控制网，并将其按照测设的精度要求测设在施工场地上，以建立场区平面与高程控制网。

6）建筑物定位与基础施工测量。主要是进行平面定位与细部轴线放线测量工作，并建立轴线控制桩，在此基础上进行±0.000 以下的基础施工测量放线工作。

7）±0.000 以上施工测量。首层、非标准层与标准层的主体结构的施工放线测量工作，竖向控制与高程传递。

8）室内、外装饰与设备安装测量。

9）竣工测量与变形观测。

10）验线工作。明确各分部分项工程测量放线后，应由哪一级来验线，且验线的内容。

11）施工测量工作的组织与管理。

施工测量方案由施工方进行编制，编好后应填写施工组织设计（方案）报审表，并同施工组织设计一道报送建设监理单位审查、审批，经监理单位批准后方可实施。

(十三) 建筑施工组织

建筑施工组织就是结合建筑产品的特点,对生产过程中人力、材料、机械、施工方法等方面的要素进行统筹安排。组织施工的方法有:依次施工方法、平行施工方法、流水施工方法,下面主要介绍流水施工方法。

1. 流水施工方法

(1) 流水施工的基本概念

流水施工就是指所有的施工过程按一定的时间间隔依次投入施工,各个施工过程陆续开工、陆续竣工,使同一施工过程的施工队组保持连续、均衡施工,不同的施工过程尽可能平行搭接施工的组织方式。如图2-155所示。

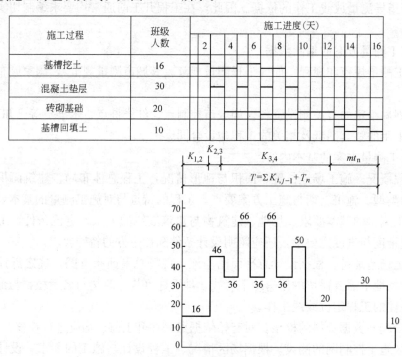

图 2-155 流水施工

1) 流水施工的基本特点

流水施工带来了较好的技术经济效果,具体可归纳为以下几点:

A. 能根据工程实际划分施工段。

B. 可以取得合理的工期和加快施工进度。

C. 可以组织专业化施工,有利于劳动生产率的提高。

D. 各个专业工种能连续施工,相邻的工作之间可实现合理的搭接,减少停工、窝工现象。

E. 施工的连续性、均衡性,使劳动消耗、物资供应、机械设备利用等处于相对平稳状态,充分发挥管理水平,降低工程成本。

2) 组织流水施工的要点

组织流水施工的要点有:划分分部分项工程、划分施工段、每个施工过程可组织专业的施工队组作业、主要施工过程必须连续、均衡地施工、不同的施工过程尽可能组织平行搭接施工。

（2）流水施工参数

流水施工的基本参数有工艺、空间和时间三种参数。

1）工艺参数

在组织流水施工时，用以表达流水施工在施工工艺上开展顺序及其特征的参数。通常，工艺参数包括施工过程数和流水强度两种。

施工过程数是指参与一组流水的施工过程数目，以符号"n"表示。施工过程划分的数目多少、粗细程度一般与下列因素有关：施工计划的性质与作用、施工方案及工程结构、劳动组织及劳动量大小、施工过程内容和工作范围等。

流水强度是指某施工过程在单位时间内所完成的工程量，一般以 V_i 表示。

2）空间参数

在组织流水施工时，用以表达流水施工在空间布置上所处状态的参数，称为空间参数。空间参数主要有：工作面、施工段数和施工层数。

A. 工作面：某专业工种的工人在从事施工生产过程中，所必须具备的活动空间，这个活动空间称为工作面。它的大小是根据相应工种单位时间内的产量定额、工程操作规程和安全规程等的要求确定的。

B. 施工段数和施工层数

施工段数和施工层数是指工程对象在组织流水施工中所划分的施工区段数目。一般把平面上划分的若干个劳动量大致相等的施工区段称为施工段，用符号 m 表示。把建筑物垂直方向划分的施工区段称为施工层，用符号 r 表示。

划分施工段的基本要求：施工段的数目要合理；各施工段的劳动量（或工程量）要大致相等；要有足够的工作面；要有利于结构的整体性，施工段分界线宜划在伸缩缝、沉降缝以及对结构整体性影响较小的位置；以主导施工过程为依据进行划分；当组织流水施工对象有层间关系，每层的施工段数必须大于或等于其施工过程数。即：$m \geq n$。

3）时间参数

在组织流水施工时，用以表达流水施工在时间排列上所处状态的参数，称为时间参数。它包括：流水节拍、流水步距、平行搭接时间、技术与组织间歇时间、工期等。

A. 流水节拍：流水节拍是指从事某一施工过程的施工队组在一个施工段上完成施工任务所需的时间，用符号 t_i 表示（$i=1$、2……）。流水节拍的大小直接关系到投入的劳动力、机械和材料量的多少，决定着施工速度和施工的节奏，因此，合理确定流水节拍，具有重要的意义。

B. 流水步距：流水步距是指两个相邻的施工过程的施工队组相继进入同一施工段开始施工的最小时间间隔（不包括技术与组织间歇时间），用符号 $k_{i,i+1}$ 表示（i 表示前一个施工过程，$i+1$ 表示后一个施工过程）。流水步距的数目等于（$n-1$）个参加流水施工的施工过程（队组）数。

C. 工期：工期是指完成一项工程任务或一个流水组施工所需的时间。

（3）流水施工的分类

根据流水施工节奏特征的不同，流水施工的基本方式分为有节奏流水和无节奏流水两大类。有节奏流水又可分为等节奏流水和异节奏流水两种。

1) 有节奏流水

A. 等节奏流水施工

等节奏流水是指同一施工过程在各施工段上的流水节拍都相等，并且不同施工过程之间的流水节拍也相等的一种流水施工方式。即各施工过程的流水节拍均为常数，故也称为全等节拍流水或固定节拍流水。如图 2-156 所示。

等节奏流水施工的特征：各施工过程在各施工段上的流水节拍彼此相等；流水步距彼此相等，而且等于流水节拍值；各专业工作队在各施工段上能够连续作业，施工段之间没有空闲时间；施工班组数等于施工过程数。等节奏流水施工一般适用于工程规模较小，建筑结构比较简单，施工过程不多的房屋或某些构筑物。常用于组织一个分部工程的流水施工。

图 2-156 等节拍流水施工进度计划

B. 异节奏流水施工

异节奏流水是指同一施工过程在各施工段上的流水节拍都相等，不同施工过程之间的流水节拍不一定相等的流水施工方式。异节奏流水又可分为异步距异节拍流水和等步距异节拍流水两种。

A) 异步距异节拍流水施工

异步距异节拍流水施工的特征：同一施工过程流水节拍相等，不同施工过程之间的流水节拍不一定相等；各个施工过程之间的流水步距不一定相等；施工班组数等于施工过程数。异步距异节拍流水施工适用于施工段大小相等的分部和单位工程的流水施工，它在进度安排上比全等节拍流水灵活，实际应用范围较广泛，如图 2-157 所示。

B) 等步距异节拍流水施工

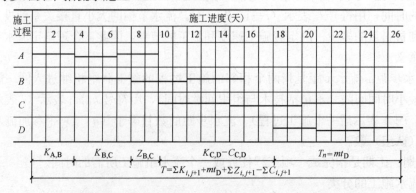

图 2-157 某工程异步距异节拍流水施工进度计划

等步距异节拍流水施工亦称成倍节拍流水,是指同一施工过程在各个施工段上的流水节拍相等,不同施工过程之间的流水节拍不完全相等,但各个施工过程的流水节拍均为其中最小流水节拍的整数倍,即各个流水节拍之间存在一个最大公约数。为加快流水施工进度,按最大公约数的倍数组建每个施工过程的施工队组,以形成类似于等节奏流水的等步距异节奏流水施工方式。如图 2-158 所示。

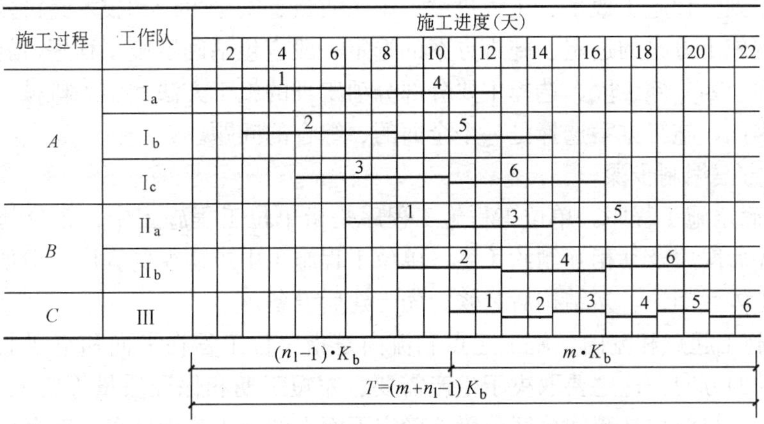

图 2-158 某工程等步距异节拍流水施工进度计划

等步距异节拍流水施工的特征:同一施工过程流水节拍相等,不同施工过程流水节拍等于其中最小流水节拍的整数倍;流水步距彼此相等,且等于最小流水节拍值;施工队组数大于施工过程数。

2) 无节奏流水施工

无节奏流水施工是指同一施工过程在各个施工段上流水节拍不完全相等的一种流水施工方式。在实际工程中,通常每个施工过程在各个施工段上的工程量彼此不等,各专业施工队组的生产效率相差较大,导致大多数的流水节拍也彼此不相等,无节奏流水施工的普遍形式,如图 2-159 所示。

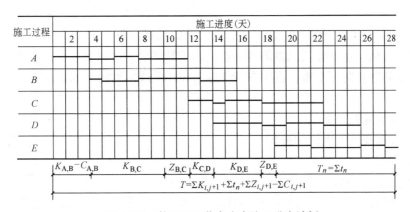

图 2-159 某工程无节奏流水施工进度计划

无节奏流水施工的特点:每个施工过程在各个施工段上的流水节拍不尽相等;各个施工过程之间的流水步距不完全相等且差异较大;各施工作业队能够在施工段上连续作业,但有的施工段之间可能有空闲时间;施工队组数等于施工过程数。无节奏流水施工不像有节奏流水施工那样有一定的时间规律约束，在进度安排上比较灵活、自由，适用于分部工程和单位工程及大型建筑群的流水施工。

2. 施工方案和施工进度计划的编制方法

（1）施工方案编制方法

施工方案的选定是施工组织设计的核心问题。施工方案合理与否，不仅影响到施工安排，而且关系到工程施工效率、工程进度、施工质量、安全生产和技术经济效果，所以我们应十分重视施工方案的选定。施工方案的选定一般应包括确定施工程序、施工起点和流向、施工顺序、划分施工段、选择主要分部分项工程的施工方法和施工机械、拟订技术组织措施等。因此，施工方案选择是一个全面的、综合的问题。

1）施工方案编制步骤

A. 首先确定施工程序。单位工程施工程序是指单位工程施工中，各分部分项工程或施工阶段的先后次序及其相互制约关系。单位工程施工中应遵循的程序一般如下：先地下后地上、先主体后围护、先结构后装修、先土建后设备。

B. 确定施工起点和流向。施工起点和流向是指单位工程在平面和空间上开始施工的部位及其流动的方向，这主要取决于生产需要、缩短工期和保证质量等要求。一般来说，对单层建筑物，只要按其跨间分区分段地确定平面上的施工流向即可；对多层建筑物，除了确定每层平面上的施工流向外，还要确定其层间或单元空间上的施工流向。

C. 确定施工顺序。施工顺序是指施工过程或分项工程之间施工的先后次序。组织单位工程施工时，应将其划分为若干个分部工程或施工阶段，每一分部工程又划分为若干个分项工程（施工过程），并对各个分部分项工程的施工顺序作出合理安排。

一般工业和民用建筑总的施工顺序为：基础工程→主体工程→屋面工程→装饰工程。

D. 划分施工段。实际施工时，基础工程和主体工程一般进行分段流水作业，施工段的划分可相同也可不同，为了便于组织施工，基础和主体工程施工段的数目和位置基本一致。屋面工程施工时若没有高低层，或没有设置变形缝，一般不分段施工，而是采用依次施工的方式组织施工。装饰工程平面上一般不分段，立面上分层施工，一个结构层可作为一个施工层。

E. 主要分部分项工程的施工方法及施工机械的选择。施工方法主要内容：拟订主要的操作过程和方法，包括施工机械的选择；提出质量要求和达到质量要求的技术措施；指出可能产生的问题及防治措施；提出季节性施工和降低成本措施；制定切实可行的安全施工措施等。

F. 拟订技术组织措施。

2）施工方法及施工机械的选择

A. 土石方工程

A）确定土石方开挖方法

土石方工程有人工开挖、机械开挖和爆破三种开挖方法。人工开挖只适用于小型基坑（槽）、管沟及土方量少的场所，对大量土方一般均选择机械开挖。当开挖难度很大，如冻土、岩石土的开挖，也可以采用爆破技术进行爆破。如果采用爆破，则应选择炸药的种类、进行药包量的计算、确定起爆的方法和器材，并拟订爆破安全措施等。

土方开挖应遵循"开槽支撑，先撑后挖，分层开挖，严禁超挖"的原则。开挖基坑

（槽）按规定的尺寸合理确定开挖顺序和分层开挖深度，连续的进行施工，尽快的完成。因土方开挖施工要求标高、断面准确，土体应有足够的强度和稳定性，所以在土方开挖过程中要随时注意检查。挖土时不得超挖，如个别超挖处，可采用砂土或碎石类土填补，并仔细夯实。重要部位若被超挖时，可用低强度等级的混凝土填补。

深基坑土方的开挖，常见的开挖方式有分层全开挖、分层分区开挖、中心岛法开挖、土壕沟式开挖等。实际施工时应根据开挖深度和开挖机械确定开挖方式。

B）土方施工机械的选择

土方施工机械选择的内容包括：确定土方施工机械型号、数量和行走路线，以充分利用机械能力，达到最高的机械效率。

在土方工程施工中应合理的选择土方机械，充分发挥机械效能，并使各种机械在施工中配合协调。土方机械的选择，通常先根据工程特点和技术条件提出几种可行方案，然后进行技术经济比较，选择效率高、费用低的机械进行施工，一般可选用土方单价最小的机械。

C）确定土壁放坡开挖的边坡坡度或土壁支护方案

为了防止塌方（滑坡），保证施工安全，在基坑（槽）开挖深度超过一定限度时，土壁应放坡开挖，或者加设临时支撑以保证土壁的稳定。

当土质较好或开挖深度不是很深时，可以选择放坡开挖，根据土壤类别及开挖深度，确定放坡的坡度。这种方法较经济，但是需要很大的工作面。

当土质较差或开挖深度大时，或受场地条件的限制不能选择放坡开挖时，可以采用土壁支护，进行支护的计算，确定支护形式、材料及其施工方法，必要时并绘制支护施工图。土壁支护方法，根据工程特点、土质条件、开挖深度、地下水位和施工方法等不同情况，可以选择钢（木）支撑、钢（木）板桩、钢筋混凝土桩、土层锚杆、地下连续墙等。

D）地下水、地表水的处理方法及有关配套设备

选择排除地面水和降低地下水位的方法，确定排水沟、集水井或井点的类型、数量和布置（平面布置和高程布置），确定施工降、排水所需设备。

地面水的排除通常采用设置排水沟、截水沟或修筑土堤等设施来进行。应尽量利用自然地形来设置排水沟，以便将水直接排至场外，或流入低注处再用水泵抽走。降低地下水位的方法有集水坑降水法和井点降水法两种。集水坑降水法一般宜用于降水深度较小且地层为粗粒土层或黏性土时；井点降水法一般宜用于降水深度较大，或土层为细砂和粉砂，或是软土地区时。

E）确定回填压实的方法

基础验收合格后，应及时回填。回填土要在基础两侧同时进行，并分层夯实。回填时应明确填筑的要求；正确选择填土的种类和填筑方法；根据不同土质，选择压实方法，确定压实机械的类型和数量。基础施工时，应确定基础或垫层与基坑开挖之间搭接程度与技术间歇时间，在保证质量前提下尽早拆模和回填土，以免基坑暴晒和浸水，并提供预制场地。

F）确定土石方平衡调配方案

根据实际工程规模和施工期限，确定调配的运输机械的类型和数量，选择最经济合理调配方案。在地形复杂的地区进行大面积平整场地时，除确定土石方平衡调配方案外，还

应绘制土方调配图表。

  B. 基础工程

  基础工程施工是指室内地坪（±0.000）以下所有工程的施工阶段。

  A）基础的施工顺序

  基础的施工顺序一般为：挖土→做垫层→做基础→回填土。当在挖槽和勘探过程中发现地下有障碍物，如洞穴、防空洞、枯井、软弱地基等，还应进行地基局部加固处理。

  因基础工程受自然条件影响较大，各施工过程安排尽量紧凑。挖土与垫层施工之间间隔时间不宜太长，以防基坑（槽）暴露时间太长，下雨后基坑（槽）内积水，影响其承载力。而且，垫层施工完成后，一定要留有技术间歇时间，使其具有一定强度之后，再进行下一道工序施工。回填土应在基础完成后一次分层回填压实，这样既可保证基础不受雨水浸泡，又可为后续工作提供场地条件，使场地作业面积增大，并为搭设外脚手架以及建筑物四周运输道路的畅通创造条件。对（±0.000）以下室内回填土，最好与基槽（坑）回填土同时进行，如不能同时回填，也可留在装饰工程之前，与主体结构施工同时交叉进行。

  钢筋混凝土基础的施工顺序也可以为：基坑（槽）挖土→基础垫层→绑扎基础钢筋→基础支模板→浇筑混凝土→养护→拆模→回填土。如果开挖深度较大，地下水位较高，则在挖土前应进行土壁支护和施工降水等工作。

  B）基础的施工方法的选择

  a. 砖基础。砖基础是由大放脚和基础墙两部分组成。基础的大放脚有等高式和不等高式两种。在施工之前，应明确砌筑工程施工中的流水分段和劳动组合形式；确定砖基础的组砌方法和质量要求；选择砌筑形式和方法；确定皮数杆的数量和位置；明确弹线及皮数杆的控制方法和要求。基础需设施工缝时，应明确施工缝留设位置、技术要求。

  b. 混凝土基础。基础模板工程。根据基础结构形式、荷载大小、地基土类别、施工设备和材料供应等条件进行模板及其支架的设计；并确定模板类型、支模方法、模板的拆除顺序、拆除时间及安全措施；对于复杂的工程还需绘制模板放样图。

  基础钢筋工程。选择钢筋的加工（调直、切断、除锈、弯曲、成型、焊接）、运输、安装和检测方法；如钢筋作现场预应力张拉时，应详细制定预应力钢筋的制作、安装和检测方法。确定钢筋加工所需要的设备的类型和数量。确定形成钢筋保护层的方法。

  基础混凝土工程。选择混凝土的制备方案，如采用现场制备混凝土或商品混凝土。确定混凝土原材料准备、拌制及输送方法；确定混凝土浇筑顺序、振捣、养护方法；施工缝的留设位置和处理方法；确定混凝土搅拌、运输或泵送、振捣设备的类型、规格和数量。对于大体积混凝土，一般有三种浇筑方案：全面分层、分段分层、斜面分层。为防止大体积混凝土的开裂，根据结构特点的不同，确定浇筑方案；拟定防止混凝土开裂的措施。

  在选择施工方法时，应特别注意大体积混凝土、特殊条件下混凝土、高强度混凝土及冬期混凝土施工中的技术方法，注重模板的早拆化、标准化，钢筋加工中的联动化、机械化，混凝土运输中采用大型搅拌运输车，泵送混凝土，计算机控制混凝土配料等。

  工业厂房的现浇钢筋混凝土杯形基础和设备基础的施工，通常有两种施工方案。其设备基础与厂房杯形基础施工顺序的不同，常常会影响到主体结构的安装方法和设备安装投入的时间。

当厂房柱基础的埋置深度大于设备基础埋置深度时，则采用"封闭式"施工方案，即厂房柱基础先施工，设备基础待上部结构全部完工后再施工；当设备基础埋置深度大于厂房基础的埋置深度时，通常采用"开敞式"施工，即厂房柱基础和设备基础同时施工。这种施工顺序的优缺点与"封闭式"施工相反。通常，当厂房的设备基础较大较深，基坑的挖土范围连成一体，以及地基的土质情况不明时，才采用"开敞式"施工顺序。如果设备基础与柱基础埋置深度相同或接近时，两种施工顺序均可选择。只有当设备基础比柱基深很多时，其基坑的挖土范围已经深于厂房柱基础，以及厂房所在地点土质很差时，也可采用设备基础先施工的方案。

c. 桩基础。桩基础类型不同，施工方法也不一样。通常按施工工艺桩基础分为预制桩和灌注桩两种。

预制桩的施工方法：确定预制桩的制作程序和方法；明确预制桩起吊、运输、堆放的要求；选择起吊、运输的机械；确定预制桩打设的方法，选择打桩设备。较短的预制桩多在预制厂生产，较长的桩一般在打桩现场或附近就地预制。预制桩按打桩设备和打桩方法，可分为锤击法、振动法、水冲法和静力压桩等。

灌注桩的施工方法：根据灌注桩的类型确定施工方法，选择成孔机械的类型和其他施工设备的类型及数量，明确灌注桩的质量要求；拟定安全措施等。灌注桩按成孔方法可分为：泥浆护壁灌注桩、干作业成孔灌注桩、沉管灌注桩、人工挖孔灌注桩和爆扩灌注桩等。下面介绍应用较广的现浇混凝土护壁时人工挖孔桩的施工方法。人工挖孔灌注桩是指桩孔采用人工挖掘方法进行成孔，然后安放钢筋笼，浇筑混凝土而成的桩。其施工设备一般可根据孔径、孔深和现场具体情况加以选用，常用的有：电动葫芦、提土桶、潜水泵、鼓风机和输风管、镐、锹、土筐、照明灯、对讲机及电铃等。施工时，为确保挖土成孔施工安全，必须考虑预防孔壁坍塌和流砂现象发生的措施。因此，施工前应根据水文地质资料，拟定出合理的护壁措施和降排水方案，护壁方法很多，可以采用现浇混凝土护壁、喷射混凝土沉井护壁、混凝土沉井护壁、砖砌体护壁、钢套管护壁、型钢——木板桩工具式护壁等多种。

C. 主体工程施工方案

A）施工顺序的确定

主体结构工程的施工顺序与结构体系、施工方法有极密切的关系，应视工程具体情况合理选择。主体结构工程常用的结构体系如：砖混结构房屋、钢筋混凝土框架结构、装配式工业厂房、剪力墙结构等。

a. 砖混结构。砖混结构主体的楼板可预制也可现浇，楼梯一般都现浇。

若楼板为预制构件时，砖混结构主体工程的施工顺序为：搭脚手架→砌墙→安装门窗框→安装门窗过梁→现浇圈梁和构造柱→现浇楼梯→安装楼板→浇板缝→现浇雨篷及阳台等。

当楼板现浇时，其主体工程的施工顺序为：搭脚手架→构造柱绑筋→墙体砌筑→安装门窗过梁→支构造柱模板→浇构造柱混凝土→安装梁、板、楼梯模板→绑梁、板、楼梯钢筋→浇梁板楼梯混凝土→现浇雨篷及阳台等。

b. 框架结构。框架结构的施工方案会影响其主体工程施工顺序。

梁柱板整体现浇时，框架结构主体的施工顺序一般为：绑扎柱钢筋→支柱、梁、板模板→绑扎梁、板钢筋→浇柱、梁、板混凝土→养护→拆模。

先浇柱后浇梁板时，框架结构主体的施工顺序一般为：绑扎柱钢筋→支柱、梁、板模板→浇柱混凝土→绑扎梁、板钢筋→浇梁、板混凝土→养护→拆模。

浇筑钢筋混凝土电梯井的施工顺序则为：绑扎电梯井钢筋→支电梯井内外模板→浇筑电梯井混凝土→混凝土的养护→拆模。

c. 剪力墙结构。主体结构为现浇钢筋混凝土剪力墙，可采用大模板或滑模工艺。

现浇钢筋混凝土剪力墙结构采用大模板工艺，分段组织流水施工，施工速度快，结构整体性、抗震性好。其标准层的施工顺序一般为：弹线→绑扎墙体钢筋→支墙模板→浇筑墙身混凝土→养护→拆墙模板→支楼板模板→绑扎楼板钢筋→浇筑楼板混凝土。随着楼层施工，电梯井、楼梯等部位也逐层插入施工。

采用滑升模板工艺时，其施工顺序为：抄平放线→安装提升架、围圈→支一侧模板→绑墙体钢筋→支另一侧模板→液压系统安装→检查调试→安装操作平台→安装支承杆→滑升模板安装→安装悬吊脚手架。

d. 装配式工业厂房。预制阶段的施工顺序如下：

现场预制钢筋混凝土柱的施工顺序为：场地平整夯实→支模板→绑钢筋→安放预埋件→浇筑混凝土→养护→拆模；现场预制预应力屋架的施工顺序为：场地平整夯实→支模板→绑钢筋→安装预埋件→预留孔道→浇筑混凝土→养护→预应力筋张拉→拆模→锚固和灌浆。构件预制的顺序，原则上是先安装的先预制。

结构安装阶段的施工顺序：安装柱子→安装柱间支撑→安基础梁→连系梁→吊车梁→屋架、天窗架和屋面板等。每个构件的安装工艺顺序为：绑扎→起吊→就位→临时固定→校正→最后固定。构件吊装顺序取决于吊装方法，单层工业厂房结构安装方法有分件吊装法和综合吊装法两种。

B）施工方法及施工机械

a. 脚手架工程。脚手架应在基础回填土之后，配合主体工程搭设，在室外装饰之后，散水施工前拆除。明确脚手架的基本要求：脚手架应由架子工搭设，应满足工人操作、材料堆置和运输的需要；要坚固稳定，安全可靠；搭设简单，搬移方便；尽量节约材料，能多次周转使用。

选择脚手架的类型：脚手架的种类很多，按其搭设的位置可分为外脚手架和里脚手架；按其所用材料分为木脚手架、竹脚手架与金属脚手架；按其构造形式分为多立杆式、框式、悬挑式、吊式、升降式等。

在施工之前，结合实际工程，选择脚手架的种类，施工时根据工程进度来搭设脚手架。外脚手架主要用于主体结构施工和外装饰施工，里脚手架主要用于内墙的砌筑和内装饰。目前最常用的脚手架的类型是多立杆式（钢管扣件式）脚手架。

确定脚手架搭设方法和技术要求：多立杆式脚手架有单排和双排两种形式，一般采用双排；并确定脚手架的搭设宽度和每步架高；为了保证脚手架的稳定，要设置连墙杆、剪刀撑、抛撑等支撑体系，并确定其搭设方法和设置要求。

b. 砌筑工程。明确砌筑质量和要求：砌体一般要求灰缝横平竖直，砂浆饱满，厚薄均匀，上下错缝，内外搭接，接槎牢固，墙面垂直；明确砌筑工程施工中的流水分段和劳动组合形式。

普通砖墙的砌筑形式主要有：一顺一丁、三顺一丁、两平一侧、梅花丁和全顺式。

普通砖墙的砌筑方法主要有："三一"砌砖法、挤浆法、刮浆法和满口灰法。砖墙的砌筑一般有抄平放线、摆砖、立皮数杆、挂线盘角、砌筑和勾缝清理等工序。

砌块的砌筑方法：在施工之前，应确定大规格砌块砌筑的方法和质量要求；选择砌筑形式；确定皮数杆的数量和位置；明确弹线及皮数杆的控制方法和要求。绘制砌块排列图；选择专门设备吊装砌块。砌块安装的主要工序为：铺灰、吊砌块就位、校正、灌缝和镶砖。砌块墙在砌筑吊装前，应先画出砌块排列图。砌块排列图是根据建筑施工图上门窗大小、层高尺寸、砌块错缝、搭接的构造要求和灰缝大小，把各种规格的砌块排列出来。需要镶砖的地方，在排列图上要画出，镶砖应尽可能对称分布。砌块排列，主要是以立面图表示，每片墙绘制一张排列图。

砌块安装通常有两种方案：一是以轻型塔式起重机进行砌块、砂浆的运输，以及楼板等预制构件的吊装，由台灵架吊装砌块；二是以井架进行材料的垂直运输、杠杆车进行楼板吊装，所有预制构件及材料的水平运输则用砌块车和手推车，台灵架负责砌块的吊装。

c. 钢筋混凝土工程。现浇钢筋混凝土工程由模板、钢筋、混凝土三个工种相互配合进行。

模板工程：根据工程结构形式、荷载大小、施工设备和材料供应等条件进行模板及其支架的设计，并确定支模方法、模板拆除顺序及安全措施，模板拆模时间和有关要求，对复杂工程需进行模板设计和绘制模板放样图。模板按所用材料不同可分为：木模板、钢模板、钢木模板、塑料模板、钢筋混凝土模板（预应力混凝土薄板）等；按型式不同可分为：整体式模板、定型模板、工具式模板、滑升模板、胎膜等。

钢筋工程：包括钢筋加工、钢筋的连接、钢筋的绑扎和安装、钢筋保护层施工。

钢筋加工。钢筋加工工艺流程：材质复验及焊接试验→配料→调直→除锈→断料→焊接→弯曲成型→成品堆放。钢筋配料前由放样员放样，配料工长认真阅读图纸、标准图集、图纸会审、设计变更、施工方案、规范等后核对放样图，认定放样图钢筋尺寸无误后下达配料令，由配料员在现场钢筋加工棚内完成配料；钢筋加工后的形状尺寸、规格、搭接、锚固等符合设计及规范要求，钢筋表面洁净无损伤、无油渍、漆渍等。钢筋的冷加工包括钢筋冷拉和钢筋冷拔。

钢筋的连接。钢筋连接方法有：绑扎连接、焊接和机械连接。施工规范规定，受力钢筋优先选择焊接和机械连接，并且接头应相互错开。钢筋的焊接方法有：闪光对焊、电弧焊、电渣压力焊、电阻点焊和气压焊等。钢筋机械连接常用挤压连接和螺纹连接的形式，是大直径钢筋现场连接的主要方法。

钢筋的绑扎和安装。钢筋绑扎安装前先熟悉施工图纸，核对成品钢筋的钢号、直径、形状、尺寸和数量等是否与配料单和料牌相符，研究钢筋安装和有关工种的配合顺序，准备绑扎用的铁丝、绑扎工具等。

钢筋保护层施工。控制钢筋的混凝土保护层可用水泥砂浆垫块或塑料卡。水泥砂浆垫块的厚度等于保护层的厚度。塑料卡的形状有塑料垫块和塑料环圈两种，塑料垫块用于水平构件，塑料环圈用于垂直构件。

混凝土工程：包括混凝土制备方案、混凝土的搅拌、混凝土的运输、混凝土的振捣和混凝土的养护。

混凝土制备方案（商品混凝土或现场拌制混凝土），确定混凝土原材料准备、搅拌、运输及浇筑顺序和方法以及泵送混凝土和普通垂直运输混凝土的机械选择；确定混凝土搅拌、振捣设备的类型和规格、养护制度及施工缝的位置和处理方法。

混凝土的搅拌。拌制混凝土可采用人工或机械拌制方法，人工拌合一般用"三干三湿"法。只有当混凝土用量不多或无机械时才采用人工拌制，一般都用搅拌机拌制混凝土。混凝土搅拌机有自落式和强制式两种。对于重骨料塑性混凝土常选用自落式搅拌机；对于干硬性混凝土与轻质混凝土选用强制式搅拌机。

混凝土的运输。混凝土运输分水平运输和垂直运输两种。混凝土运输设备应根据结构特点（如是框架主体还是基础）、混凝土工程量大小、每天或每小时混凝土浇筑量、水平及垂直运输距离、道路条件、气候条件等各种因素综合考虑后确定。常用的水平运输设备有：手推车、机动翻斗车、混凝土搅拌运输车、自卸汽车等。手推车和机动翻斗车在施工工地上常用，混凝土搅拌运输车和自卸汽车主要用于商品混凝土的运输。常用的垂直运输机械有塔式起重机、井架、龙门架、混凝土泵等，其中混凝土泵既可作垂直运输，也可作水平运输。

混凝土的浇筑。混凝土浇筑前应检查模板、支架、钢筋和预埋件，并进行验收。浇筑混凝土时一定要防止产生分层离析，为此需控制混凝土自高处倾落的自由倾落高度不应超过 2m，在竖向结构中自由倾落高度不宜超过 3m，否则应采用串筒、溜槽、溜管等下料。浇筑竖向结构混凝土前先要在底部填筑一层 50～100mm 厚与混凝土成分相同的水泥砂浆。

浇捣混凝土应连续进行，若需长时间间歇，则应留置混凝土施工缝。混凝土施工缝宜留在结构剪力较小的部位，同时要方便施工。在施工缝处继续浇筑混凝土时，应除掉水泥浮浆和松动石子，并用水冲洗干净，待已浇筑的混凝土的强度不低于 1.2MPa 时才允许继续浇筑，在结合面应先铺抹一层水泥浆或与混凝土中砂浆成分相同的砂浆。

混凝土的振捣。混凝土的捣实方法有人工和机械两种。人工捣实是用钢钎、捣锤或插钎等工具，这种方法仅适用于塑性混凝土，当缺少振捣机械或工程量不大的情况下采用。有条件时尽量采用机械振捣的方法，常用的振捣机械有内部振动器（振动棒）、表面振动器（平板振动器）、外部振动器（附着式振动器）和振动台等。

混凝土的养护。混凝土养护方法分自然养护和人工养护。现浇构件多采用自然养护，只有在冬期施工、温度很低时，才采用人工养护。采用自然养护时，在混凝土浇筑完毕后一定时间内要覆盖并浇水养护。

d. 结构安装工程。根据起重量、起重高度、起重半径，选择起重机械，确定结构安装方法，拟订安装顺序，起重机开行路线及停机位置；构件平面布置设计，工厂预制构件的运输、装卸、堆放方法；现场预制构件的就位、堆放的方法，吊装前的准备工作，主要工程量和吊装进度的确定。

确定起重机类型、型号和数量：在单层工业厂房结构安装工程中，如采用自行式起重机，一般选择分件吊装法，起重机在厂房内三次开行才能吊装完厂房结构构件；而选择桅杆式起重机，则必须采用综合吊装法。综合吊装法与分件吊装法起重机开行路线及构件平面布置是不同的。

确定结构构件安装方法：工业厂房结构安装法有分件吊装法和综合吊装法两种。单层厂房安装顺序通常采用分件吊装法,即先顺序安装和校正全部柱子,然后安装屋盖系统等。另一种方式是综合吊装法,即逐开间安装,连续向前推进。方法是先安装四根柱子,立即校正后安装吊车梁与屋盖系统,一次性安装好纵向一个柱距的开间。

e. 围护工程。围护工程阶段的施工包括搭脚手架、内外墙体砌筑、安装门窗框等。在主体工程结束后,或完成一部分区段后即可开始内外墙砌筑工程的分段施工。此时,不同的分项工程之间可组织立体交叉、平行流水施工。内隔墙的砌筑则应根据内隔墙的基础形式而定,有的需在地面工程完成后进行,有的则可以在地面工程之前与外墙同时进行。

f. 现场垂直和水平运输机械。确定垂直运输量,选择垂直运输方式,水平运输方式,运输设备的型号和数量,配套使用的专用器具设备。确定地面和楼面水平运输的行驶路线,确定垂直运输机械的停机位置。综合安排各种垂直运输设施的工作任务和服务范围。常用的垂直运输设施有塔式起重机、井架、龙门架、建筑施工电梯等。

D. 屋面防水工程施工方案

确定屋面工程防水各层的做法、施工方法,选择所需机具型号和数量及施工中所用材料及运输方式。

A) 施工顺序的确定

屋面防水工程的施工顺序手工操作多、需要时间长,应在主体结构封顶后尽快完成,使室内装饰尽早进行。一般情况下,屋面工程可以和装饰工程搭接或平行施工。

柔性防水屋面的施工顺序:南方温度较高,一般不做保温层,无保温层、架空层的柔性防水屋面的施工顺序一般为:结构基层处理→找平找坡→冷底子油结合层→铺卷材防水层→做保护层;北方温度较低,一般要做保温层,有保温层的柔性防水屋面的施工顺序一般为:结构基层处理→找平层→隔气层→铺保温层→找平找坡→冷底子油结合层→铺卷材防水层→做保护层。

刚性防水屋面的施工顺序:刚性防水屋面最常用细石混凝土屋面。细石混凝土防水屋面的施工顺序为:结构基层处理→隔离层→细石混凝土防水层→养护→嵌缝。对于刚性防水屋面的现浇钢筋混凝土防水层,分格缝的施工应在主体结构完成后开始,并应尽快完成,以便为室内装饰创造条件。季节温差大的地区,混凝土受温差的影响易开裂,故一般不采用刚性防水屋面。

B) 施工方法及施工机械

确定屋面材料的运输方式,屋面工程各分项工程的施工方法及质量要求;材料运输及储存方式,各分项工程的操作及质量要求,新材料的特殊工艺及质量要求,确定工艺流程和劳动组织进行流水施工。

a. 卷材防水屋面的施工方法。卷材防水屋面又称为柔性防水屋面,是用胶结材料粘贴卷材进行防水。常用的卷材有沥青防水卷材、高聚物改性沥青防水卷材和合成高分子防水卷材等三大系列。

卷材防水层施工应在屋面上其他工程完工后进行,施工前应准备好熬制、拌合、运输沥青、刷油、浇油、清扫、铺贴油毡等操作工具以及安全和灭火器材,设置水平和垂直运输工具、机具和脚手架,并检查是否符合安全要求。

油毡的铺贴方法有以下几种:油毡热铺贴施工、油毡冷粘法施工、油毡自粘法施工。

高聚物改性沥青卷材:热熔法施工、冷粘法施工。

合成高分子防水卷材可用冷粘法、自粘法、热风焊接法施工。

b. 细石混凝土刚性防水屋面的施工方法。刚性防水屋面最常用细石混凝土防水屋面，它是由结构层、隔离层和细石混凝土防水层三层组成。隔离层可用石灰黏土砂浆或纸筋灰、麻筋灰、卷材、塑料薄膜等起隔离作用的材料制成。刚性防水层与山墙、女儿墙、变形缝两侧墙体交接处应留有宽度为 30mm 的缝隙，并用密封材料嵌填。泛水处应铺设卷材或涂膜附加层，收头和变形缝做法应符合设计或规范要求。刚性防水层宜设分格缝，分格缝应设在屋面板支承处、屋面转折处或交接处。分格缝间距，一般宜不大于 6m，或"一间一格"。分格面积不超过 36m² 为宜，缝宽宜为 20~40mm，分格缝中应嵌填密封材料。

E. 装饰工程施工方案

确定各种装修的做法及施工要点；确定材料运输方式、堆放位置、工艺流程和施工组织；

选择所需机具型号和数量。

装饰工程可分为室外装饰（外墙装饰、勒脚、散水、台阶、明沟、水落管等）和室内装饰（天棚、墙面、楼地面、楼梯抹灰、门窗扇安装、门窗油漆、安玻璃、做墙裙、做踢脚线等）。

A）内装饰的施工

室内装饰工程一般有自上而下、自下而上、自中而下再自上而中三种施工流向。

a. 内装饰的施工流向

自上而下的施工流向。指主体结构封顶、屋面防水层完成后，从屋顶开始，逐层向下进行。其优点是主体恒载已到位，结构物已有一定沉降时间；屋面防水完成后，可以防止雨水对屋面结构的渗透，有利于室内抹灰的质量；工序之间交叉作业少，互相影响少，有利于成品保护，施工安全。其缺点是：不能尽早地与主体搭接施工，工期相对较长。该种顺序适用于层数不多且工周要求不太紧迫的工程。如图 2-160 所示。

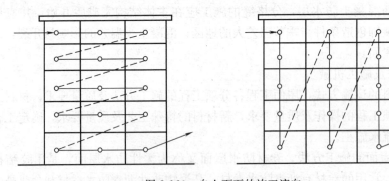

图 2-160　自上而下的施工流向

自下而上施工流向。指主体结构已完成三层以上时，室内抹灰自底层逐层向上进行。其优点是主体工程与装饰工程交叉进行施工，工期较短；其缺点是工序之间交叉作业多，质量、安全、成品保护不易保证。因此，采取这种流向，必须有一定的技术组织措施作保证，如相邻两层中，先做好上层地面，确保不会渗水，再做好下层顶棚抹灰。该种方法适用于层数较多且工期紧迫的工程，如图 2-161 所示。

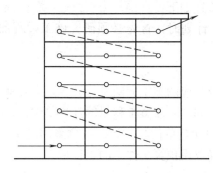 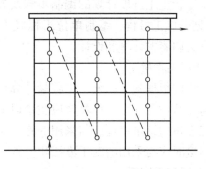

图 2-161 自下而上的施工流向

自中而下、再自上而中施工顺序。该工序集中了前两种施工顺序的优点,适用于高层建筑的室内装饰施工。

b. 同一层内装饰的施工顺序

同一层的室内抹灰施工顺序有：楼地面→顶棚→墙面和顶棚→墙面→地面两种。前一种顺序便于清理地面和保证地面质量,且便于收集墙面和顶棚的落地灰,节省材料。但由于地面需要养护时间及采取保护措施,使墙面和顶棚抹灰时间推迟,影响后续工序,工期较长。后一种顺序在做地面前,必须将楼面上的落地灰和渣子扫清洗净后,再做面层,否则会影响地面面层与混凝土楼板间的粘结,引起地面起鼓。

底层地面一般多是在各层顶棚、墙面、楼面做好之后进行。楼梯间和踏步抹面,由于其在施工期间较易损坏,通常在整个抹灰工程完成后,自上而下统一施工。门窗扇的安装一般在抹灰之前或抹灰之后进行,视气候和施工条件而定,一般是先抹灰后安装门窗扇。若室内抹灰在冬期施工,为防止抹灰层冻结和加速干燥,则门窗扇和玻璃应在抹灰前安装好。门窗安玻璃一般在门窗扇油漆之后进行。

B) 外装饰的施工

a. 外装饰的施工流向：室外装饰工程一般都采取自上而下施工流向,即从女儿墙开始,逐层向下进行。在由上往下每层所有分项工程（工序）全部完成后,即开始拆除该层的脚手架,拆除外脚手架后,填补脚手眼,待脚手眼灰浆干燥后再进行室内装饰。各层完工后,则可以进行勒脚、散水及台阶的施工。

b. 外装饰整体施工顺序：外装饰工程施工顺序随装饰设计的不同而不同。例如某框架结构主体室外装饰工程施工顺序为：结构基层处理→放线→贴灰饼冲筋→立门窗框→抹墙面底层抹灰→墙面中层找平抹灰→墙面喷涂贴面→清理→拆本层外脚手架→进行下一层施工。

(2) 进度计划的编制

目前,进度计划的编制有两种主要方法：横道法和网络计划法。

1) 施工进度计划的编制依据

施工进度计划的编制依据主要包括：施工图、工艺图及有关标准图等技术资料；施工组织总设计对本工程的要求；工程合同；施工工期要求；施工方案；施工定额以及施工资源供应情况。

2) 进度计划的编制步骤

单位工程施工进度计划的编制步骤及方法叙述如下：

A. 划分施工过程：编制单位工程施工进度计划时，首先必须研究施工过程的划分，再进行有关内容的计算和设计。

B. 计算工程量

工程量应根据施工图纸、工程量计算规则及相应的施工方法进行计算。实际就是按工程的几何形状进行计算。计算时应注意以下几个问题：注意工程量的计量单位，每个施工过程的工程量的计量单位应与采用的施工定额的计量单位相一致。注意采用的施工方法，计算工程量时应与采用的施工方法相一致。正确取用预算文件中的工程量。

C. 套用施工定额

确定了施工过程及其工程量之后，即可套用施工定额（当地实际采用的劳动定额及机械台班定额），以确定劳动量和机械台班量。有些采用新技术、新材料、新工艺或特殊施工方法的施工过程，定额中尚未编入，这时可参考类似施工过程的定额、经验资料，按实际情况确定。

D. 计算劳动量及机械台班量

根据工程量及确定采用的施工定额，即可进行劳动量及机械台班量的计算。

E. 计算确定施工过程的持续时间

施工过程持续时间的确定方法有三种：经验估算法、定额计算法和倒排计划法。

经验估算法也称三时估算法，即先估计出完成该施工过程的最乐观时间、最悲观时间和最可能时间三种施工时间、再根据式（2-30）计算出该施工过程的延续时间。这种方法适用于新结构、新技术、新工艺、新材料等无定额可循的施工过程。

$$D=\frac{A+4B+C}{6} \tag{2-30}$$

式中　A——最乐观的时间估算（最短的时间）；
　　　B——最可能的时间估算（最正常的时间）；
　　　C——最悲观的时间估算（最长的时间）。

定额计算法：这种方法是根据施工过程需要的劳动量或机械台班量，以及配备的劳动人数或机械台数，确定施工过程持续时间。其计算公式如式（2-31）、（2-32）：

$$D=\frac{P}{N\times R} \tag{2-31}$$

$$D_{机械}=\frac{P_{机械}}{N_{机械}\times R_{机械}} \tag{2-32}$$

式中　D——某手工操作为主的施工过程持续时间（天）；
　　　P——该施工过程所需的劳动量（工日）；
　　　R——该施工过程所配备的施工班组人数（人）；
　　　N——每天采用的工作班制（班）；
　　　$D_{机械}$——某机械施工为主的施工过程的持续时间（天）；
　　　$P_{机械}$——该施工过程所需的机械台班数（台班）；
　　　$R_{机械}$——该施工过程所配备的机械台数（台）；

$N_{机械}$——每天采用的工作台班（台班）。

要确定施工班组人数 R 或施工机械台班数 $R_{机械}$，除了考虑必须能获得或能配备的施工班组人数（特别是技术工人人数）或施工机械台数之外，在实际工作中，还必须结合施工现场的具体条件、最小工作面与最小劳动组合人数的要求以及机械施工的工作面大小、机械效率、机械必要的停歇维修与保养时间等因素考虑，才能符合实际可能和要求的施工班组人数及机械台数。

每天工作班制确定，当工期允许、劳动力和施工机械周转使用不紧迫、施工工艺上无连续施工要求时，通常采用一班制施工，在建筑业中往往采用一班即 8h。当工期较紧或为了提高施工机械的使用率及加快机械的周转使用，或工艺上要求连续施工时，某些施工项目可考虑二班甚至三班制施工。但采用多班制施工，必然增加有关设施及费用，因此，须慎重研究确定。

计划倒排法：这种方法根据施工的工期要求，先确定施工过程的延续时间及工作班制，再确定施工班组人数（R）或机械台数（$R_{机械}$）。

F. 初排进度计划

G. 检查与调整进度计划

施工进度计划初步方案编出后，应根据与业主和有关部门的要求、合同规定及施工条件等，先检查各施工过程之间的施工顺序是否合理、工期是否满足要求、劳动力等资源消耗是否均衡，然后再进行调整，直至满足要求，正式形成施工进度计划。总的要求是在合理的工期下尽可能地使施工过程连续施工，这样便于资源的合理安排。

3）横道图计划的编制

横道计划是结合时间坐标，用一系列的水平线段分别表示各工作施工起止时间及其先后顺序。

A. 根据施工经验直接安排的方法

这种方法是根据经验资料及有关计算，直接在进度表上画出进度线。其一般步骤是：先安排主导施工过程的施工进度，然后再安排其余施工过程，它应尽可能配合主导施工过程并最大限度地搭接，形成施工进度计划的初步方案。总的原则应使每个施工过程尽可能早地投入施工。

B. 按工艺组合组织流水的施工方法

这种方法就是先按各施工过程（即工艺组合流水）初排流水进度线，然后将各工艺组合最大限度地搭接起来。

4）网络计划的编制

A. 网络计划的表达方法

网络计划的表达形式是网络图。所谓网络图是指由箭线和节点组成的、用来表示工作流程的有向、有序的网状图形。网络图按其节点和箭线所代表的含义不同，可分为双代号网络图和单代号网络图两类表达方法。

用一根箭线及其两端节点的编号表示一项工作的网络图称为双代号网络图。工作的名称写在箭线上面，工作持续时间写在箭线下面，箭尾表示工作的开始，箭头表示工作的结束。在箭线前后的衔接处画圆圈表示节点，并在节点内编上号码，箭尾节点号码是 i，箭头节点号码是 j，以节点编号 i 和 j 代表一项工作名称，如图 2-162 所示。

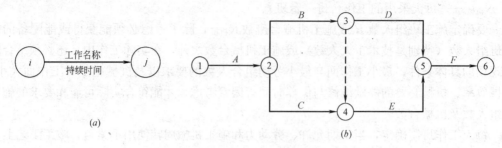

图 2-162 双代号网络图
(a) 工作的表示方法；(b) 工程的表示方法

用一个节点及其编号表示一项工作，并用箭线表示工作之间的逻辑关系的网络图称为单代号网络图。节点所表示的工作名称、持续时间和工作代号等标注在节点内，如图 2-163 所示。

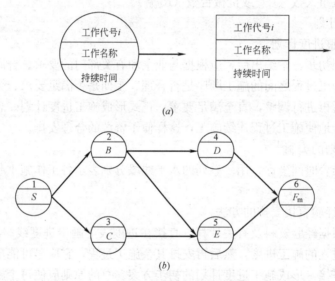

图 2-163 单代号网络图
(a) 工作的表示方法；(b) 工程的表示方法

B. 双代号网络图的排列

在网络计划的实际应用中，要求网络图按一定的次序组织排列，做到逻辑关系准确清晰，形象直观，便于计算与调整。主要排列方式有：

A) 按施工过程排列：根据施工顺序把各施工过程按垂直方向排列，施工段按水平方向排列，如图 2-164 所示。其特点是相同工种在同一水平线上，突出不同工种的工作情况。

B) 按施工段排列：同一施工段上的有关施工过程按水平方向排列，施工段按垂直方向排列，如图 2-165 所示。其特点是同一施工段的工作在同一水平线上，反映出分段施工的特征，突出工作面的利用情况。

C. 双代号时标网络计划

双代号时标网络计划（以下简称时标网络计划）是以时间坐标为尺度绘制的网络计

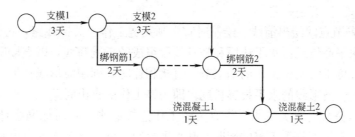

图 2-164 按施工过程排列

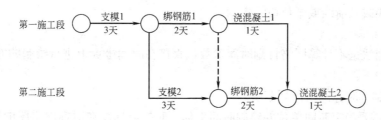

图 2-165 按施工段排列

划,它是综合应用横道图的时间坐标和网络计划的原理,是在横道图基础上引入网络计划中各工作之间逻辑关系的表达方法。如图 2-166 所示。时标网络计划中,箭线的长度表示工作的持续时间;时标网络计划中,可不必进行时间参数的计算,时标网络图上可直接显示各工作的时间参数和关键线路;由于受到时间坐标的限制,所以时标网络计划不会产生闭合回路;可以直接在时标网络图的下方绘出劳动力、材料、机具等资源的动态曲线,便于计划的控制和分析;由于箭线的长度和位置受时间坐标的限制,因而时标网络计划的调整和修改不如非时标网络计划方便。

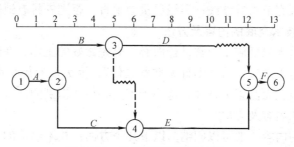

图 2-166 双代号时标网络计划

时标网络计划的绘制方法有间接绘制法和直接绘制法两种。一般按工作的最早开始时间绘制。

A) 间接绘制法

间接绘制法是先画非时标网络计划,计算网络计划的时间参数,再根据时间参数在时间坐标上进行绘制的方法。其绘制步骤和方法如下:

a. 先绘制非时标网络计划,计算时间参数,确定关键工作及关键线路。

b. 确定时间单位并绘制时间坐标。时标可标注在时标网络图的顶部或底部,时标的长度单位必须注明。

c. 根据工作的最早开始时间或节点的最早时间,从起点节点开始将各节点逐个定位在时间坐标上。

d. 依次在各节点间绘出箭线。绘制时宜先画关键工作、关键线路，再画非关键工作。箭线最好画成水平箭线或由水平线段和竖直线段组成的折线箭线，以直接反映工作的持续时间。如箭线长度不够与该工作的结束节点直接相连时，则用波形线补足，箭头画在波形线与节点连接处。波形线的水平投影长度，即为该工作的自由时差。

e. 用虚箭线连接各有关节点，将有关的工作连接起来。在时标网络计划中，有时会出现虚箭线的投影长度不等于零的情况，其水平投影长度为该工作的自由时差。

f. 把时差为零的箭线从起点节点到终点节点连接起来，即是时标网络计划的关键线路，用粗箭线或双箭线或彩色箭线表示。

B) 直接绘制法

直接绘制法是不计算网络计划时间参数，直接在时间坐标上进行绘制的方法。其绘制步骤和方法如下：

a. 先绘制非时标网络计划草图。

b. 根据需要确定时间单位并绘制时间坐标。时标可标注在时标网络图的顶部或底部，时标的长度单位必须注明。

c. 将起点节点定位于时间坐标的起始刻度上（一般为零刻度线）。

d. 按工作的持续时间在时间坐标上绘制起点节点的外向箭线。

e. 其他各节点必须在该节点前的全部工作都绘出后，定位在这些紧前工作最晚完成的时标处。某些工作的箭线长度不足以达到该节点时，用波形线补足。

f. 时标网络的关键线路可自终点节点逆着箭线方向朝起点节点逐次进行判定，自终至始不出现波形线的线路即为关键线路。

以上的绘制方法和步骤可归纳为如下绘图口诀："箭线长短坐标限，曲直斜平利相连；箭线到齐画节点，画完节点补波线；零线尽量画垂直，否则安排有缺陷。"

3. 施工准备、技术交底的内容及方法

施工准备工作是为保证施工正常进行而必须事先做好的工作。在建筑施工中，它是一个重要的阶段。在施工中应坚持"不打无准备之仗"，因为没有施工准备，就会丧失主动权，处处被动，使施工无法正常开展，这是施工员必须认识到的。

(1) 施工准备的内容及方法

施工准备工作的内容一般可以归纳为以下几个方面：技术经济的调查与收集资料、技术资料准备，资源准备、施工现场准备、季节施工准备等。准备工作分为室内准备和外部准备两个方面。

1) 技术经济的调查

A. 对建设单位的调查：建设项目计划任务书等有关文件；建设项目性质、规模、建设要求；生产工艺流程、主要工艺设备名称及来源、供应时间、分批和全部到货时间；建设期限、开工时间、交工先后顺序、竣工投产时间；总概算投资、年度建设计划等。

B. 对设计单位的调查：建设单位总平面规划；工程地质勘察资料；水文勘察资料；项目建筑规模，建筑、结构、装修概况，总建筑面积、占地面积；单项（单位）工程个数；设计进度状况等。

C. 自然条件调查，包括建设地区的气象，工程地形地质，工程水文地质、周围民宅

的坚固等。

　　D. 技术经济条件调查分析建设地域的资源调查，包括地方建筑生产企业、地方资源、交通运输，水电及其他能源，施工设备、三大材料和特殊材料，以及它们的生产能力等。

　　E. 施工现场的实况调查，包括施工占地、拆迁情况、可利用的建筑设施、有无高压线通过等。

　　2）技术资料准备

　　它是施工准备的重要环节，其主要内容包括：熟悉和会审图纸，编制中标后施工组织设计，编制施工预算等。

　　A. 熟悉和会审图纸

　　图纸会审一般工程由建设单位组织并主持会议，设计单位交底，施工单位、监理单位参加。重点工程或规模较大及结构、装修较复杂的工程，如有必要可邀请各主管部门、消防、防疫与协作单位参加，会审的程序是：设计单位作设计交底，施工单位对图纸提出问题，有关单位发表意见，与会者讨论、研究、协商逐条解决问题达成共识，组织会审的单位汇总成文，各单位会签，形成图纸会审纪要，会审纪要作为与施工图纸具有同等法律效力的技术文件使用。

　　B. 编制中标后施工组织设计

　　中标后施工组织设计是在投标书施工组织设计的基础上，结合所收集的原始资料和相关信息资料，根据图纸及会议纪要，按照编制施工组织设计的基本原则，综合建设单位、监理单位、设计意图的具体要求进行编制的，以保证工程好、快、省、安全、顺利地完成。相关信息与资料包括：现行的由国家有关部门制定的技术规范、规程及有关技术规定，各专业工程施工技术规范；企业现有的施工定额、施工手册、类似工程的技术资料及平时施工实践活动中所积累的资料等。收集这些相关信息与资料，是进行施工准备工作和编制施工组织设计的依据之一，可为其提供有价值的参考。

　　施工单位必须在施工约定的时间内完成中标后施工组织设计的编制与自审工作，并填写施工组织设计报审表，报送项目监理机构，总监理工程师应在约定的时间内，组织专业监理工程师审查，提出审查意见后，由总监理工程师审定批准，需要施工单位修改时，由总监理工程师签发书面意见，退回施工单位修改后再报审，总监理工程师应重新审定，已审定的施工组织设计由项目监理机构报送建设单位。施工单位应按审定的施工组织设计文件组织施工，如需对其内容做较大变更，应在实施前将变更内容书面报送项目监理机构重新审定。对规模大、结构复杂或属新结构、特种结构的工程，专业监理工程师提出审查意见后，由总监理工程师签发审查意见，必要时与建设单位协商，组织有关专家会审。

　　C. 编制施工预算

　　施工预算是施工单位根据施工合同价款、施工图纸，施工组织设计或施工方案、施工定额等文件进行编制的企业内部经济文件，它直接受施工合同中合同价款的控制，是施工前的一项重要准备工作。它是施工企业内部控制各项成本支出、考核用工、签发施工任务书，限额领料，基层进行经济核算，进行经济活动分析的依据。在施工过程中，要按施工预算严格控制各项指标，以促进降低工程成本和提高施工管理水平。

　　3）资源准备

　　A. 劳动力组织准备。劳动力组织准备包括施工管理层和作业层两大部分，这些人员的合理选择和配备,将直接影响到工程质量与安全,施工进度及工程成本。施工管理层的准备就是建立项目经理部,作业层的准备就是组织精干的施工队伍。

B. 物资准备。施工物资准备是指施工中必须有的劳动手段(施工机械、工具)和劳动对象(材料、配件、构件)等的准备,是一项较为复杂而又细致的工作。施工管理人员应尽早地计算出各阶段对材料、施工机械、设备、工具等的需用量,并说明供应单位、交货地点、运输方式等,特别是对预制构件,必须尽早地从施工图中摘录出构件的规格、质量、品种和数量,制表造册,向预制加工厂订货并确定分批交货清单交货地点及时间,对大型施工机械、辅助机械及设备要精确计算工作日,并确定进场时间,做到进场后立即使用,用毕后立即退场,提高机械利用率,节省机械台班费及停留费。物资准备的具体内容有材料准备、构配件及设备加工订货准备。施工机具准备、生产工艺设备准备、运输设备和施工物质价格管理等。

4) 施工现场准备

施工现场准备工作由两个方面组成,一是业主应完成的施工现场准备工作,二是施工单位应完成的施工现场准备工作。施工单位现场准备工作主要如下:

A. 根据工程需要,提供和维修非夜间施工使用的照明、围栏设施,并负责安全保卫。

B. 拆除原有建筑物、构筑物等。

C. 建立测量放线基准点。

D. 工程用地范围内的七通一平,其中平整场地工作应有其他承担,但业主也可要求施工单位完成,费用仍由业主承担。

E. 搭设现场生产和生活用的临时设施。

所有生产及生活用临时设施,包括各种仓库、搅拌站、加工厂作业棚、宿舍、办公用房、食堂、文化生活设施等,均应按批准的施工组织设计的要求组织搭设,并尽量利用施工现场或附近原有设施(包括要拆迁、但可暂时利用的建筑物)和在建工程本身的部分用房供施工使用,尽可能减少临时设施的数量,以便节约用地,节省投资。

5) 季节性施工准备

建筑工程施工绝大部分工作是露天作业,受气候影响比较大,因此,在冬、雨期及夏季施工中,必须从具体条件出发,正确选择施工方法,做好季节性施工准备工作,以保证按期、保质、安全地完成施工任务,取得较好的技术经济效果。

A. 冬期施工准备

合理安排施工进度计划,进行冬期施工的工程项目,在入冬前应组织专经编制冬期施工方案。组织人员培训,并与当地气象台站保持联系,及时接收天气预报,防止寒流突然袭击。

安排专人测量施工期间的室外气温,暖棚内气温,砂浆、混凝土的温度并做好记录。凡进行冬期施工的工程项目,必须复核施工图纸查对其是否能适应冬期施工要求,要进行现场准备并采取安全与防火的措施。

B. 雨期施工准备

合理安排雨期施工,加强施工管理,做好雨期施工的安全教育;防洪排涝,做好现场排水工作;做好道路维护,保证运输畅通;做好物资的储存;做好机具设备等防护。

C. 夏季施工准备

编制夏季施工项目的施工方案，现场防雷装置的准备，施工人员防暑降温工作的准备。

6）作业条件的准备

作业条件的准备如定位放线、制定作业计划、组织材料构件制品进场、进行技术质量安全交底等。

(2) 技术交底的内容和方法

技术交底是施工企业技术管理的一项重要制度。其目的是通过技术交底，使参加施工的管理人员和作业人员对工程的技术要求做到心中有数，并遵照执行，达到保证工程质量、进度和生产中的安全。

技术交底的内容有：

1）图纸的交底。目的使施工人员对工程的特点、难点、做法要求、抗震构造、使用功能等有所了解，做到认真按图施工。

2）设计变更和洽商的交底。这个交底要对施工技术人员和经济管理人员一起交待，做到了解变化及增加、减少工程量和经济上变化，统一口径，便于决算弄清经济账。

3）施工组织设计（或施工方案）的交底。其目的是使施工人员掌握施工部署、工程特点、任务分划、施工进度、施工方法、各项管理措施、平面布置等内容，达到用先进的技术手段和科学的组织方法完成工程建设。

4）分部分项工程的技术交底。主要是施工工艺、操作要求、质量标准、规范规定及一些新工艺新技术新材料的要求和施工中的安全技术要求。

交底的方法有：分级交底或集中交底。形式有书面交底和开会口头交底等。

4. 施工现场管理的一般知识

项目现场是指从事工程施工活动经批准占用的场地。它既包括红线以内占用的建筑用地和施工用地，又包括红线以外现场附近，经批准占用的临时施工用地，但不包括施工单位自有的场地或生产基地。良好的现场管理可使现场空间环境美观整洁，道路畅通，材料放置有序，施工有条不紊，安全、消防、保安均能得到有效的保障，并且使得与项目有关的相关方都能达到满意。相反，低劣的现场管理会损害项目相关方面的利益，会直接影响施工进度，并且会产生事故隐患。

(1) 项目现场管理的意义和职责

项目现场管理是指项目经理部按照有关施工现场管理的规定和城市建设管理的有关法规，科学合理地安排使用施工现场，协调各专业管理和各项施工活动，控制污染，创造文明安全的施工环境和人流、物流、资金流、信息流畅通的施工秩序所进行的一系列管理工作。

1）项目现场管理的意义

A. 现场管理是项目的"镜子"，能照出项目经理部乃至建筑业企业的面貌。通过对工程施工现场观察，建筑企业及项目经理部的精神面貌和管理水平显而易见。特别是市区内的施工现场周围来往人流众多，对周围的影响也大，一个文明的施工现场能产生很好的社会效益，会赢得广泛的社会信誉。

B. 现场是进行施工的"舞台"。所有的施工活动都要通过现场这个舞台实施。大量的物资、劳动力、机械设备都需要通过这个"舞台"有条不紊的逐步转变为建筑产品。因而这个"舞台"的布置正确与否是"节目"能否顺利进行的关键。

C. 现场管理是处理各方关系的"焦点"。施工现场与周边各方关系、与城市法规和环境保护的关系最密切。现场管理涉及城市规划、市容整洁、交通运输、消防安全、文物保护、居民生活、文明建设等范畴。施工现场管理是一个严肃的社会问题和政治问题，稍有不慎就出现可以成为危及社会安定的问题。因此，项目经理部及施工现场管理负责人应必须具备强烈的法制意识和全心全意为人民服务的精神，才能担当现场管理的重任。

D. 现场管理是连接项目其他工作的"纽带"。现场管理很难和生产过程其他管理工作分开，其他管理工作也必需和现场管理相结合。

综上所述，现场管理应当通过对施工场地的安排使用和管理，保证生产的顺利进行，还要减少污染，保护环境，达到业主和有关方面的满意。此外现场管理水平也是考核是否达到 ISO 14000 环境保护标准的重要条件。

2) 现场项目组织的主要职责

A. 贯彻当地政府的有关法令、规定对建设单位宣传现场管理的重要意义，提出现场管理的具体要求。进行现场管理区域的划分。

B. 组织定期和不定期的检查，发现问题，要求及时采取改正措施，限期改正，并进行改正后的复查。

C. 进行项目内部和外部的沟通。包括和当地有关部门，以及其他相关方的沟通，听取他们的意见和要求。

D. 协调施工中有关现场管理的事项。

E. 在业主或总包的委托下，有表扬、批评、培训、教育和处罚的权利和职责。

F. 有审批动用明火、停水、停电，占用现场内公共区域和道路的权利等。

(2) 项目现场管理的内容

1) 合理规划施工用地：要保证场内占地合理使用。当场内空间不足时，应会同建设单位向规划部门和公安、交通部门申请场外用地，但需经批准后才能获得使用场外临时施工用地。

2) 科学地进行施工总平面设计。施工总平面设计及施工组织设计是施工现场管理的主要依据。在施工总平面图上，临时设施、大型机械、材料堆场、物资仓库、构件堆场、消防设施、道路及进出口、加工场地、水电管线、周转使用场地等，都应井然有序，科学安排，从而呈现出现场施工的文明程度。有利于安全和环境保护、有利于节约、有利于工程施工。

3) 根据施工进展的具体需要，按阶段调整施工现场的平面布置：不同的施工阶段，施工的需要不同，现场的平面布置亦应进行调整。当然，施工内容变化是主要原因，另外随着分包单位的变化，他们对施工现场提出新的要求等。因此，不应当把施工现场当成一个固定不变的空间组合，而应当对它进行动态的管理和控制，但是调整也应该在一定的限度内，不能太频繁，以免造成浪费。一些重大设施应基本固定，调整的对象应是规模小的设施，或功能失去作用的设施。

4) 加强对施工现场使用的检查：现场管理人员应经常检查现场布置是否按平面布置图进行，是否符合各项规定，是否满足施工需要，还有哪些薄弱环节，从而为调整施工现场布置提供有用的信息，也使施工现场保持相对稳定。

5) 建立施工现场管理组织：在企业范围内建立由企业领导和各工区主要领导挂帅，各部门主要负责人参加的施工现场管理领导小组，并建立以项目经理部为核心的施工现场管理组织。有关项目经理部施工现场管理组织及职责如下：

A. 项目经理是施工现场管理组织的第一责任人，全面负责整个施工现场的管理工作。

B. 参加现场管理组织的人员大致有：主管生产的项目副经理、项目工程师、施工队长，以及生产、技术、质量、安全、保卫、消防、材料、环保、行政卫生等方面的管理人员，并按专业、岗位和区片实行责任制度。

C. 建立施工现场管理规章制度和实施办法，按章办事。

D. 建立检查制度。定期检查和随时检查相结合，专项检查和综合检查相结合。

E. 班组实行自检、互检、交接检制度，形成跟踪管理，发现问题及时整改，并实行奖惩。

6) 建立文明的施工现场。文明施工现场是指按照有关法规的要求，使施工现场和临时占地范围内秩序井然，文明安全，环境得到保持，绿地树木不被破坏，交通畅通，文物得以保存，防火设施完备，居民不受干扰，场容和环境卫生均符合要求。文明施工现场有利于提高工程质量和工作质量，提高企业信誉。

(3) 项目现场管理的基本要求

1) 场容管理要求

场容是指施工现场、特别是主现场的现场面貌。包括入口、围护、场内道路、堆场的整齐清洁，也应包括办公室内环境甚至包括现场人员的行为。

A. 是要创造清洁整齐的施工环境，达到保证施工的顺利进行和防止事故发生的目的。

B. 是通过合理的规划施工用地，分阶段进行施工总平面设计。要通过场容管理与生产过程其他管理工作的结合，达到现场管理的目的。

C. 场容管理应当贯穿到施工结束后的清场。施工结束后应将地面上施工遗留的物资清理干净。现场不作清理的地下管道，除业主要求外应一律切断供应源头。凡业主要求保留的地下管道应绘成平面图，交付业主，并作交接记录。

2) 环境保护要求

项目经理部应当遵守国家有关环境保护的法律规定，认真分析生产过程对环境的影响因素，并采取积极有效的措施控制各种粉尘、废气、废水、固体废弃物以及噪声、振动对环境的污染和危害。如：

A. 妥善处理泥浆水和生产污水，未经处理的含油、泥的污水不得直接排入城市排水设施和河流。

B. 应尽量避免采用在施工过程中产生有毒、有害气体的建筑材料，特殊需要时，必须设置符合规定的装置，否则不得在施工现场熔融沥青或者焚烧油毡、油漆以及其他会产生有毒有害烟尘和恶臭气体的物质。

C. 使用密封式的圈筒或者采取其他措施处理高空废弃物。

D. 采取有效措施控制施工过程中的扬尘。

E. 禁止将有毒有害废弃物用作土方回填。

F. 对产生噪声、振动的施工机械，应采取有效控制措施，减轻噪声扰民。

G. 由于受技术、经济条件限制，对环境的污染不能控制在规定范围内的，建设单位应当会同施工单位事先报请当地人民政府建设行政主管部门和环境保护行政主管部门批准。

3) 现场消防与保安要求

消防与保安是现场管理最具风险性的工作，工程项目管理有关单位必须签订消防保卫责任协议，明确各方职责，统一领导，有措施，有落实，有检查。有特殊要求的，应制定应急计划。

施工现场布置与工程施工过程中的消防工作，必须符合《中华人民共和国消防法》的规定。要建立消防管理制度，设置符合要求的消防设施，并保持良好的备用状态。要注意进行及时的消防教育，特别是对不同工作地点的人员进行一旦火灾发生后逃生路线的教育。施工现场除施工必需的照明外，必须设有保证施工安全要求的夜间照明。高层建筑应设置楼梯照明和应急照明。

现场必需安排消防车出入口和消防道路、紧急疏散通道等，并应设置明显的标志或指示牌。施工现场消防管理还应注意现场的主导风向，特别在城市中受到其他建筑物的影响时情况可能更为复杂。

现场安全保卫工作，担负着现场防火、保安和现场物资保护等重任，现场人流、物流复杂，所以现场要设置固定的出入口，把好处入关，特别注意不容许非施工人员进入现场。

4) 现场卫生防疫要求

卫生防疫是涉及现场人员身体健康和生命安全的大事，在施工现场防止传染病和食物中毒事故发生的义务和责任，应在承发包合同中明确。

现场应备有医务设施，在醒目位置张贴有关医院和急救中心电话号码，制定必要的防暑降温措施，进行消毒和疾病预防工作。食堂卫生必须符合《中华人民共和国食品卫生法》和其他有关卫生管理规定的要求，如炊事人员必须持有定期体检合格证方可上岗操作、炊具消毒、生熟食分置，食堂不得出售酒精饮料等。

5) 文明施工要求

A. 通常要求做到主管挂帅，系统把关，普遍检查，建章建制，责任到人，落实整改，严明奖惩。

B. 施工现场入口处应竖立有施工单位标志及现场平面布置图。

C. 要求职工遵守的施工现场规章制度，操作规范、岗位责任制及各种安全警示标志应公开张贴于施工现场明显的位置上。

D. 各次施工现场管理检查及奖惩结果应及时公布于众。

E. 现场材料构件堆放整齐，并留有通道，便于清点、运输和保管。

F. 施工现场、设备应经常清扫、清洗，做到自产自清、日产日清、完工场清。

G. 现场食堂、生活区要保持干净、整洁，无污物、垃圾。

H. 采取有效措施降低粉尘、噪声、废气、废水、污水等对环境的污染，符合国家、地区和行业有关环境保护的法律、法规和规章制度。

I. 参加施工的各类人员都要保持个人卫生、仪表整洁，同时还要注意精神文明，杜绝打架、赌博、酗酒等行为的发生。

6) 施工安全要求

必须符合《中华人民共和国安全生产法》的规定。应制订工程项目安全计划；建立安全生产责任制；施工方案中制订详细安全措施；进行安全教育培训；进行安全技术交底，组织安全计划实施情况的检查，做好工程项目伤亡事故的预防和处理。

7）施工现场综合考评要求

为加强建设工程施工现场管理，提高施工现场的管理水平，实现文明施工，确保工程质量和施工安全，项目经理部应主动接受当地建设主管部门对工程施工现场管理的监察与考核。对于综合考评达不到合格的施工现场，主管考评工作的建设行政主管部门可根据责任情况，向建筑业企业或业主或监理单位，以及项目经理部等相关单位提出警告、降级、取消资格、停工整顿等相应的处罚。

5. 建筑施工组织案例

【例 2-19】 建筑施工组织

（1）流水施工方法的应用

某三层学生公寓，底层为商业用房，上部为学生宿舍，建筑面积3277.96m²。基础为钢筋混凝土独立基础，主体工程为全现浇框架结构。装修工程为铝合金窗、胶合板门，外墙贴面砖，内墙为中级抹灰普通涂料刷白，底层天棚吊顶，楼地面贴地板砖，屋面用200厚加气混凝土块做保温层，上做SBS改性油毡防水层。现学生公寓主体为例组织流水施工，其主体劳动量一览表见表2-60。

某幢四层框架结构公寓楼主体劳动量一览表 表2-60

序号	分项工程名称	劳动量（工日或台班）	序号	分项工程名称	劳动量（工日或台班）
	主体工程				
1	脚手架	313	5	梁、板筋（含梯）	601
2	柱筋	101	6	梁、板混凝土（含梯）	704
3	柱、梁、板模板（含梯）	1697	7	拆模	299
4	柱混凝土	153	8	砌空心砖墙（含门窗框）	821

主体工程包括立柱子钢筋，安装柱、梁、板模板，浇捣柱子混凝土，梁、板、梯钢筋绑扎，浇捣梁、板、梯混凝土，搭脚手架，拆模板，砌空心砖墙等施工过程，其中后三个施工过程属平行穿插施工过程，只根据施工工艺要求，尽量搭接施工即可，不纳入流水施工。

主体工程由于有层间关系，要保证施工过程流水施工，必须使$m=n$，否则，施工班组会出现窝工现象。本工程中平面上划分为两个施工段，主导施工过程是柱、梁板模板安装，要组织主体工程流水施工，就要保证主导施工过程连续作业，为此，将其他次要施工过程综合为一个施工过程来考虑其流水节拍，且其流水节拍值不得大于主导施工过程的流水节拍，以保证主导施工过程的连续性。具体组织如下：

柱子钢筋劳动量为101工日，施工班组人数17人，一班制施工，则其流水节拍为：

$$t_{柱筋}=\frac{101}{3\times2\times17\times1}=1d$$

主导施工过程柱、梁、板模板劳动量为1697工日，施工班组人数25人，两班制施工，则流水节拍为：

$$t_{模} = \frac{1697}{3 \times 2 \times 25 \times 2} = 5.66\text{d}（取 6\text{d}）$$

柱子混凝土、梁板钢筋、梁板混凝土及柱子钢筋统一按一个施工过程来考虑其流水节拍，其流水节拍不得大于 6d，其中，柱子混凝土劳动量为 153 工日，施工班组人数 14 人，二班制施工，其流水节拍为：

$$t_{柱混凝土} = \frac{153}{3 \times 2 \times 14 \times 2} = 0.9\text{d}（取 1\text{d}）$$

梁板钢筋劳动量为 601 工日，施工班组人数 25 人，两班制施工，其流水节拍为：

$$t_{梁、板筋} = \frac{601}{3 \times 2 \times 25 \times 2} = 2\text{d}$$

梁板混凝土劳动量为 704 工日，施工班组人数 20 人，三班制施工，其流水节拍为：

$$t_{混凝土} = \frac{704}{3 \times 2 \times 20 \times 3} = 1.95\text{d}（取 2\text{d}）$$

拆模施工过程计划在梁板混凝土浇捣 12d 后进行，其劳动量为 299 工日，施工班组人数 25 人，一班制施工，其流水节拍为：

$$t_{拆模} = \frac{299}{3 \times 2 \times 25 \times 1} = 2\text{d}$$

砌空心砖墙（含门窗框）劳动量为 821 工日，施工班组人数 45 人，一班制施工，其流水节拍为：

$$t_{砌墙} = \frac{821}{3 \times 2 \times 45 \times 1} = 3\text{d}$$

本主体工程流水施工进度计划安排如图 2-167 所示。

(2) 专项施工方案的编制

本工程工程概况如下：

某公司办公楼，地处某市郊区公路旁。本工程为砖混结构，建筑面积为 4063.91m²，平面基本呈一字形，长 58.08m，宽 14.58m。大部分为五层，局部六层。底层层高为 3.6m，其他各层均为 3.3m。室内外地坪高差为 0.75m，女儿墙高 0.9m，五层部分总高为 18.45m，六层部分总高为 21.75m。平、立、剖面简图，如图 2-168 所示。工程造价为 1100 万元，开工日期为 2002 年 6 月 1 日，竣工期为 2003 年 1 月 20 日，日历工期为 234 天。

本工程基础埋深 1.9m，在 300mm 厚 C15 素混凝土垫层上砌条形基础。主体结构为砖墙承重，层层设圈梁，内外墙交接处和外墙转角处均设构造柱，断面为 240mm×360mm。除厕所、盥洗室采用现浇楼板外，其余楼面和屋面均采用预制钢筋混凝土空心板，楼梯采用预制构件。

本工程楼地面均为水磨石，内墙装饰主要采用一般抹灰喷涂料做法，外墙装饰以饰面砖为主。屋顶做二毡三油防水屋面。

施工方案编制如下：

1) 施工程序

A. 根据先地下后地上，先结构后装修，先土建后设备的原则，本工程总的施工顺序为：

基础→主体→屋面→外墙装修→其他装修→水暖电卫。

序号	分部分项工程名称	劳动量(工日)	每班工人数	每天工作班数	工作持续天数	施工进度
	主体工程					
1	脚手架	313	6			
2	柱筋	101	17	1	6	
3	柱、梁、板模板	1697	25	2	36	
4	柱混凝土	153	14	2	6	
5	梁、板钢筋(含楼梯)	601	25	2	12	
6	梁、板混凝土(含楼梯)	704	20	3	12	
7	拆模	299	25	1	12	
8	砌墙(含门窗框)	821	45	1	18	

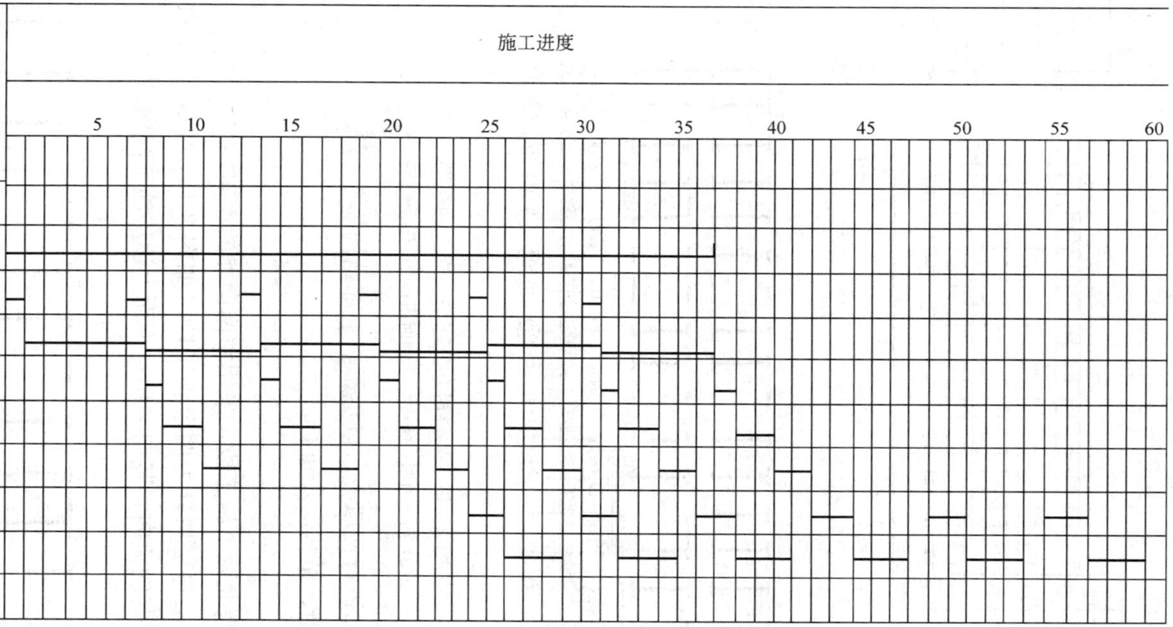

图 2-167 本主体工程流水施工进度计划

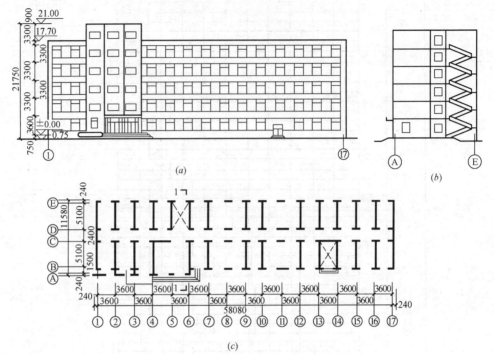

图 2-168 某公司办公室平、立、剖简图
(a) 西立面图；(b) Ⅰ-Ⅰ剖面图；(c) 首层平面图

B. 基础完成后立即进行回填土，以免影响上部结构施工。

C. 水暖电卫随基础、结构同步进行。

2) 施工流向

A. 基础工程分为南北两个施工段，采用由南向北的流向。

B. 结构工程1—5层每层划分为两个施工段（如图2-169所示），第六层为一个施工段，平面上采用由南向北的流向，竖向采用自下而上逐层施工流向。

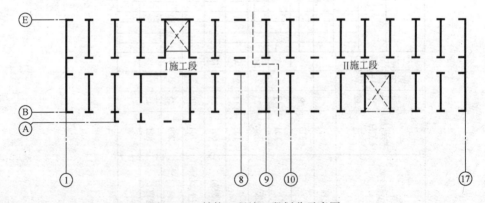

图 2-169 结构工程施工段划分示意图

C. 屋面工程不分段，采用先高后低的流向。

D. 装修工程不分段，女儿墙压顶完成后采用自上而下的流向进行外装修。在外装修进行了一段时间后，即以自上而下的流向逐层进行内装修。

3) 施工方法

A. 基础工程

A) 施工顺序为：机械挖土→清底钎探→验槽处理→混凝土垫层→基础圈梁→砌砖基础→回填土。

B) 采用 W-100 型反铲挖土机由南向北倒退进行基坑大开挖。坑底四周各留 0.5m 宽的工作面，放坡坡度为 1∶0.75。基坑回填所需的土方暂堆放在坑边，其余均运至场外指定地点。

C) 为了防止雨水流入坑内，基坑上口筑小护堤。基底南北各挖一个集水井，并准备好水泵。

D) 基坑清底后，随即进行钎探，并通知有关部门验槽。

E) 回填土采用蛙式打夯机夯实。

B. 主体结构工程

A) 外墙立双排钢管扣件式脚手架。脚手架宽度为 1.5m，立柱间距 1.0m，每步架高 1.2m，在脚手架两端转角处设置剪刀撑，剪刀撑宽度为 4 倍立杆纵距。连墙杆均匀设置。内墙砌筑和内装饰采用折叠式里脚手架。

B) 楼西侧布置 QT2-6 塔吊，回转半径为 20m，起重量为 2t，起重高度在 26.5～40.5m 之间，负责结构工程施工时的水平及垂直运输。结构完成后，塔吊即可拆除。

C) 砌墙是主导工序。每段砖量为 8.28 万块，配备瓦工及普工共 30 人，每段砌筑 6d，每天砌砖 1.38 万块。其他各工种均按相应的工程量配备劳动力，在 6d 内完成现浇梁、板、圈梁、构造柱及楼板安装等项目，保证瓦工连续施工。墙体砌筑采用一顺一丁砌法，内外墙同时砌筑。不能同时砌时，一律留斜槎。

D) 构造柱、圈梁和板缝混凝土一律用 C20 级混凝土。构造柱每层分三次浇筑、振捣，以防砖墙外鼓。

C. 屋面工程

A) 女儿墙完成后，在屋面板上做 2% 坡度的焦渣找坡层，再抹砂浆找平层。待找平层含水率降至 15% 以下，再做防水层。

B) 油毡采用浇油法铺贴。屋面坡度为 2%，故选择平行屋脊铺贴。雨水口等部位先贴附加层，沥青胶厚度控制在 1～2mm 为宜。

D. 装修工程

A) 室内装修的施工顺序为：立门窗框→清理地面→楼地面施工→养护→天棚抹灰→内墙抹灰→抹墙裙踢脚→门窗扇安装→玻璃安装→各种油漆→灯具安装。

B) 粘贴饰面砖的结合层采用水泥砂浆加 107 胶。

C) 门窗框一律采用后塞口法施工。

D) 楼地面抹平压光后，铺湿锯末养护 5～7 昼夜。

三、工程建设施工相关法律、法规

(一)《建筑法》的主要内容

《中华人民共和国建筑法》以下简称《建筑法》是建筑行业的重要法律。于1997年11月由八届全国人大常委会第二十八次会议通过,从1998年3月1日起施行。

《建筑法》内容丰富,可操作性强。以规范建筑市场行为为起点,以保证建筑工程质量和安全为主线,对各类房屋的建筑活动及其监督管理作出了规定。主要包括下面几个方面:

一是市场准入制度,包括建筑工程施工许可制度和从业资格制度。

二是市场交易规则,规定对建筑工程发包与承包实行严格管理,按法定招投标程序进行,禁止转包或违法分包。

三是工程监理制度,规定对监理单位应当进行资质审查,明确了建筑工程监理的任务,监理单位的责任及有关要求等。

四是安全生产管理制度,规定了安全生产责任制度、安全技术措施制度、安全事故报告制度等。

五是工程质量管理制度,规定了建筑活动各市场主体在保证建筑工程质量中的责任和制度。

1. 建筑业从业人员执业资格制度

执业资格是社会主义市场经济条件下对人才评价的手段,是政府为保证经济有序发展,规范职业秩序而对关键岗位的从业人员实行的人员准入控制。简言之,就是政府对从事某些专业的人员提出的必须具备的条件,是专业人员独立执行业务,面向社会服务的一种资质条件。

《建筑法》第14条规定:"从事建筑活动的专业技术人员,应当依法取得相应的执业资格证书,并在执业证书许可的范围内从事建筑活动。"《建设工程质量管理条例》规定,注册执业人员因过错造成质量事故时,应接受相应的处理。因此,对从事建筑活动的专业技术人员实行执业资格制度势在必行从事建筑工程活动的人员,要通过国家任职资格考试、考核,由建设行政主管部门注册并颁发资格证书。

建筑工程的从业人员主要包括:注册建筑师、注册结构工程师、注册监理工程师、注册工程造价师、注册建造师以及法律、法规规定的其他人员。

建筑工程从业者资格证件,严禁出卖、转让、出借、涂改、伪造。违反上述规定的,将视具体情节,追究法律责任。建筑工程从业者资格的具体管理办法,由国务院建设行政主管部门另行规定。

(1)注册建造师执业资格制度

为了加强建设工程项目管理,提高建设工程施工管理专业技术人员素质,规范施工管理行为,保证工程质量和施工安全,根据《中华人民共和国建筑法》、《建设工程质量管理条例》，我国决定建立建造师执业资格制度。人事部、建设部于2002年12月5日联合下发了《关于印发〈建造师执业资格制度暂行规定〉的通知》（人发［2002］111号），印发了《建造师执业资格制度暂行规定》。建造师执业资格制度是一项重要的改革举措和制度创新，必将对我国建设事业的发展带来重大而深远的影响。

1）建造师的定位与职责

建造师是以专业技术为依托、以工程项目管理为主业的执业注册人员，近期以施工管理为主。建造师是懂管理、懂技术、懂经济、懂法规，综合素质较高的复合型人员，既要有理论水平，也要有丰富的实践经验和较强的组织能力。建造师注册受聘后，可以建造师的名义担任建设工程项目施工的项目经理、从事其他施工活动的管理、从事法律、行政法规或国务院建设行政主管部门规定的其他业务。

建造师分为一级建造师和二级建造师。在行使项目经理职责时，一级注册建造师可以担任《建筑业企业资质等级标准》中规定的特级、一级建筑业企业资质的建设工程项目施工的项目经理；二级注册建造师可以担任二级建筑业企业资质的建设工程项目施工的项目经理。大中型工程项目的项目经理必须逐步由取得建造师执业资格的人员担任；但取得建造师执业资格的人员能否担任大中型工程项目的项目经理，应由建筑业企业自主决定。

2）建造师的专业

不同类型、不同性质的工程项目，有着各自的专业性和技术性，因而导致其对项目经理的专业学历要求有很大不同。对建造师实行分专业管理，不仅能适应不同类型和性质的工程项目对建造师的专业技术要求，也有利于与现行建设工程管理体制相衔接，充分发挥各有关专业部门的作用。同时，也鼓励建造师在取得本专业建造师执业资格后，跨专业执业，这对企业和建造师个人参与市场竞争、扩展业务范围都是有利的。现对建造师划分为14个专业：房屋建筑工程、公路工程、铁路工程、民航机场工程、港口与航道工程、水利水电工程、电力工程、矿山工程、冶炼工程、石油化工工程、市政公用与城市轨道工程、通信与广电工程、机电安装工程、装饰装修工程。

3）建造师的资格

一级建造师执业资格实行全国统一大纲、统一命题、统一组织的考试制度，由人事部、建设部共同组织实施，原则上每年举行一次考试；二级建造师执业资格实行全国统一大纲，各省、自治区、直辖市命题并组织的考试制度。考试内容分为综合知识与能力和专业知识与能力两部分。报考人员要符合有关文件规定的相应条件。一级、二级建造师执业资格考试合格人员，分别获得《中华人民共和国一级建造师执业资格证书》、《中华人民共和国二级建造师执业资格证书》。

4）建造师的注册

取得建造师执业资格证书、且符合注册条件的人员，必须经过注册登记后，方可以建造师名义执业。建设部或其授权机构为一级建造师执业资格的注册管理机构；各省、自治区、直辖市建设行政主管部门制定本行政区域内二级建造师执业资格的注册办法，报建设部或其授权机构备案。准予注册的申请人员，分别获得《中华人民共和国一级建造师注册证书》、《中华人民共和国二级建造师注册证书》。已经注册的建造师必须接受继续教育，更新知识，不断提高业务水平。建造师执业资格注册有效期一般为3年，期满前3个月，要办理再次注册手续。

5) 建造师的主要执业范围

注册建造师有权以建造师的名义担任建设工程项目施工的项目经理；从事其他施工活动的管理；从事法律法规或国务院行政主管部门规定的其他业务。

建造师执业资格制度建立以后，承担建设工程项目施工的项目经理仍是施工企业所承包某一具体工程的主要负责人，他的职责是根据企业法定代表人的授权，对工程项目自开工准备至竣工验收，实施全面的组织管理。而大中型工程项目的项目经理必须由取得建造师执业资格的建造师担任，即建造师在所承担的具体工程项目中行使项目经理职权。注册建造师资格是担任大中型工程项目的项目经理之必要条件。建造师需按人发〔2002〕111号文件的规定，经统一考试和注册后才能从事担任项目经理等相关活动，是国家的强制性要求，而项目经理的聘任则是企业行为。

(2) 建设行业关键岗位持证上岗制度

为加强建设行业关键岗位持证上岗工作的管理，提高关键岗位人员政治业务素质，1991年7月29日建设部、原国家计委、人事部发布了《建设企事业单位关键岗位持证上岗管理规定》。本规定所称建设企事业单位关键岗位，是指建筑业、房地产业、市政公用事业等企事业单位中关系着工程质量、产品质量、服务质量、经济效益、生产安全和人民生命财产安全的重要岗位。

国务院建设行政主管部门主管全国建设企事业单位关键岗位持证上岗工作，负责对需要在全国统一认定的建设企事业单位关键岗位、持证上岗时间和要求作出规定。省、自治区、直辖市人民政府建设行政主管部门负责属于本行政区域建设企事业单位关键岗位持证上岗工作，负责对本行政区域其他岗位的持证上岗时间和要求作出规定。规定需要持证上岗的关键岗位，未取得岗位合格证书的人员一律不得上岗。

属于地方的建设企事业单位关键岗位的岗位合格证书，由省、自治区、直辖市人民政府建设行政主管部门负责审查、颁发。属于国务院有关主管部门的建设企事业单位关键岗位的岗位合格证书，由各部门负责审查、颁发，也可以委托企事业单位所在地的省、自治区、直辖市人民政府建设行政主管部门负责审查、颁发。

2. 建筑工程承包规定

(1) 建筑工程承包

1) 承包单位的资质管理

《建筑法》第26条规定："承包建筑工程的单位应当持有依法取得的资质证书，并在其资质等级许可的业务范围内承揽工程"。"禁止建筑施工企业超越本企业资质等级许可的业务范围或者以任何形式用其他建筑施工企业的名义承揽工程。禁止建筑施工企业以任何形式允许其他单位或者个人使用本企业的资质证书、营业执照，以本企业的名义承揽工程。"

2) 联合承包

《建筑法》第27条规定："大型建筑工程或者结构复杂的建筑工程，可以由两个以上的承包单位联合共同承包。共同承包的各方对承包合同的履行承担连带责任"。"两个以上不同资质等级的单位实行联合共同承包的，应当按照资质等级低的单位的业务许可范围承揽工程"。

3) 禁止建筑工程转包

《建筑法》第 28 条规定："禁止承包单位将其承包的全部建筑工程转包给他人，禁止承包单位将其承包的全部工程肢解以后以分包的名义分别转包给他人。"

4）建筑工程分包

房屋建筑和市政基础设施工程施工分包活动必须依法进行。鼓励发展专业承包企业和劳务分包企业，提倡分包活动进入有形建筑市场公开交易，完善有形建筑市场的分包工程交易功能。

《建筑法》第 29 条规定："建筑工程总承包单位可以将承包工程中的部分工程发包给具有相应资质条件的分包单位；但是，除总承包合同中约定的分包外，必须经建设单位认可。施工总承包的，建筑工程主体结构的施工必须由总承包单位自行完成。

建筑工程总承包单位按照总承包合同的约定对建设单位负责；分包单位按照分包合同的约定对总承包单位负责。总承包单位和分包单位就分包工程对建设单位承担连带责任。"

禁止总承包单位将工程分包给不具备相应资质条件的单位。禁止分包单位将其承包的工程再分包。

根据 2004 年 4 月 1 日起施行的中华人民共和国建设部令《房屋建筑和市政基础设施工程施工分包管理办法》规定：建设单位不得直接指定分包工程承包人。任何单位和个人不得对依法实施的分包活动进行干预。分包工程承包人必须具有相应的资质，并在其资质等级许可的范围内承揽业务。严禁个人承揽分包工程业务。

《房屋建筑和市政基础设施工程施工分包管理办法》规定：禁止将承包的工程进行违法分包。下列行为，属于违法分包：

A. 分包工程发包人将专业工程或者劳务作业分包给不具备相应资质条件的分包工程承包人的。

B. 施工总承包合同中未有约定，又未经建设单位认可，分包工程发包人将承包工程中的部分专业工程分包给他人的。

《房屋建筑和市政基础设施工程施工分包管理办法》还规定：分包工程发包人应当设立项目管理机构，组织管理所承包工程的施工活动。项目管理机构应当具有与承包工程的规模、技术复杂程度相适应的技术、经济管理人员。其中，项目负责人、技术负责人、项目核算负责人、质量管理人员、安全管理人员必须是本单位的人员。分包工程发包人将工程分包后，未在施工现场设立项目管理机构和派驻相应人员，并未对该工程的施工活动进行组织管理的，视同转包行为。

（2）违反承发包制度的法律责任

《建筑法》第 65 条规定："发包单位将工程发包给不具有相应资质条件的承包单位的，或者违反本法规定将建筑工程肢解发包的，责令改正，处以罚款。超越本单位资质等级承揽工程的，责令停止违法行为，处以罚款，可以责令停业整顿，降低资质等级；情节严重的，吊销资质证书；有违法所得的，予以没收。未取得资质证书承揽工程的，予以取缔，并处罚款；有违法所得的，予以没收。以欺骗手段取得资质证书的，吊销资质证书，处以罚款；构成犯罪的，依法追究刑事责任。"

《建筑法》第 66 条规定："建筑施工企业转让、出借资质证书或者以其他方式允许他人以本企业的名义承揽工程的，责令改正，没收违法所得，并处罚款，可以责令停业整顿，降低资质等级；情节严重的，吊销资质证书。对因该项承揽工程不符合规定的质量标准造成的损失，建筑施工企业与使用本企业名义的单位或者个人承担连带赔偿责任。"

《建筑法》第67条规定："承包单位将承包的工程转包的，或者违反本法规定进行分包的，责令改正，没收违法所得，并处罚款，可以责令停业整顿，降低资质等级；情节严重的，吊销资质证书。承包单位有前款规定的违法行为的，对因转包工程或者违法分包的工程不符合规定的质量标准造成的损失，与接受转包或者分包的单位承担连带赔偿责任。"

在工程发包与承包中索贿、受贿、行贿，构成犯罪的，依法追究刑事责任；不构成犯罪的，分别处以罚款，没收贿赂的财物，对直接负责的主管人员和其他直接责任人员给予处分。

对在工程承包中行贿的承包单位，可以责令停业整顿，降低资质等级或者吊销资质证书。

3. 施工许可制度

为了加强对建筑活动的监督管理，维护建筑市场秩序，保证建筑工程的质量和安全，依据《中华人民共和国建筑法》的规定：在中华人民共和国境内从事各类房屋建筑及其附属设施的建造、装修装饰和与其配套的线路、管道、设备的安装，以及城镇市政基础设施工程的施工，建设单位在开工前应当向工程所在地的县级以上人民政府建设行政主管部门申请领取施工许可证。但是，国务院建设行政主管部门确定的限额以下的小型工程除外。

根据1999年10月15日建设部第71号令《建筑工程施工许可管理办法》的规定：工程投资额在30万元以下或者建筑面积在300平方米以下的建筑工程，可以不申请办理施工许可证。省、自治区、直辖市人民政府建设行政主管部门可以根据当地的实际情况，对限额进行调整，并报国务院建设行政主管部门备案。

按规定必须申请领取施工许可证的建筑工程未取得施工许可证的，一律不得开工。任何单位和个人不得将应该申请领取施工许可证的工程项目分解为若干限额以下的工程项目，规避申请领取施工许可证。

按照国务院规定的权限和程序批准开工报告的建筑工程，不再领取施工许可证。

（1）申请领取施工许可证条件

按《建筑工程施工许可管理办法》的规定：建设单位申请领取施工许可证，应当具备下列条件，并提交相应的证明文件：

1）已经办理该建筑工程用地批准手续。

2）在城市规划区的建筑工程，已经取得建设工程规划许可证。

3）施工场地已经基本具备施工条件，需要拆迁的，其拆迁进度符合施工要求。

4）已经确定施工企业。按照规定应该招标的工程没有招标，应该公开招标的工程没有公开招标，或者肢解发包工程，以及将工程发包给不具备相应资质条件的，所确定的施工企业无效。

5）有满足施工需要的施工图纸及技术资料，施工图设计文件已按规定进行了审查。

6）有保证工程质量和安全的具体措施。施工企业编制的施工组织设计中有根据建筑工程特点制定的相应质量、安全技术措施，专业性较强的工程项目编制了专项质量、安全施工组织设计，并按照规定办理了工程质量、安全监督手续。

7）按照规定应该委托监理的工程已委托监理。

8）建设资金已经落实。建设工期不足1年的，到位资金原则上不得少于工程合同价的50%,建设工期超过1年的,到位资金原则上不得少于工程合同价的30%。建设单位应当提供银行出具的到位资金证明,有条件的可以实行银行付款保函或者其他第三方担保。

9) 法律、行政法规规定的其他条件。

(2) 办理施工许可证程序

按《建筑工程施工许可管理办法》的规定:申请办理施工许可证,应当按照下列程序进行:

1) 建设单位向发证机关领取《建筑工程施工许可证申请表》。

2) 建设单位持加盖单位及法定代表人印鉴的《建筑工程施工许可证申请表》,并附本办法第四条规定的证明文件,向发证机关提出申请。

3) 发证机关在收到建设单位报送的《建筑工程施工许可证申请表》和所附证明文件后,对于符合条件的,应当自收到申请之日起15日内颁发施工许可证;对于证明文件不齐全或者失效的,应当限期要求建设单位补正,审批时间可以自证明文件补正齐全后作相应顺延;对于不符合条件的,应当自收到申请之日起15日内书面通知建设单位,并说明理由。

(3) 施工许可证的管理

1) 建设单位申请领取施工许可证的工程名称、地点、规模,应当与依法签订的施工承包合同一致。施工许可证不得伪造和涂改。

2) 建筑工程在施工过程中,建设单位或者施工单位发生变更的,应当重新申请领取施工许可证。

3) 施工许可证应当放置在施工现场备查。

4) 建设单位应当自领取施工许可证之日起3个月内开工。因故不能按期开工的,应当在期满前向发证机关申请延期,并说明理由;延期以两次为限,每次不超过3个月。既不开工又不申请延期或者超过延期次数、时限的,施工许可证自行废止。

5) 在建的建筑工程因故中止施工的,建设单位应当自中止施工之日起2个月内向发证机关报告,报告内容包括中止施工的时间、原因、在施部位、维修管理措施等,并按照规定做好建筑工程的维护管理工作。

6) 建筑工程恢复施工时,应当向发证机关报告;中止施工满1年的工程恢复施工前,建设单位应当报发证机关核验施工许可证。

7) 对于未取得施工许可证或者为规避办理施工许可证将工程项目分解后擅自施工的,由有管辖权的发证机关责令改正,对于不符合开工条件的责令停止施工,并对建设单位和施工单位分别处以罚款。罚款的数额法律、法规有幅度规定的从其规定;无幅度规定的,有违法所得的处5000元以上30000元以下的罚款,没有违法所得的处5000元以上10000元以下的罚款。

8) 建筑工程施工许可证由国务院建设行政主管部门制定格式,由各省、自治区、直辖市人民政府建设行政主管部门统一印制。施工许可证分为正本和副本,正本和副本具有同等法律效力。复印的施工许可证无效。

4. 建筑业资质等级制度

《建筑法》第12条规定:从事建筑活动的建筑施工企业、勘察单位、设计单位和工程

监理单位,应当具备下列条件:

A. 有符合国家规定的注册资本。
B. 有与其从事的建筑活动相适应的具有法定执业资格的专业技术人员。
C. 有从事相关建筑活动所应有的技术装备。
D. 法律、行政法规规定的其他条件。

《建筑法》第13条规定:从事建筑活动的建筑施工企业、勘察单位、设计单位和工程监理单位,按照其拥有的注册资本、专业技术人员、技术装备和已完成的建筑工程业绩等资质条件,划分为不同的资质等级,经资质审查合格,取得相应等级的资质证书后,方可在其资质等级许可的范围内从事建筑活动。

2001年4月建设部根据《中华人民共和国建筑法》和《建设工程质量管理条例》重新制定并发布了《建筑业企业资质管理规定》,并会同铁道部、交通部、水利部、信息产业部、民航总局等有关部门组织制定了《建筑业企业资质等级标准》。

(1) 建筑业企业资质分类和分级

建筑业企业是指从事土木工程、建筑工程、线路管道设备安装工程、装修工程的新建、扩建、改建活动的企业。建筑业企业分为施工总承包、专业承包和劳务分包三个序列。施工总承包资质、专业承包资质、劳务分包资质序列按照工程性质和技术特点分别划分为若干资质类别。

1) 施工总承包企业

按照房屋建筑工程、公路、铁路工程,港口与航道工程,水利水电工程,电力、冶金工程等划分为12个类别。其中冶金、港口与航道、化学石油工程总承包企业资质分为特级、一级和二级等3个等级;机电安装工程总承包企业分为一级和二级2个等级;通信工程总承包企业分为一级、二级、三级3个等级;其他工程总承包企业分为特级、一级、二级和三级4个等级。

2) 专业承包企业

按照施工工程专业划分为60个类别。一般的专业承包企业分为一级、二级、三级3个等级,少数专业承包企业分为一级、二级或者二级、三级2个等级,个别专业承包企业不分等级。

3) 劳务分包企业

按照木工、砌筑、抹灰、油漆等作业划分为13个类别。其中木工、砌筑、钢筋、脚手架、模板、焊接等作业分包企业资质等级分为一级、二级2个等级,其他作业分包企业不分资质等级。

获得施工总承包资质的企业,可以对工程实行施工总承包,或者对主体工程实行施工总承包,或者对主体工程实行施工承包。承担施工总承包的企业可以对所承接的工程全部自行施工,也可以将非主体工程或者劳务作业分包给具有相应专业承包资质或者劳务分包资质的其他建筑业企业。获得专业承包资质的企业,可以承接施工总承包企业分包的专业工程或者建设单位按照规定发包的专业工程,专业承包企业可以对所承接的工程全部自行施工,也可以将劳务作业分包给具有相应劳务分包资质的劳务分包企业。获得劳务分包资质的企业,可以承接施工总承包企业或者专业承包企业分包的劳务作业。

(2) 施工总承包企业资质等级标准

施工总承包企业的资质等级按照不同的类别分别有不同的等级标准。其中房屋建筑工程施工总承包企业资质分为特级、一级、二级和三级等4个等级。各等级标准如下：

1) 特级资质标准

A. 企业注册资本金3亿元以上。

B. 企业净资产3.6亿元以上。

C. 企业近3年年平均工程结算收入15亿元以上。

D. 企业其他条件均达到一级资质标准。

2) 一级资质标准

A. 企业近5年承担过下列6项中的4项以上工程的施工总承包或主体工程承包，工程质量合格。

A）25层以上的房屋建筑工程。

B）高度100m以上的构筑物或建筑物。

C）单体建筑面积3万m^2以上的房屋建筑工程；

D）单跨跨度30m以上的房屋建筑工程；

E）建筑面积10万m^2以上的住宅小区或建筑群体；

F）单项建安合同额1亿元以上的房屋建筑工程。

B. 企业经理具有10年以上从事工程管理工作经历或具有高级职称；总工程师具有10年以上从事建筑施工技术管理工作经历并具有本专业高级职称；总会计师具有高级会计职称；总经济师具有高级职称。

企业有职称的工程技术和经济管理人员不少于300人，其中工程技术人员不少于200人。工程技术人员中，具有高级职称的人员不少于10人，具有中级职称的人员不少于60人。企业具有的一级资质项目经理不少于12人。

C. 企业注册资本金5000万元以上，企业净资产6000万元以上。

D. 企业近3年最高年工程结算收入2亿元以上。

E. 企业具有与承包工程范围相适应的施工机械和质量检测设备。

3) 二级资质标准

A. 企业近5年承担过下列6项中的4项以上工程的施工总承包或主体工程承包，工程质量合格：

A）12层以上的房屋建筑工程。

B）高度50m以上的构筑物或建筑物。

C）单体建筑面积1万m^2以上的房屋建筑工程。

D）单跨跨度21m以上的房屋建筑工程。

E）建筑面积5万m^2以上的住宅小区或建筑群体；

F）单项建安合同额3000万元以上的房屋建筑工程。

B. 企业经理具有8年以上从事工程管理工作经历或具有中级以上职称；技术负责人具有8年以上从事建筑施工技术管理工作经历并具有本专业高级职称；财务负责人具有中级以上会计职称。

企业有职称的工程技术和经济管理人员不少于150人，其中工程技术人员不少于100人。工程技术人员中，具有高级职称的人员不少于2人，具有中级职称的人员不少于20

人。企业具有的二级资质以上项目经理不少于 12 人。

C. 企业注册资本金 2000 万元以上,企业净资产 2500 万元以上。

D. 企业近 3 年最高年工程结算收入 8000 万元以上。

E. 企业具有与承包工程范围相适应的施工机械和质量检测设备。

4) 三级资质标准

A. 企业近 5 年承担过下列 5 项中的 3 项以上工程的施工总承包或主体工程承包,工程质量合格。

A) 6 层以上的房屋建筑工程。

B) 高度 25m 以上的构筑物或建筑物。

C) 单体建筑面积 5000m² 以上的房屋建筑工程。

D) 单跨跨度 15m 以上的房屋建筑工程。

E) 单项建安合同额 500 万元以上的房屋建筑工程。

B. 企业经理具有 5 年以上从事工程管理工作经历;技术负责人具有 5 年以上从事建筑施工技术管理工作经历并具有本专业中级以上职称;财务负责人具有初级以上会计职称。

企业有职称的工程技术和经济管理人员不少于 50 人,其中工程技术人员不少于 30 人。工程技术人员中,具有中级以上职称的人员不少于 10 人。企业具有的 3 级资质以上项目经理不少于 10 人。

C. 企业注册资本金 600 万元以上,企业净资产 700 万元以上。

D. 企业近 3 年最高年工程结算收入 2400 万元以上。

E. 企业具有与承包工程范围相适应的施工机械和质量检测设备。

(3) 建筑业企业资质管理

1) 资质的申请

建筑业企业申请资质,应当按照属地管理原则,向企业注册所在地县级以上地方人民政府建设行政主管部门申请。其中中央管理的企业直接向国务院建设行政主管部门申请资质,中央管理企业的所属企业申请施工总承包特级、一级和专业承包一级资质的,由中央管理的企业向国务院建设行政主管部门申请,同时向企业注册所在地省级建设行政主管部门备案。

新设立的建筑业企业,到工商行政管理部门办理登记注册手续并取得企业法人营业执照后,方可到建设行政主管部门办理资质申请手续。新设立的企业申请资质,应当向建设行政主管部门提供下列资料:

A. 建筑业企业资质申请表。

B. 企业法人营业执照。

C. 企业章程。

D. 企业法定代表人和企业技术、财务、经营负责人的任职文件、职称证书、身份证。

E. 企业项目经理资格证书、身份证。

F. 企业工程技术和经济管理人员的职称证书。

G. 需要出具的其他有关证件和资料及会计师事务所出具的验资报告。

建筑业企业申请资质升级,除向建设行政主管部门提供上述所列资料外,还应当提供:

A. 企业原资质证书正副本。
B. 企业的财务决算表。
C. 企业完成的具有代表性工程的合同及质量验收、安全评估资料及企业报送统计部门的生产情况、财务状况年报表。

企业改制或者企业分立、合并后组建设立的建筑业企业申请资质，除需提供前述所列的资料外，还应当提供如下说明或证明：

新企业与原企业的关系、资本构成及资产负债情况；国有企业还需出具国有资产管理部门的核准文件；新企业与原企业的人员、内部组织机构的分立与合并情况；工程业绩的分割、合并情况等。

建筑业企业可以申请一项资质或者多项资质。申请多项资质的，应当选择一项作为主项资质，其余为增项资质。企业的增项资质级别不得高于主项资质级别。

2) 资质的审批

施工总承包序列特级和一级企业、专业承包序列一级企业（不含中央管理的企业和中央管理企业所属申请特级和一级企业、专业承包序列一级企业）资质经省级建设行政主管部门审核同意后，由国务院建设行政主管部门审批。施工总承包序列、专业承包序列二级及以下的建筑业企业和劳务分包序列企业资质，由企业注册所在地省级建设行政主管部门审批。

新设立的建筑业企业，其资质等级按照最低等级核定，并设1年的暂定期。由于企业改制，或者企业分立、合并后组建的建筑业企业，其资质等级根据实际达到的资质条件核定。

3) 外商投资建筑企业的资质管理

国务院建设行政主管部门负责外商投资建筑业企业资质的管理工作，省、自治区直辖市人民政府建设行政主管部门按照规定负责本行政区域内的外商投资建筑业企业的资质管理工作。

根据我国现行法律、法规的规定，在我国境内投资设立的外商投资建筑业企业、中外合资经营建筑业企业及中外合作经营建筑业企业，应当依法取得对外经济贸易行政主管部门颁发的外商投资企业批准证书，到国家工商行政管理总局或者授权的地方工商行政管理局注册登记，取得企业法人资格。外商投资建筑业企业在取得企业法人营业执照后，应当到建设行政主管部门申请建筑业企业资质，领取资质审批部门核发的《建筑业企业资质证书》。申请资质按照《建筑业企业资质管理规定》和《建筑业企业资质等级标准》办理。

4) 资质的监督管理

对建筑业企业资质的监督管理是各级建设行政主管部门的法定职责。建设行政主管部门对建筑业企业资质实行年检制度。资质年检由资质审批部门负责，凡领取资质审批部门核发的《建筑业企业资质证书》的企业均为年检对象。年检的内容是检查企业资质条件是否符合资质条件。

（二）《建设工程质量管理条例》的主要内容

《建设工程质量管理条例》（以下简称《质量管理条例》）已于2000年1月30日由国务院令第279号发布施行。建设工程质量管理条例的颁布和实施，对于加强建设工程质量管理，深化建设管理体制的改革，保证建设工程质量，具有十分重要的意义。

1. 建设工程质量的监督管理

（1）建设工程质量的监督管理的主体

依据我国《质量管理条例》规定：国家实行建设工程质量监督管理制度，国务院建设行政主管部门对全国的建设工程质量实施统一监督管理。国务院铁路、交通、水利等有关部门国务院规定的职责分工，负责对全国的有关专业建设工程质量的监督管理。县级以上地方人民政府建设行政主管部门对本行政区域内的建设工程质量实施监督管理。县级以上地方人工政府交通、水利等有关部门在各自的职责范围内，负责对本行政区域内的专业建设工程质量的监督管理。

建设工程质量监督管理，可以由建设行政主管部门或者其他有关部门委托的建设工程质量监督机构具体实施。

（2）建设工程质量监督机构巡视检查制度

各地方建设工程质量监督机构在自己的权限范围内有权对在建工程的质量与安全情况进行定期的巡视检查，可对不合法的违规行为进行处罚。

《质量管理条例》规定：县级以上地方人民政府建设行政主管部门及其他有关部门应当加强对有关建设工程质量的法律、法规和强制性标准执行情况的监督检查。在履行检查职责时，有权采取下列措施：

1）要求被检查的单位提供有关工程质量的文件和资料。

2）进入被检查单位的施工现场进行检查。

3）发现有影响工程质量的问题时，责令改正。

有关单位和个人对县级以上人民政府建设行政主管部门和其他有关部门进行的监督检查应当支持与配合，不得拒绝或者阻碍建设工程质量监督检查人员依法执行职务。

（3）建设工程竣工验收备案制度

《质量管理条例》规定：建设单位应当自建设工程竣工验收合格之日起 15 日内，将建设工程竣工验收报告和规划、公安消防、环保等部门出具的认可文件或者准许使用文件报建设行政主管部门或者其他有关部门备案。建设行政主管部门或者其他部门发现建设单位在竣工验收过程中有违反国家有关建设工程质量规定行为的，责令停止使用，重新组织竣工验收。

（4）工程质量事故报告制度

《质量管理条例》规定：建设工程发生质量事故，有关单位应当在 24 小时内向当地建设行政主管部门和其他有关部门报告。对重大质量事故，事故发生地的建设行政主管部门和其他有关部门应当按照事故类别和等级向当地人民政府和上级建设行政主管部门和其他有关部门报告。特别重大质量事故的调查程序按照国务院有关规定办理。

（5）违反《质量管理条例》的处罚制度

《质量管理条例》规定：建设单位有下列行为之一的，责令改正，处 20 万元以上 50 万元以下的罚款：

1）迫使承包方以低于成本的价格竞标的。

2）任意压缩合理工期的。

3）明示或者暗示设计单位或者施工单位违反工程建设强制性标准，降低工程质量的。

4）施工图设计文件未经审查或者审查不合格，擅自施工的。
5）建设项目必须实行工程监理而未实行工程监理的。
6）未按照国家规定办理工程质量监督手续的。
7）明示或者示施工单位使用不合格的建筑材料、建筑构配件和设备的。
8）未按照国家规定将竣工验收报告、有关认可文件或者准许使用文件报送备案的。

勘察、设计、施工、工程监理单位超越本单位资质等级承揽工程的，责令停止违法行为，对勘察、设计单位或者工程监理单位处合同约定的勘察费、设计费或者监理酬金1倍以上2倍以下的罚款；对施工单位处工程合同价款2%以上4%以下的罚款，可以责令停业整顿，降低资质等级；情节严重的，吊销资质证书；有违法所得的，予以没收。

《质量管理条例》规定，施工单位在施工中偷工减料的，使用不合格的建筑材料、建筑构配件和设备的，或者有不按照工程设计图纸或者施工技术标准施工技术标准施工的其他行为的，责令改正，处工程合同价款2%以上4%以下的罚款；造成建设工程质量不符合规定的质量标准的，负责返工、修理，并赔偿因此造成的损失；情节严重的，责令停业整顿，降低资质等级或者吊销资质证书。

《质量管理条例》规定，工程监理单位有下列行为之一的，责令改正，处50万元以上100万元以下的罚款，降低资质等级或者吊销资质证书；有违法所得的，予以没收；造成损失的，承担连带赔偿责任：

1）与建设单位或者施工单位串通，弄虚作假、降低工程质量的；
2）将不合格的建设工程、建筑材料、建筑构配件和设备按照合格签字的。

2. 建设工程质量管理的基本制度

（1）工程质量监督管理制度

建设工程质量必须实行政府监督管理。政府对工程质量的监督管理主要以保证工程使用安全和环境质量为主要目的，以法律、法规和强制性标准为依据，以地基基础、主体结构、环境质量和与此有关的工程建设各方主体的质量行为为主要内容，以施工许可制度和竣工验收备案制度为主要手段。

（2）工程竣工验收备案制度

建设工程质量管理条理确立了建筑工程竣工验收备案制度。该项制度是加强政府监督管理，防止不合格工程流向社会的一个重要手段。结合《建设工程质量管理条例》和《房屋建筑工程和市政基础设施工程竣工验收备案管理暂行办法》（2000年4月4日建设部令第78号发布）的有关规定，建设单位应当在工程竣工验收合格后的15天内到县级以上人民政府建设行政主管部门或其他有关部门备案。建设单位办理工程竣工验收备案应提交以下材料：

1）工程竣工验收备案表。
2）工程竣工验收报告：竣工验收报告应当包括工程报建日期，施工许可证号，施工图设计文件审查意见，勘察、设计、施工、工程监理等单位分别鉴署的质量合格文件及验收人员签署的竣工验收原始文件，市政基础设备的有关质量检测和功能性试验资料以及备案机关认为需要提供的有关资料。
3）法律、行政法规规定应当由规划、公安消防、环保等部门出具的认可文件或者准许使用文件。

4）施工单位签署的工程质量保修书。

5）法规、规章规定必须提供的其他文件。

6）商品住宅还应当提交《住宅质量保证书》和住宅使用说明书。

建设行政主管部门或其他有关部门收到建设单位的竣工验收备案文件后，依据质量监督机构的监督报告，发现建设单位在竣工验收过程中有违反国家有关建设工程质量管理规定行为的，责令停止使用，重新组织竣工验收后，再办理竣工验收备案。建设单位有下列违法行为的，要按照有关规定予以行政处罚：

1）在工程竣工验收合格之日起15天内未办理工程竣工验收备案。

2）在重新组织竣工验收前擅自使用工程。

3）采用虚假证明文件办理竣工验收备案。

（3）工程质量事故报告制度

建设工程发生质量事故后，有关单位应当在24小时内向当地建设行政主管部门和其他有关部门报告。对重大质量事故，事故发生地的建设行政主管部门和其他有关部门应当按照事故类别和等级向当地人民政府和上级建设行政主管部门和其他有关部门报告。

（4）工程质量检举、控告、投诉制度

《建筑法》与《建设工程质量管理条例》均明确，任何单位和个人对建设工程的质量事故质量缺陷都有权检举、控告、投诉。工程质量检举、控告、投诉制度是为了更好地发挥群众监督和社会舆论监督的作用，是保证建设工程质量的一项有效措施。

3. 施工企业的质量责任与义务

《质量管理条例》规定施工单位的质量责任的义务如下：

A. 施工单位对建设工程的质量负责。施工单位应当建立质量责任制，确定工程项目的项目经理、技术负责人和施工管理负责人。

B. 建设工程实行总承包的，总承包单位应当对全部建设工程质量负责；建设工程勘察、设计、施工、设备采购的一项或者多项实行总承包的，总承包单位应当对其承包的建设工程或者采购的设备的质量负责。

C. 总承包单位依法将建设工程分包给其他单位的，分包单位应当按照分包合同的约定对其分包工程的质量向总承包单位负责，总承包单位与分包单位对分包工程的质量承担连带责任。

D. 施工单位必须按照工程设计图纸和施工技术标准施工，不得擅自修改工程设计，不得偷工减料。

E. 施工单位在施工过程中发现设计文件和图纸有差错的，应当及时提出意见和建议。

F. 施工单位必须按照工程设计要求、施工技术标准和合同约定，以建筑材料、建筑构配件、设备和商品混凝土进行检验，检验应当有书面记录和专人签字；未经检验或者检验不合格的，不得使用。

G. 施工单位必须建立、健全施工质量的检验制度，严格工序管理，作好隐蔽工程的质量检查和记录，隐蔽工程在隐蔽前，施工单位应当通知建设单位和建设工程质量监督机构。

H. 施工人员对涉及结构安全的试块、试件以及有关材料，应当在建设单位或者工程监理单位监督下现场取样，并送具有相应资质等级的质量检测单位进行检测。

I. 施工单位以施工中出现质量问题的建设工程或者竣工验收不合格的建设工程，应当负责返修。

J. 施工单位应当建立、健全教育培训制度，加强对职工的教育培训；未经教育培训或者考核不合格的人员，不得上岗作业。

4. 建设工程质量保修

《质量管理条例》规定建设工程实行质量保修制度。建设工程承包单位在向建设单位提交工程竣工验收报告时，应当向建设单位出具质量保修书。质量保修书中应当明确建设工程的保修范围、保修期限和保修责任等。

在正常使用条件下，建设工程的最低保修期限为：

A. 基础设施工程、房屋建筑的地基基础工程和主体结构工程，为设计文件规定的该工程的合理使用年限。

B. 屋面防水工程、有防水要求的卫生间、房间和外墙面的防渗漏，为5年。

C. 供热与供冷系统，为2个采暖期、供冷期。

D. 电气管线、给排水管道、设备安装和装修工程，为2年。

E. 其他项目的保修期限由发包方与承包方约定。

建设工程的保修期，自竣工验收合格之日起计算。

若建设单位因工程质量问题造成了经济损失，则施工方应负责返修外，还应承担损害赔偿责任。《质量管理条例》第四十一条规定："建设工程在保修范围和保修期限内发生质量问题的，施工单位应当履行保修义务，并对造成的损失担赔偿责任。"

（三）工程建设技术标准

工程建设标准是指建设工程设计、施工方法和安全保护的统一的技术要求及有关工程建设的技术术语、符号、代号、制图方法的一般原则。

根据国务院《建设工程质量管理条例》和建设部建标〔2000〕31号文的要求，建设部会同有关部门共同编制了《工程建设标准强制性条文》（以下称《强制性条文》）。《强制性条文》包括城乡规划、城市建设、房屋建筑、工业建筑、水利工程、电力工程、信息工程、水运工程、公路工程、铁道工程、石油和化工建设工程、矿山工程、人防工程、广播电影电视工程和民航机场工程等部分。《强制性条文》的内容，是工程建设现行国家和行业标准中直接涉及人民生命财产安全、人身健康、环境保护和其他公众利益，同时考虑了提高经济效益和社会效益等方面的要求。列入《强制性条文》的所有条文都必须严格执行。同时，《强制性条文》是参与建设活动各方执行工程建设强制性标准和政府对执行情况实施监督的依据。

1. 工程建设标准的种类

工程建设标准可根据不同方式进行相应的划分。

（1）按标准的内容划分

1）设计标准

设计标准是指从事工程设计所依据的技术文件。

2）施工及验收标准

施工标准是指施工操作程序及其技术要求的标准。验收标准是指检验、接收竣工工程项目的规程、办法与标准。

3）建设定额

建设定额是指国家规定的消耗在单位建筑产品上活劳动和物化劳动的数量标准，以及用货币表现的某些必要费用的额度。

（2）按标准的属性划分

1）技术标准

技术标准是指对标准化领域中需要协调统一的技术事项所制定的标准。

2）管理标准

管理标准是指对标准化领域中需要协调统一的管理事项所制定的标准。

3）工作标准

工作标准是指对标准化领域中需要协调统一的工作事项所制定的标准。

（3）按标准的等级划分

1）国家标准

国家标准是对需要在全国范围内统一的技术要求制定的标准。

2）行业标准

行业标准是对没有国家标准而又需要在全国某个行业范围内统一的技术要求所制定的标准。

3）地方标准

地方标准是对没有国家标准和行业标准而又需要在该地区范围内统一的技术要求所制定的标准。

4）企业标准

企业标准是对企业范围内需要协调、统一的技术要求、管理事项和工作事项所制定的标准。

（4）按标准的约束性划分

1）强制性标准

强制性标准是指保障人体健康、人身财产安全的标准和法律、行政性法规规定强制性执行的国家和行业标准是强制性标准；省、自治区、直辖市标准化行政主管部门制定的工业产品的安全、卫生要求的地方标准在本行政区域内是强制性标准。

对工程建设业来说，下列标准属于强制性标准：

A. 工程建设勘察、规划、设计、施工（包括安装）及验收等通用的综合标准和重要的通用的质量标准。

B. 工程建设通用的有关安全、卫生和环境保护的标准。

C. 工程建设重要的术语、符号、代号、量与单位、建筑模数和制图方法标准。

D. 工程建设重要的通用的试验、检验和评定等标准。

E. 工程建设重要的通用的信息技术标准。

F. 国家需要控制的其他工程建设通用的标准。

2）推荐性标准

推荐性标准是指其他非强制性的国家和行业标准是推荐性标准。推荐性标准国家鼓励企业自愿采用。

2. 工程建设强制性标准监督检查的内容

工程建设强制性标准监督检查的内容包括：

(1) 监督检查建设单位、设计单位、施工单位和监理单位是否组织有关工程技术人员对工程建设强制性标准的学习和考核。

(2) 本行政区域内的建设工程项目，应根据各建设工程项目实施的不同阶段，分别对其规划、勘察、设计、施工、验收等阶段监督检查，对一般工程的重点环节或重点工程项目，应加大监督检查的力度。

(3) 对建设工程项目采用的建筑材料、设备，必须按强制性标准的规定进行进场验收，以符合合同约定和设计要求。

(4) 在建设工程项目的整个建设过程中，严格执行工程建设强制性标准，确保工程项目的安全和质量，建设单位作为责任主体，负责对工程建设各个环节的综合管理工作。

(5) 为了便于工程设计和施工的实施，社会上编制了各专业工程的导则、指南、手册、计算机软件等，为工程设计和施工提供了具体、辅助的操作方法和手段，监督检查其是否遵照工程建设强制性标准和有关技术标准中的有关规定。

3. 工程建设强制性标准监督检查方式

(1) 重点检查

一般是指对于某项重点工程，或工程中某些重点内容进行的检查。

(2) 抽查

一般指采用随机方法，在全体工程或某类工程中抽取一定数量进行检查。

(3) 专项检查

是指对建设项目在某个方面或某个专项执行强制性标准情况进行的检查。

4. 违反工程建设强制性条文实施的法律责任

(1) 建设单位的法律责任

建设单位有下列行为之一的，责令改正，并处以20万元以上50万元以下的罚款：

1) 明示或者暗示施工单位使用不合格的建筑材料、建筑构配件和设备的。

2) 明示或者暗示设计单位或者施工单位违反工程建设强制性标准，降低工程质量的。

(2) 施工单位的法律责任

施工单位违反工程建设强制性标准的，责令改正，处工程合同价款2%以上4%以下的罚款；造成建设工程质量不符合规定的质量标准的，负责返工、修理，并赔偿因此造成的损失；情节严重的，责令停业整顿，降低资质等级或者吊销资质证书。

(3) 工程监理单位的法律责任

工程监理单位违反强制性标准规定，将不合格的建设工程以及建筑材料、建筑构配件和设备按照合格签字的，责令改正，处50万元以上100万元以下的罚款，降低资质等级或者吊销资质证书；有违法所得的，予以没收；造成损失的，承担连带赔偿责任。

(4) 主管部门的法律责任

建设行政主管部门和有关行政主管部门工作人员，玩忽职守、滥用职权、营私舞弊的，给予行政处分；构成犯罪的，依法追究刑事责任。

(5) 处罚规定

1) 违反工程建设强制性标准造成工程质量、安全隐患或者工程事故的，按照《建设工程质量管理条例》有关规定，对事故责任单位和责任人进行处罚。

2) 有关责令停业整顿、降低资质等级和吊销资质证书的行政处罚，由颁发资质证书的机关决定；其他行政处罚，由建设行政主管部门或者有关部门依照法定职权决定。

5. 施工质量验收规范的强制性条文

《建筑工程施工质量验收统一标准》（GB 50300—2001）规定，建筑工程施工质量应按下列要求进行验收：

(1) 建筑工程质量应符合本标准和相关专业验收规范的规定。
(2) 建筑工程施工应符合工程勘察、设计文件的要求。
(3) 参加工程施工质量验收的各方人员应具备规定的资格。
(4) 工程质量的验收均应在施工单位自行检查评定的基础上进行。
(5) 隐蔽工程在隐蔽前应由施工单位通知有关单位进行验收，并应形成验收文件。
(6) 涉及结构安全的试块、试件以及有关材料，应按规定进行见证取样检测。
(7) 检验批的质量应按主控项目和一般项目验收。
(8) 对涉及结构安全和使用功能的重要分部工程应进行抽样检测。
(9) 承担见证取样检测及有关结构安全检测的单位应具有相应资质。
(10) 工程的观感质量应由验收人员通过现场检查，并应共同确认。

6. 施工安全强制性条文

《强制性条文》第九篇"施工安全"共分六部分介绍了施工安全强制性条文：

(1) 临时用电。
(2) 高处作业。
(3) 机械使用。
(4) 脚手架。
(5) 提升机。
(6) 地基基础。

（四）建设工程安全生产的相关内容

《中华人民共和国安全生产法》和《建设工程安全生产管理条例》的颁布施行。规定了建设工程安全生产的方针与原则，确认了建设单位、勘察设计单位、监理单位、施工设备供应单位和施工单位的安全管理责任，规范了安全监督机构的监督行为，以及生产安全事故的应急救援和调查处理程序等。

1. 安全生产管理的方针与原则

《建设工程安全生产条例》规定：建筑工程安全生产管理必须坚持"安全第一、预防为主"的方针。建设单位、勘察单位、设计单位、施工单位、工程监理单位及其他与建设工程安全生产有关的单位，必须遵守安全生产法律、法规的规定，保证建设工程安全生产，依法承担建设工程安全生产责任。

建设工程安全生产工作必须强调"预防为主"。预防为主，就是要在事前做好安全防范工作，防患于未然。依靠科技进步，加强安全科学管理，搞好科学预测与分析工作；把建筑工伤事故和职业的危害消灭在萌芽状态中。

"安全第一，预防为主"，两者是相辅相成、互相促进的。"预防为主"，是实现"安全第一"的基础。要做到"安全第一"，首先要搞好预防措施。预防工作做好了，就可以保证安全生产，实现"安全第一"，否则"安全第一"就是一句空话，这也是在建筑工程实践中所证明了的一条重要经验。

《中华人民共和国安全生产法》规定：各生产经营单位必须加强安全生产管理，建立、健全安全生产责任制度和群防群治制度，完善安全生产条件，确保安全生产。各生产经营单位的主要负责人对本单位的安全生产工作全面负责。由此可看出安全生产管理的原则为：

（1）谁主管、谁负责的原则

即是谁主管哪项工作，谁就对那项工作中的安全管理负责。为此，就要做到：单位的法人代表要对本单位的安全管理工作全面负责，各分管其他工作的领导和各业务部门，要对分管业务、部门范围内的安全管理工作负责；各项目生产班组对自己作业内容的安全工作负责。

（2）群防群治与综合治理相结合的原则

安全管理工作是一项具有广泛群众性的工作。实践证明，只有依靠全体职工做好工程事故的防范工作，防治才有基础，消除才有力量。

同时建筑安全管理也是项目技术管理的重要组成部分，必须把综合治理作为一项基本原则来执行。一是安全管理单位的综合性；二是安全管理内容的综合性；三是安全管理手段的综合性；四是安全管理对象的综合性。要实行依法安全管理，首先必须建立、健全企业与项目安全管理规章制度，使管理者有法可依，使被管理者有法可行；其次，必须大力宣传安全防范知识，掌握安全生产技术与生产规程。

2. 生产经营单位的安全生产保证

（1）生产经营单位保障安全生产的必备条件

生产经营单位应当具备《安全生产法》和有关法律、行政法规和国家标准或者行业标准规定的安全生产条件才能从事生产经营活动。

（2）生产经营（施工）单位的安全责任和义务

1）施工单位主要负责人依法对本单位的安全生产工作全面负责

施工单位应当建立、健全安全生产责任制度和安全生产教育培训制度，制定安全生产规章制度和操作规程，保证本单位安全生产条件所需资金的投入，对所承担的建设工程进行定期和专项安全检查，并做好安全检查记录。

施工单位的项目负责人应当由取得相应执业资格的人员担任，对建设工程项目的安全施工负责，落实安全生产责任制度、安全生产规章制度和操作规程，确保安全生产费用的有效使用，并根据工程的特点组织制定安全施工措施，消除安全事故隐患，及时、如实报告生产安全事故。

2）施工单位应当设立安全生产管理机构，配备专职安全生产管理人员

专职安全生产管理人员负责对安全生产进行现场监督检查。发现安全事故隐患，应当及时向项目负责人和安全生产管理机构报告；对违章指挥、违章操作的，应当立即制止。

3）施工单位必须保证必要的安全管理经费

施工单位对列入建设工程概算的安全作业环境及安全施工措施所需费用，应当用于施工安全防护用具及设施的采购和更新、安全施工措施的落实、安全生产条件的改善，不得

挪作他用。

4) 总分包之间的安全管理责任

建设工程实行施工总承包的,由总承包单位对施工现场的安全生产负总责。总承包单位应当自行完成建设工程主体结构的施工。总承包单位依法将建设工程分包给其他单位的,分包合同中应当明确各自的安全生产方面的权利、义务。总承包单位和分包单位对分包工程的安全生产承担连带责任。

分包单位应当服从总承包单位的安全生产管理,分包单位不服从管理导致生产安全事故的,由分包单位承担主要责任。

5) 特殊施工作业岗位必须持证上岗

垂直运输机械作业人员、安装拆卸工、爆破作业人员、起重信号工、登高架设作业人员等特种作业人员,必须按照国家有关规定经过专门的安全作业培训,并取得特种作业操作资格证书后,方可上岗作业。

6) 重点分项工程应编制安全施工方案

施工单位应当在施工组织设计中编制安全技术措施和施工现场临时用电方案,对达到一定规模的危险性较大的分部分项工程编制专项施工方案,并附具安全验算结果,经施工单位技术负责人、总监理工程师签字后实施,由专职安全生产管理人员进行现场监督。

7) 对操作人员的安全交底责任

建设工程施工前,施工单位负责项目管理的技术人员应当对有关安全施工的技术要求向施工作业班组、作业人员作出详细说明,并由双方签字确认。

施工单位应当向作业人员提供安全防护用具和安全防护服装,并书面告知危险岗位的操作规程和违章操作的危害。

8) 施工现场的安全管理

施工单位应当在施工现场入口处、施工起重机械、临时用电设施、脚手架、出入通道口、楼梯口、电梯井口、孔洞口、桥梁口、隧道口、基坑边沿、爆破物及有害危险气体和液体存放处等危险部位,设置明显的安全警示标志。安全警示标志必须符合国家标准。

施工单位应当将施工现场的办公、生活区与作业区分开设置,并保持安全距离;办公、生活区的选址应当符合安全性要求。

施工单位对因建设工程施工可能造成损害的毗邻建筑物、构筑物和地下管线等,应当采取专项防护措施。

施工单位采购、租赁的安全防护用具、机械设备、施工机具及配件,应当具有生产(制造)许可证、产品合格证,并在进入施工现场前进行查验。

施工单位在使用施工起重机械和整体提升脚手架、模板等自升式架设设施前,应当组织有关单位进行验收,也可以委托具有相应资质的检验检测机构进行验收;使用承租的机械设备和施工机具及配件的,由施工总承包单位、分包单位、出租单位和安装单位共同进行验收。验收合格的方可使用。

施工单位应当自施工起重机械和整体提升脚手架、模板等自升式架设设施验收合格之日起 30 日内,向建设行政主管部门或者其他有关部门登记。

9) 施工单位管理人员的安全教育安全培训

施工单位的主要负责人、项目负责人、专职安全生产管理人员应当经建设行政主管部门或者其他有关部门考核合格后方可任职。且应当对管理人员和作业人员每年至少进行一次安全生产教育培训，其教育培训情况记入个人工作档案。安全生产教育培训考核不合格的人员，不得上岗。

作业人员进入新的岗位或者新的施工现场前，应当接受安全生产教育培训。未经教育培训或者教育培训考核不合格的人员，不得上岗作业。施工单位在采用新技术、新工艺、新设备、新材料时，应当对作业人员进行相应的安全生产教育培训。

10）施工单位应当为施工现场从事危险作业的人员办理意外伤害保险。

我国的建筑法规定，施工单位应当为施工现场从事危险作业的人员办理意外伤害保险，意外伤害保险费由施工单位支付。实行施工总承包的，由总承包单位支付意外伤害保险费。意外伤害保险期限自建设工程开工之日起至竣工验收合格止。

3. 从业人员安全生产中的权利与义务

（1）从业人员安全生产中的权利

1）知情权。从业人员有权了解其作业场所和工作岗位存在的危险因素、防范措施和事故应急措施。

2）建议权。从业人员有权对本单位的安全生产工作提出建议。

3）批评权和检举、控告权。从业人员有权对本单位安全生产管理工作中存在的问题提出批评、检举、控告。

4）拒绝权。从业人员有权拒绝违章作业指挥和强令冒险作业。

5）紧急避险权。从业人员发现直接危及人身安全的紧急情况时，有权停止作业或者在采取可能的应急措施后撤离作业场所。

6）依法向本单位提出要求赔偿的权利。

7）获得符合国家标准或者行业标准的劳动防护用品的权利。

8）获得安全生产教育和培训的权利。

（2）从业人员安全生产中的义务

1）自律遵规的义务。从业人员在作业过程中，应当遵守本单位的安全生产规章制度和操作规程，服从管理，正确佩戴和使用劳动防护用品。

2）自觉学习安全生产知识的义务。要求从业人员掌握本职工作所需的安全生产知识，提高安全生产技能，增强事故预防和应急处理能力。

3）危险报告义务。从业人员发现事故隐患或者其他不安全因素时，应当立即向现场安全生产管理人员或者本单位负责人报告。

4. 安全生产的监督管理

建设工程安全生产的行政监督管理，是指各级人民政府建设行政主管部门及其授权的建设工程安全生产监督机构，对建设工程安全生产所实施的行政监督管理。

我国现行对建设工程（含土木工程、建筑工程、线路管道和设备安装工程）安全生产的行政监督管理是分级进行的，建设行政主管部门因级别不同具有的管理职责也不完全相同。

国务院建设行政主管部门负责建设工程安全生产的统一监督管理，并依法接受国家安全生产综合管理部门的指导和监督。国务院铁道、交通、水利等有关部门按照国务院规定职责分工，负责有关专业建设工程安全生产的监督管理。

县级以上地方人民政府建设行政主管部门负责本行政区域内的建设工程安全生产管理县级以上地方人民政府交通、水利等有关部门在各自的职责范围内，负责本行政区域内的专业建设工程安全生产的监督管理。县级以上地方人民政府建设行政主管部门和地方人民政府交通、水利等有关部门应当设立建设工程安全监督机构负责建设工程安全生产的日常监督管理工作。

5. 安全生产责任事故的处理

（1）县级以上地方各级人民政府应当组织有关部门制定本行政区域内特大生产安全事故应急救援预案，建立应急救援体系。

（2）危险物品的生产、经营、储存单位以及矿山、建筑施工单位应当建立应急救援组织；生产经营规模较小，可以不建立应急救援组织的，应当指定兼职的应急救援人员。还应配备必要的应急救援器材、设备，并进行经常性维护、保养，保证正常运转。

（3）生产经营单位发生生产安全事故后，事故现场有关人员应当立即报告本单位负责人。单位负责人接到事故报告后，应当迅速采取有效措施，组织抢救，防止事故扩大，减少人员伤亡和财产损失，并按照国家有关规定立即如实报告当地负有安全生产监督管理职责的部门，不得隐瞒不报、谎报或者拖延不报，不得故意破坏事故现场、毁灭有关证据。

（4）负有安全生产监督管理职责的部门接到事故报告后，应当立即按照国家有关规定上报事故情况。负有安全生产监督管理职责的部门和有关地方人民政府对事故情况不得隐瞒不报、谎报或者拖延不报。

（5）有关地方人民政府和负有安全生产监督管理职责的部门的负责人接到重大生产安全事故报告后，应当立即赶到事故现场，组织事故抢救。任何单位和个人都应当支持、配合事故抢救，并提供一切便利条件。

（6）事故调查处理应当按照实事求是、尊重科学的原则，及时、准确地查清事故原因，查明事故性质和责任，总结事故教训，提出整改措施，并对事故责任者提出处理意见。

（7）生产经营单位发生生产安全事故，经调查确定为责任事故的，除了应当查明事故单位的责任并依法予以追究外，还应当查明对安全生产的有关事项负有审查批准和监督职责的行政部门的责任，对有失职、渎职行为的，依法追究法律责任。

（五）城市建筑垃圾与建筑施工噪声污染防治的管理规定

1. 城市建筑垃圾的管理规定

建筑垃圾，是指建设单位、施工单位新建、改建、扩建和拆除各类建筑物、构筑物、管网等以及居民装饰装修房屋过程中所产生的弃土、弃料及其他废弃物。为了加强对城市建筑垃圾的管理，保障城市市容和环境卫生，2005年3月1日中华人民共和国建设部颁发了第139号令《城市建筑垃圾管理规定》，该规定规范了在城市规划区内建筑垃圾的倾倒、运输、中转、回填、消纳、利用等处置活动的行为。同时强调了对建筑垃圾处置实行减量化、资源化、无害化和谁产生、谁承担处置责任的原则。鼓励建筑垃圾综合利用，鼓励建设单位、施工单位优先采用建筑垃圾综合利用产品。

（1）城市建筑垃圾的管理部门

《城市建筑垃圾管理规定》第三条规定："国务院建设主管部门负责全国城市建筑垃圾

的管理工作。省、自治区建设主管部门负责本行政区域内城市建筑垃圾的管理工作。城市人民政府市容环境卫生主管部门负责本行政区域内建筑垃圾的管理工作。"

(2) 施工现场的建筑垃圾的处置要求

1) 处置建筑垃圾的单位,应当向城市人民政府市容环境卫生主管部门提出申请,获得城市建筑垃圾处置核准后,方可处置。城市人民政府市容环境卫生主管部门应当在接到申请后的20日内作出是否核准的决定。予以核准的,颁发核准文件;不予核准的,应当告知申请人,并说明理由。

2) 不得将建筑垃圾混入生活垃圾,不得将危险废物混入建筑垃圾,不得擅自设立弃置场受纳建筑垃圾。

3) 建筑垃圾储运消纳场不得受纳工业垃圾、生活垃圾和有毒有害垃圾。

4) 居民应当将装饰装修房屋过程中产生的建筑垃圾与生活垃圾分别收集,并堆放到指定地点。建筑垃圾中转站的设置应当方便居民。装饰装修施工单位应当按照城市人民政府市容环境卫生主管部门的有关规定处置建筑垃圾。

5) 施工单位应当及时清运工程施工过程中产生的建筑垃圾,并按照城市人民政府市容环境卫生主管部门的规定处置,防止污染环境。

6) 施工单位不得将建筑垃圾交给个人或者未经核准从事建筑垃圾运输的单位运输。处置建筑垃圾的单位在运输建筑垃圾时,应当随车携带建筑垃圾处置核准文件,按照城市人民政府有关部门规定的运输路线、时间运行,不得丢弃、遗撒建筑垃圾,不得超出核准范围承运建筑垃圾。不得随意倾倒、抛撒或者堆放建筑垃圾。

7) 建筑垃圾处置实行收费制度,收费标准依据国家有关规定执行。

8) 任何单位和个人不得在街道两侧和公共场地堆放物料。因建设等特殊需要,确需临时占用街道两侧和公共场地堆放物料的,应当征得城市人民政府市容环境卫生主管部门同意后,按照有关规定办理审批手续。

(3) 违反《城市建筑垃圾管理规定》的处罚措施

《城市建筑垃圾管理规定》第二十二条规定:"施工单位未及时清运工程施工过程中产生的建筑垃圾,造成环境污染的,由城市人民政府市容环境卫生主管部门责令限期改正,给予警告,处5000元以上5万元以下罚款。施工单位将建筑垃圾交给个人或者未经核准从事建筑垃圾运输的单位处置的,由城市人民政府市容环境卫生主管部门责令限期改正,给予警告,处1万元以上10万元以下罚款。"

《城市建筑垃圾管理规定》第二十三条规定:"处置建筑垃圾的单位在运输建筑垃圾过程中沿途丢弃、遗撒建筑垃圾的,由城市人民政府市容环境卫生主管部门责令限期改正,给予警告,处5000元以上5万元以下罚款。"

《城市建筑垃圾管理规定》第二十六条规定:"任何单位和个人随意倾倒、抛撒或者堆放建筑垃圾的,由城市人民政府市容环境卫生主管部门责令限期改正,给予警告,并对单位处5000元以上5万元以下罚款,对个人处200元以下罚款。"

2. 建筑施工噪声污染防治的管理规定

环境噪声,是指在工业生产、建筑施工、交通运输和社会生活中所产生的干扰周围生活环境的声音。环境噪声污染,是指所产生的环境噪声超过国家规定的环境噪声排放标准,并干扰他人正常生活、工作和学习的现象。

为了防治环境噪声污染，保护和改善生活环境，保障人体健康，促进经济和社会发展，1996年10月29日第八届全国人民代表大会常务委员会第二十二次会议通过了《中华人民共和国环境噪声污染防治法》，该法规范了环境噪声污染防治的监督管理的法律行为，制定了防止工业噪声污染、建筑施工噪声污染、交通运输噪声污染和社会生活噪声污染的防治措施，强化了违反环境噪声污染防治法的法律责任。

（1）环境噪声污染防治的管理机构

《中华人民共和国环境噪声污染防治法》第六条规定："国务院环境保护行政主管部门对全国环境噪声污染防治实施统一监督管理。县级以上地方人民政府环境保护行政主管部门对本行政区域内的环境噪声污染防治实施统一监督管理。各级公安、交通、铁路、民航等主管部门和港务监督机构，根据各自的职责，对交通运输和社会生活噪声污染防治实施监督管理。"

该法还规定：任何单位和个人都有保护声环境的义务，并有权对造成环境噪声污染的单位和个人进行检举和控告。环境保护行政主管部门或者有管辖权的城市管理行政执法主管部门应当向社会公布建筑施工噪声污染投诉电话等投诉途径，接到投诉后应当及时进行现场处理。对在环境噪声污染防治方面成绩显著的单位和个人，由人民政府给予奖励。

（2）环境噪声污染防治的监督管理

国务院环境保护行政主管部门分别不同的功能区制定国家声环境质量标准。县级以上地方人民政府根据国家声环境质量标准，划定本行政区域内各类声环境质量标准的适用区域，并进行管理。城市规划部门在确定建设布局时，应当依据国家声环境质量标准和民用建筑隔声设计规范，合理划定建筑物与交通干线的防噪声距离，并提出相应的规划设计要求。

新建、改建、扩建的建设项目，必须遵守国家有关建设项目环境保护管理的规定。建设项目可能产生环境噪声污染的，建设单位必须提出环境影响报告书，规定环境噪声污染的防治措施，并按照国家规定的程序报环境保护行政主管部门批准。环境影响报告书中，应当有该建设项目所在地单位和居民的意见。

建设项目的环境噪声污染防治设施必须与主体工程同时设计、同时施工、同时投产使用。建设项目在投入生产或者使用之前，其环境噪声污染防治设施必须经原审批环境影响报告书的环境保护行政主管部门验收达不到国家规定要求的，该建设项目不得投入生产或者使用。

建设单位或者建设项目的业主应当办理建设项目环境影响评价的审批手续。建设项目环境影响评价未经批准，不得开工建设。

施工单位应当在建设项目工程开工以前，按照下列程序向工程施工所在地的环境保护行政主管部门办理建筑施工场地排污申报登记手续：

1）领取《建筑施工场地排污申报登记表》等申报材料。

2）按照申报要求填写《建筑施工场地排污申报登记表》并加盖单位公章后，随附建筑施工噪声污染防治措施以及其他相关附件，提交环境保护行政主管部门。

3）境保护行政主管部门对受理的申报材料进行核实，并在收到施工单位提交齐全的申报材料之日起3个工作日内签署意见，告知施工单位。

在城市范围内从事生产活动确需排放偶发性强烈噪声的，必须事先向当地公安机关提出申请，经批准后方可进行。当地公安机关应当向社会公告。

国务院环境保护行政主管部门应当建立环境噪声监测制度，制定监测规范，并会同有关部门监测网络。环境噪声监测机构应当按照国务院环境保护行政主管部门的规定报送环境噪声监测结果。

县级以上人民政府环境保护行政主管部门和其他环境噪声污染防治工作的监督管理部门、机构，有权依据各自的职责对管辖范围内排放环境噪声的单位进行现场检查。被检查的单位必须如实反映情况，并提供必要的资料。检查部门、机构应当为被检查的单位保守技术秘密和业务秘密。检查人员进行现场检查，应当出示证件。

检查结束，被检查的施工单位项目负责人员和检查人员应当在现场检查记录上签字。

（3）建筑施工噪声污染防治

建筑施工噪声，是指在建筑施工过程中产生的干扰周围生活环境的声音。在城市市区范围内向周围生活环境排放建筑施工噪声的，应当符合国家规定的建筑施工场界环境噪声排放标准。

施工单位应当有企业环境保护工作机构或者工作人员，建立建筑施工噪声污染防治管理制度。施工单位的法定代表人全面负责企业的建筑施工噪声污染防治工作；项目负责人具体负责建设项目的建筑施工噪声污染防治工作；专（兼）职环境保护工作人员具体实施施工现场的建筑施工噪声污染防治。

建设单位或者建设项目的业主应当根据国家工程建设工期定额，合理确定建设工期，提出施工期间建筑施工噪声污染防治方案施工单位应当根据建筑施工噪声污染防治方案，按照建设项目的性质、规模、特点和施工现场条件、施工所用机械、作业时间安排等情况，采取相应的建筑施工噪声污染防治措施，并保持防治设施的正常使用。建筑施工噪声污染防治所需费用列入建设工程造价的预算和决算。

施工单位在施工过程中应当严格实施建筑施工噪声污染防治方案，合理布局和使用施工机械，妥善安排作业时间。

《中华人民共和国环境噪声污染防治法》第二十九条规定："在城市市区范围内，建筑施工过程中使用机械设备，可能产生环境噪声污染的，施工单位必须在工程开工十五日以前向工程所在地县级以上地方人民政府环境保护行政主管部门申报该工程的项目名称、施工场所和期限、可能产生的环境噪声值以及所采取的环境噪声污染防治措施的情况。"

施工中应当使用低噪声的施工机械和其他辅助施工设备。施工中禁止使用国家明令淘汰的产生噪声污染的落后施工工艺和施工机械设备。提倡施工单位使用低噪声的先进技术、先进工艺、先进设备和新型建筑材料。

禁止在城市市区夜间（晚二十二点至晨六点之间的期间）进行产生噪声污染的建筑施工作业。但抢修、抢险作业除外。确因生产工艺要求或者其他特殊需要必须连续作业的，或者因道路交通管制需要在夜间装卸建筑材料、土石方和建筑废料的，施工单位应当取得当地环境保护行政主管部门夜间作业证明。夜间作业，必须公告附近居民。

城市市区内，施工中向周围环境排放建筑施工噪声的，应当符合国家规定的建筑施工噪声排放标准。建筑施工噪声超过国家排放标准的，依法按照排放噪声的超标声级向环境保护行政主管部门缴纳超标准排污费。施工单位缴纳的超标准排污费可计入施工成本。

医院、养老机构等噪声敏感建筑物集中区域内的建筑施工，施工单位应当合理安排工程进度，减少夜间施工作业。施工单位确需夜间作业的，应当提前向当地环境保护行政主管部门提出夜间作业申请和方案。环境保护行政主管部门应当在规定的工作日内受理申请，向施工单位出具夜间作业证明或者不予出具夜间作业证明的书面通知。

施工单位夜间施工应当确定合理的作业时间。连续运输、浇灌混凝土的夜间作业，一般一次不得超过2个昼夜。装卸其他建筑材料、土石方和建筑废料不得超过当日24点。实施夜间作业的施工单位，必须于夜间作业2日前将准予夜间作业证明悬挂于施工现场显著位置予以公告。

在已竣工交付使用的住宅楼进行室内装修活动，应当限制作业时间，并采取其他有效措施，以减轻、避免对周围居民造成环境噪声污染。

(4) 违反《中华人民共和国环境噪声污染防治法》的法律责任

违反《中华人民共和国环境噪声污染防治法》的规定，建设项目中需要配套建设的环境噪声污染防治设施没有建成或者没有达到国家规定的要求，擅自投入生产或者使用的，由批准该建设项目的环境影响报告书的环境保护行政主管部门责令停止生产或者使用，可以并处罚款。

拒报或者谎报规定的环境噪声排放申报事项的，县级以上地方人民政府环境保护行政主管部门可以根据不同情节，给予警告或者处以罚款。

建筑施工单位违反《中华人民共和国环境噪声污染防治法》的规定，在城市市区噪声敏感建筑物集中区域内（医院、学校、机关、科研单位、住宅等需要保持安静的建筑物），夜间（晚二十二点至晨六点之间的期间）进行禁止进行的产生环境噪声污染的建筑施工作业的，由工程所在地县级以上地方人民政府环境保护行政主管部门责令改正，可以并处罚款。

排放环境噪声的单位违反《中华人民共和国环境噪声污染防治法》的规定，拒绝环境保护行政主管部门或者其他依照本法规定行使环境噪声监督管理权的部门、机构现场检查或者在被检查时弄虚作假的，环境保护行政主管部门或者其他依照本法规定行使环境噪声监督管理权的监督管理部门、机构可以根据不同情节，给予警告或者处以罚款。

（六）工程建设施工相关法律法规案例

【例3-1】

(1) 背景

某海滨城市为发展旅游业，经批准兴建一座三星级大酒店。该项目甲方于××年10月10日分别与某建筑工程公司（乙方）和某外资装饰工程公司（丙方）签订了主体建筑工程施工合同和装饰工程施工合同。

合同约定主体建筑工程施工于当年11月10日正式开工。合同日历工期为2年5个月。因主体工程与装饰工程分别为两个独立的合同，由两个承包商承建，为保证工期，当事人约定：主体与装饰施工采取立体交叉作业，即主体完成三层，装饰工程承包者立即进入装饰作业。为保证装饰工程达到三星级水平，业主委托监理公司实施"装饰工程监理"。

在工程施工1年6个月时，甲方要求乙方将竣工日期提前2个月，双方协商修订施工方案后达成协议。

该工程按变更后的合同工期竣工，经验收后投入使用。

在该工程投入使用2年6个月后，乙方因甲方少付工程款起诉至法院。诉称：甲方于该工程验收合格后签发了竣工验收报告，并已开张营业。在结算工程款时，甲方应付工程总价款1600万元人民币，但只付1400万元人民币。特请求法院判决被告支付剩余的200万元及拖期的利息。

在庭审中，被告答称：原告主体建筑工程施工质量有问题，如：大堂、电梯间、大厅墙面、游泳池等主体施工质量不合格。因此，装修商进行返工，并提出索赔，经监理工程师签字报业主代表认可，共支付15.2万美元，折合人民币125万元。此项费用应由原告承担。另外还有其他质量问题，并造成客房、机房设备、设施损失计人民币75万元。共计损失200万元人民币，应从总工程款中扣除，故支付乙方主体工程款总额为1400万元人民币。

原告辩称：被告称工程主体不合格不属实，并向法庭呈交了业主及有关方面签字的合格竣工验收报告及业主致乙方的感谢信等证据。

被告又辩称：竣工验收报告及感谢信，是在原告法定代表人宴请我方时，提出为了企业晋级的情况下，我方代表才签的字。此外，被告代理人又向法庭呈交业主被日本立成装饰工程公司提出的索赔15.2万美元（经监理工程师和业主代表签字）的清单56件。

原告方再辩称：被告代表纯粹系戏言，怎能以签署竣工验收报告为儿戏，请求法庭以文字为证。又指出：被告委托的监理工程师监理的装饰合同，支付给装饰公司的费用凭单，并无我方（乙方）代表的签字认可，因此不承担责任。

原告最后请求法庭关注：从签发竣工验收报告到起诉前，乙方向甲方多次以书面方式提出结算要求。在长达2年多的时间里，甲方从未向乙方提出过工程存在质量问题。

(2) 问题

试对上述工程质量问题而产生的工程价款纠纷进行分析。

(3) 分析与解答

上述是因工程质量问题而产生工程价款纠纷的典型案例。很显然，业主方对工程的验收程序合法有效，在长达2年多的时间里，甲方从未向乙方以书面方式提出过工程存在质量问题，超过了有关诉讼时效与工程保修时效的规定，再提出工程存在质量问题，法院将不予以保护。而业主方拖欠工程款的事实存在，施工方在规定的诉讼时效内提出付款要求法院将予以支持。业主方因质量问题进行扣款应得到施工方的签认。

【例3-2】

(1) 背景

河南省通许县高三学生杨林高考结束后到县正在改建的体育场散步，巧遇体育场看台网架施工，施工中切割片意外飞出，正飞到30m开外杨林的脸上，经送往医院医疗救治，一眼球伤残，移植假眼。

后调查得知，县体育场改造工程的建设单位是该县体委，体委将该工程整体发包给通许县某建筑工程总公司，后由项目经理张某全权挂靠承包，并向公司交管理费。

在施工过程中张某又将主席台网架结构工程分包给李某施工，双方协议了承包的价格，并没有签订书面合同，只是在预算书上盖有开封祁湾建筑公司的公章。后调查得知在法人代表未知情的情况下偷盖的。事发后杨园园将发包方（体委），承包商（县建总），张某，分包商（开封祁湾建筑公司），李某一并告上法院，要求其承担20万元医药费及损失。

(2) 问题

试对上述总分包商之间因现场安全管理不到位而发生安全事故进行分析。

(3) 分析与解答

上述是总分包商之间因现场安全管理不到位而发生安全事故的典型案例。上述案例中体委将该工程整体发包给通许县某建筑工程总公司，由项目经理张某全权挂靠承包，总包关系成立；在施工过程中张某将主席台网架结构工程分包给开封祁湾建筑公司李某施工，双方协议了承包的价格，虽然没有签订书面合同，但是存在事实上的分包合同法律关系。据我国建筑法与安全管理条例的规定，总分包商对安全事故承担连带责任。上述承包人张某与李某代表施工企业履行职务行为，应由通许县某建筑工程总公司和开封祁湾建筑公司承担连带责任，分包商没有采取任何安全措施，是事故的主要责任人，总包商对施工现场疏于管理，对事故承担次要责任。承包人张某与李某给施工企业造成的经济损失，属于另外一个法律问题，由施工方依法进行追索。

主要参考文献

［1］ 国家标准. 建筑工程施工质量验收系列规范. 北京：中国建筑工业出版社，2002.
［2］ 姚谨英主编. 建筑施工技术. 北京：中国建筑工业出版社，2004.
［3］ 危道军，李进主编. 建筑施工技术. 北京：人民交通出版社，2007.
［4］ 毛鹤琴主编. 土木工程施工. 武汉：武汉理工大学出版社，2006.
［5］ 谢尊渊，方先和主编. 建筑施工. 北京：中国建筑工业出版社，1998.
［6］ 魏瞿霖，王松成主编. 建筑施工技术. 北京：清华大学出版社，2006.
［7］ 毛鹤琴主编. 建筑施工. 北京：中国建筑工业出版社，2000.
［8］ 许兰主编. 质量事故分析. 北京：中国环境科学出版社，1994.
［9］ 廖代广主编. 建筑施工技术. 武汉：武汉工业大学出版社，2002.
［10］ 赵志缙，应惠清主编. 建筑施工. 上海：同济大学出版社，2003.
［11］ 祖青山主编. 建筑施工技术. 北京：中国环境科学出版社，2002.
［12］ 徐波主编. 建筑业10项新技术（2005）应用指南. 北京：中国建筑工业出版社，2005.
［13］ 汪正荣主编. 简明施工工程师手册. 北京：机械工业出版社，2004.
［14］ 朱勇年主编. 高层建筑施工. 北京：中国建筑工业出版社，2004.
［15］ 朱永祥主编. 地基基础工程施工. 北京：高等教育出版社，2005.
［16］ 危道军主编. 建筑施工组织. 北京：中国建筑工业出版社，2004.